国家出版基金项目
NATIONAL PUBLICATION FOUNDATION

"十三五"国家重点图书出版规划项目

中国河口海湾水生生物资源与环境出版工程

庄 平 主编

长江口近外海
人工鱼礁建设

章守宇 林 军 汪振华 王 凯 赵 静 等 著

中国农业出版社

北 京

图书在版编目（CIP）数据

长江口近外海人工鱼礁建设/章守宇等著 . —北京：
中国农业出版社，2018.12
中国河口海湾水生生物资源与环境出版工程 / 庄平
主编
ISBN 978-7-109-24866-3

Ⅰ.①长⋯　Ⅱ.①章⋯　Ⅲ.①长江口－鱼礁－人工方
式－研究　Ⅳ.①S953.1

中国版本图书馆 CIP 数据核字（2018）第 255423 号

中国农业出版社出版
（北京市朝阳区麦子店街 18 号楼）
（邮政编码 100125）
策划编辑　郑　珂　黄向阳
责任编辑　刘　玮

北京通州皇家印刷厂印刷　　新华书店北京发行所发行
2018 年 12 月第 1 版　　2018 年 12 月北京第 1 次印刷

开本：787mm×1092mm　1/16　印张：27.25　插页：10
字数：578 千字
定价：198.00 元
（凡本版图书出现印刷、装订错误，请向出版社发行部调换）

内容简介

  本书重点介绍了人工鱼礁建设相关的礁体结构设计、礁群组合优化、礁区流场营造，以及建设选址等理论探索与技术研发成果；通过若干建设案例，阐述了人工鱼礁在岛礁海域、海洋牧场等不同类型或功能海域实现渔业资源增殖养护目标的建设路径和方式；系统归纳了人工鱼礁建设在投放工程质量、生态调控规模、影响空间范围、礁区群落格局等方面的评价方法，并对人工鱼礁的建设与后期管理提出了建议。本书可为各海区的人工鱼礁建设提供有益的参考，也可作为涉渔涉海相关专业本科生和研究生的学习参考用书。

丛书编委会

科学顾问　唐启升　中国水产科学研究院黄海水产研究所　中国工程院院士
　　　　　曹文宣　中国科学院水生生物研究所　中国科学院院士
　　　　　陈吉余　华东师范大学　中国工程院院士
　　　　　管华诗　中国海洋大学　中国工程院院士
　　　　　潘德炉　自然资源部第二海洋研究所　中国工程院院士
　　　　　麦康森　中国海洋大学　中国工程院院士
　　　　　桂建芳　中国科学院水生生物研究所　中国科学院院士
　　　　　张　偲　中国科学院南海海洋研究所　中国工程院院士

主　　编　庄　平
副 主 编　李纯厚　赵立山　陈立侨　王　俊　乔秀亭
　　　　　郭玉清　李桂峰
编　　委（按姓氏笔画排序）
　　　　　王云龙　方　辉　冯广朋　任一平　刘鉴毅
　　　　　李　军　李　磊　沈盎绿　张　涛　张士华
　　　　　张继红　陈丕茂　周　进　赵　峰　赵　斌
　　　　　姜作发　晁　敏　黄良敏　康　斌　章龙珍
　　　　　章守宇　董　婧　赖子尼　霍堂斌

本书编写人员

章守宇　林　军　汪振华　王　凯　赵　静
李　珺　王　淼　潘灵芝　王　蕾　陈清满
许　强　赵　旭　沈天跃　周曦杰　李　勇
曾　旭　吴祖立　梁金玲　吴程宏　邓明星
陈亮然　毕远新　尹增强　张焕君　刘书荣
郭　禹　刘洪生　张　硕　胡庆松　沈　蔚
李永刚

丛书序

中国大陆海岸线长度居世界前列，约 18 000 km，其间分布着众多具全球代表性的河口和海湾。河口和海湾蕴藏丰富的资源，地理位置优越，自然环境独特，是联系陆地和海洋的纽带，是地球生态系统的重要组成部分，在维系全球生态平衡和调节气候变化中有不可替代的作用。河口海湾也是人们认识海洋、利用海洋、保护海洋和管理海洋的前沿，是当今关注和研究的热点。

以河口海湾为核心构成的海岸带是我国重要的生态屏障，广袤的滩涂湿地生态系统既承担了"地球之肾"的角色，分解和转化了由陆地转移来的巨量污染物质，也起到了"缓冲器"的作用，抵御和消减了台风等自然灾害对内陆的影响。河口海湾还是我们建设海洋强国的前哨和起点，古代海上丝绸之路的重要节点均位于河口海湾，这里同样也是当今建设"21世纪海上丝绸之路"的战略要地。加强对河口海湾区域的研究是落实党中央提出的生态文明建设、海洋强国战略和实现中华民族伟大复兴的重要行动。

最近 20 多年是我国社会经济空前高速发展的时期，河口海湾的生物资源和生态环境发生了巨大的变化，亟待深入研究河口海湾生物资源与生态环境的现状，摸清家底，制定可持续发展对策。庄平研究员任主编的"中国河口海湾水生生物资源与环境出版工程"经过多年酝酿和专家论证，被遴选列入国家新闻出版广电总局"十三五"国家重点图书出版规划，并且获得国家出版基金资助，是我国河口海湾生物资源和生态环境研究进展的最新展示。

　　该出版工程组织了全国 20 余家大专院校和科研机构的一批长期从事河口海湾生物资源和生态环境研究的专家学者，编撰专著 28 部，系统总结了我国最近 20 多年来在河口海湾生物资源和生态环境领域的最新研究成果。北起辽河口，南至珠江口，选取了代表性强、生态价值高、对社会经济发展意义重大的 10 余个典型河口和海湾，论述了这些水域水生生物资源和生态环境的现状和面临的问题，总结了资源养护和环境修复的技术进展，提出了今后的发展方向。这些著作填补了河口海湾研究基础数据资料的一些空白，丰富了科学知识，促进了文化传承，将为科技工作者提供参考资料，为政府部门提供决策依据，为广大读者提供科普知识，具有学术和实用双重价值。

中国工程院院士　唐启升

2018 年 12 月

前　言

　　自 20 世纪 80 年代起，我国近海各传统渔场一直处于高强度的捕捞压力之下，特别是底拖网、帆张网等高杀伤性渔具的持续作业，加之日趋严重的环境污染，导致近海渔业生态环境恶化、渔业资源衰退。主要表现在：渔业资源密度骤减，主要经济鱼类种群低龄化、个体小型化、性成熟提前，渔业海域污染严重，海底平凸化和荒漠化，鱼类产卵场等栖息地遭破坏等。以东海区为例，20 世纪 70 年代末，表征渔业资源相对密度的单位捕捞努力量渔获量（catch per unit effort，CPUE）年平均值为 1.2 t/kW，年捕捞渔获量为 190 万 t；而到了 21 世纪初，CPUE 降到了 0.9 t/kW；尽管由于捕捞船只数量和捕捞强度增大而使得年捕捞渔获总量上升到 600 万 t 左右，但大黄鱼（*Larimichthys crocea*）等经济鱼类的渔获比例却从 90% 下降到了 55%；渔业资源结构呈现明显的衰退趋势，昔日支撑渔业产业的大黄鱼、小黄鱼（*Larimichthys polyactis*）、带鱼（*Trichiurus lepturus*）、墨鱼（*Sepiella inermis*）四大传统渔汛已难以形成。

　　日益增大的捕捞强度使得业已衰退的近海渔业资源状况雪上加霜。20 世纪 90 年代，我国与日本、韩国和越南等周边国家，由于各自实施 200 n mile 专属经济区管理，其中双边共同区域包括我国在东海、黄海和南海的外海传统渔场，导致原先在那里生产作业的渔船受到较大制约，这些渔船被迫退回近海作业，又进一步加剧了近海渔业资源的捕捞压力；同时，随着人们生活水平的提高，对天然优质水产品的需求量却越来越大。为了阻止并扭转渔业资源的衰退趋势，保护和修复海洋生态环境，国家有关部门采取了诸多政策和措施，如建立禁渔区和禁渔期制度、实行网目尺寸限制、调整作业结构、建立人工鱼礁区等。这些政策和措施对减缓渔业资源衰退和改善海洋生态环境起到了非常积极的作用，但由于这些都需要广大渔业从业者的主观自觉配合和行动上的支持，因此其局限性也是显而易见的。

人工鱼礁是人为设置在海中的构造物，可为鱼类等水生生物的栖息、生长、繁育提供安全场所，营造适宜的生长环境。通过建设人工鱼礁渔场，能改善和修复海洋生态环境、增殖和养护渔业资源、提高水产品质量，这已被发达国家的建设实践所证实。20 世纪 60 年代，日本将人工鱼礁建设列入国家计划，半个多世纪以来持续投放人工鱼礁群近 10 000 个，总投资超过 12 000 亿日元，其近海渔业年产量从 70 年代的 470 万 t 增至现在的 780 万 t，海域平均渔业资源密度已达我国的 14 倍之多，为其海域生物资源增殖养护和近海渔业产量持续稳定发挥了至关重要的作用。韩国、美国等也先后进行了规模较大的人工鱼礁建设，并取得了卓越成效。美国的人工鱼礁建设还带动了生态型海洋产业的发展，每年来鱼礁区的游钓者达 5 400 万人次，游钓船达 1 100万艘，钓捕鱼类 150 万 t，占美国渔业总产量的 35%，安排直接就业人员 50 万人，每年游钓渔业服务的社会收益达 180 亿美元。目前，人工鱼礁建设已经作为改善海洋生物栖息地生态环境、增殖和养护渔业资源、发展休闲渔业的重要手段，在亚洲、美洲、欧洲的大多数沿海国家得到不同程度的实施。

我国的人工鱼礁实践始于 20 世纪 70 年代末的小规模试验。由于近海渔业资源急剧衰退，如何增加渔获量以满足国民不断增长的水产品需求成为当时近海渔业面临的主要问题。借鉴邻国日本人工鱼礁建设的经验，国内水产专家大力主张通过建设人工鱼礁，合理利用近岸海域营养、提高初级生产能力、恢复渔业资源种群，以图近海渔业可持续发展。为此，国家经济委员会设立开发专项，在广西、广东、浙江、山东、辽宁等地开展了人工鱼礁模型实验和海域小规模投放，我国的人工鱼礁事业就此拉开序幕。

20 世纪 90 年代后期，近岸海域的可养殖水面近乎饱和，同时养殖品质及环境污染等问题日益突出，这表明单纯地依赖海水养殖作业并不能实现近海渔业的可持续发展。此外，底拖网等破坏性渔具对海洋生物资源的杀伤力进一步被渔业管理部门认清，在当时一大批报废渔船需要合理处置的情况下，沿海各地便利用废旧渔船的船体，改造成人工鱼礁进行投放，以阻止底拖网作业，从而达到保护生物资源及其栖息地生态环境、提高增殖放流效果的目的。因此，形成了以船礁为主要形式的人工鱼礁建设时期，为后续的人工鱼礁建设积累了宝贵的经验，但一部分人工鱼礁区也暴露出建设效率不高以及礁体掩埋、移位散架（稳定性较差）等工程问题。

进入 21 世纪，特别是 2006 年后，中央及地方进一步加大了对人工鱼礁建设的财政预算，我国人工鱼礁进入了规模化建设和快速发展阶段。目前，我国的人工鱼礁建设已经步入了规模化建设的阶段，对我国近海渔业的产业结构调整产生了积极而深刻的影响。

长江口邻近海域连接舟山渔场，是我国历史上重要的渔业区。该海域常年受大陆径流和沿岸流的控制，同时黑潮暖流的分支也从南向北对该区的外侧水域产生季节性影响。由于大陆径流携带的大量泥沙等悬浮物的存在，除暖流影响的特定季节和外侧海域外，该海域全年海水透明度一直处在低位或中低位，形成了以粉沙质泥为主的底质类型。从鱼类等生物对海域的利用模式看，该海域所占据的生态地位主要是以鱼类的洄游途径等形式体现；而在分布着一定数量和面积岛礁的水域，往往呈现出从岩礁岸线至外部泥地的鱼类生物量和多样性递减带。

从海域整体的渔业现状来看，由于该区域是许多经济鱼类繁殖和索饵的洄游区，使得其捕捞强度一直居高不下，其中最具代表性的是开阔水域的张网渔业，它们对洄游的产卵群体或育肥幼体产生极大的杀伤力。如长江口和钱塘江口的鳗苗网，在渔汛期成千上万地铺设于河口及外侧水域，不仅对洄游鳗鲡，也对其他鱼类的幼鱼产生了极大的破坏。其次是岛礁水域的刺网和钓捕渔业，有选择性地捕获大量成熟鱼类个体，致使局部典型岩礁鱼类的数量一直处在低位波动状态，有些种类如石斑鱼等近乎绝迹。以马鞍列岛为例，在 $280km^2$ 的核心区域，分布着大大小小 40 多个岛屿；2007 年该区有登记的 520 余艘 6～40hp* 的船只，其中 300 多艘常年从事岛礁水域的捕捞作业，这其中有近 200 艘小型渔船将其主要捕捞工具投向面积仅为 $5km^2$ 的岩礁生境，致使该类生境的一些典型鱼类一直处在高强度的开发利用状态，资源量逐年下降，尤其是鲷科和石斑鱼类，只能靠增殖放流维持一定的种群数量；其他渔船则通常在岛礁外围的硬质沙砾底质生境从事蟹笼和拖网作业，而在泥地水域鲜有作业。

针对长江口及其近外海的环境和渔业资源特点，以及渔业利用现状，如何在该海域建设人工鱼礁，才能使面积如此广大的海域不仅仅作为诸多种类的洄游途径之用，而且能使一些种类在该水域驻留更长时间，并提高其避敌效果和摄食概率，以维持一定的补充群体量，同时一定程度上可以阻止近岸水域张网作业的扩张；另外，如何保护有限的岩礁生境，使其中的代表种类免遭灭绝之灾，并提高岩礁生境外围泥地区域的生物产能和种类多样性，为更多的放流及土著种类提供栖息避敌之所，是该海域建设人工鱼礁的基本思路和攻关重点。本书在国家自然科学基金、国家高技术研究发展计划（"863 计划"）等项目以及沿海省市县渔业相关部门的支持下，通过团队的通力合作和辛勤工作，对该海域人工鱼礁建设相关的水文底质环境、礁体设计理论、技术研发应用、建设效果评价，以及礁区运营管理等进行了较为长期的探索与实践，并将成果汇集成书，在此谨表示衷心的感谢。

本书第一章重点提炼了长江口及其近外海的水环境和底质特征，第二章就该海域人工鱼礁建设的一些关键技术进行了归纳，第三章介绍了该海域一些重要生境如岛礁海域或功能水域（如海钓区等）的人工鱼礁建设案例，第四章分析了人工鱼礁建设的各种效果，第五章提出了长江口及其近外海人工鱼礁管理的若干建议。本书适合海洋生态

---

* hp（马力）为非法定计量单位，$1hp \approx 735.499W$。——编者注

与环境专业的本科生和研究生、海洋生态修复工程方向的科研人员及渔业管理部门参阅。

　　由于编著者水平有限，本书尚存诸多不足。我们真诚地希望本书的出版有助于我国近海特别是长江口近外海海域的人工鱼礁建设，为我国近海渔业资源的养护与增殖发挥积极作用。

2018 年 10 月

目　录

第一章
长江口近外海环境与渔业资源特征

　　长江是我国第一大河，流域总面积 180 万 km^2，占中国国土面积的 18.8%。长江流域，特别是长江三角洲地区是我国社会经济发展最为迅猛的区域。长江巨大径流带来的丰富营养盐使长江口附近海域成为高生产力海区，历史上形成了长江口渔场、舟山渔场、吕泗渔场、渔山渔场，以及舟外渔场等著名渔场。随着近几十年来海洋捕捞力量的过度投入，以及海洋污染和涉海工程等人类活动的影响，这些渔场的渔业资源不断衰退，以至于传统的大黄鱼、小黄鱼、带鱼、墨鱼等渔汛已消失无影，产卵场、育幼场、索饵场等栖息地破坏严重。本章主要介绍长江口及其邻近海域的环境和海底特征，以及渔业资源现状与保护措施，为了解渔业资源作为海洋中可以再生的生物资源，在该区域的繁殖、生长、摄食等行为活动与栖息地环境的密切关系，研发适合该海域的人工鱼礁建设相关技术提供有用的依据。

第一节　长江口近外海环境与海底特征

　　世界著名的大河如密西西比河、长江、珠江等，其河口海域因巨大的径流携带大量泥沙和营养物质入海而形成特殊的生态环境。自河口向海洋存在浊度锋、羽状（盐度）锋和营养盐锋，这些海洋锋的邻近海域往往是初级生产力高值区（彩图 1），并能形成良好的渔场。近 30 多年来的经济迅猛发展和快速城市化进程，导致工农业废水和生活污水排放不断增加，水体富营养化加剧，使得长江口外海区赤潮爆发频繁、发生规模扩大、危害程度加重，并进一步导致底层季节性低氧区每年都在长江口外海域大规模出现。环境的破坏加之过度捕捞等因素，导致长江口外海区的环境与生态严重失衡，海洋经济生物个体小型化、低龄化现象严重，昔日千帆云集的大渔场迅速衰落，甚至到了几乎无鱼可捕的地步。

一、长江口近外海富营养化与赤潮

　　长江的巨大入海径流是长江口外海主要的营养盐来源，每年约有 5×10^8 t 泥沙及大量污染物质被径流携带入海，其中作为浮游植物营养盐的 $PO_4^{3-} - P$、$NO_3^- - N$ 和 $SiO_3^{2-} - Si$ 年入海量估计分别高达 1.14×10^6 t、6.32×10^6 t 和 2.04×10^8 t。如此大量物质入海对长江口及其邻近海域理化环境造成的影响是巨大的，亦显著地影响了该海域浮游植物的种类组成、季节演替及数量动态变化。长江口海域已成为研究陆海相互作用的重要区域，长江冲淡水的扩展和咸淡水混合作用决定着长江口营养盐和浮游植物的分布。

　　关于本海域浮游植物群落的研究近年来有较多开展，各次调查结果从浮游植物种类和生物量均有不同。种类上以硅藻门和甲藻门为主，此外还包括少量绿藻门、金藻门、蓝藻门的浮游植物种类。栾青杉等（2010）认为长江流域近年来大型工程的兴建和工农业生产废水的大量排放，使得该水域的营养盐含量及其比例发生了很大的改变，水体的富营养化程度逐渐加重，浮游植物群落结构发生改变，除了硅藻藻华外，甲藻类的有害藻华出现频率增加，如米氏凯伦藻（*Karenia mikimotoi*）和东海原甲藻（*Prorocentrum donghaiense*）。

春、夏、秋季三季是长江口外海域浮游植物生物量较高的时期，相关的调查也多集中在这 3 个季节（表 1-1）。与大多数典型亚热带海域一样，长江口近外海域在 4—5 月和 8—9 月有两次水华期，也是赤潮高发期。历年的调查表明，除了少数赤潮发生期以外，长江口近外海浮游植物中硅藻的细胞丰度显著高于甲藻。

2005 年 9 月上中旬调查结果显示，硅藻和甲藻在总细胞丰度中的比例分别为 99.3% 和 0.6%，硅藻是长江口主要的浮游植物类群。硅藻占物种丰富度的 23.1%～100%，平均为 69.4%，占细胞丰度的 7.3%～100%，平均为 87.5%；甲藻占物种丰富度的 0～76.9%，平均为 25.4%，占细胞丰度的 0～92.7%，平均为 10.2%。浮游植物生态类型多为温带近岸种，少数为暖水种和大洋种。优势种为多尼骨条藻（*Skeletonema dohrnii*）、尖刺伪菱形藻（*Pseudo-nitzschia pungens*）、柔弱几内亚藻（*Guinardia delicatula*）、翼鼻状藻细长变型（*Proboscia alata* f. *gracillima*）、柔弱伪菱形藻（*Pseudo-nitzschia delicatissima*）等。

表 1-1　长江口近外海域夏季叶绿素 a 浓度资料

编号	区域	调查时间	叶绿素 a 均值（范围）（mg/m³）	方法	文献
1	长江口外海	2006 年 7 月	4.41（0.02～34.08）	细胞体积转换生物量	林军 等，2011
2	南黄海	2006 年 7—8 月	1.42（0.07～12.17）	荧光法	傅明珠 等，2009
3	长江口、济州岛邻近海域	1989 年 6—7 月	0.2～18.7	荧光法	柴心玉 等，1991
4	长江口及其外海	2005 年 9 月	1.39（0.21～3.01）	荧光法	宋书群 等，2009
5	长江口邻近海域	2002 年 8 月	3.94（0.10～24.21）	荧光法	周伟华 等，2004
6	长江口外海海域	2004 年 8—9 月	1.70（0.48～4.89）	荧光法	宋书群 等，2006

2006 年 8 月的调查也显示硅藻和甲藻是长江口外海域的主要浮游植物类群，硅藻门占物种总数的 55.2%，甲藻门占物种总数的 38.1%。长江口外海域浮游植物以温带沿岸性物种为主，在河道和口门附近出现个别淡水物种如绿藻门的单角盘星藻（*Pediastrum simplex*），河口半咸水种如颗粒直链藻（*Melosiragr anulate*）；受台湾暖流和黑潮的影响，在长江口外海域的东南部也出现少量暖水性物种。长江口浮游植物群集的优势物种为脆指管藻（*Dactyliosolen fragilissima*）和中肋骨条藻（*Skeletonema costatum*），中肋骨条藻为终年优势物种。

2009 年 4 月的调查结果显示硅藻在细胞丰度和物种丰富度上占有优势，浮游植物的生态类型主要以温带近岸种为主，优势物种为多尼骨条藻、具槽帕拉藻（*Paralia sulca-ta*）、菱形海线藻（*Thalassionema nitzschioides*）、尖刺伪菱形藻等，同时也出现少数的半咸水种和大洋种。

浮游植物生长的限制因子通常有光照、水温、盐度和营养盐等。光照条件取决于季节、纬度和海水的浑浊程度，决定了浮游植物的空间分布；水温是决定浮游植物生物量时间上周期变化的最主要因素；盐度的分布则决定了不同种类浮游植物因适盐性而导致的空间分布；而在大多数海域里，营养盐的时空分布与浮游植物生物量的关系最为密切。根据长江口外海区的温盐和悬浮物分布特征，其浮游植物生物量可大致划分为近河口区、冲淡水区、台湾暖流影响区和江苏外海4个特征分布区。

（一）浮游植物生物量与悬浮物和温盐分布的关系

长江口近外海的年平均表层水温为16~18.7 ℃，年平均表层盐度为12.8~32.5。长江口门到122.5°E以及杭州湾口到舟山群岛海域是长江冲淡水的主要扩展区。以2006年7月的调查资料为例，表层（3 m层）悬浮物浓度（图1-1）在0.01 kg/m³以上，同时对应的盐度小于24，这一低盐低透明度海域是中肋骨条藻的丰度高值区，另一细胞丰度优势种菱形海线藻，主要分布于122.5°E以东的相对高盐度、低浊度海域。近河口区呈现高温、低盐、高浊度和低生物量的特点。

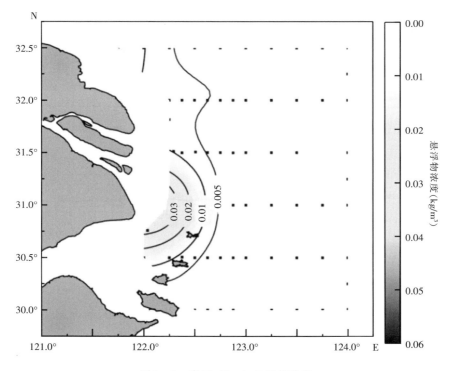

图1-1　表层（3 m）悬浮物浓度

夏季，长江冲淡水出口门后在夏季东南季风作用和陆架环流的诱导下，低盐水舌伸向东北，这种转向现象是夏季黄东海陆架一个突出的水文特征。2006 年 7 月调查（图 1 - 2）所得的表层盐度分布显示，当时的冲淡水转向这一重要水文特征尤为明显。朱建荣等（2003）认为径流量偏小使自口外水下河谷入侵的台湾暖流与长江径流汇合形成的羽状锋更强大，有效阻碍冲淡水向东扩展，从而有利于长江冲淡水朝东北偏北方向扩展。而 2006 年 7 月长江大通站的月平均径流量仅 37 300 m³/s，恰恰远低于 1999—2006 年近 8 年的 7 月平均值 49 200 m³/s。表层 1 m 盐度为 24 的低盐水舌扩展到了 32.0°N 以北海域。长江径流朝东北偏北方向扩展的趋势较强，对表层盐度和营养盐的分布有明显的影响。调查发现，大致在 1 m 层盐度为 26 的等盐线两侧或 3 m 层盐度为 28 的等盐线两侧的冲淡水区，浮游植物细胞体积转换生物量最高（叶绿素 a 浓度大于 4 mg/m³）。夏季陆地径流的水温较高，同时台湾暖流也具有高温高盐的特征，而 3 m 层温度分布显示长江口门和台湾暖流影响区之间存在一低温区，较两侧的水温低 1~2 ℃，另外江苏外海的水温也较低。由于斜压效应、正压效应、底 Ekman 效应和倾斜的地形相互作用，夏季长江口外水下河谷西侧以及吕泗沿海均

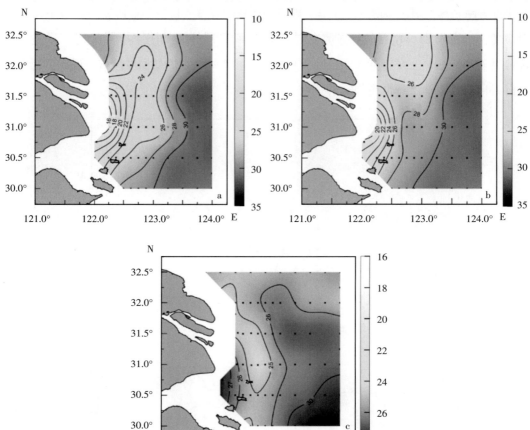

图 1 - 2　夏季表层 1 m 盐度（a）、表层 3 m 盐度（b）、表层 3 m 水温（℃）分布（c）

存在上升流。沿 31.0°N 断面分布的温度、盐度和密度垂向剖面（图 1-5）也显示此处存在明显的等温线、等盐线和等密度线上翘现象。上升流把深层的冷水带到表层的同时也成为重要的营养盐补充机制，冲淡水区呈现相对低温、低盐、低浊度和高生物量的特征。

此外，江苏外海呈现浊度较高（大于 0.05kg/m³）、水温较低、盐度相对冲淡水扩展区较高的特点，浮游植物生物量低于冲淡水区，但高于河口区和台湾暖流影响区。台湾暖流影响区则呈现明显的高温、高盐、低浊度和低生物量的特征。

由叶绿素 a 生物量对应 3 m 层的 S-T 图可知（彩图 2，数据量 $n=64$），生物量大于 4.0 mg/m³ 的高值区盐度范围为 26~30，平均值为 27.45，水温范围为 24~26.5 ℃，水温平均值为 25.66 ℃。

（二）营养盐限制分析

浮游植物利用水中的营养盐（氮、磷、硅）和 CO_2 通过光合作用合成有机物，是食物链中的初级生产者，其生产力直接或间接影响水域中其他生物的生产力。浮游植物的生长受到氮或磷等营养盐的限制，并且这种限制性在河口区存在着明显的空间变化和季节交替。研究发现，营养盐氮和磷的浓度从长江口到外海呈陡直下降趋势。胡明辉等（1989）研究了三角褐指藻等 4 种藻类生长所需最佳氮磷比值（N/P），并用该比值与长江口的 N/P 相比较，得出长江口浮游植物受磷限制的结论。Harrison et al（1990）认为，长江口区过高的 N/P 使长江口外海的浮游植物受到磷的限制，离河口 500 km 以上的区域则受氮的限制。调查表明，长江口近岸各测站的营养盐含量都很充足，不致成为浮游植物生长的限制因子。沈志良（1993）认为，透明度是近河口水域初级生产力的主要限制因素，营养盐对近河口区的初级生产力没有明显的限制作用。

关于长江口外海区浮游植物生长限制因子的研究较多。杨东方等（2006）根据 1985 年 8 月至 1986 年 8 月的调查资料研究表明，在长江口及其附近海域，磷并不是浮游植物生长的限制因子，仅靠氮磷比值来得到磷限制或氮限制的结论是不完善的。王保栋等（2003）根据 1998 年各季节的调查资料分析认为，硅不会成为黄海、东海浮游植物生长的限制因子，在南黄海南部尤其是西南部、东海近岸及长江口以东海域，一年四季均有过量无机氮存在，这部分海域中浮游植物的生长很可能是受磷的限制，而不是受氮的限制。赵卫红等（2004）的研究表明，在长江河口冲淡水区，磷是浮游植物生长的显著潜在限制因子；在离岸较远的远河口，氮是潜在限制因子；中间海域是磷和氮潜在限制过渡区，且硅和铁不是潜在限制因子。长江口外海域的营养盐主要来源于长江径流的陆源负荷，因此其水平分布主要受长江径流量的影响。当然，台湾暖流和苏北沿岸流对其分布也有较大的影响。蒲新明等（2000，2001）研究了长江口区浮游植物春秋两季的营养限制因子，加富实验证实了冲淡水区存在磷的限制，并认为可将长江口外海区划分为近河口区、冲淡水区、台湾暖流影响区和黄海沿岸流影响区。

一般的，在氮营养盐中，浮游植物优先选择吸收 NH_4^+ - N，其表层现存量分布呈明显的区域性：因低盐、高浊度（低光照）区的硝化作用强烈，近河口区 NH_4^+ - N 最低、冲淡水区较低、台湾暖流影响区较高、江苏外海最高。2006 年 7 月的调查结果（图 1-3）

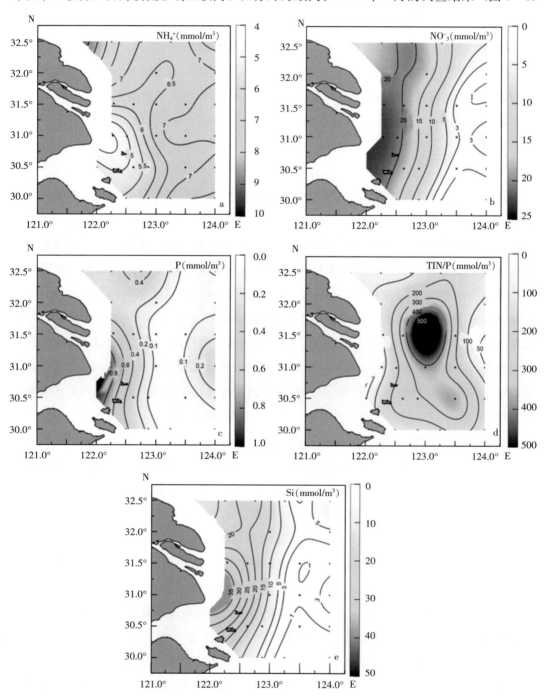

图 1-3 夏季表层 NH_4^+ （a）、NO_3^- （b）、P（c）、TIN/P（d）、Si（e）浓度分布

显示，$NO_3^- - N$ 含量在台湾暖流影响区较小，局部海域小于 1.0 mmol/m³，显示长江口海域的 $NO_3^- - N$ 及其新生产力主要来源于长江径流的陆源输入，但由于 $NO_3^- - N <$ 5.0 mmol/m³ 的海域 $NH_4^+ - N$ 的浓度普遍大于 6.5 mmol/m³，因此该海域不会有氮营养盐的限制。磷的浓度在近河口区最高，冲淡水区向海一侧最低，小于 0.1 mmol/m³，呈现明显的磷限制，磷营养盐短缺限制了高生物量区向东扩展。对比营养盐分布可以发现，细胞体积转换生物量的水平分布与细胞丰度水平分布相比，与营养盐的现存量具有更好的对应，即 $NH_3 - N$（河口区除外）和 P 现存量的低水平区对应高转换生物量区。TIN/P 的结果显示，冲淡水区相对生物量高值区磷的消耗很大，氮磷比高达 500，存在明显的磷限制。Si 与 $NO_3^- - N$ 浓度呈现类似的分布规律，即陆源输入、西高东低的特征，台湾暖流影响区部分海域低于 1.0 mmol/m³，成为硅藻类的潜在生长限制因子，此处硅藻类的转换生物量（叶绿素 a）低于 2 mg/m³，而甲藻类的转换生物量（叶绿素 a）达到 0.4～1.1 mg/m³ 的水平。

2003 年 6 月三峡工程蓄水后，长江口的营养盐分布发生了较多变化。Si：N 从 2002 年的 2.7 降低至 2006 年的 1.3，TN：TP 则从 22.1 上升至 80.3。2003 年后，浮游植物生长 P 营养盐的潜在限制区范围扩大，主要出现在盐度小于 30 的海域，且在 2005 年和 2006 年开始在盐度大于 30 的海域出现潜在的 Si 限制。从长江口外海区甲藻赤潮多发的趋势来看，Si 营养盐的含量减少可能导致硅藻比重的降低。有学者调查显示，长江口外海区浮游植物种群中，硅藻的比例从 1984 年的 85% 下降到了 2000 年 60%。盐度低于 30 的冲淡水区营养盐含量丰富，使这里成为高叶绿素 a 浓度分布区。而在盐度大于 30 的江苏外海和台湾暖流影响区，表层营养盐浓度较冲淡水区低得多，存在潜在的 P 和 Si 营养盐限制，因此表层的叶绿素 a 浓度较低。1959 年至 2003 年，长江冲淡水中 DIN 的含量增加了 1 倍，而溶解态 Si 的含量却减少了 100%。还有研究认为，东海（具齿）原甲藻可以忍受低营养盐环境并实现种群增长，而硅藻类的中肋骨条藻细胞增长需要较丰富的营养盐。盐度大于 30 的海域透明度相对较高，10～15 m 深处次表层水中的光强更适合光合作用最适光照强度较低的甲藻类的生存。可见在营养盐浓度相对低的次表层中叶绿素 a 的浓度主要由甲藻类浮游植物贡献。

（三）水体稳定度与生物量的关系

水体稳定度是影响浮游植物生长的重要环境因素。水华发生的初期，表层水体稳定有助于浮游植物在真光层内保持较高密度，有利于水华的形成；而当水体的营养盐储备消耗到一定程度后，水体稳定度高则不利于下层高营养水体向真光层内补充营养盐，不利于浮游植物生物量的持续增长。有学者采用势能异常系数（potential energy anomaly parameter，PEAP，单位为 J/m³）来表示水柱的垂向稳定度，其定义（Simpson and

Bowers，1981）如下：$\varphi = \dfrac{1}{h}\int_{h}^{0}(\bar{\rho}-\rho)gz\mathrm{d}z$，$\bar{\rho}=\dfrac{1}{h}\int_{h}^{0}\rho\mathrm{d}z$。其中 φ 为 PEAP，$\rho(z)$ 为水体垂向密度剖面，z 为所处水层，$\bar{\rho}$ 为垂向平均密度，h 为水深，g 为重力加速度。PEAP 为负值时，表明水体不稳定；为正值时，值越大表示水柱的层化越强烈，水体稳定度越高（Marie et al，2010；Fabienne et al，2002）。一般的，若 PEAP>180 J/m³，表示水平方向密度变化很大，此处存在锋面（Lewis，1997；Shi et al，2010）。2006 年 7 月的调查显示，夏季长江口外海域的水体稳定度参数 PEAP 平均值为 135.4J/m³，范围为 37.4～252.5J/m³，表明夏季长江口外海域具有较高的水体稳定度，尤其在冲淡水扩展区和台湾暖流区水体层化强烈（PEAP>150.0J/m³），近河口区和江苏外海水深一般<20 m，水体混合较好，层化较弱（PEAP<100.0J/m³）（图 1-4）。

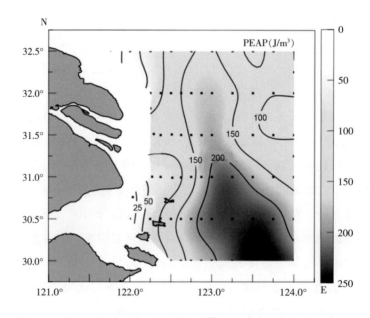

图 1-4　长江口海域 2006 年夏季的水体稳定度参数 PEAP 平面分布

为分析水体稳定度与浮游植物生物量的关系，以沿 31.0°N 断面的水体稳定度和浮游植物生物量为例来探讨。沿 31.0°N 断面的温盐、密度、悬浮物浓度的垂向分布表明（图 1-5），122.5°E 以西的近河口区垂向混合较好，呈现明显的低盐、高温、低密度、高浊度的特征，约 15 m 深度处存在温盐、密度和浊度的锋面，等温线、等盐线和等密度线倾斜分布。近河口区营养盐虽然丰富，但浊度高、层化较弱，因此此处的浮游植物生物量较低。122.75°E 与 123.5°E 之间的冲淡水扩展区水体层化最为强烈，且浊度相对低，来自长江径流营养盐补充相对丰富，同时此处也是相对的高生物量区。123.5°E 以东海域层化减弱，且此海域受营养盐限制，浮游植物生物量相对较低。

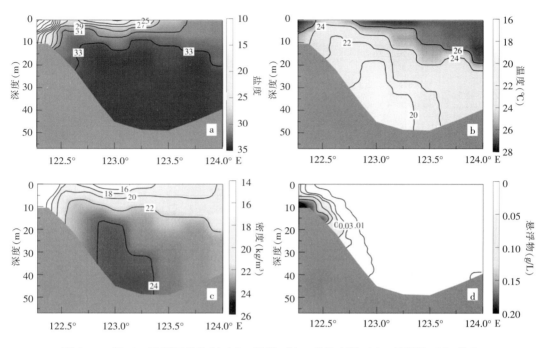

图1-5　沿31.0N断面的盐度（a）、温度（b）、条件密度（c）、悬浮物（d）分布

二、长江口近外海底层水季节性缺氧及其环境影响因子

由于大量陆源有机污染物和无机营养盐的排入，长江、珠江、密西西比河等大河口都存在着严重的季节性缺氧区。之所以呈季节性，是因为夏秋季温跃层形成后，叠加盐度跃层而形成了大河口在该季节的强烈密度跃层，此处的垂向混合弱；跃层还阻碍了海气相互作用对底层水的氧气补充，且能为赤潮藻类在富营养环境下的迅速生长提供有利条件，赤潮消退期死亡沉降的浮游生物分解耗氧加剧了底层水的缺氧现象。水体中的溶解氧（DO）浓度下降到一定数值时（即DO＜2 mg/L，62.5 μmol，1.42 mL/L，或约30%饱和度）被称为低氧水。长江口外海域底层至中层水体中季节性低氧现象的存在已是国内外海洋学界的共识，富营养化、有机质降解耗氧和水体层化是影响长江口水体DO分布的重要因素。长江口外海域历史上曾是我国陆架区的主要渔场。20世纪80年代后，舟山渔场等重要作业区的渔业资源日渐衰竭，固然与捕捞努力量过大有关，但经济发展所带来的大量排污，使长江口外海域低氧区的发生范围扩大、发生频度和严重程度增大，低氧环境对中底层水体中海洋经济生物，特别是仔稚幼鱼的影响也是不容忽视的。

在长江口外海域，底层水低氧、温盐、营养盐及叶绿素a等环境因素的分布密不可分，以下以2009年8月的调查资料（图1-6）来加以分析。

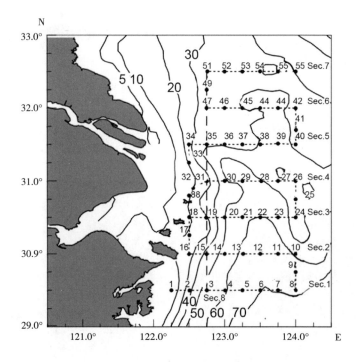

图 1-6 2009 年 8 月走航观测站示意

（一）叶绿素 a 浓度与 DO 浓度分布的对应关系

叶绿素 a 和 DO 浓度的水平分布分别如彩图 3 和彩图 4 所示。在表层（1 m），29.5°N 至 31.5°N、122.5°E 至 123.0°E 区域内存在一个叶绿素 a 浓度超过 10.0 mg/m³ 的高值区，且在 122.8°E（Sec. 8）断面处达到叶绿素 a 浓度最大值，并以 St3 和 St19 为两个高值中心，最高值为 53.6 mg/m³，位于两者之间的 St15 叶绿素 a 浓度相对较低。以往的现场观测和卫星遥感资料也证实了长江口外海区的叶绿素 a 高浓度区的存在，受环境因素（径流量、台湾暖流、风场等）的影响，历次观测的高浓度区位置及分布趋势均有所不同。这一区域以北及以东海域的叶绿素 a 浓度基本在 5.0 mg/m³ 以下。除 Sec. 2 西侧的 St16 和 St15 浓度较高外，其余 10 m 水层区域的叶绿素 a 浓度均在 5.0 mg/m³ 左右或以下；123.0°E 以东的大部分海域 10 m 水层叶绿素浓度大于 1 m 水层。

SeaWiFS 卫星的海面叶绿素 a 遥感资料常被用来监测和研究河口以及陆架海区有害赤潮的发生、验证与同化海洋生态模式以及评估初级生产力的水平。同期（8 月平均值）的 SeaWiFS 卫星遥感资料显示（彩图 5），调查所得表层叶绿素 a 浓度观测值（彩图 3a）的分布特征与由遥感卫星水色数据转化的表层叶绿素 a 浓度分布趋势、高值区范围等具有较好的对应。而表层水叶绿素 a 的高值区的底层则对应为低氧区（彩图 4b、c、d）。

垂向叶绿素 a 浓度分布（彩图 6）显示，Sec.1 至 Sec.5 冲淡水区的表层 10 m 深度内均存在叶绿素 a 浓度大于 10 mg/m³ 的高值区，最高浓度区一般处于 5 m 深度。Sec.2 处最大浓度区不是在 122.75°E 处，而在 122.5°E 即出现了最大叶绿素 a 浓度，叶绿素 a 浓度大于 10 mg/m³ 的高值区一直延伸到了底层近 25 m 深度处，且在 122.75°E 10 m 水深内仍为大于 10 mg/m³ 的高值区。Sec.6 和 Sec.7 处的水深为 40 m 左右，这两个断面处无明显的垂向分层现象，也无叶绿素 a 浓度大于 10 mg/m³ 的高值区，断面西侧 15 m 以内的叶绿素 a 浓度为 4 mg/m³ 左右。所有纬向断面（Sec.1～7）123.0°E 以东海域存在叶绿素 a 浓度为 4～6 mg/m³ 的相对高值区，它们不是出现在表层 5 m 水深内，而是在次表层的 10～30 m 水深处，这从垂向叶绿素 a 最高浓度所处水深的水平分布也可明显看到（图 1-7）。

表层（1 m）的 DO 从 4.79 mg/L 到大于 10.0 mg/L 不等，其分布与叶绿素 a 浓度分布具有良好的对应，叶绿素 a 高值区的表层 DO 浓度普遍在 7.0 mg/L 以上，最高达 8.0 mg/L 以上，两者呈良好的线性关系（图 1-8，$r^2=0.666$，$n=12$）。台湾暖流区表层 DO 浓度稍低，为 6.5 mg/L 左右。苏北沿岸流影响区的表层 DO 浓度最低，在 6.0 mg/L 以下。

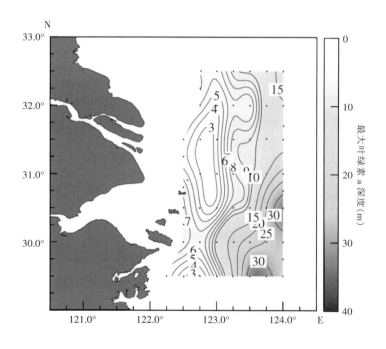

图 1-7　垂向叶绿素 a 最高浓度（mg/m³）所处水深的水平分布

长江口区和密西西比河口以及珠江口等冲淡水范围广大的河口一样，存在着季节性的低氧（DO<2.0 mg/L）现象（Rabouille，2008），以往的海洋调查已多次观测到长江口外海区次表层和底层水中存在着低氧区（Li，2002）。垂向 DO 分布显示（彩图 6），

Sec. 1、Sec. 2 和 Sec. 5 的表层叶绿素 a 高值区的下层水中存在着 DO 含量低于 2.0 mg/L 的低氧区，这一现象在 Sec. 4 处尤其严重，2.0 mg/L 的等值线上升至高叶绿素 a 浓度层的底部、水下 10 m 附近。本次观测所得的 DO 浓度最小值仅为 1.02 mg/L。表层浮游植物的沉降和死亡把大量颗粒态有机碳向底层输送，并在底层进行化学和生物氧化是形成底层水低氧区的主要原因（李道季等，2002）。海水的密度由盐度、温度及水深决定，由于长江径流的注入以及台湾暖流沿水下河谷爬升造成的海水上涌形成强的温盐跃层，密度跃层的存在阻碍了高叶绿素 a 浓度区向下层水空间的延伸，同时也限制了高含氧量的表层水与底层低氧水之间的混合交换。

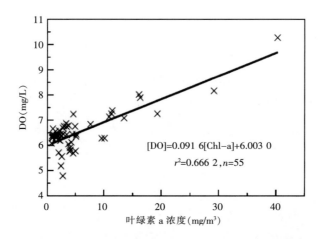

图 1-8　表层 1 m 处叶绿素 a 与 DO 值线性回归结果

垂向 DO 的分布与叶绿素 a 浓度的垂向分布亦有良好对应，除表层叶绿素 a 高值区具有高 DO 浓度、盐度跃层下即为低氧区等显著特征外，次表层具有相对叶绿素 a 高值的水层 DO 浓度比叶绿素 a 浓度较低的同水层区域要高。

（二）长江口近外海 DO 分布与水温、盐度、浊度的关系

长江冲淡水的扩展是影响长江口外海域盐度分布的重要因素，冲淡水在入海口向东北方向转向是夏季长江口外海最重要的水文特征。2009 年 8 月长江大通站平均流量 42 600 m³/s，接近大通站近 40 多年平均的 8 月份流量 43 000 m³/s。观测显示，2009 年 8 月末 9 月初的长江冲淡水朝东北偏东方向扩展的趋势更为明显（图 1-9），表层（1 m）盐度水平分布显示，32.0°N 处的表层（1 m）最低盐度仅为 31.0 左右，而盐度 26.0 等值线达到了 123.0°E 附近；底层盐度分布清晰地表明了台湾暖流底层水侵入长江口外海的情势。

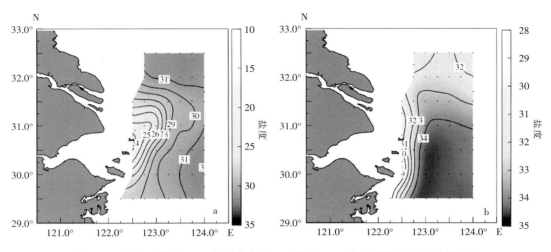

图 1-9　长江口外海 2009 年夏季表层 1 m 盐度（a）和底层盐度（b）水平分布

表层（1 m）水温的分布显示（图 1-10），122.75°E 西侧海域的水温要比东侧的台湾暖流控制区低 1～2 ℃。底层水温分布则显示，台湾暖流控制区的底层沿长江口水下河谷存在一个低温区，等温线的分布趋势接近等深线，最低温度低于 19 ℃，表底温差超过 10.0 ℃。

垂向盐度分布（图 1-11）显示，断面 1～5（Sec.1～5，下同）处均存在不同强度的盐度跃层，Sec.4（沿 31°N）处具有最强的垂向盐度梯度，而 Sec.6 和 Sec.7 则表底层盐度差异很小。以 Sec.4 为例，存在上下两个盐度跃层，上跃层处于 5～10 m 的水深，下跃层则处于 10～25 m 水深。可以认为，上盐跃层是由近期入海羽状径流形成的，而次盐跃层的形成则是长期的、季节性的咸淡水混合的结果。上盐度跃层的最东端则为水平方向的盐度锋面的位置。Sec.8 处的垂向盐度分布显示 30.5—31.5°N 的垂向盐度梯度最大。

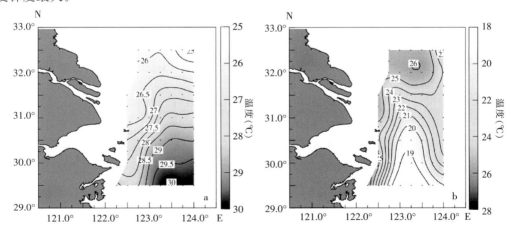

图 1-10　长江口外海 2009 年夏季表层 1 m 温度（a）和底层温度（b）水平分布

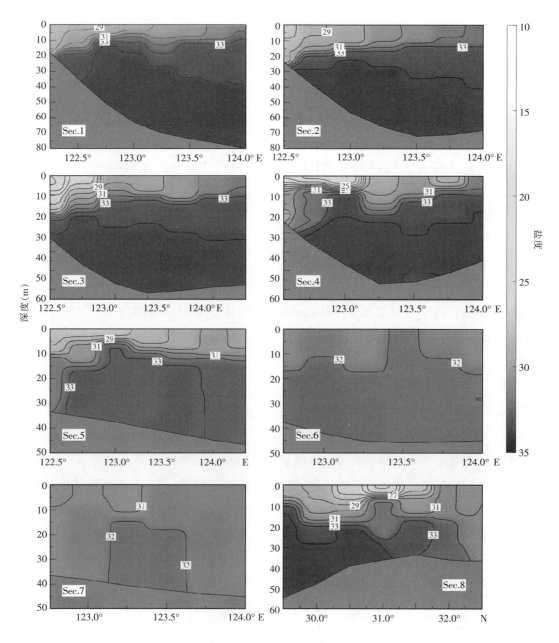

图 1-11　长江口外海 2009 年夏季调查各断面盐度垂向分布

　　垂向温度分布（图 1-12）显示，Sec.1～4 处均存在强烈的温度跃层，Sec.5 处的温度跃层相对减弱，而 Sec.6～7 则表底层温度差异很小。温度跃层的水层普遍较盐度跃层要深。由于双盐度跃层和温度跃层的存在，Sec.1～5 处海水层化强烈。调查海域北部的江苏外海（Sec.6～7）则表现为表底层温盐度接近，表明江苏外海（JSC）水的垂向混合良好。

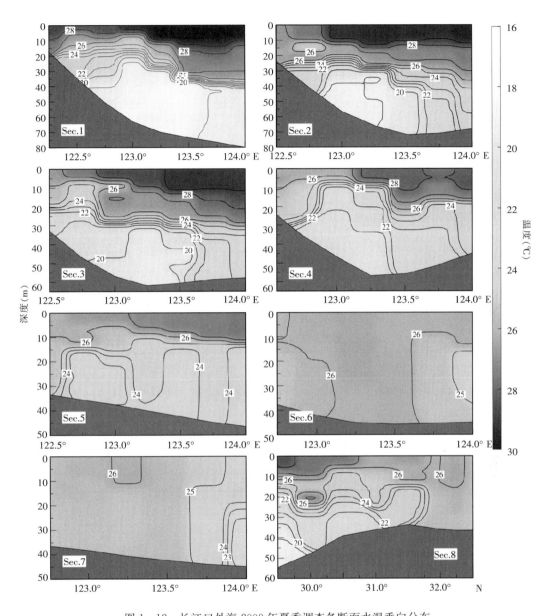

图 1-12　长江口外海 2009 年夏季调查各断面水温垂向分布

　　8 月中下旬是长江口外海域一年中表层水温最高的时间，台湾暖流影响区的表层（1 m）水温高于 28 ℃（图 1-10a）。台湾暖流沿 50 m 等深线在长江口水下河谷向北突入，在其西侧的冲淡水区存在低温区，水温为 26～27 ℃，且叶绿素 a 浓度高值区比同纬度东侧水温要低 0.5～1.5 ℃。NOAA-AVHRR 卫星提供的调查同期周平均的 SST 遥感资料（彩图 7）也显示这一海表低温区的存在。周围台湾暖流表层水和长江冲淡水的水温都较高，表明这一冷水区确实由该处的垂向对流带来，而不可能由海水平流引起。以往的调查也发现，由于斜压效应、正压效应、底 Ekman 效应和倾斜的地形相互作用，夏季的长江口外水下河谷西侧存在上升流。底层水温分布（图 1-10b）显示，长江口外水下河谷处存在一个最低水温仅为 20 ℃左右的低温区。此处中下层的海水是上升流区的"水源",保持了低温、低氧的特性,说明此处海水的垂向层化强烈,升温变轻、高含氧量的表层水稳定在表层,跃层的存在阻止了热量和 DO 向底层水的传输。

垂向的盐度(图 1-11)和水温(图 1-12)分布也显示,Sec.1 至 Sec.4 在 30 m 以下深度存在一个水温低于 22 ℃的底层高盐低温水区,由南至北冷水区的范围逐渐递减,至 Sec.5 处消失。此低温高盐的冷水区与上层相对高温低盐的长江冲淡水之间存在强烈的温盐和密度跃层。Sec.1 至 Sec.5 在 122.75°E 至 123.25°E 区域均不同程度上存在等盐度线和等温线上翘的现象,表明此处存在明显的上升流区,这一现象在处于水下河谷北端的 Sec.4 最为明显,22 ℃等温线上升至水面下 10 m 的深度。Sec.8 的垂向温度、盐度和密度分布显示,底层高盐冷水沿长江口水下河谷西侧也呈向北爬升的趋势,直至 31.5°N。长江口外海区的营养盐补充主要来自长江径流,因此各种营养盐浓度普遍存在西高东低的特征。浊度锋面向海一侧的表层营养盐浓度相对低盐度区要低,但由于光限制的解除使浮游植物具备了充分生长甚至爆发性增殖的条件。由于每年的 4 月至 9 月是长江口外海区浮游植物的相对茂盛期,表层营养盐的利用率较冬半年高。浮游植物高生物量的维持需要大量利用营养盐,势必造成局部海域表层营养盐的相对短缺,而上升流的存在能将真光层下的高营养水带到真光层中去,对维持和促进上层水的浮游植物生物量具有重要的营养补充作用。

悬浮物浓度是河口区除了温、盐之外,水团定义与区分的另一个重要标志。表层(1 m)悬浮物的调查结果显示,长江口区的西侧边缘,即 122.5°E 已位于浊度锋的边缘,最高悬浮物浊度仅为 5.0NTU(图 1-13)。浊度锋与距离长江口门的距离及水深分布有关,且

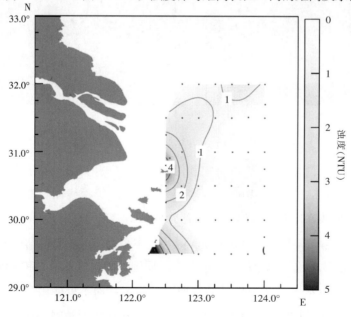

图 1-13　长江口外海域表层 1 m 层浊度分布

长江口近外海属于典型半日潮、中强潮海域，潮混合导致了长江口近外海水深小于 20 m 处普遍浊度高，且不易发生低氧。随着远离口门和水深的增加，悬浮物浊度沿向海方向逐渐递减，123.0°E 处浊度基本降为 1.0NTU 左右，31.5°N 以北海域也为 1.0NTU 左右。高营养盐海区的光限制一旦解除，在水温适宜的条件下，叶绿素 a 浓度将出现高值。舟山本岛以东海域（Sec. 2 西段）的悬浮物浓度较低，1.0NTU 等值线呈西撤态势，相比该海域南北两侧海域的悬浮物浓度都要低，这里的叶绿素 a 浓度分布也呈现了不同于南北两侧海域的特点，最大浓度并未出现在 122.75°E，而是更西侧区域。三峡大坝建成后长江径流量将趋于均匀，并使泥沙入海量大大降低，这导致浊度锋向含更高营养盐的冲淡水区西撤，使原本受光限制的海域更易发生赤潮现象，这也间接导致低氧区的西撤。

（三）DO 浓度与跃层及水体稳定度的关系

DO 浓度的垂向分布与叶绿素 a 浓度垂向分布和水体的跃层（垂向稳定度）有关。长江口海区春季真光层深度与表层混合层深度的平均比值为 1.2，而这个比值在夏季增大为 5.2，这说明夏季混合层变浅的程度远大于真光层的加深，表明长江口附近海域在夏季水体的垂向层化强烈。水体的垂向层化强烈影响了叶绿素 a（彩图 8）和 DO 浓度的垂向分布（彩图 9），也成为低氧区形成的重要原因。

密度跃层的垂向分布显示，Sec. 1 至 Sec. 4 在 123.0°E 以西，密度跃层主要由盐度跃层决定，123.0°E 以东的密度跃层向东逐渐分为两个，10 m 深处的盐度跃层和 25～30 m 深处的温跃层，两者之间存在一个厚度为 15 m 左右的中间水层，此中间水层为台湾暖流影响区的相对高叶绿素 a 浓度水层，其 DO 浓度明显高于西侧冲淡水区相同水深处（彩图 8）。Sec. 5 基本只在 10 m 深度附近存在一个密度跃层，而 Sec. 6 和 Sec. 7 表底层水混合良好，不存在密度跃层。综上所述，可以大致认为 123.0°E 以西海域的叶绿素 a 高值区位于表层水，即盐度跃层上方，而 123.0°E 以东海域的叶绿素 a 高值区位于次表层水，即温度跃层上方。次表层水中的叶绿素 a 高值区的深度与温跃层深度有关，Sec. 1 在 123.0°E 以东海域的温跃层深度约为 40 m 水层，其叶绿素 a 高值区位于 35 m 水层，而 Sec. 4 的温跃层深度较浅，位于 20 m 左右水层，其叶绿素 a 高值区则位于 15 m 水层。

线性回归结果表明，10 m 水层以上水体的稳定度（PEAP）与 10 m 水层 DO 浓度间存在较好的线性关系（$r^2 > 0.5$，图 1-14a，表 1-2）。20 m 和 30 m 水层结果较差，当尝试去除垂向混合良好的断面 Sec. 6 和 Sec. 7 的数据后，得到了较为理想的线性回归结果（图 1-14b、c）。可以认为，当 PEAP 大于某一个定值时（约 $>100J/m^3$），20 m 以深水层的 DO 浓度值与 PEAP 之间存在较好的线性关系。

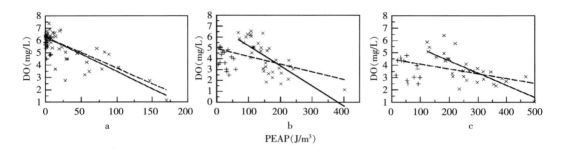

图 1-14　不同水层 PEAP 与 DO 浓度线性回归结果

a. 10 m　b. 20 m　c. 30 m

实线为所有站点数据的回归结果，虚线为除去断面 Sec. 6 和 Sec. 7 数据（图中"＋"所示）的回归结果

海洋学研究中一般采用表观耗氧量（Apparent oxygen utilization，AOU）用来表征海水的缺氧程度。AOU 的计算公式为：$AOU = C_{O_2}^s - C_{O_2}$，此处 $C_{O_2}^s$ 为 101.325 kPa 气压和 100% 湿度下的饱和含氧量（文中采用 CTD 配套软件计算所得饱和溶解氧浓度），C_{O_2} 为 CTD 测得的局地 DO 浓度。

表 1-2　PEAP 与 DO 关系的线性拟合

水层	数据站点	数据量	r^2	回归式
10 m	所有站点	54	0.559 1	DO＝−0.025 4PEAP＋6.062 7
	除断面 6 和 7	40	0.625 7	DO＝−0.028 1PEAP＋6.294 9
20 m	所有站点	49	0.162 8	DO＝−0.007 1PEAP＋4.927 4
	除断面 6 和 7	35	0.550 7	DO＝−0.018 5PEAP＋7.045 2
30 m	所有站点	43	0.192 7	DO＝−0.003 9PEAP＋4.475 2
	除断面 6 和 7	30	0.584 9	DO＝−0.009 9PEAP＋6.330 2

　　对 2009 年 8 月的观测区域进行水平精度 0.05°×0.05°网格化划分，采用双线性插值法对不同水层的海水 DO 和 AOU 值进行插值，垂向精度取为 0.5 m。由此分析得到了 DO 小于 2.0 mg/L、2.5 mg/L、3.0 mg/L 缺（低）氧区的面积、体积和缺氧层厚度以及 AOU 值（表 1-3）。本次观测结果所显示的缺氧程度小于李道季等 1999 年 8 月 20—30 日所做观测的值。大面积 DO＜3.0 mg/L 的低氧区的存在，说明近年来长江口海域海水的缺氧状况仍不容乐观。

表 1-3　长江口外海域缺氧区的参数

参数	<2.0 mg/L		<2.5 mg/L	<3.0 mg/L
	林军，2011	李道季 等，2002		
缺氧区面积（km²）	3 735	13 700	9 878	24 047
缺氧区体积（km³）	88	—	217	506
平均缺氧层厚度（m）	23.6	20	21.9	21.1
表观耗氧量 AOU（×10⁶ t）	0.49	1.59	1.11	2.35

　　AOU 表层值如同 DO 的分布一样受表层叶绿素 a 浓度的控制，叶绿素 a 高值区的 AOU 很低，甚至为负值（图 1-24a）。类似于 DO 和 PEAP 的关系（表 1-3），10 m、20 m 和 30 m 水层的 AOU 值与 PEAP 值之间也存在很好的对应关系（彩图 10b、c、d），即 10 m、20 m 和 30 m 水层以上的水体的层化程度与水层相应的缺氧程度密相关，10 m 水层开始，低氧区水体就出现了 AOU 大于 5.0 mg/L 的情况。

（四）长江口近外海叶绿素 a 和 DO 分布的动力学机制

　　温盐、表层浊度的分布表明，长江口外海域的叶绿素 a 浓度可分为 4 个特征区（彩图 11），即：①水温大于 22 ℃、盐度低于 30、表层浊度 1～3 NTU、高度层化的长江冲淡水扩展区（CDW），浊度锋向海侧为表层叶绿素 a 浓度高值区（区域Ⅰ）；②水温 18～30 ℃、盐度大于 30、表层浊度<1 NTU、高度层化的台湾暖流区（TWC），表层叶绿素 a 浓度低，相对高值区位于次表层（区域Ⅱ）；③表底层混合良好、水温 24.0～26.5 ℃、盐度 30～32.5、表层浊度 1 NTU 左右的江苏外海（区域Ⅲ），叶绿素 a 浓度也相对较低，20 m 深度以浅 2～6 mg/m³；④表层浊度大于>4 NTU 的近岸高浊度、层化、低叶绿素 a 区（区域Ⅳ）。

　　影响长江口外海区的关键物理过程主要是长江冲淡水、台湾暖流、沿岸流和锋面。夏季，长江冲淡水在入海口，先向东南方向运动，随后在 122°E 长江口外海区受关键物理过程影响很快转向东北济州岛方向，在与外海水交汇过程中形成了羽状锋。高温高盐的台湾暖流向东北流动，它的一部分沿长江口外的水下河谷朝西北长江口方向流动，并在水下河谷形成上升流，它是长江口外底层高盐水的来源，也是冬夏季始终存在的环流特征。在长江口外的苏北沿岸流，具有低温、低盐、低透明度和冬强夏弱的特征。台湾暖流携带的高温、高盐水沿水下河谷流到长江口外，在环流和混合的作用下流入长江河口，加上冲淡水的扩展、沿岸流以及夏季高温不利对流产生等因素，使长江河口存在明显的层化现象，包括温盐跃层和垂向表底水流的强烈剪切现象。综合地形、水团、温盐和浊度及其锋面，以及跃层和水体稳定度等环境因子的分析，可分析得到夏季长江口近外海

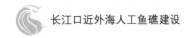

叶绿素 a 和 DO 分布的动力学机制（彩图 12）。

近 30 年来中国经济增长和城市化的高速发展，使长江流域和江浙沪沿岸的大量营养盐和污水排放进入长江口外海域，加剧了沿岸海域赤潮发生的频率、规模和持续时间。因此，必须对营养盐和污水的排放进行严格控制。构成海洋叶绿素 a 浓度的主要浮游植物硅藻和甲藻对营养盐的需求有差异，最适生长的光照强度和水温也各异。赤潮的发生具有突发性和爆发性，目前的科学技术水平还很难对赤潮的发生进行准确预报。发生在海面的赤潮能被遥感卫星、航空摄影等手段观测到并进行评估和警报，而发生在次表层水中以甲藻类为主的赤潮则具有隐蔽性，很难被目前的监测手段发现，其危害性更大。

底层水缺氧现象在全世界各海洋生态系统中普遍存在，其形成机制又不尽相同，时间上或持续性存在或为周期性和季节性，但总是伴随着大量营养物质和有机质的排放入海而发生。长江口及其邻近海域的季节性缺氧现象与长江径流携带入海的大量 BOD 和 COD 物质，以及大量营养盐导致的高初级生产力有关，在夏季层化强烈的水体中，中底层海水中氧气的大量消耗造成了季节性缺氧现象。当然，长江口及其邻近海域的缺氧现象与多种生物、化学和物理过程相关，其形成机制较为复杂，还需要更多的多学科综合观测和海洋生态动力学模式（含水质-DO 模型）等手段进行综合应用的研究。今后，若能在底质适宜的长江口外开阔海域，建设大型上升流型人工鱼礁区，可促进表底层海水的混合，有效抑制底层水缺氧现象，改善底栖生态环境，将有助于增殖和恢复渔业等水生生物资源。

综上所述，长江口近外海叶绿素 a 浓度和 DO 浓度的分布态势是复杂的生物、化学和物理动力过程等综合作用的结果，需要加强多学科的现场观测，结合应用海洋生态动力学模式做进一步深入的研究。

三、长江口近外海底质与地形

长江口外海区受复杂海底地形、巨量径流、季风、陆架环流的影响，动力过程十分复杂。海域底质以泥、泥沙和粉沙为主。

人工鱼礁区建设要考虑初级生产力和当地渔业资源现状等生物因素，也要考虑沙含量与黏土含量百分比、底质类型、沉积物中值粒径等底质现状、透明度、水深等水文资料流场、营养盐、水温、盐度和密度等非生物因素。综合考虑以上生物因素和非生物因素可判断海域是否适合鱼礁区建设，以及适合何种鱼礁建设。鉴于目前我国近海人工鱼礁建设中最大的问题是礁体的沉降、掩埋乃至最后完全灭失，且长江口近外海有长江巨大径流的营养盐输入，在透明度良好的条件下，初级生产力普遍较高，因此海域水深（彩图 13）、底质类型是人工鱼礁区建设需要考虑的首要条件。

目前，我国的人工鱼礁区建设水深一般为 5～40 m，以 10～30 m 为主。这一水深的底质通常均要受到大风暴时波浪的作用，加上平时潮流的冲刷作用。因此，人工鱼礁建设区需要避免流速特大的潮流通道，以及底质为可流动沙丘（沙含量超过 50%）的海域。这也是目前大多数的东海人工鱼礁区在岛礁周边的主要原因之一，除了扩展岛礁生境、增殖恋礁型鱼类外，岛礁周边有基岩支撑、底沉积层厚度有限（鱼礁即使有限沉降后，也能得到基岩的承载力支撑）。然而，岛礁周边海域面积毕竟有限，今后大规模人工鱼礁区的建设势必要在沉积层厚度超过礁体高度的海域进行。

底质类型的分类可分为谢帕德（Shepard，1954）和福克（Folk，1970）两种分类法。谢帕德分类是个纯粹的描述性分类，三角图的三个端元完全等价，可以进行沉积物的客观描述（图 1 - 15）。但是，它既没有考虑沉积物的运动特性，也没有考虑它们在输运方式上有任何的不同，也就没有任何动力学意义或环境学意义。

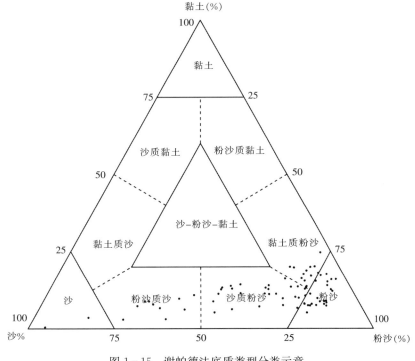

图 1 - 15　谢帕德法底质类型分类示意

福克沉积物结构分类也是在不同沉积物组分比值的基础上建立起来的，含沙（粒径>2 mm）和不含砾的沉积物分别用两个三角图进行分类。沉积组分的粒级划分根据 Udden-Wentworth 粒度划分标准，也可以用 φ 粒级来表示。福克的无砾沉积物三角分类图解如图 1 - 16 所示，3 个端元分别代表沙、粉沙和黏土。首先根据沙含量 90%、50%、10% 的平行于沙端元对边的平行线将沉积物分成 4 类；再根据粉沙/黏土比 2∶1 和 1∶2 的比值，将每大类划分成 3 个类型，借此将沉积物分为 10 类。沙/泥为 1/9，即沙质含小于 10%，泥质含量大于 90% 的分类界线称为泥线（mudline）。福克分类中，

3个端元的地位不是等价的。在沙/泥沉积物的分类中，首先加以考虑的是沙/泥比。福克分类的一级分类界线都是平行于沙端元对边的平行线，皆为等沙/泥比线。沙是推移组分，泥是悬移组分，二者的比值是介质动力学性质的反映。其次是考虑粉沙和黏土的比值。福克的二级分类界线都是通过沙端元的放射线，皆为等粉沙/黏土线。粉沙是递变悬浮组分，黏土是均匀悬浮组分，二者的含量和比值反映介质的混浊度。将沙/泥比和粉沙/黏土这两个参数结合起来，就可以科学地反映沉积区的动力学条件，并进而推断沉积环境。

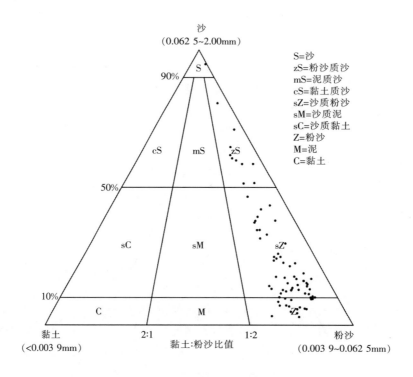

图1-16 福克法底质类型分类示意

以长江口外海的嵊泗马鞍列岛海洋牧场为例，2016—2017年开展的马鞍列岛海域海底四次底质大面积调查（图1-17）及其底泥沉积物样品的粒度分析结果表明，根据谢帕德沉积物粒度分类方法（沙0.062 5～2 mm，粉沙0.003 9～0.062 5 mm，黏土<0.003 9 mm），马鞍列岛调查海域底质沉积物，西侧以黏土质粉沙、粉沙和沙质粉沙为主，东部海域则以粉沙质沙为主，以及少量的沙质（参见图1-15）。同样，按照福克法分类，嵊泗马鞍列岛及其东部海域的底质也以粉沙、沙质粉沙和粉沙质沙为主，以及少量的沙质站点（参见图1-16），但福克法可从动力学上给出更多的信息：约1/3测样位于泥线以下；所有站点的黏土：粉沙比小于1/2；超过2/3测样的沙/泥小于50%。说明马鞍列岛及其以东海域以粉沙质递变悬浮组分为主，含少量的黏土质均匀悬浮组分，东部海域有少量站点以沙质推移组分为主。

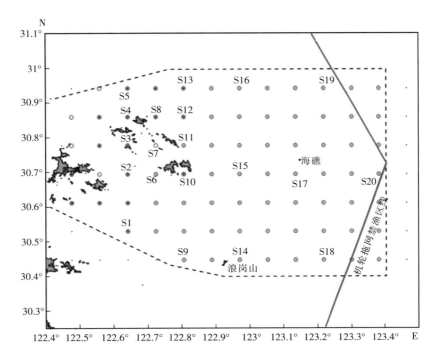

图 1-17 嵊泗马鞍列岛及其东部海域底质调查站点

通过进一步分析表层沉积层和柱状沉积样的天然状态下的物理指标，包括粒径、含水率、密度、容重、饱和度和孔隙比等，分析沉积样的液限和塑限，结合沉积样的直剪试验和固结试验，可计算沉积样的承载力，以指示礁体的设计，在沉积样和礁体承载力之间达到平衡。通过礁体优化设计使礁体重量-触底面积之间的数量关系达到最优匹配时，可以最大限度减少礁体的下陷，且有限的下陷使礁体具有良好的抗滑移性。海底沉积物的天然含水量与贯入阻力之间存在着较强的线性负相关关系，即随着天然含水量的不断增加，海底沉积物的贯入阻力值逐渐降低。鱼礁的投放相比于贯入试验，投礁时鱼礁越重，对其底质要求的承载力就越大。如表 1-4 所示，嵊泗马鞍列岛海域底质柱样的物理特性和力学指标测试分析结果表明：底质含水率（孔隙率、孔隙比）与沙含量和中值粒径呈正线性相关，与粉沙和黏土含量呈负线性相关。底质承载力（抗压强度、抗剪强度）与含水率（孔隙率、孔隙比）、沙含量和中值粒径呈负线性相关；与粉沙和黏土含量呈正线性相关。因此，投礁需优先考虑底质含水率较小的区域。

表 1-4 马鞍列岛海域底质物理与力学参数相关性分析

r	沙	粉沙	黏土	中值 (0.5μm)	含水率 (w,%)	孔隙比	孔隙率	贯入强度	抗剪破坏强度
沙	1.00	−0.98	−0.77	0.89	0.62	0.66	0.66	−0.51	−0.51
粉沙		1.00	0.63	−0.82	−0.65	−0.71	−0.72	0.54	0.48
黏土			1.00	−0.87	−0.32	−0.31	−0.28	0.26	0.43

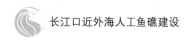

（续）

r	沙	粉沙	黏土	中值 （0.5μm）	含水率 （w，%）	孔隙比	孔隙率	贯入强度	抗剪破坏 强度
中值（0.5μm）				1.00	**0.34**	**0.50**	**0.49**	**−0.35**	**−0.46**
含水率（w，%）					1.00	**0.79**	**0.79**	**−0.73**	**−0.64**
孔隙比						1.00	**0.99**	**−0.65**	**−0.61**
孔隙率							1.00	**−0.63**	**−0.58**
贯入强度								1.00	**0.64**
抗剪破坏强度									1.00

注：表中粗体部分 $P<0.05$。

　　以嵊泗马鞍列岛人工鱼礁区为例，2016 年 7—8 月，开展了拟投礁海域的浅地层剖面仪扫描，抓斗和柱状沉积样采集，以及同步的潮位观测等。图 1-18 所示为浅地层剖面仪对声学反射信号分析后所得的典型浅地层剖面结构图。如图所示，在测线的前段，清晰可见水下暗礁及其岩层结构，冲刷形成的深槽区无明显表层沉积层存在的迹象，另一侧表层沉积层向东逐渐增厚至 5 m 左右。彩图 14 所示为浅地层剖面仪所测经自动和人工判读所得的表层沉积层厚度分布。浅地层剖面数据经底泥抓斗和柱样采集进行了验证。对柱状泥样每隔 10 cm 进行取样，经激光粒度仪对泥沙粒径进行分析，得到柱状样的垂向平均的粒径分布特征，本海域的底泥粒径以粉沙为主，除表层浮泥外，一般含水率较低、较硬实、承载力较高。同时，结合抓斗采泥和柱状底质样本，利用底泥含水率、粒径、砝码沉降实验和泥样贯穿力测量综合研究手段，评测海域底质的承载力，为礁体自重和触底面积的平衡设计提供科学依据。

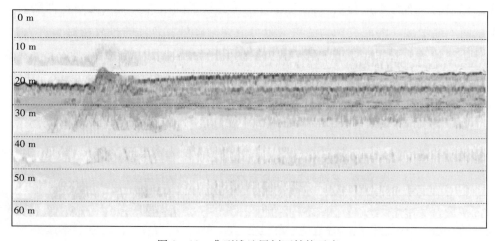

图 1-18　典型浅地层剖面结构示意

　　如上所述，马鞍列岛泥地生境的底泥以粉沙和沙质粉沙为主，这也是长江口近海的最典型底泥构成。粉沙底质具有较好的承载力，通过礁体优化设计使礁体重量-触底面积之间的数量关系达到最优匹配时，可以最大限度减少礁体的下陷，且有限的下陷使礁体具有良好的抗滑移性。长江口近海在进行人工鱼礁区选址时，要充分开展底质的调查，要避开以沙为主的海底，选择承载力优良、含粉沙质比例高的底质；要选择表层浮泥薄，终年水体透明度较高的东侧海域，这些海域的年均自然沉积量较低，且具有相对较高的初级生产力。

为减缓礁体沉降，礁区建设需在底泥较薄或承载力较高的海域进行，礁体设计时考虑礁体总重和底质承载力之间的平衡。为防止礁体投放后在短期内沉降，考虑礁体增设底板来增加承重，以满足底质的承载要求，并保留较大冗余量。按照《建筑地基基础设计规范》（GB 50007—2011）中的下式计算：$f_a = M_b rb + M_d r_m d + M_c c_k$，$c_k$ 为基础底下 1 倍短边宽度的深度范围内土的黏聚力标准值。b 为礁体底面宽度；礁体基础埋置深度 d 可设为礁体棱柱的边长，r 与 r_m 取天然泥沙的平均容重 $2.65\mathrm{g/cm^3}$；记 $f_b = M_b rb + M_c c_k$，即考虑礁体的底面结构宽度，而不考虑礁体下陷产生的阻力；若记 $f_c = M_c c_k$，则不考虑礁体的底面结构宽度的影响，也不考虑礁体下陷产生的阻力。由以上分析和结果可知 $f_c < f_b < f_a$，因此，需要在礁体设计时要求满足 f_c 可为设计要求保留冗余。M_b、M_d、M_c 为承载力系数（表 1-5），与内泥样的内摩擦角有关。

表 1-5　承载力系数

土的内摩擦角标准值 ϕ_k（°）	M_b	M_d	M_c
0	0	1	3.14
2	0.03	1.12	3.32
4	0.06	1.25	3.51
6	0.1	1.39	3.71
8	0.14	1.55	3.93
10	0.18	1.73	4.17
12	0.23	1.94	4.42
14	0.29	2.17	4.69
16	0.36	2.43	5
18	0.43	2.72	5.31
20	0.51	3.06	5.66
22	0.61	3.44	6.04
24	0.8	3.87	6.45
26	1.1	4.37	6.9
28	1.4	4.93	7.4
30	1.9	5.59	7.95
32	2.6	6.35	8.55
34	3.4	7.21	9.22
36	4.2	8.25	9.97

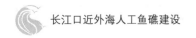

第二节　长江口近外海渔业资源现状与保护措施

当今世界渔业正发生着深刻而广泛的变革，同时也面临着前所未有的机遇和挑战。20世纪90年代以来，世界渔业的发展受到下列问题的严重制约，一是海洋环境与生态受损严重；二是海洋生物资源特别是经济种类衰退加剧；三是近海及传统渔场范围不断减少；四是水产养殖品质退化；五是远洋渔业发展受到入渔和配额等种种制度的限制。这些问题在渔业发达国家和渔业发展中国家均不同程度得以体现，并最终造成一系列的社会经济问题。我国因特殊的国情背景和渔业管理体制的影响，渔业发展中的类似问题尤为突出。以长江口近海渔场和临近的舟山渔场为例，传统的大小黄鱼、带鱼和墨鱼渔业资源严重衰退，作业渔场底栖生物环境因污染和底拖网作业严重荒漠化。

渔业资源是可再生的资源，但过度捕捞会造成渔业资源的枯竭，造成渔业生产的崩溃。为了保护渔业资源和渔民的长远利益，多年来，我国各级人民政府和渔业行政主管部门采取了许多保护渔业资源的措施，如建立禁渔区和禁渔期、控制捕捞强度、进行作业结构调整等。这些措施对于保护渔业资源发挥了一定的作用，但由于多种原因，上述措施的施行效果并不十分理想。

一、传统渔业资源及作业渔场退化

长江口近海有长江、钱塘江两大江河的冲淡水注入，东边有黑潮暖流通过，北侧有苏中沿岸水和黄海冷水团南伸，南面有台湾暖流北进，沿海有舟山群岛众多的岛屿分布，营养盐类丰富，有利于饵料生物的繁衍。长江口近海分布着我国两大重要渔场——长江口渔场和舟山渔场。

长江口渔场历史上是东海带鱼主要产卵场之一，夏秋季鲐、鳀等中上层鱼类成鱼和幼鱼主要索饵场，是底拖网作业的良好区域，成为全国最著名的渔场。该海区重要的作业类型还有灯光围网、流刺网和帆张网等。主要捕捞对象带鱼、小黄鱼、大黄鱼、绿鳍马面鲀、白姑鱼、鲳、鳓、蓝点马鲛、鲐、鳀、海蜇、乌贼、太平洋褶柔鱼、梭子蟹、细点圆趾蟹和虾类等。

与长江口相邻接的舟山渔场是我国最大的近海渔场，自古以来因渔业资源丰富而闻名，地处东海，是浙江省、江苏省、福建省和上海市渔民的传统作业区域，与苏联的千岛渔场、加拿大的纽芬兰渔场、秘鲁的秘鲁渔场、英国的北海渔场等齐名，其大黄鱼、小黄鱼、带鱼和墨鱼（乌贼）四大传统渔汛曾经支撑着我国海洋水产品的

40％以上。舟山渔场是众多的经济鱼虾类的产卵、索饵场所，中国沿海冬季群众渔业规模最大、产量最多的带鱼渔场，是底拖网作业的良好区域，成为全国最著名的渔场。

据统计，舟山渔场共有鱼类 365 种。其中属暖水性鱼类占 49.3％，暖温性鱼类占 47.5％，冷温性鱼类占 3.2％；虾类 60 种，蟹类 11 种，海栖哺乳动物 20 余种，贝类 134 种，海藻类 154 种。主要捕捞对象，鱼类有大黄鱼、小黄鱼、带鱼、鳓、银鲳（鲳扁鱼，当地名，下同）、海鳗（鳗）、蓝点马鲛（马鲛）、黄姑鱼（黄婆鸡）、白姑鱼、褐毛鲿（毛常）、棘头梅童（大头梅童）、石斑鱼、鲉（青鲉）、蓝圆鲹（黄鲇）、舌鳎、绿鳍马面鲀（马面鱼）、虫纹东方鲀、红鳍东方豚（河豚）、鲻、鲥、黄鲫、鲹、鲩（烂船钉）、沙丁鱼、龙头鱼（虾潺）、白斑星鲨、双髻鱼、扁鲨、犁头鳐、弹涂鱼等。甲壳类有三疣梭子蟹、哈氏仿对虾（滑皮虾）、鹰爪虾（厚壳虾）、葛氏长臂虾（红虾）、中华管鞭虾（大脚黄蜂）、中国毛虾（糯米饭虾、小白虾）、日本对虾（竹节虾）、细螯虾（麦秆虾）、鲜明鼓虾（强盗虾）等。头足类有曼氏无针乌贼（墨鱼）、中国枪乌贼（踞贡）、太平洋褶柔鱼（鱿鱼）等。腔肠类有海蜇等。由于长期来的滥渔酷捕和海洋污染，渔业资源遭受了严重的破坏，当地政府为此宣布实施舟山渔场振兴计划。

根据 2012 年 8 月（夏季）和 11 月（秋季）、2013 年 1 月（冬季）和 5 月（春季）长江口及其邻近海域的渔业底拖网调查数据，孙鹏飞等（2015）的调查共捕获渔业种类 114 种，隶属于 17 目 66 科 89 属，其中鱼类 12 目 36 科 50 属 58 种，鲈形目种类最多（26 种），甲壳类 2 目 25 科 33 属 49 种，头足类仅 3 目 5 科 6 属 7 种。长江口及其邻近海域渔业资源优势种季节更替明显，仅龙头鱼（*Harpodon nehereus*）为全年优势种。秋季，平均单位网次渔获量最高（29.20kg/h），春季（17.95kg/h）高于夏季（14.60kg/h），冬季最低（10.15kg/h），各季节均以底层鱼类和甲壳类为主，中上层鱼类渔获量仅春季较高，占总渔获量 20.1％。20 世纪 90 年代各时期长江口水域拖网生产的渔获物中，鱼类占 92％以上，头足类和甲壳类所占的百分比较小，分别在 8％和 1％以下。每个时期的拖网生产的种类数基本相当，都为 40 种左右；同一时期的不同季节和各季节的不同时期间的种类数均有明显的变化。随着时间的推移，长江口水域拖网渔获物优势种类的组成发生了一定的变化。从 90 年代初期到末期，大部分传统优势种的渔获比例相对稳定，某些优势种的渔获比例有较大的波动或急剧减少，小型低质鱼种的渔获比例和种数增加。对带鱼、小黄鱼的体长组成结构分析表明它们的群体从 20 世纪 80 年代开始趋于明显的小型化，到 21 世纪初时的小型化程度已经相当严重（李建生等，2005）。

此外，200 n mile 专属经济区制度的实施，使我国在东、黄、南海失去相当大范围的传统作业渔场，大量渔船不得不退回近沿海渔场，这进一步加大了近沿海渔场资源捕捞和生态承载压力。渔业的生存和发展空间受到制约，广大沿海渔民的生活面临严重影响。此外，海水养殖业得到快速发展的同时，也带来了环境、病害、养殖产品质量下降及食

用安全等问题。同时，随着围垦、临港工业等产业的发展，养殖用海空间也不断紧缩。新世纪的海洋渔业发展形势十分严峻，如何运用现代化的技术手段和管理理念，可持续发展新形势下的渔业产业成为海洋与渔业管理部门关注的重点和面临的难题。以人工鱼礁建设为主要内容的海洋牧场事业由此得到重视且日益兴盛。

二、长江口近外海渔业资源保护措施

为保护近海渔业资源，国家有关部门制订和出台了众多政策和措施，包括划定机轮拖网渔业禁渔区线、规定休渔期、削减马力指标（控制捕捞强度）、规范作业方式和网目大小以及投放人工鱼礁等。

早在1955年国务院就发布了关于渤海、黄海及东海机轮拖网渔业禁渔区的命令，规定禁渔区线由17个基点的连线构成。后几经增加基点，目前从北往南全国机动渔船拖网禁渔区线为40个基点的连线。1981年起所有机动底拖网渔船都不得进入上述禁渔区线内作业。划定机轮拖网渔业禁渔区线对维护和合理利用沿海渔业资源、加强渔场管理、维护我国海洋资源权益、促进渔业生产、巩固边防都起到了良好作用。东、黄渤海海域实行的这项全面伏季休渔制度，是经国家有关部门批准、由渔业行政主管部门组织实施的保护渔业资源的一种制度，它规定了某些作业在每年的一定时间、一定水域不得从事捕捞作业，为一定程度在一定期间内缓解我国近海渔业资源的衰退无疑是起到了积极作用的。

由于近年来东海海域捕捞强度仍然超过资源的再生能力，渔业资源的开发利用已呈现过度状态，渔业资源总体上呈现衰退趋势，主要是经济鱼类资源大量减少，海洋渔业出现效益下降、渔船停产、渔民收入下降等严重问题，已成为影响渔区经济发展和社会安定的不利因素。严峻的事实告诉我们，必须尽快制定并实施强有力的保护渔业资源的政策。从我国的国情看，伏季休渔制度是当前一项重要的、有效的保护渔业资源的措施，可以说伏季休渔有利于渔业资源的保护和恢复，有利于渔业生态的改善，有利于渔民的长远利益，有利于促进渔业的持续、稳定、健康发展。

自1995年开始实施的东海伏季休渔政策已有20余年的历史，每年的休渔时间也在逐步增加。目前的东海休渔分两步走，先是5月1日起，灯光围网和帆张网渔船开始休渔；然后就是从6月1日起，其他种类作业渔船全面进入伏季休渔期。整个伏季休渔期将延续到9月16日12时。帆张网等作业方式的最长休渔时间达到了每年4个月半。目前，除了钓业等少数作业方式外，其他所有作业类型，休渔期间禁止作业，一律实行"船进港、网封存、证（捕捞许可证）集中"。东海海域通过多年的休渔有效地保护了以带鱼为主的主要海洋经济鱼类资源。

近年来，国家有关部门每年投入巨资在长江口近海进行人工鱼礁建设和渔业资源的增殖放流。建设人工鱼礁是改善底栖生态环境的重要举措，可防止底拖网作业而改善海底荒漠化，甚至重建底栖生境与生态系统。在将人工鱼礁建设为鱼类栖息场所的同时，通过大规模的增殖放流则有助于传统渔业资源的逐步恢复。

三、人工鱼礁建设与渔业资源增殖

（一）鱼类与鱼礁的位置关系

鱼礁的多洞穴结构和投放后所形成的流、音、光、味以及生物的新环境，为不同的鱼类提供了索饵、避害、产卵、定位的场所，因而吸引了许多鱼类。鱼类对鱼礁做出的反应行动，因鱼种的不同，有强弱之异。日本学者根据鱼种及其生长阶段，把鱼类与鱼礁的位置关系分为3～5个类型。杨吝（2000）基于日本学者的研究，根据鱼类与鱼礁结构的对应位置，认为礁区鱼类分成3种类型比较合适（图1-19）。

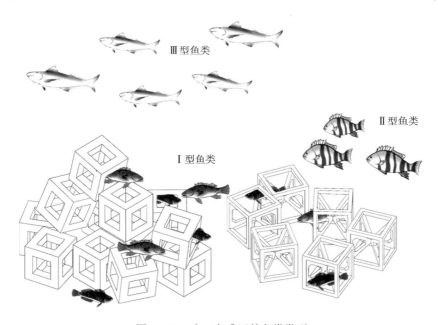

图 1-19　人工鱼礁区的鱼类类型

Ⅰ型鱼类：该型鱼类属于趋触型鱼类。分为两种类型：一种为身体大部分接触固形物或者把整个身体埋于泥沙中，平时栖息于岩礁的罅隙中，具有强烈接触岩礁的习性。如康吉鳗、鲆鲽、黑纹裸胸鳝、云鳚等。另一种为身体的某一部分（如胸鳍、腹鳍、臀鳍等）与固形物接触，如褐菖鲉、石斑鱼、六线鱼、短鳍红娘鱼、绿鳍鱼等。

Ⅱ型鱼类：身体不接触鱼礁但在鱼礁周围游泳和在海底栖息的鱼类。该型鱼类身体几乎不接触固形物但极愿意接近固形物，故活动范围均靠近礁区。该类型鱼种靠视觉在鱼礁间游动，如二长棘鲷、真鲷、石鲷、黑鲷、三线矶鲷、无刺鲅、比目鱼、日本方头

鱼、石鲈、珊瑚鱼、单角鲀等。

Ⅲ型鱼类：离开鱼礁在表中层水域游泳的鱼类。该型鱼类在鱼礁的上方游泳栖息，水中固形物具有定位作用，地形波可影响鱼类的行为。这一类型的鱼种有鲹、鲐、黄条鰤、鳀鳅、鳀、鲑、鲣、秋刀鱼等。

一般的，聚集于长江口外及其邻近海域鱼礁区的鱼类有三种：第一种为定居性鱼类，亦称礁盘鱼类或趋礁型鱼类，如褐菖鲉、石斑鱼、黑鲷、裸胸鳝、海鳗、鲆鲽、舌鳎、鲈等；第二种是恋礁型鱼类，该鱼类不定居于鱼礁区，但经常出没于礁区，如黄鲷、赤刀鱼、花鲈、白姑鱼、马鲛、大黄鱼、小黄鱼等；第三种是滞留型鱼类，它们由于鱼礁区丰富的饵料生物或地形波或其他流态的作用而在鱼礁区逗留，如鲐、蓝圆鲹、竹荚鱼、沙丁鱼、公鱼、鲣、秋刀鱼等。

（二）人工鱼礁集鱼机理

国内外许多学者对鱼礁的集鱼机理进行了分析研究，一般可归纳为本能学说、流场效应说、阴影效果说、饵料效应说和音响效应说等。

1. 本能学说

根据日本学者中村充（1986）的研究，鱼类具有对刺激做出方向性行动反应的习性称趋性。鱼类有趋旋光性（视觉）、趋音性（听觉）、趋流性（运动感觉）、趋化性（嗅觉）、趋触性（皮肤感觉）和趋地性（平衡感觉）等多种趋性。因内外因素引起的天生性行动叫做本能。对刺激做出的反应行动称为反射。鱼类的趋性、本能和反射能力使鱼类具有生殖、索饵、越冬、模仿、逃避、探索等生活习性。人工鱼礁的投放形成了有利于鱼类栖息、生存、摄食、生长、繁殖和躲避敌害的优良环境。鱼类的趋性、本能和反射能力使鱼类聚集于鱼礁周围。

2. 流场效应说

鱼礁投放后在迎流面产生上升流，在背面产生背涡流。其中最主要的是背涡流。背涡流影响范围大，并在鱼礁的背面会产生负压区，海底底质和大量浮游生物（如海藻等）将在此区停滞，从而诱集鱼类。此外，背涡流延伸很长，形成涡街，并干扰海底，海底被扰动后又会使底栖生物发生变化。因此鱼礁的设置能使流场流态发生变化，而流场流态的变化又会使海底情况发生变化。现在有些鱼礁专家研究发现涡流集鱼效果还与音响有关。因为涡流会产生低频振荡，而低频振荡会刺激鱼类产生定位行动，从而产生集鱼效果。其次是上升流，上升流能把海底的丰富的营养盐带到阳光充足的水体中上层，从而有利于浮游植物的大量繁殖，提高了鱼类饵料生物基础，进而产生集鱼效果。

3. 阴影效果说

有些鱼种喜欢在阴影下（如船底下、漂浮物底下、红树林丛中等）聚集栖息。鱼礁单体间形成的缝隙、坑槽、洞穴等形成的阴影，能吸引鱼类等海洋动物因生活习性而前来聚集栖息。调查发现沉船鱼礁有明显的集鱼效果。这与沉船具有很好的遮蔽性，即阴影效应好具有莫大的关系。

4. 饵料效果说

大量研究表明鱼礁投放后，鱼礁周围水体营养盐丰富，有利于浮游植物生长，从而浮游动物生物量大幅度提高；同时鱼礁本身作为一种附着基质，附着生物也将在其表面迅速着生。据调查显示鱼礁投放 9 个月后，礁体表面就会全部被附着生物覆盖。鱼礁周围的浮游生物和底栖生物的种类、数量、分布也会发生变化，因而吸引鱼类在周围聚集摄食，增加了鱼礁周围鱼类生物量。

5. 音响效应说

礁体的内部空间和礁体之间的空隙在水流的冲击下会产生低频音响。低频音响的大小与流水冲击力大小有关。虽然这些低频音响有时候小到人耳听不到，但其声波却能被鱼类感觉到，因此能够吸引喜欢低频声响的鱼类在鱼礁处聚集。

（三）加快人工鱼礁投放和海洋牧场建设已上升为我国的国家战略

投放人工鱼礁、建设海洋牧场是保护和增殖渔业资源，修复水域生态环境的重要手段。根据《中国水生生物资源养护行动纲要》提出的"建立海洋牧场示范区"的部署安排，2007 年以来中央财政对海洋牧场建设项目开始予以专项支持。各级渔业主管部门积极响应，社会各界广泛参与，目前全国海洋牧场建设已形成一定规模，经济效益、生态效益和社会效益日益显著。但同时，我国海洋牧场建设也存在引导投入不足、整体规模偏小、基础研究薄弱、管理体制不健全等问题，与国外先进水平相比，还存在很大差距。2013 年《国务院关于促进海洋渔业持续健康发展的若干意见》明确要求"发展海洋牧场，加强人工鱼礁投放"。在现阶段我国海洋牧场建设过程中，人工鱼礁投放是最重要的组成部分之一。

为贯彻国家关于海洋牧场的部署安排，进一步加强海洋牧场建设，2015 年 5 月农业部决定组织开展我国沿海各地的国家级海洋牧场示范区创建活动，旨在加强现代渔业建设，促进海洋生物资源与生态环境养护。浙江为促进全省传统捕捞渔业转型升级，养护和修复浙江渔场，实现海洋渔业可持续发展，根据《财政部农业部关于调整国内渔业捕捞和养殖业油价补贴政策促进渔业持续健康发展的通知》（财建〔2015〕499 号）、《农业部办公厅关于印发国内渔业捕捞和养殖业油价补贴政策调整相关实施方案的通知》（农办渔〔2015〕65 号）精神，计划近 5 年内在浙江省沿海各地大规模投放人工鱼礁，开展海洋牧场建设。在近海渔场严重退化的长江口近海海域，大力开展人工鱼礁建设，发展近海海洋牧场是十分必要的。

2015 年底，农业部第 2321 号公告公布了全国第一批国家级海洋牧场示范区，天津大神堂海域、河北山海关海域、辽宁大连獐子岛海域、山东牟平北部海域、江苏海州湾海域、浙江马鞍列岛海域、广东万山海域等 20 个海洋牧场入选。2016 年底，第二批国家级海洋牧场示范区名单出炉，河北省北戴河海域、辽宁省锦州市海域、山东省岚山东部海域、上海市长江口海域、浙江省南麂列岛海域、广东省南澳岛海域等 22 个海洋牧场示范区入选。截至 2017 年 5 月，我国沿海已投入海洋牧场建设资金 49.8 亿元，建成国家级海洋牧场示范区 42 个、海洋牧场 233 个，用海面积超过 852.6 km²，投放鱼礁超过 6 094 万 m³。今后，农业部将重点推进我国近海"一带"及黄海和渤海区、东海区、南海区"多区"的海洋牧场建设，到 2025 年，要在我国沿海建成国家级海洋牧场示范区 120 个，总面积 2 200 km²，以全面开启我国近海渔业资源修复计划。

（四）人工鱼礁建设的社会意义和现实意义

建设人工鱼礁和海洋牧场是贯彻国家和地方各级海洋渔业政策的迫切需求，也是改善长江口近海渔业现状的主要手段。长江口及临近的舟山渔场有着辉煌的历史，传统经济鱼类中的大黄鱼、小黄鱼、带鱼、墨鱼都是我国最重要的水产品。然而，长期的酷渔滥捕，使渔场的生态和资源遭受了严重的破坏，修复渔场生态、恢复渔业资源已成为一项十分紧迫的任务。另外，适合近岸养殖的海域也十分有限。传统的捕捞和养殖生产全面遭遇资源和用海面积等发展瓶颈的现状已显而易见，在相对开阔的海域大力发展现代海洋牧场建设迫在眉睫。

建设人工鱼礁和海洋牧场是保持区域渔业在全国的领先地位，提高渔业竞争力，维系渔业产业地位的要求。在全国范围看，进入 21 世纪以来，沿海各地对海洋牧场建设都给予了高度的重视，行动迅速且措施有力。辽宁、山东、广东等沿海省份在海洋牧场建设事业方面的发展步伐较快。这些海洋牧场事业既有政府投资，更有民间资本参与，并逐步形成产业化，显示出发展的活力。海洋牧场的根本特征是人为可控，核心目标则由多方面综合实现。它注重渔业经济增长方式由传统单一的产量增长，转向更加注重质量、效益和多样化的提高，注重通过提高和保护海洋环境的质量作为渔业可持续发展的基本前提，注重通过引进先进科学技术和提高渔民素质确保渔业产业的健康增长，注重结合转产转业工程和吸纳渔民参与管理实现渔民稳步增收。因此，建设海洋牧场有利于提高区域渔业的竞争力，确保渔业的基础产业地位。

建设人工鱼礁和海洋牧场是加快渔业结构调整，紧跟国家渔业生产和管理模式转变的重要途径。2000 年以来，农业部"双转专项"不断调整内涵，依照全国渔业发展形势，先后对专项内涵拓展为包括"人工鱼礁建设"和"海洋牧场建设"；2008 年农业部渔业局召开专门会议检查沿海各地"海洋牧场专项"，检查为利用"转产转业专项"资金建设海洋牧场的使用和进展情况，各地区纷纷提交了富有新意和内涵的海洋牧场建设方案。建设海洋牧场有利于加快渔业结构调整和转变增长方式。建设海洋牧场可推进海洋游钓业发展，成为旅游业新的增长点。海洋牧场生产的优质水产品也必将进一步促进水产品精深加工产业的发展。总之，海洋牧场在渔业产业结构调整中具有重要的作用。

建设人工鱼礁和海洋牧场有利于修复海洋生态环境和恢复渔业资源。"酷渔滥捕"和"养殖泛滥"等问题，使得近海海洋生态环境遭到严重的破坏，渔业资源日趋匮乏。海洋牧场的建设有利于修复海洋生态环境和恢复近海渔业资源。海洋牧场在建设的过程中通过投放人工鱼礁等方式重建海底生物栖息地，修复或改善已被破坏了的生态环境，营造适宜生物生长、栖息、索饵以及产卵的生态系统，逐渐形成良性循环的海洋生态环境。在此基础上，采用人工繁育苗种，在人为修复或建造的适宜环境中暂养，到达指定规格后，放流入海，使其摄食海洋中的天然饵料自然成长。优越的海洋环境条件，结合优良品种的选育驯化和科学管理，可以使鱼类整个生活史处于良性的、可控的健康环境中，从而大幅度地增加渔业资源。

建设人工鱼礁和海洋牧场在增加水产品产量的同时有利于提高水产品品质。据世界银行预计，到2030年全球范围内对粮食的需求将增长50%以上，而到2025年将有36个国家的14亿人将陷入食物短缺的危机中。水产品是国际上公认的优质动物蛋白来源，也是我国食物供应的重要组成部分，海洋水产品的年产量相当于全国肉类和禽蛋类年总产量的30%，为我国城乡居民膳食营养提供了1/3的优质动物蛋白，已经成为我国食物供给构成中的重要来源，是维护我国粮食安全的新途径。在当前耕地减少、粮食供需失衡和世界粮食价格波段运行的形势下，发展海洋牧场，为人民大众提供优质海产品，对保障我国食物安全具有重大的战略意义。海洋牧场是向"蓝色国土"获取食物的有效途径，是"蓝色粮仓"的重要载体，抓好海洋牧场建设可以切实满足城乡居民对改善膳食结构、获取优质蛋白的迫切需求，满足国家粮食安全对海洋渔业的要求。伴随着集约化水产品养殖业的发展，出现了一些水产品质量下滑的现象，一定程度上危害了消费者的利益。当前，必须在加快水产品产出数量的同时，保障和提升水产品的质量。海洋牧场建设采用现代化的高新技术开展渔业生产，根据自然条件和市场需求选择目标品种、确定生产总量，牧场内海洋生物都是生活在自然状态下，病害少、活动空间大、运动充分、肉质较好。海洋牧场内的目标生物主要摄取天然饵料，并不使用化学药品进行病害防治，能够有效地满足人们对水产品种类、质量和数量的全方位需求。

建设人工鱼礁和海洋牧场有助于推动海洋经济增长，助力海洋强国战略。党的十八大在将生态文明建设纳入"五位一体"总体布局的同时，做出了建设海洋强国的重大部署。习近平总书记在中共中央政治局第八次集体学习时进一步强调，要关心海洋、认识海洋、经略海洋，提出了海洋开发与保护的"四个转变"。渔业是发展海洋经济，建设海洋生态文明的重要组成部分，也是沿海地区经济社会发展的重要一环。随着海洋经济的发展以及其他海洋新型产业的快速上升，我国海洋渔业占海洋生产总值的比重相对偏低，对海洋经济贡献度呈现出下降趋势。海洋牧场作为海洋产业极具优势的领域，在促进海洋渔业传统产业发展的同时，还可以拓展传统渔业功能，将渔业增殖、生态修复、休闲娱乐、观赏旅游、文化传承、科普宣传以及餐饮美食等有机结合，有效带动海洋第二和第三产业的发展，形成海洋渔业经济新的增长点，有效推动海洋经济的规模化、集约化和效率化，为海洋经济整体健康、可持续发展，为海洋强国战略的实现做出新的贡献。

第二章
长江口近外海人工鱼礁建设关键技术

　　长江口近外海与其他海域在人工鱼礁建设方面的共同要点，即通过底质重构、产生流场效应和生态效应，从而达到改善生物栖息地生态环境，诱集、养护与增殖渔业资源的目的。人工鱼礁流场效应不仅促进海水上下混合，提高海域生产能力，还通过流速大小的变化使得底部不同粒径的泥沙重新分布，进而导致埋栖类生物及其捕食者等底栖生物的分化和聚集。另外，礁体上的附着生物以及周边水体的浮游生物等的增殖形成基本的饵料场，并通过碎屑食物链、牧食食物链以及微食物环等多种营养途径将鱼礁及其周边水体的有机碎屑、初级生产、次级生产和游泳生物等组成完整的食物网，形成新的鱼礁区局部生态系统。本章以人工鱼礁海域的环境因子为开篇，以鱼礁的水动力学与目标鱼类的关系及其生态效应为切入点，阐述人工鱼礁建设相关的礁体优化设计、单位鱼礁和鱼礁群的合理组合、上升流和背涡流的适度规模营造，以及建设海域选址等关键技术，为区域的人工鱼礁建设提供可借鉴的依据。

第一节　影响人工鱼礁区的环境因子

　　人工鱼礁建设可以在局部海域形成特有的生态系统。生态系统就是指特定时间和特定空间范围内，生物与非生物环境通过物质循环与能量流动所形成的一个相互联系与相互作用并具有自动调节机制的整体。生态系统概念是英国生态学家 Tansley 于 1935 年首先提出来的，强调系统中生物和非生物组分在结构上和功能上的统一。生态系统不仅包括生物群落，而且也包括人们称之为环境的全部物理因素的复合体。因此，生态系统这个概念重点在于强调生物与环境的整体性，它在生态学思想中的主要功能在于强调相互依存、相互关系和因果联系。人工鱼礁作为一个小型的人工生态系统，对其进行较深入分析对于揭示鱼礁所产生生态效果的深层次原因具有重要意义。生态系统的基本组成可概括为非生物和生物两大部分，或者说包括非生物环境、生产者、消费者和分解者四种基本成分。

一、非生物环境因子

　　人工鱼礁海域的非生物因子包括温度、盐度、密度、跃层、溶解氧（DO）、化学需氧量（COD）、生化需氧量（BOD）、透明度、悬浮颗粒物、营养盐、海流、水深（包括海水深度和温跃层深度等）、底质（包括底质组成、颗粒大小等）以及天气状况等。大多数人工鱼礁的建设目标与增殖和诱集鱼类有关，上述的某些环境因子会对渔业资源的数量变动产生直接和显著的影响。因此，在进行人工鱼礁生态效果比较研究时，需要考虑这些非生物环境因子对人工鱼礁动物集群效果的影响。Fujihara 等（1997）、Ebeling 和 Hixon（1991）、Sale（1991）以及 Bouchon-Navaro 等（1997）的研究显示，在类似鱼礁区的珊瑚礁海域，非生物环境因子是影响动物群落的重要因素。国内王伟定等（2010）根据浙江嵊泗人工鱼礁海域的水质调查数据，分析发现悬浮颗粒物、DO、COD 和 BOD_5 等水质指标在鱼礁区与对照区具有较明显的不同。

人工鱼礁的生态效应，以及围绕鱼礁逐渐形成的局部新人工生态系，是通过鱼礁投放后的流场变化，以及周围其他环境因子的变化产生的。人工鱼礁的迎流面附近会产生上升涡流区，背流面则产生涡动缓流区（背涡流区）。鱼礁区流场的这些变化促进了与周围海水的交换，从而使营养盐丰富的底层水和表层水混合，形成较理想的营养盐混合环境，进而提高人工鱼礁海域的初级生产力。

营养盐对人工鱼礁生态效应的发挥具有重要作用。人工鱼礁区的营养盐有 3 个主要来源：①与周围海水混合交换水体的营养盐；②与海底摩擦带来的沉积物释放的营养盐；③鱼礁区分解者释放的营养盐（微生物分解礁区动物粪便和植物碎屑而产生）。这里的营养盐主要是指铵氮、硝酸盐氮、磷酸盐、硅酸盐等，它们是海洋浮游植物繁衍生长所必需的营养物质，是初级生产力和食物链的基础。浮游植物的生长与其密切相关，营养盐不足会限制浮游植物生长，降低初级生产力；含量过高，易引起富营养化，甚至可能导致赤潮发生。因此，适当的营养盐浓度对人工鱼礁发挥其生态功能有着非常重要作用。

氮、磷营养盐是海洋浮游植物的主要生长影响因素，硅仅对硅藻和一些甲藻影响较大。浮游植物体内的 N/P，一般恒定在 16：1，如果 N/P 偏离过大，使浮游植物的生长受到某一相对含量较低元素的限制。章守宇等（2006）对海州湾人工鱼礁海域的营养盐 N/P 值进行分析发现，人工鱼礁投放改变了该海域水体的 N/P 值，由原来的 N 限制转为 P 限制；王伟定等（2010）对浙江嵊泗鱼礁海域的溶解无机氮 DIN（dissolved inorganic nitrogen）和溶解无机磷 DIP（dissolved inorganic phosphorus）分析发现，鱼礁区的 DIN/DIP 比通常较对照区低，并且在投礁前后均发生了变化。

营养盐和初级生产者与人工鱼礁区的鱼类等动物的关系非常密切。鱼礁区产出的鱼类等大部分经济生物是异养生物，需要食物源来支撑其成长和繁殖。在食物链的一些节点上，鱼类依赖初级生产者，而初级生产者取决于光照和营养物质。对于底栖海藻食性的动物而言，它们可能直接依靠礁体上的初级生产者生存；另一方面，浮游生物食性的鱼类可能会随着海流进入鱼礁海域。随着更高级的消费者（如肉食鱼类）的接踵而至，鱼类对初级生产者赖以生存的光照和营养物质的直接依赖程度逐渐降低。人工鱼礁建设加速了营养盐的循环速率，嵊泗人工鱼礁区的调查结果显示，鱼礁对再生生产力影响较大，对新生产力的贡献很小（王伟定 等，2010）。

底质沉积物是海洋水动力条件、物理化学条件平衡的结果。一般说来，水动力条件作用所产生的是以物理沉积为主的粗沉积环境相，而物理化学条件作用所产生的则是以化学聚凝、吸附、络合为主的黏土沉积环境相。沉积物的粒度参数反映了当时的沉积环境，底质由不同种类和尺寸的微粒组成，黏土、淤泥、沙子、沙砾、贝壳和岩石等几乎都能够在底质中找到。黏土和一些细颗粒泥沙具有黏合性，由于微粒与微粒之间的吸附作用限制了其活动空间。粗底质（沙粒、贝壳和沙砾）则黏合性较低。由于鱼礁投放引起的周围流速变化会产生"冲淤"现象，即鱼礁根部流速加快区域的细颗粒沙土被移出，使鱼礁周围的海底底质变粗；被移出的细沙土又在流速减弱处堆积，从而引起局部海底形态的改变。不同底质类型的海底适宜栖息的海洋生物也不相同，人工鱼礁投放所产生的流场效应将较大程度地改变鱼礁区的底质，加上鱼礁本身的岩礁特性，从而较大可能产生新的底栖生物群落。

此外，底质沉积物中含有大量营养物质，在人工鱼礁的流场作用下营养盐会被带到上层，从而有利于浮游植物生物量的提高。Faleao 等（2007）对葡萄牙南部一个人工鱼礁区进行了两年的监测，内容包括有机碳、无机碳、叶绿素 a、铵盐、硝酸盐、磷酸盐、硅酸盐、总有机氮和有机磷等，结果发现，投礁后礁区沉积物中有机碳和叶绿素 a 发生了明显变化，并且有机碳和叶绿素 a 之间存在显著的指数关系，其中有机碳和氮的含量是投礁两年前的 4 倍，水中营养盐和叶绿素比对照区更高，说明人工鱼礁投放对周边环境产生了明显的影响。

二、生物环境因子

生物环境因子主要是指人工鱼礁区内能够作为鱼类和大型无脊椎动物等经济种的饵料生物种类和丰度，饵料生物主要包括浮游植物、浮游动物、底栖生物和附着生物。

人工鱼礁投放后在礁体周围形成特有的流场流态，从而使附近的海洋生物种类与数量均发生较大变化。据报道，礁体投放几天后，鱼礁周围就有浮游生物聚集，礁体上就有附着生物附着，并逐渐出现藻类、藤壶、牡蛎等固着生物，其生长速度很快，数月后就覆盖了整个礁体表面。附着生物在光照充分和水深较浅的鱼礁顶面及鱼礁侧面上部着生量比较大，在透明度高、流速较快、底质较粗的水域中着生量也比较大。附着生物总量在鱼礁投放初期随时间推移逐渐增大，例如，一水深 35 m 处的鱼礁，投放 1 个月后表面着生了硅藻，3 个月后出现了许多藤壶、蜗旋沙蚕等，9 个月后鱼礁的表面完全被附着生物覆盖，一年后，大型藻类群落形成。据文献报道，鱼礁区的底栖生物数量比周围海域多，其中节肢动物的生物量大于环形动物，而在单体鱼礁内部和附近，环形动物的种类和数量有减少的倾向。礁体的内部和后方通常聚集着许多浮游动物，其中糠虾类主要分布在鱼礁内部，桡足类则分布在鱼礁的后面；桡足类在流速

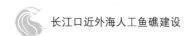

慢的时候活跃在鱼礁体的后方，流速快的时候集中于鱼礁后的流影处。可见，鱼礁体投放后引起的流场变化对饵料生物的发生和局部聚集均有明显的作用。国内相关研究中，刘同渝等（2003）、章守宇等（2006）和王伟定（2007）的研究表明，人工鱼礁投放后海域的浮游植物、浮游动物、底栖生物和附着生物的生物量和物种多样性指数均得到了较明显的提升。

第二节　鱼类行为学实验与礁体结构设计

海洋中的鱼类大多具有趋流性，鱼类身上的侧线能感知水流的方向和速度大小，当周围海水的流向和流速变化时，通过调整自身的游泳方向和游速，而使自身保持逆流游泳的状态。而在礁体周边甚至内部生活的鱼类则具有趋触性，喜好以身体触碰礁石等物体。研究不同鱼类的趋流性和趋触性等行为特点和生活习性，以及查明它们的喜好流速范围和礁石结构特征等，对于人工鱼礁的礁体结构优化与设计、提高人工鱼礁的建设效果等都具有十分重要的意义。

一、特征礁的鱼类行为学实验设计

基于黑鲷是我国目前最常规的增殖放流鱼种，同时也是最常见的海钓种，并且属于典型的趋礁型鱼类，十分适合栖息或利用人工鱼礁的考虑，选用该鱼种作为实验对象，通过开展它们之于人工鱼礁的行为学实验，了解其行为特征与栖息偏好，从而建立一套目标鱼种与人工鱼礁的礁体结构及其流场效应之间的关系的研究方法，为研发针对目标鱼种的礁体结构优化与鱼礁配置组合技术提供科学依据。

1. 实验装置和器材

实验在舟山市西闪岛的浙江省海水增养殖试验场进行，实验水池规格为 5 m×6 m，池深 1 m。水池中央放置环形隔离板，利用水泵产生的推动力使水体循环流动，水流方向为顺时针；实验用水为净化海水，放入池内 0.9 m 深，3 d 更新 1 次；隔离板两侧放置 2 个网栅，使实验鱼无法逃离规格为 6 m×2 m 的矩形实验区域，如图 2-1 所示。

利用安装于水池一角的 3 台潜水泵使水体产生循环流动，其中大泵型号 AT300QJ-1/9 的流量为 160 m³/h，中泵型号 AT150QJ 的流量为 60 m³/h，小泵型号 QDN15-14-1.1 的流量为 40 m³/h。

水池上方约 2 m 的屋顶横梁安装有 4 个高清摄像头，型号 AN-50W3H，实验区两端

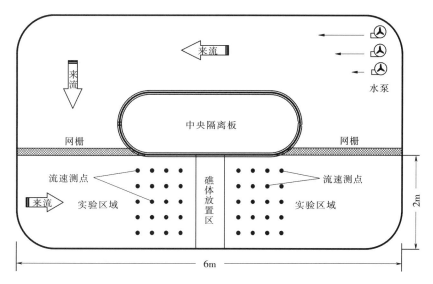

图 2-1　鱼类行为学实验水池平面俯视示意图

池底固定 2 个水下探头，型号 GW0106，分别用于垂直和水平方向的监控和观察；6 个探头均通过线缆连接安置在水池外 3 m 处的控制电脑（方正飞越 V580-5201），可无干扰地监控并记录水池实验区的黑鲷行为。

使用 ALEC-QL1X3061 流速仪对水池内多个定点的测量来确定实验区的流速分布。

2. 特征礁与间距设置

为了避免鱼礁模型缩小尺寸（特别是礁体内部结构）造成的实验鱼行为失真，笔者专门设计了特征礁来替代鱼礁模型，特征礁为条形状构件，共 4 个，规格 15 cm×15 cm×100 cm，制作材料与普通鱼礁的钢筋混凝土相同。将 2 个或多个特征礁进行不同相对位置的组合，可以表征人工鱼礁礁体内部的水平间距和垂直间距的大小。

（1）单项间距设置　垂直间距设置是将 2 个特征礁首尾相接，横向放置于实验区并用砖块架空，架空的高度分别为 10 cm、15 cm 和 20 cm，以此来表征人工鱼礁内部的垂直间距；由于 2 个特征礁的长度刚好与实验区宽度 2 m 相同，因此实验鱼不可能从侧面绕过，而只能从特征礁的下方或上方穿越礁体，以此观察垂直间距对鱼类行为的影响。

水平间距设置是将 4 个特征礁按等间隔竖直设置于实验区水流截面上，并使特征礁之间，以及与池壁和内部隔离板之间的距离相等，即通过 4 个特征礁将水池内壁与隔离板之间的实验区宽度进行 5 等分，计算并测得 4 个竖直放置的特征礁之间的水平间距为 28 cm［＝（200－15×4）/5］，以此来表征人工鱼礁内部的水平间距；由于实验水深设置为 0.9 m，低于特征礁高度的 1 m，因此实验鱼不可能从礁体上方飞越，而只能从特征礁侧面绕过或 2 个特征礁之间穿越，以此观察水平间距对鱼类行为的影响。当特征礁数量减少至 3 和 2 个时，水平间距分别增大至 38.8 cm 和 56.7 cm。

特征礁的黑鲷幼鱼行为学实验通过变换特征礁个数和架空高度，来采集不同水平或垂直间距下的实验数据，受场地因素限制，一共进行了以上 6 种不用间距的实验。

（2）混合间距设置　将 4 个特征礁横向放置成前后两排，每排首尾连接 2 个特征礁；其中，前排（上游位置）2 个特征礁的架空高度分别为 5 cm（靠近中央隔离板，记为 A 型礁）和 10 cm（靠近水池内壁，记为 B 型礁），后排（下游位置）2 个特征礁的架空高度均为 15 cm，靠近中央隔离板的记为 C 型礁，靠近水池内壁的记为 D 型礁，如图 2-2 所示。此实验目的是观察幼鱼在同时存在不同垂直间距的情况下的行为特征，仅限于垂直混合间距，未进行水平混合间距的行为学实验。

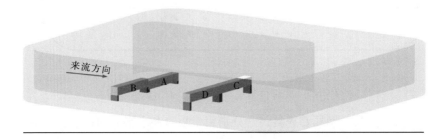

图 2-2　特征礁混合间距设置示意

3. 鱼类行为观察记录

通过悬挂在水池上方的摄像头来观察实验幼鱼的趋礁行为。根据礁体影响区域大致为礁体宽度的 10～12 倍，将摄像头的摄像区域确定为距离礁体放置区前后 1.5 m 范围，而大于该范围的区域视为远礁区，不作观察。实验时间固定为每天 08:00—11:00 和 13:00—16:00，按照垂直矩形间隙 10 cm、15 cm、20 cm，水平矩形间隙 28 cm、38.8 cm、56.7 cm 的顺序依次进行。实验开始后，同时开启 4 台水上摄像头和 2 台水下摄像头，对水池内实验幼鱼的行为和分布进行实时监视；每隔 1 分钟截取一次图像，共截取 50 张图像。

4. 流速测定

为了防止鱼类行为受到干扰，流速测定选择在实验结束之后进行。在实验区域内选择 40 个固定点（图 2-1）来测定流速，设置流速仪为每秒钟记录一次数据，周期为 1 min。将得到数据取平均值作为该点的流速。通过开启不同的水泵组合来实现来流速度的变换，所产生的来流速度分别为 19.1 cm/s、23.4 cm/s 和 27.7 cm/s。

5. 数据处理

截取水池上方 4 个摄像头的摄录图像利用 PowerPoint 将进行拼接，以使图像对应于实验区域中的相应位置。利用 gri 软件画出实验区域平面图，将鱼类在水槽中的位置用黑点表示出来，并将坐标记录下来。利用 surfer 软件画出流速等值线图，插值法求出每一坐标下的流速，利用 Sigmaplot 软件画出流速正态分布图，从而求出鱼类的喜好流速范围。最后利用 Excel2003 进行数据处理，SPSS16.0 软件进行独立样本 t 检验。

二、不同礁体结构的目标种趋性

按照上述实验设计，分别于 2008 年 1 月和 2009 年 3 月进行了两次实验，持续时间 11 和 12 d。其中 2008 年特征礁混合间距实验用鱼取自附近六横岛海域深水网箱基地养殖的黑鲷和真鲷（*Pagrosomus major*）幼鱼各 20 尾，放入实验水池暂养数天以适应环境；期间投喂饵料，以虾为主，待它们适应实验环境之后，先进行静水状态下的鱼类行为学实验，后进行动水状态下的行为学实验，观察 2 种实验幼鱼各自的行为特征，并同时观察它们的相互关系。2009 年特征礁单相间距实验用鱼取自西闪岛附近深水网箱中的养殖黑鲷幼鱼，50 尾，先在另一水池中暂养数天，期间定时定量投喂饲料，以新鲜鱼肉为主；实验开始时再随机选择其中 32 尾，观察黑鲷幼鱼在不同来流速度下对特征礁不同水平和垂直间距的行为特点。两次实验黑鲷平均体重 69.1g、平均叉长 14.3 cm，真鲷平均体重 52.3g、平均叉长 13.2 cm。

1. 黑鲷幼鱼对特征礁不同水平间距的趋性

黑鲷幼鱼在不同的来流速度及特征礁水平间距下的出现位置如图 2 - 3 所示，图中水流方向为从左至右，即左半区为礁体前方（上游）、右半区为礁体后方（下游）。由图可知，黑鲷幼鱼在特征礁不同水平间距情况下，在上游区的分布高低顺序是 56.7 cm＞38.8 cm＞28 cm，在下游区是 28 cm＞38.8 cm＞56.7 cm；即在一段稳定的时间内，随着礁体水平间距的缩小，黑鲷幼鱼会逐渐从礁体前方转移到礁体后方。

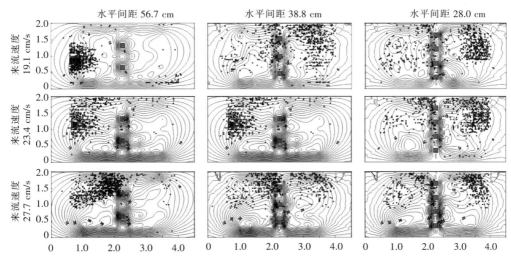

图 2 - 3　黑鲷幼鱼在特征礁不同水平间距情况下的分布

鱼礁投放到海区后，在海流的作用下，一般会在礁体的后方一定范围内产生紊流，流态十分复杂；并且与礁体的结构密切相关，礁体内部的水平间距越小，在礁体后方附近的流速就越快，引起周围海水的变化也更加丰富，流态也越复杂。黑鲷属于典型的趋礁型鱼类，尤其喜好在礁体附近栖息；实验结果得到的黑鲷幼鱼在大水平间距时较多出现在礁体前方上游区、而在小水平间距时较多出现在礁体后方的分布差异，显然与不同水平间距所产生的流场效应有关。当礁体间距由 56.7 cm 缩小到 28 cm 时，黑鲷幼鱼在前区的出现频率由 92.7% 下降到 34.7%，而在礁体后方的出现频率则由 7.3% 升高到 65.3%（图 2-4），说明小水平间距对应的后方相对复杂的流态区是黑鲷幼鱼更为喜好的。

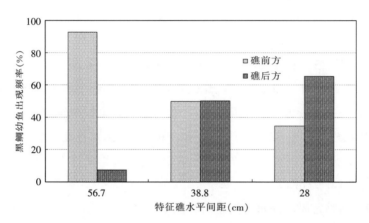

图 2-4　黑鲷幼鱼在特征礁不同水平间距情况下的出现频率

在特征礁水平间距为 28、38.8、56.7 cm 的情况下，观察到黑鲷幼鱼的行为特征如下：水泵开启后的实验起始阶段，黑鲷幼鱼先是产生应激性反应，鱼头朝来流方向调整，并随流速增大而不断迎流而动；当流速趋于稳定后，黑鲷幼鱼开始以群体为单位（一般为 5~9 尾）游走于实验区，寻找合适的栖息点；大约 10 min 后，黑鲷幼鱼行为趋于稳定，并在某一位置长时间驻留。

实验幼鱼的趋礁行为界定在特征礁体前后 1.5 m（＝15 cm×10 倍）范围（与摄像截图一致）内，实验幼鱼出现的次数即为趋礁次数。因为实验黑鲷幼鱼为 32 尾，每一个间距每一种流速的实验截图 50 张，故每个间距每个流速的实验的趋礁总次数是 32×50＝1 600 次；平均趋礁率就是不同来流速度下的趋礁次数与总次数的比值之平均值。

黑鲷幼鱼在不同来流速度及特征礁不同水平间距下的趋礁次数大致相同，如图 2-5 所示，当来流速度为 19.1 cm/s 时，它们对间距的选择性不明显；当来流速度增加到 23.4 cm/s 时，黑鲷幼鱼对水平间距具有一定的选择性，更喜欢 38.8 cm 间距；当来流速度再次增大到 27.7 cm/s 时，则变为选择 56.7 cm 间距。可见不同来流速度下，黑鲷幼体对特征礁水平间距的选择性有较大差别。

进一步统计得到，黑鲷幼鱼在特征礁不同水平间距下的平均趋礁率为 38.8 cm（43.1%）＞56.7 cm（41.5%）＞28 cm（40.6%）；尽管 38.8 cm 水平间距的黑鲷幼鱼趋礁率高出其他 2 种情况 2~3 个百分点，但差异性并不显著，分别为 $P=0.108>0.05$ 和

$P=0.796>0.05$；当水平间距为 56.7 cm 和 28 cm 时，差异性 $P=0.147>0.05$ 也不显著，这说明在水平间距 28～56.7 cm 的范围内，实验设计的三种来流速度对黑鲷幼鱼之于特征礁水平间距的行为变化没有选择性。

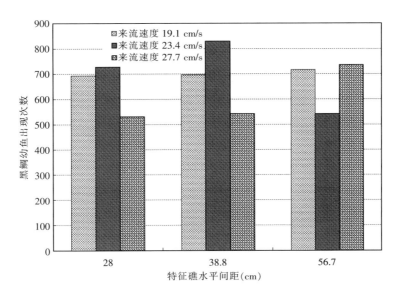

图 2-5　黑鲷幼鱼在不同来流下对特征礁水平间距的选择性

将黑鲷幼鱼在特征礁 3 种水平间距和 3 种来流速度下的实验结果，按照出现位置的流速进行统计，出现位置的流速值利用 40 个定点测量的流速和插值法获得，结果如图 2-6 所示。由图可知，黑鲷幼鱼的喜好流速服从正态分布，在 95% 置信区间内的喜好流速范围为 9.6～23.4 cm/s，对应的方程式为 $f=1.455\,6+62.238\exp\{-0.5[(x-16.525\,1)/3.515\,1]^2\}$。

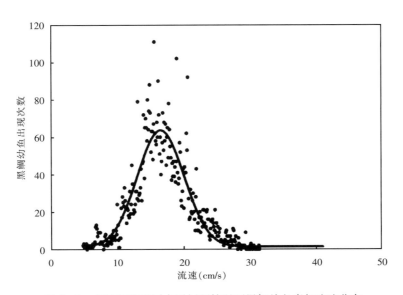

图 2-6　在特征礁不同水平间距情况下黑鲷幼鱼喜好流速分布

2. 黑鲷幼鱼对特征礁不同垂直间距的趋性

黑鲷幼鱼在不同的来流速度及特征礁不同垂直间距下的出现位置如图 2-7 所示，由图可知，黑鲷幼鱼在特征礁不同垂直间距情况下，在上游区的分布高低顺序是 20 cm＞15 cm＞10 cm，在下游区是 10 cm＞15 cm＞20 cm，这类似于不同水平间距的实验结果，即随着礁体垂直间距的缩小，黑鲷幼鱼同样会逐渐从礁体前方转移到礁体后方。

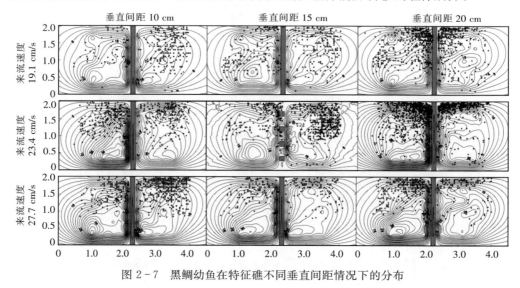

图 2-7　黑鲷幼鱼在特征礁不同垂直间距情况下的分布

在特征礁不同的垂直间距情况下，黑鲷幼鱼在前区出现频率的变化范围为 37.9%～62.7%，后区为 37.3%～62.1%，如图 2-8 所示。无论前区还是后区，其出现频率的变化幅度都要小于不同水平间距的实验结果，这可能与本实验的垂直间距变化幅度 10～20 cm 小于水平间距变化幅度 28～56.7 cm 有关。当间距变化较大时，黑鲷幼鱼的分布区域也大，这说明改变礁体间距会对黑鲷幼鱼的分布位置产生影响。因此，在鱼礁结构设计时需要根据目标鱼种的行为习性和现场流速的强弱特点，对礁体内部间距的大小进行准确地把握。

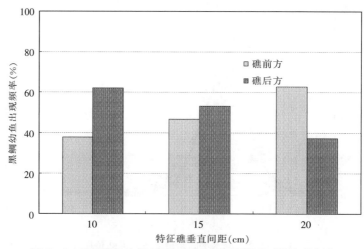

图 2-8　黑鲷幼鱼在特征礁不同垂直间距情况下的出现频率

在特征礁垂直矩形间距为 10、15 和 20 cm 的情况下，观察到黑鲷幼鱼的行为特征在起始阶段与水平间距实验类似，水泵开启 10 min 后，黑鲷幼鱼开始长时间驻留某地，并更加接近于礁体下方。黑鲷幼鱼对特征礁不同垂直间距的趋礁次数如图 2 - 9 所示，趋礁率大小依次为 20 cm（50.1%）>10 cm（31.1%）>15 cm（24.6%）；并且特征礁垂直间距 20 cm 的趋礁率，与另外两种情况分别具有显著差异（$P<0.05$），而垂直间距为10 cm 和 15 cm 时，两者同样具有显著差异（$P<0.05$）。由此可知，特征礁垂直间距的变化对黑鲷幼鱼的影响较大，在间距变化仅 5 cm 情况下，其趋礁的差异性仍然十分显著。

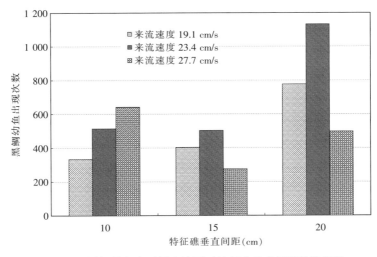

图 2 - 9 黑鲷幼鱼在不同来流下对特征礁垂直间距的选择性

将黑鲷幼鱼在特征礁 3 种垂直间距和 3 种来流速度下的实验结果，按照出现位置的流速进行统计得到图 2 - 10。由图可知，黑鲷幼鱼的喜好流速也大致服从正态分布，95% 置

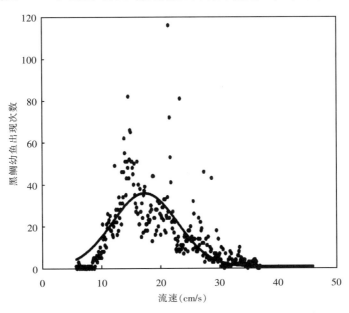

图 2 - 10 特征礁不同垂直间距的黑鲷幼鱼喜好流速分布

信区间内的喜好流速范围为 6.7~27.9 cm/s，对应的方程式为 $f=0.918\ 7+35.054\ 7\exp\{-0.5\ [\ (x-117.352\ 9)\ /5.446\ 3]^2\}$；与特征礁不同水平间距的实验结果相比，不同垂直间距带来的流态变化更为复杂和丰富，导致黑鲷幼鱼可追逐的喜好流速范围更大，分布也更宽。

3. 黑鲷和真鲷幼鱼对特征礁混合垂直间距的趋性

静水状态下将黑鲷幼鱼和真鲷幼鱼各 20 尾同时放入实验水池，它们起初都特别活跃，各自集群并不断在 A、B、C、D 型 4 种礁体间穿梭，同时也会在网栅附近探索、停留。1h 后，两种鱼逐渐平静下来，活动范围多在礁体下方及池壁阴影处；黑鲷鱼群逐渐分散，开始个体行动，其活动范围大于真鲷且行为敏捷，同时黑鲷对同类及真鲷有着很强的攻击行为，个别黑鲷占有领地，对进入其领地的所有鱼类进行攻击。真鲷则保持着集群行为，活动范围也只限于 C 型礁体后方，行动较为缓慢且对其他鱼类无攻击行为。

水泵开启后，黑鲷幼鱼由原来的分散性不规则游动变为集群性规则游动，鱼头朝向来流并逐渐向前方网栅处移动，并经常沿网栅上下作迂回游动，以及随来流方向变化而改变鱼头朝向；黑鲷幼鱼总体上对来流的速度和方向非常敏感，也显得比较兴奋。而真鲷则依旧行动迟缓，并没出现成规模的向网栅移动等行为特征，且对来流速度和方向的变化比较迟钝。再过 1h 后，黑鲷逐渐从网栅处退回到礁体附近，其中一部分仍穿梭于礁体下方，但比静水状态减少很多，大多数黑鲷固定于水池某处，仅因来流方向变化而改变了鱼头朝向。真鲷的行为仍然比较缓慢，群体互动范围仅限于 C 型礁体后方。

黑鲷幼鱼对不同类型礁体的趋近次数统计结果如图 2-11 所示。由图可知，黑鲷幼鱼对 C 型和 D 型礁的趋礁次数略多一些，分别为 596 次和 630 次，说明架空高度 15 cm 对黑鲷幼鱼的诱集作用要大于 5 cm 和 10 cm；在相同架空高度之下，靠近隔离板的 C 型礁效果不如靠近水池内壁的 D 型礁，可能与光线受池壁阻挡而比较暗有关，这也验证了黑鲷幼鱼比较喜好贴靠岩礁游动，并喜好在阴暗处生活的特点。

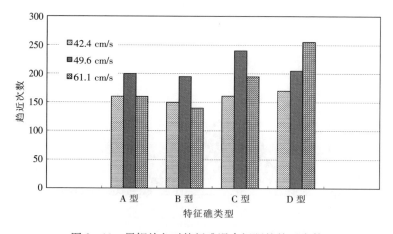

图 2-11 黑鲷幼鱼对特征礁混合间距的趋近次数

黑鲷幼鱼对不同类型礁体的穿越次数统计结果如图 2-12 所示。由图可知，黑鲷的穿越 C 型和 D 型礁的次数较多，这说明与实验黑鲷幼鱼的平均体长相匹配的喜好垂直间距，在 5 cm、10 cm 和 15 cm 这 3 个尺寸中以其最大者较为适宜，但也很可能与 C 型礁后方真鲷鱼群的存在有关，黑鲷好斗的天性决定了它们发现异类之后会表现得非常具有进攻性，它们不时地穿越礁体攻击真鲷，导致了黑鲷穿越 C 型礁的次数明显多的实验结果。

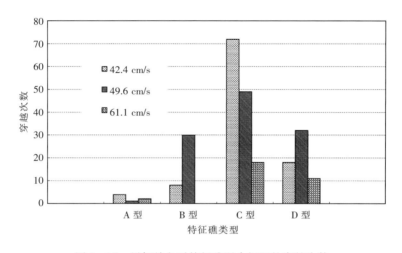

图 2-12　黑鲷幼鱼对特征礁混合间距的穿越次数

统计和录像分析表明，真鲷的趋礁行为极不明显，只是聚集在 C 型礁的后部靠近网栅处，极少有真鲷游离出该区域，即使流速发生了变化，真鲷的行为也基本不变。

同时开启 2 个或 3 个水泵所产生的来流速度不同，在特征礁周围不同位置的流速也不同并随来流速度而改变，进而可能导致实验鱼的出现位置发生变化。在中、小水泵同时开启的情况下，所得到的平均流速最小，为 42.4 cm/s；大、中、小水泵同时开启时，平均流速最大，为 61.1 cm/s；在大、小水泵同时开启的情况下，平均流速为 49.6 cm/s。通过统计黑鲷、真鲷幼鱼经常出现位置的流速，即可确定它们的喜好流速范围的概率，以便于建立实验鱼的趋礁行为与流速之间的关系。

在特征礁混合间距实验中，不同来流速度下的黑鲷、真鲷幼鱼在实验区的出现位置和次数都是不一样的，比如在礁体前方，是偏左边还是右边或正中间。特征礁混合间距实验设计的固定流速测点并不能覆盖所有的实验鱼出现位置，所以通过测量固定点流速值和插值法来获得礁体周围某个位置的平均流速，并用它来代表一个小范围的流速区间，再根据实验鱼的具体位置来确定每一流速区间内的实验鱼的出现总次数。由于整个实验过程中，真鲷幼鱼并没有表现出趋礁行为，因此只统计了黑鲷幼鱼在礁体周围不同位置出现的次数，如表 2-1 所示。

表 2-1 较大流速下黑鲷幼鱼对特征礁混合间距的趋礁性与对应流速

特征礁型号		中、小水泵同时开		大、小水泵同时开		三泵同时开	
		流速（cm/s）	出现次数	流速（cm/s）	出现次数	流速（cm/s）	出现次数
A 型礁	前右	35.1	40	71.8	40	75.9	38
	前中	44.5	38	69.5	42	34.6	37
	前左	25	34	24.9	36	275.7	2
	后右	16.3	4	94.4	11	35.2	39
	后中	33.2	41	53.9	41	39.6	41
	后左	71.5	8	16.5	30	188.9	6
B 型礁	前右	25	33	24.9	34	275.7	1
	前中	40.4	40	41.8	39	40.4	43
	前左	59.2	26	37.6	38	133	5
	后右	71.5	11	16.5	31	188.9	2
	后中	49.2	38	84.3	29	37.4	40
	后左	193.6	4	15.6	24	36.8	42
C 型礁	前右	51.9	33	53.5	46	57.1	40
	前中	35.9	41	64.2	44	80.9	15
	前左	20.1	32	15.3	32	25.9	42
	后右	24.7	38	43	47	25	41
	后中	9.2	7	70.9	39	86.3	13
	后左	11.3	13	15	29	31.4	44
D 型礁	前右	20.1	32	15.3	36	25.9	47
	前中	34.8	40	21.1	40	43.8	39
	前左	38.3	39	37.1	46	26.1	46
	后右	11.3	16	15	38	31.4	44
	后中	90	8	10	23	20.5	45
	后左	26.8	35	142.5	20	17.8	36

将黑鲷、真鲷幼鱼在不同来流速度下的出现次数与该区平均流速进行统计回归，即可得到在不同来流速度下，黑鲷幼鱼的趋礁次数与流速之间的关系。当平均来流速度为 42.4、49.6 和 61.1 cm/s 时，黑鲷幼鱼的喜欢流速范围分别为 20.1～51.9、15.0～84.3 和 25.9～75.9 cm/s。综上可以确认，在 2 个或 3 个水泵同时开启，即来流速度在 42.4～61.1 cm/s 的情况下，黑鲷幼鱼喜好流速的最大概率在 25.9～51.9 cm/s 的范围。

三、基于鱼类趋流性的礁体结构设计

与一些采用微缩鱼礁模型、在静水槽中进行的鱼类诱集实验不同，特征礁动水池鱼类行为学实验作为鱼礁结构优化设计的手段，不仅其尺寸 100 cm×15 cm×15 cm 与实际鱼礁的支柱结构尺寸相仿，而且以若干特征礁实现构建鱼礁实际尺度的局部结构，从而可以避免礁体内部结构微缩化所造成的实验鱼行为失真。实验以长江口近外海域增殖放流代表种黑鲷幼鱼等为目标种，在鱼礁不同内部结构（水平间距 10 cm、15 cm、20 cm 和垂直间距 28 cm、38.8 cm、56.7 cm），以及不同背景速度（19.1 cm/s、23.4 cm/s、27.7 cm/s）下，得到了各鱼礁结构下的流速分布规律、黑鲷幼鱼在各流速区段的出现频次等，如图 2 - 13 所示。

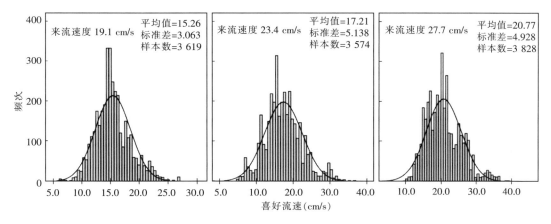

图 2 - 13　不同来流速度下幼鱼栖息处流速-频次关系

结果表明，在 3 种来流速度和 9 种鱼礁结构下，黑鲷幼鱼出现区域的流速组成均接近于正态分布（参见图 2 - 6 和图 2 - 10），其流速平均值（15.3、17.2、20.8 cm/s）与中位数（14.9、16.9、20.3 cm/s）随着背景速度的增大而增大，它们与来流速度的比率范围为 0.72～0.80，但同时均存在一部分大于来流速度 10%～20% 的离群值，如图 2 - 14 所

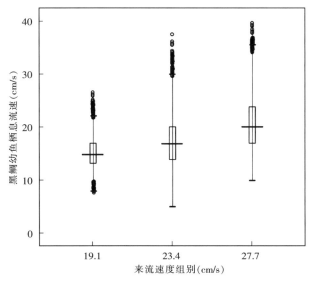

图 2 - 14　不同来流速度分组下幼鱼栖息处流速分布

示。因此，在对礁体结构进行优化设计的流场效应数值实验中，应对计算空间中满足流速为背景速度 0.7～0.8 倍的空间体积进行累计，将它们作为人工鱼礁营造黑鲷幼鱼适宜流速区的度量指标。据此，我们确定了以相对于来流速度比率为度量、以目标种流速适宜区营造为导向的礁体结构设计与优化路径。

从鱼类行为学角度来说，由于人工鱼礁投放造成了局部空间的流速相对来流速度变缓或变急，故而对目标鱼种起到了诱集的作用；特征礁黑鲷幼鱼行为学实验结果证实了这一观点，因此，鱼礁投放后对物理环境改造的效果应视其对环境水体有异于背景流场的范围而定。表 2-2 所示在 3 个来流速度下，黑鲷幼鱼出现区的流速平均值和中位数与来流速度的比率范围为 0.72～0.80。

表 2-2　黑鲷幼鱼栖息处流速与来流速度比率

	黑鲷幼鱼集中栖息处流速（cm/s）			与来流速度比率		
来流速度（cm/s）	19.1	23.4	27.7	19.1	23.4	27.7
平均值	15.3	17.2	20.8	0.80	0.74	0.75
中位数	14.9	16.9	20.3	0.78	0.72	0.73

因此，与以往的鱼礁水槽实验一般以高度和长度等指标来表示背涡流不同，我们以黑鲷幼鱼出现区的流速平均值与来流速度比率小于 0.7 和小于 0.8 的空间体积作为背涡流范围的度量指标，同时不考虑流速变急的空间范围，并套用流速相对比率概念，将垂向上升流速与来流速度比率大于 0.1 和大于 0.2 的空间体积作为上升流范围的度量指标，由此判定人工鱼礁物理环境营造功能的指标共计 4 个。每个指标值均以流场体积（m³）/鱼礁单体来表示，即统计满足流速判定条件的计算单元的体积，累加后除以单位鱼礁的礁体个数（因本实验所用单位鱼礁的礁体结构和体积相同，不同单位鱼礁间仅排列方式和礁体个数不同）。背涡流区体积从三维空间角度表示适合目标鱼种栖息的背流面缓流区空间的大小；上升流区同样用体积来表示，可以将上升流区指标大小视为一个能将底层高营养水向上层输送的生态动力泵的特征值。

通过特征礁鱼类行为学实验，我们建立了在不同来流速度和鱼礁结构情况下的目标种行为特征研究方法，基于目标种在不同背景条件下在实验区的出现位置，统计分析了其喜好的流速范围，为进一步通过鱼礁流场效应与鱼类趋礁行为来设计礁体结构提供了较为可行的技术路径。我们在实验中设计的来流速度范围尽量去接近一般鱼礁建设海域的典型流速，设计的特征礁主尺度和间距也与实际鱼礁相仿，因此，目标鱼在实验过程中所表现出的趋礁行为具有现实参考价值。

在黑鲷幼鱼特征礁单项间距的趋礁性实验中，选取了比较小的流速进行实验，主要是因为较小流速能让实验鱼消耗较少的体力来维持身体平稳，这样它们就会用更多的体力来努力选择最佳栖息地点。而在黑鲷、真鲷幼鱼同时进行的特征礁混合间距的趋礁性实验中，我们选取了更大的流速进行实验，这是因为在静水状态下两种鱼类接触频繁，经常发生冲突现象；而随着流速的增大，两种鱼的打斗现象有减少的趋势，于是我们采用了更大的流速来减少两种实验鱼的互相干扰，以便提供更加真实可靠的数据。其中，黑鲷幼鱼在不同来流速度及礁体间距下的栖息位置与流速之间十分符合正态分布的实验结果，可以明显看出黑鲷幼鱼在垂直间距下的喜好流速范围比较广泛，阈值相差比较大，为 21.2 cm/s，说明礁体内部间距设置为垂直结构时，可以形成较宽泛的黑鲷幼鱼喜好流速阈值和较广泛的分布范围；而黑鲷幼鱼在礁体不同水平间距下，对流速范围的要求比较高，所喜好的流速阈值相差也较小，仅为 13.8 cm/s，说明这种状态下黑鲷幼鱼在礁体周围的分布位置比较固定，相对集中于某些区。因此，可以验证黑鲷幼鱼主要是通过追逐适宜的流速流态而选择栖息地点的，此项结论提示我们应该根据现场海域人工鱼礁建设的目标是为了营造黑鲷钓点还是养护海钓资源，来进行不同的礁体结构偏向设计。

因实验水池和潜水泵等条件的限制，我们仅开展了 3 个较小的来流速度和较少的 4 个特征礁组合作用下的鱼类行为学实验，所选鱼种也局限于黑鲷和真鲷幼鱼。今后的工作应运用大功率水泵、在大型水槽中进行成鱼在强流速条件下的行为学实验；除趋礁型的黑鲷之外，还需更多地开展其他不同类型鱼种的相关实验，以完善人工鱼礁周围各类型鱼的喜好流速范围；并以鱼类栖息处的流速相对来流速的比率为判据，通过统计满足这一相对比率的空间大小作为流场效应指标，进行各类用于不同目的的人工鱼礁的礁体结构优化设计。

推广到实际人工鱼礁建设时，现场大范围海域难以使用流速仪进行测量流场，因此需要借助数值模拟计算的方法来查明人工鱼礁区的流场分布。在数值实验条件下，可以选用原型礁体尺寸和典型礁区水深等条件，并以礁区大潮典型流速作为来流速度，即以弱流条件下的特征礁水槽鱼类行为学实验得到满足相对流速比率的空间体积作为流场效应指标，进行数值模拟实际海域强流作用下不同礁体结构及其鱼礁组合产生的流场效应差异，以优化鱼礁的结构设计和单位鱼礁的组合。下一节我们将根据特征礁动水池黑鲷幼鱼行为学实验的结果，总结一种新的人工鱼礁流场效应判定依据，并通过不同单位鱼礁配置方案的数值水槽实验，探讨如何使单位鱼礁组合的流场效应最大化，即鱼礁单体背涡流区与上升流区规模优化问题。

第三节　人工鱼礁单体二维流场数值模拟

人工鱼礁投放后在潮流和波浪等水动力的作用下，能在较短的时间内稳定下来，形成"实体礁＋原底质＋新流场"的新的物理环境。鱼礁在流场改造方面发挥的效应往往会立即显现出来，通过背涡流和上升流的综合作用，对礁体附近的底质进行重构，营养盐和有机物的扩散与集聚模式亦发生改变，从而为随之而来的生物群落演替打下基础。本节以实际海域的鱼礁为研究对象，采用铅直二维数值模型，简单介绍人工鱼礁投放后形成的流场效应仿真模拟情况。

一般来说，人工鱼礁的生态效应是通过人工鱼礁的流场效应来实现的，因此流场效应在人工鱼礁的相关理论研究中往往最为基础，它对人工鱼礁建设规模和建成后的效果评价都具有直接指导意义。迄今为止，对于人工鱼礁流场的研究大都以现场调查分析为主，也有部分研究采用水槽或风洞实验方法；受研究手段的限制，研究成果多反映人工鱼礁海域局部的流速流向，不能全面把握整个流场的分布和变化，因而从全局来看，这些研究多属于定性的。若要全面反映流场的分布与变化需借助数值计算方法做定量研究，并辅以现场调查或者水槽实验数据进行验证。

本节采用数值计算方法，定量探讨铅直二维定常流场中人工鱼礁单体规模与产生的上升流、背涡流规模之间的关系，为从整体上把握人工鱼礁海域的流场效应、定量评估人工鱼礁的生态效应提供依据。

一、二维流场数值计算方法

将具有自由水面、开阔的浅水人工鱼礁投放海域作为模拟对象。为简化研究问题，假设水域底边界平直，人工鱼礁单体简化为实心、横截面为方形的构造体，仅考虑单一方向的定常流；直角坐标系原点位于鱼礁模型左侧底部，x 坐标平行于海底，z 坐标垂直向上，如图 2-15 所示。其中 U_{in} 为定常来流速度，H 为水深，h 为正方体鱼礁的单边长度或高度。

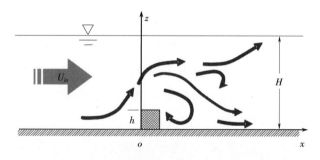

图 2-15　鱼礁单体流场数值模拟的坐标系简单示意

1. 控制方程

在以上假设条件下，xoz 平面内的流体运动控制方程为连续方程和 Navie-Storks 方程：

$$\frac{\partial u}{\partial x} + \frac{\partial w}{\partial z} = 0$$

$$\frac{\partial u}{\partial t} + u\frac{\partial u}{\partial x} + w\frac{\partial u}{\partial z} = -\frac{1}{\rho}\frac{\partial p}{\partial x} + \nu\left(\frac{\partial^2 u}{\partial x^2} + \frac{\partial^2 u}{\partial z^2}\right)$$

$$\frac{\partial w}{\partial t} + u\frac{\partial w}{\partial x} + w\frac{\partial w}{\partial z} = -\frac{1}{\rho}\frac{\partial p}{\partial z} + \nu\left(\frac{\partial^2 w}{\partial x^2} + \frac{\partial^2 w}{\partial z^2}\right) - g$$

式中 u、w 分别为流速沿 x、z 方向的分量，t 为时间，p 为压力，g、ρ、ν 分别为重力加速度、海水的密度和涡动黏性系数，分别取常温参量 $g = 9.81 \ \mathrm{m/s^2}$，$\rho = 998.2$ $\mathrm{kg/m^3}$，$\nu = 1.006 \times 10^{-6} \mathrm{m^2/s}$。

2. 差分网格

对控制方程组的离散建立在交错网格基础上，礁体附近加密，每个网格内各变量的空间分布（即"Arakawa C 网格"）如图 2-16 所示，压力定义在网格中心，速度 u、w 分别定义在前后与上下边界的中点。记 Δx 和 Δz 分别为沿水平、垂直方向的空间步长，Δt 为时间步长。

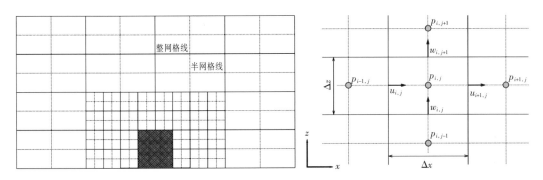

图 2-16　差分计算网格及交错网格中各变量的分布

3. 差分方法

离散方法选取发展成熟的有限差分法，非定常项采用向前差分，平流项采用二阶精度的迎流差分，黏性项采用中心差分，即：

$$\frac{\partial F}{\partial t} = \frac{F^{n+1} - F^n}{\Delta t}$$

$$\left(c\frac{\partial F}{\partial x}\right)_{xi} = \frac{c}{2}\left\{(1+\varepsilon)\frac{3F_{i,j} - 4F_{i-1,j} + F_{i-2,j}}{2\Delta x} + (1-\varepsilon)\frac{-3F_{i,j} + 4F_{i+1,j} - F_{i+2,j}}{2\Delta x}\right\}$$

其中 $\varepsilon = \mathrm{sign}(c) = \begin{cases} 1 & c > 0 \\ -1 & c < 0 \end{cases}$

$$\left(\frac{\partial^2 F}{\partial x^2}\right)_{i,j} = \frac{F_{i-1,j} - 2F_{i,j} + F_{i+1,j}}{(\Delta x)^2}, \quad \left(\frac{\partial^2 F}{\partial z^2}\right)_{i,j} = \frac{F_{i,j-1} - 2F_{i,j} + F_{i,j+1}}{(\Delta z)^2}$$

式中 F 表示速度，上标 n 为时间记号，下标 $i-1$、i、$i+1$、$j-1$、j、$j+1$ 为空间点记号。

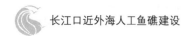

4. 初始条件与边界条件

初始条件：整个计算域内水平速度取为常数 U_{in}，压强取为 0，即 $u_{i,j}^0 = U_{in}$，$w_{i,j}^0 = 0$，$p_{i,j}^0 = 0$。

边界条件：礁体壁面及海底 $u_{i,j}^n = w_{i,j}^n = 0$。

自由水面：$w_{i,Jmax}^n = 0$，$u_{i,Jmax}^n = u_{i,Jmax-1}^n$，$p_{i,Jmax}^n = p_a$（一个标准大气压）。

流入边界：$u_{Imin,j}^n = U_{in}$，$w_{Imin,j}^n = 0$，$p_{Imin,j}^n = p_{Imin+1,j}^n$。

流出边界：$u_{Imax,j}^n = u_{Imax-1,j}^n$，$w_{Imax,j}^n = w_{Imax-1,j}^n$，$p_{Imax,j}^n = p_{Imax-1,j}^n$。

二、模拟结果

将嵊泗、连云港等人工鱼礁海域的实测结果作为取值基准，计算水域取 $U_{in} = 0.7$ m/s、$H = 20$ m；礁高 h 取 0.5 m、1 m、1.5 m、2 m、2.5 m、3 m、3.5 m、4 m、4.5 m、5 m 十个不同量值。

为便于比较，取上升流速 $w \geqslant 0.1 \times U_{in} = 0.07$ m/s 的包络水体作为上升流域，其水平方向的最大宽度称为幅宽，记作 L，上升流域达到的高度记作 H_i。上升流规模用面积 S、幅宽 L 加以衡量，而上升流强度用最大上升流速 w_{max} 和上升流区域内上升流速均值 $\overline{w}$ 加以衡量。背涡流区域水平尺度即涡流分离点距礁体的距离记作 x_{sep}，涡心到礁体、海底的距离分别记作 x_{vor}、z_{vor}；背涡规模用面积 S、x_{sep} 加以衡量。流场效应用经济学概念进行分析，将鱼礁单体作为投入，上升流和背涡流作为产出，面积的平均产量记作 S_A、边际产量记作 S_M。此外，鱼礁的高度量用礁高水深比 $r = h/H$ 表示。

（一）迎流面上升流

1. 上升流区域的规模和强度

鱼礁高度不同时，礁体附近上升流域的分布范围如图 2-17 所示。当礁高水深比 $r = 0.05$ 时，上升流区域的面积为 27.2 m²，幅宽为 6.4 m；当 $r = 0.15$ 时，面积为 161.2 m²，幅宽为 17.6 m；当 $r = 0.25$ 时，面积为 245.3 m²，幅宽为 23.7 m。由此可知，上升流区域面积、幅宽均随着礁高增大逐步增大。

礁高水深比不同时的 w_{max} 和 $\overline{w}$ 值列于表 2-3。数据表明，w_{max}、$\overline{w}$ 均随礁高增大而增大。即，随礁高增大，上升流区域的规模和强度均增大。

表 2-3 礁高水深比与 w_{max} 和 $\overline{w}$ 的关系

r	0.025	0.05	0.075	0.1	0.125	0.15	0.175	0.2	0.225	0.25
w_{max} (m/s)	0.517	0.570	0.590	0.637	0.661	0.703	0.756	0.806	0.838	0.873
$\overline{w}$ (m/s)	0.108	0.112	0.122	0.131	0.137	0.143	0.149	0.155	0.163	0.168

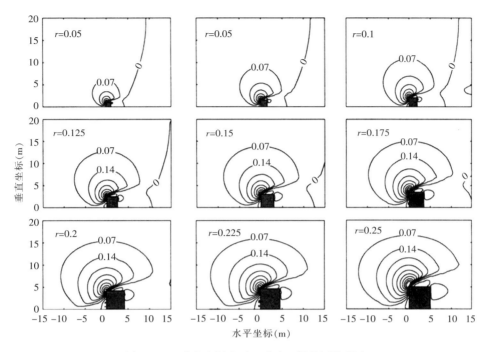

图 2-17　礁高水深比对上升流区域范围的影响

2. 上升流效应

上升流区域面积的平均产量、边际产量的变化曲线如图 2-18 所示，两者均随礁高的增大先增大后减小，分别在 $r=0.075$、0.1 时达到极值。

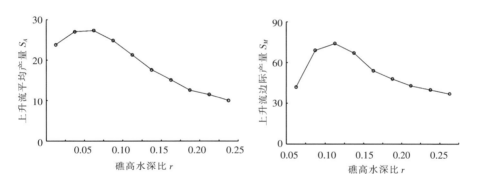

图 2-18　上升流区域面积的平均产量（左）和边际产量（右）的变化曲线

3. 其他水动力特性

除以上水动力特性外，计算区域内的最大水平流速 U_{max} 和上升流域达到的高度 H_i 也随着礁高增大而增大，变化趋势如图 2-19 所示。在 $r=0.2$ 时最大水平流速 1.08 m/s 为来流速度 U_{in} 的 1.54 倍，这与野添学等学者的研究结果基本吻合，他们认为礁高水深比为 0.2 时的最大水平流速是来流速度的 1.57 倍。计算 H_i/h，可知上升流域达到的相对高度随礁高增大逐渐增大，在 $r=0.1$ 以后，增幅明显减弱。

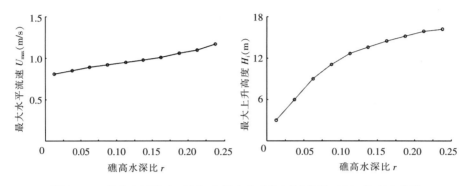

图 2-19　最大水平流速（左）和最大上升流区域高度（右）的变化曲线

（二）背涡流区域

1. 背涡流区域的规模

背涡流区域的面积 S、水平尺度 X_{sep} 的变化趋势如图 2-20 所示，显而易见，S 和 X_{sep} 均随礁高增大而增大。因此，鱼礁越高，产生背涡流区域的规模越大。计算背涡流水平尺度的相对值 X_{sep}/h 可知，其随礁高变化不明显，背涡流水平尺度 X_{sep} 为礁高 h 的 8.7～9.6 倍；其中 $r=0.2$ 时，X_{sep} 约为 h 的 9.60 倍，该结果与日本学者鹤谷宏一等（1987）所做水槽实验 10 倍左右的结果基本吻合。

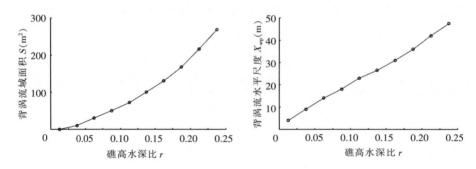

图 2-20　背涡流区域面积 S（左）和背涡流水平尺度 X_{sep}（右）的变化曲线

2. 背涡流效应

背涡流区域面积的平均产量随着礁高水深比的变化规律是先增后减，在 $r=0.1$ 时达到极值，如图 2-21 所示。

3. 其他水力特性

涡心到礁体、海底的距离 x_{vor}、z_{vor} 的变化曲线如图 2-22 所示，二者均随礁高增大逐渐增大。计算距离的相对值 x_{vor}/h 和 z_{vor}/h 可知，x_{vor}/h 随礁高增大先增后减（与 SA 相似），在 $r=0.1$ 处取得极值，x_{vor} 平均为礁高的 2.9 倍；而 z_{vor}/h 随礁高增大呈轻微下降趋势，z_{vor} 为礁高的 0.86～1.03 倍，平均约 0.9 倍。此外，x-z 垂直剖面的流场图显示背涡顺时针转动；铃木连雄、本田阳一专门针对鱼礁周围的涡流设计了可视化实验，所拍涡流照片清晰显示了运动方向:在水槽底部流向鱼礁,在礁面附近由下而上运动。计算结果与水槽实验结果一致。

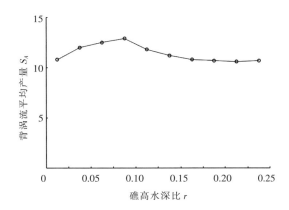

图 2-21 背涡流域面积的平均产量变化曲线

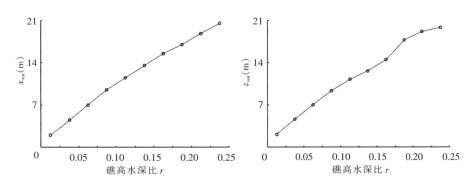

图 2-22 涡心到礁体的距离 x_{vor}(左)和涡心到海底距离 z_{vor} 的变化曲线

(三)人工鱼礁的流场效应

一般而言,表层水拥有较好的光照条件,随上升流涌升的营养盐可以提高海域的初级生产力,从而诱集其他生物前来索饵;背涡流区域流速缓慢,涡心处速度最小,多数鱼类喜栖息于流速缓慢的涡流区,特别是在躲避强潮流时,涡流还可造成浮游生物、甲壳类和鱼类的物理性聚集。因此,上升流和背涡流的规模可作为鱼礁流场效应的衡量指标。

数值模拟结果显示,礁高水深比 $r=0.075$ 时上升流的平均产量 S_A 达到极值,从产出角度来说,在这个投入水平上,单位产出的资源消耗量最少,实现了低成本生产;从总资源有效利用角度看,只要条件允许,投放鱼礁单体的高度至少应当达到 $r=0.075$;但 r 大于 0.1 时上升流的边际产量 S_M 急剧下降。因此,$r=0.1$ 时上升流效应最佳。由于 $r=0.1$ 时的背涡流 S_A 达到极值,可以推断,在 $r=0.1$ 时同样实现了投放鱼礁的低成本生产,背涡流效应最佳。当 $r=0.1$ 时,上升流速 $w=0.01$ m/s 的水体可达到距水表 2.5 m

之内的水层，上升流速 $w=0.001 \text{ m/s}$ 的水体则可达到水表附近。综上所述，尽管上升流区域的规模、强度随礁高增大而增大，但上升流和背涡流的效应却在礁高水深比 0.1 附近最佳，即在投放礁高满足 $r=0.1$ 时，可以实现单位产出成本消耗最小，所有鱼礁流场效应达到最佳。

由于垂直二维数值模型忽略了绕流作用，计算结果与实际流场之间存在一定差异，但与三维流场中沿来流方向截取的鱼礁中垂面上的流场特性基本吻合。另外，上述计算选用的是实心正方体鱼礁模型，因此计算结果相较于鱼礁海域的流态现场调查结果、透水性鱼礁模型的水槽实验结果要略大一些，其结果更适合评估实心船礁的流场效应问题。将来在进行相关课题研究时，应尝试在不同水深、不同来流速度、往复流或旋转流、镂空礁体模型、三维立体空间等情况下，研究鱼礁对流场流态、流速的影响；并进一步探讨上升流增强对初级生产力、改善环境的效果，结合现场调查数据评估鱼礁的生态效应，为人工鱼礁建设提供基础数据。

第四节　鱼礁单体及组合的 CFD 优化

渔业发达国家的实践表明，人工鱼礁建设是改善近海水域生态环境、修复渔业资源的行之有效的途径之一。人工鱼礁的研究内容包括鱼礁的结构、材料和工程学原理、鱼类与人工鱼礁的关系、人工鱼礁的流场特性、人工鱼礁的效益等。从人工鱼礁的流场效应来说，其产生的背涡流构成缓流区，可为鱼类提供了休憩、躲避强流的场所；产生的上升流则可以促进上下层海水交换、加快营养物质循环速度、提高海域的基础饵料水平，为鱼类提供了索饵场所，易于诱集鱼类从而形成渔场。

河口及其邻近陆架海域的人工鱼礁投放后，受周期性潮流影响，其周围水体的流场随之发生变化，产生背涡流和上升流。相关研究表明，背涡流对部分类型鱼类有较好的诱集作用，上升流则能够将海底的营养盐带到表层，从而提高海区初级生产力。投放人工鱼礁的首要点是要让鱼类感知礁体的存在，以及礁体存在所带来的流场环境变异和饵料条件等的差异。鱼礁单体的投放一般是以单位鱼礁形式投放，以达到增强鱼类感知效果和优化生态调控规模的目的。

计算流体力学（Computational fluid dynamics，CFD）是 20 世纪 50 年代以来，随着计算机的发展而产生的一个结合数学、流体力学和计算机科学的交叉学科，主要研究内容是通过计算机和数值方法来求解流体力学的控制方程，对流体力学问题进行模拟和分析。目前，以 ANSYS Fluent 等为代表的 CFD 软件被广泛应用于人工鱼礁的流场效应、受力分析等研究，已成为鱼礁单体及组合优化的研究利器。

一、人工鱼礁流场效应的研究现状

研究人工鱼礁流场效应的手段一般包括风洞实验、普通水槽实验和粒子图像测速（Particle image velocimetry，PIV）水槽实验以及数值模型仿真计算等。随着计算机技术的发展，数值模拟成为越来越重要的研究手段；近期有关数值模拟在人工鱼礁领域的研究得到了进一步的发展，应用面也得到拓展，包括礁区配置的数值建模、人工冲浪礁区的波浪模拟，以及礁区渔业资源的长周期变化模拟等。

对人工鱼礁周围流场的研究往往需借助现场调查的研究方法，即在海域本底状况、渔区社会经济状况调查的基础上，在人工鱼礁建设后每隔一定时间进行一次调查，对鱼礁投放前后的海域环境和生物资源状况的差异进行比较，并分析原因和评价鱼礁建设的效果。此类研究的手段具较高可信度，但是调查结果的精确度往往会受调查期间的天气、潮汐等自然因素，以及调查站点的选取、调查时间的非同步性、采样误差等人为因素的制约，且资金和人力消耗大，试验周期长。此外，现场调查只能反映鱼礁投放前后的流场、营养盐、浮游生物的不同，无法反映它们变化的内在机制。也有学者借助水槽实验或风洞实验的研究手段，研究成本较现场调查大为降低，且避免了自然因素的干扰，测量点也相对丰富，但仍很难实现流场的全方位测量及全尺寸模型的实验。由于研究手段的限制，迄今为止的研究成果基本上都属于定性分析，因为不论现场调查还是水槽或风洞实验，只能反映人工鱼礁海域局部的流速流向，而很难正确把握整个人工鱼礁海域流场的分布和变化。随着计算流体动力学的发展，近十余年来，已有多位学者尝试采用数值模拟的方法开展人工鱼礁流场的定量研究。

至今，许多国家都开展了关于人工鱼礁流场效应的研究。其中，日本的研究大多是以小规模的单位鱼礁为对象，一些学者对人工鱼礁的功能、结构，鱼礁渔场的形成条件及渔获效果等做了较为系统的广泛探讨。人工鱼礁区的流速、流态分布受鱼礁内部构造、外部形状及规模的影响，而且较原定常流场丰富。为明确表述鱼礁流场状态，在鱼礁研究的初期有多位学者提出了流体力学阴影、开口、开口比等概念。之后又有学者对不同形状的鱼礁模型，通过水槽和风洞实验，测定了背面形成的反流、涡流的范围，初步推定了背涡流的流场分布。1997年，M. Fujihara、S. Akeda 和 T. Takeuchi 首次运用数值计算方法针对设置鱼礁后的定常层流水域的流场变化进行研究，得到了鱼礁流场的上升流范围及分布的流场。

我国的人工鱼礁流场研究目前还处于探索阶段。根据国内外人工鱼礁研究现状，人工鱼礁的环境功能和集鱼效果研究大多属于综述性研究，主要分析今后人工鱼礁研究的发展趋势，特别是人工鱼礁在海洋生态环境改造方面的应用前景。有一些国内学者针对梯形、半球形、三角锥体、堆叠式鱼礁模型做了水槽和风洞实验，也有学者尝试利用数值计算的方法对人工鱼礁周围流场进行简单模拟研究。大多数研究仍然属于定性分析层面，有些定性分析也仅停留在探索阶段，没有形成较为系统的流场分析结果与评价。

在人工鱼礁生态效益研究中，人工鱼礁周围的流场是鱼礁对生物和非生物环境起作用的关键，因而对其进行定量深入的研究是人工鱼礁研究工作的基础。利用适当的三维数值计算模型，准确地模拟人工鱼礁周围流场是人工鱼礁流场三维数值模拟研究的前提。三维数值模拟这一研究方法已经引入人工鱼礁研究领域，但是少有学者对模型的选择、模拟的真实性等进行验证。因此，本节首先对所选用的数值计算方法和模型进行可行性分析，利用水槽实验对其进行对比验证，来证实该方法的准确性，为之后进一步的研究工作奠定良好的基础。

众所周知，人工鱼礁的不同形状、大小、材质、组合等，投放在海域中会产生不同的流场变化；而在不同的海域中，海流速度的变化也会影响鱼礁周围的流场变化，在投放鱼礁时必须因地制宜地选用不同的鱼礁以达到最佳的效果。考虑到目前在我国沿海投放的鱼礁中，正方体框架的鱼礁运用较为广泛，具有一定的典型性，因此，本节针对正方体单个鱼礁进行数值模拟试验，研究其大小与海域水深、流速之间的关系，为鱼礁单体的优化配置提供一定的理论依据。

然而，由于人工鱼礁结构的复杂性，要在大海域范围建立精细模型存在一定的难度。如何将小尺度的鱼礁结构与大尺度的海域模拟相协调，实现数值计算的整体可行性是目前研究的重点之一。因此，将对鱼礁单体构造的变化所产生的流场进行三维数值模拟，探讨其与流态效应的定量关系，寻找最佳投入产出的鱼礁配置。其中引入通透系数这一概念，用以代表不同的礁体结构变化，通过研究通透系数与流场变化间的定性关系，从而在数值计算中利用通透系数将复杂礁体简单化，为实现更为复杂的大海域三维数值模型的建立提供可行性，同时有效地提高计算效率。

人工鱼礁在实际投放时鱼礁数量众多，排列分布的变化也能影响所产生的流场效应。因此，可对组合礁体的优化配置作探讨，模拟实际投放海域中简单排列的单位鱼礁，变化鱼礁单体之间的距离，比较产生的流场规模。通过对单位鱼礁组合的模拟，能够找出单位鱼礁分布的优化配置，为今后将小范围的单位鱼礁模拟扩大到群礁，甚至大范围海域的模拟打下基础。

二、流场效应数值计算与水槽实验

利用数值计算研究人工鱼礁流场效应具有一定的开拓性和创新性。近年来随着数值计算方法理论、数学模型和电子计算机技术的发展，模拟大规模流场运动的技术得到迅速发展，而且其科研应用日渐频繁。因此，选用适当的模型与计算方法，借鉴国内外数值模拟流场的经验，进行鱼礁流场的定量研究不但具有可行性，而且具有重大的现实意义和科研价值。

(一) 鱼礁水动力 CFD 模型构建

计算流体力学（CFD）数值模拟是一种研究流体运动等物理现象的现代技术。一些软件公司把已经经过验证的、成熟而稳定的计算方法集中起来，形成了软件包，专门用于 CFD 数值计算。工程技术人员通过使用这些软件包，不仅可以方便地解决实际问题，还能通过软件的用户自定义功能去实现某些新的想法。利用 FLUENT 软件进行人工鱼礁的数值计算，FLUENT 软件在水动力领域和流场研究中有众多的成功运用案例，都能够借鉴到人工鱼礁流场效应的三维数值模拟研究中。

湍流模型的选择是否合适，将直接影响数值模拟仿真的精度和真实性。为了模拟湍流运动，在计算时要求计算区域的尺寸应大到足以包含湍流运动中出现的最大涡，而同时又要求计算网格的尺度应小到足以分辨最小涡的运动。综合考虑本研究的模型，在分析流场时重点考虑的是鱼礁前方的上升流区和鱼礁后方的缓流区，这两个区域是湍流最强烈、产生涡流最丰富的地方。因此，本节选用大涡模拟法（Large-eddy simulation，简称 LES），它是介于直接数值模拟（DNS）与 Reynolds 平均法（RANS）之间的一种湍流数值模拟方法，其思想为：用瞬时的 Navier-Stokes 方法直接模拟湍流中的大尺度涡，不直接模拟小尺度涡，而小涡对大涡的影响通过近似的模型来考虑，这样就能模拟出大于网格尺度的涡的运动。

对如图 2-23 所示数值模型各个面进行属性设置：

①模型整体水域的进口面（in）：速度进口（velocity-inlet），将问题简化为相同方向的初始平均流速。

②模型整体水域的出口面（out）：速度出口（velocity-inlet），假设模型计算域已足够大，礁体周围产生流场变化的影响范围在水域内，因此出口面恢复来流的定常流速。

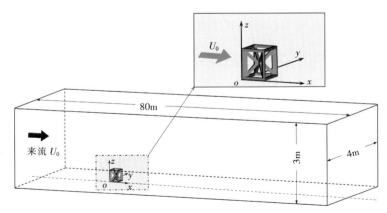

图 2-23 数值模型示意图

③礁体表面（reef）：固体边界（wall），对于黏性流动问题，Fluent软件默认设置是壁面无滑移条件，本处假设海底实心障碍物是无滑移的情况。

④侧面（side1/side2）：选用对称边界（symmetry），在对称平面上，既无质量的交换，也无热量等其他物理量的交换，因此垂直于对称轴或者对称平面的速度分量为零；在对称平面上，所有物理量在其垂直方向上的梯度为零，因此在对称边界上，垂直于边界的速度分量为零，任何量的梯度也为零。

⑤顶部（top）：选用对称边界（symmetry），由于侧边界选用速度进口，且考虑到计算机性能问题和网格数量，并无必要模拟自由水面的变化，因此顶部也选用对称边界进行计算。

⑥底部：选用固体边界（wall）。

（二）数值计算与水槽实验的对比验证

数值计算的解法是一种离散近似的计算方法，依赖于物理上合理、数学上适用于在计算机上进行计算的离散的有限数学模型，且最终结果不能提供任何形式的解析表达式，只是在有限个离散点上的数值解，并有一定的计算误差；其次，它不像物理模型实验一开始就能给出流动现象并定性地描述，往往需要由原位观测或物理模型试验提供某些流动参数，并需要对建立的数学模型进行验证。我们将人工鱼礁单体数值模拟与水槽实验的结果作比较，希望通过两者的对比结果验证数值模拟方法的准确性与可行性。

以投放在实际海域中所用到一种典型礁体——米字型礁（外部框架结构为边长3 m的正方体）为例，将其按1：10的比例缩小为一小型米字型礁（外部框架结构为边长0.3 m正方体）。将缩小后的米字型礁放入长×宽×高＝80 m×4 m×3 m的长方体水槽中（图2-24）。

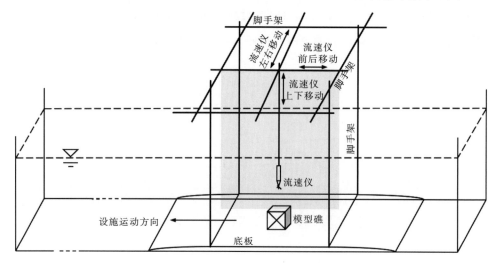

图2-24　水槽实验示意

首先，利用一块足够大的底板，底板两头平滑以减少底板运动时产生的水流影响，使得在底板运动时产生的相对迎流是定常流。在设计的海底模型上放置按比例缩小后的方形米字型礁，并在礁体中轴剖面周围的测点位置固定流速仪传感器，用以测得该点三个方向上的流速。该模型实验在静水槽中完成，通过移动上方脚手架从而带动整个水底模型运动，以其整体对静止水体作相对运动产生的相对流速，完全可以获得与动水槽相同的实验效果。

利用上述方法移动底板，给水平方向提供速度为 0.2 m/s、0.4 m/s、0.6 m/s、0.8 m/s、1.0 m/s 和 1.2 m/s 的均匀来流速度 U_0，观察礁体附近流速变化情况。

在定常流速下，礁体附近的流态变化较为强烈。另外，考虑礁体附近能够产生上升流及背涡流的大致位置，选取能够代表这些特征并且流速变化相对稳定的点进行对比分析。如图 2-25 所示，在水槽实验的模型中，取中轴面上礁体周围的 17 个点（p1~p17），利用流速仪测得 x、y、z 三个方向上的流速分量，与之后的数值计算模型中相对应点的三个方向流速进行比较。

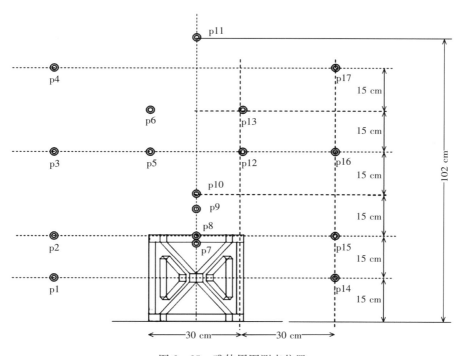

图 2-25 礁体周围测点位置

本数值模型流域的底面及礁体表面采用壁面边界，在近壁面利用标准壁面函数计算。为简化模型，水域的水面和两侧面都采用对称边界条件。进口面采用速度进口，来流速度为定常流。考虑鱼礁后流域的范围要足够大，当水流流出模型时恢复初始状态（即定常流），因此出口面设定为速度出口。

在数值模拟计算时，根据水槽实验的规格尺寸建立完全相同的模型，如彩图 15 所示，将 1∶10 缩小的米字型单礁放置在长×宽×高＝80 m×4 m×3 m 的水域中，设置与水槽实验相应的 0.2～1.2 m/s 的不同来流速度，计算该礁体周围产生的流场。

在水槽实验中，实验条件和人为因素等客观条件的限制使得观测的数据值变化较大。在数据处理时，利用标准方差法排除异常数值，取筛选后速度的平均值作为水槽实验的结果，并认为筛选后的一系列数据中最大值和最小值是水槽实验测量速度值的可信范围。

数值模拟计算的结果是相对稳定的一组数据。在计算到 400 s 之后，所测点的流态相对稳定，因此在 400～500 s 之间每间隔 10 s 取一次测点流速，求得速度平均值作为数值模拟的结果。

如图 2-26 和图 2-27 所示，水槽实验中测点速度的平均值所在点用"●"表示，并利用测得速度的最小值与最大值在图表中作出水槽实验数据的变化范围。将数值模拟计算的速度平均值（所在点用"■"表示），与水槽实验相应点进行比较；图 2-26 自上而下分别显示了来流速度为 0.2 m/s、为 0.4 m/s 和 0.6 m/s 的情况下，水槽实验与数值实验中 x、y、z 三个方向上 17 个测点的速度分量对比情况；图 2-27 自上而下则分别显示

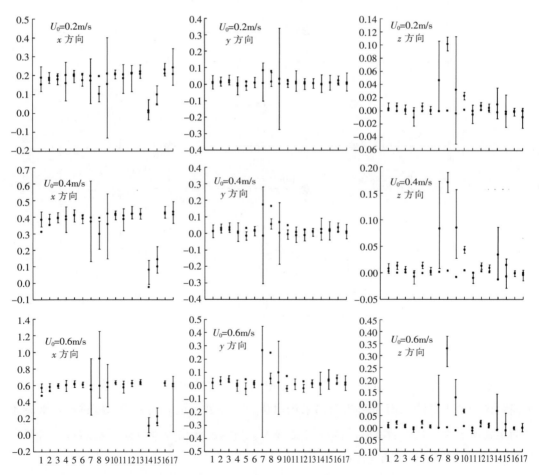

图 2-26　米字型单礁在来流速度 0.2～0.6 m/s 下的水槽实验与数值模拟的流速对比

横坐标表示测点序号，纵坐标表示流速（m/s）

了来流速度为 0.8 m/s、为 1.0 m/s 和 1.2 m/s 的情况下，水槽实验与数值实验中 x、y、z 三个方向上 17 个测点的速度分量对比情况。

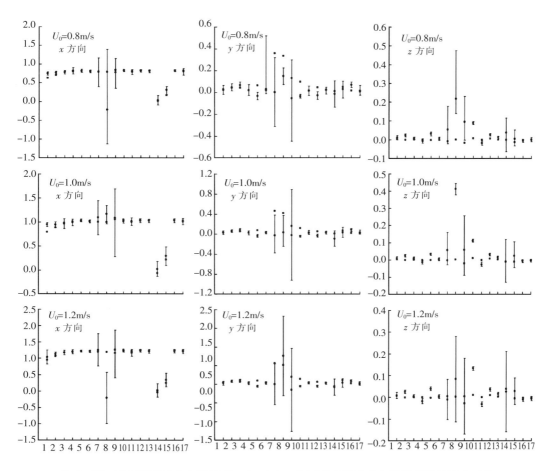

图 2-27　米字型单礁在来流速度 0.8～1.2 m/s 下的水槽实验与数值模拟的流速对比

横坐标表示测点序号，纵坐标表示流速（m/s）

由图 2-26 和图 2-27 可见，数值计算得出的测点流速值中约有 80% 都在水槽实验值的变化范围内；值得注意的是，大部分具有较大差异的值都发生在测点 7、8、9 处（即礁体上方开口中心位置附近）。整体比较不同来流速度下数值模拟和水槽实验的测点速度变化的趋势可以发现，随着来流速度的增大，来流速度方向（x 方向）上流速基本与来流速度一致。在礁后 30 cm 距底面 15 cm 高的测点 14 处于礁体产生的背涡流区内流速值变小，且来流速度变化不影响该区域的流速下降到 0.1 m/s 左右。不同来流速度的情况均在礁体开口正上方的测点 8 附近发现数值模拟和水槽实验测得的流速差异很大，这可能是因为该点位于礁体上方出口处，在水槽实验中对该点的位置掌握相对于其他点而言更加困难，而该处的实际流态变化又较为剧烈，稍微有所偏差，值的变化就很大。

虽然只选用了一种礁体进行了数值计算与水槽实验的对比验证，但是该数值方法是具有共通性的，可以运用于其他类型礁体的模拟。从结论来看，选用大涡模拟湍流模式能准确地模拟鱼礁周围流场的变化；而且，三维数值模拟不受到实验仪器、环境等条件的限制，可以根据需要改变礁体的结构、位置和排列方式，也可以改变礁体所放置的区域大小、地形等。本方法测得的数据更为详细和完整，能够清晰地反映鱼礁周围以及更大范围内流场的变化，这对研究鱼礁产生的上升流和背涡流提供了良好的条件。因此，在今后对人工鱼礁周围流场效应的研究中，完全能够利用数值计算的方法替代复杂的水槽实验，可以利用该数值模拟方法对礁体原始规格以及实际投放海域水深等条件进行等比例模拟，更清晰准确地对人工鱼礁周围流场变化进行详细研究。

三、人工鱼礁单体通透系数研究

单个礁体的周围流场的数值模拟可以借助已有的商用 CFD 软件如 FLUENT 等来完成，特别是应用于细微尺度的流态模拟。但是，实际人工鱼礁建设中往往投放的礁体数量达到成百上千个之多；且根据人工鱼礁区周边水质、生物资源等实际调查的结果表明，人工鱼礁区的影响范围可达到其建设规模的近 5～10 倍之多。单个礁体内部则需要十分精细的厘米级网格才能准确模拟。如此细微的网格划分对于实际人工鱼礁海域而言，其计算量实在过于庞大，非大型计算机集群则根本无法完成；而若网格划分大于 1 m，则无法准确模拟礁体近旁及后方的局部流态。正确把握这些局部区域的流态形成及变化规律对于深入分析鱼礁的集鱼机理、饵料效应等都是至关重要的。基于这些问题的考虑，我们引入通透系数这一概念，通过对鱼礁单体的通透系数研究，寻找礁体结构变化与其产生的流场的关系，有望在数值计算建模中能够实现将复杂礁体的结构进行简化，利用能与之产生同样流场效应的简单礁体来建模，从而使网格划分更加简单，在保证模拟真实性的同时，有效地提高数值计算的效率。

（一）鱼礁通透系数定义

由于实际投放的鱼礁都有一定镂空，我们将一个边长为 L 的实心正方体礁作镂空研究，对礁体镂空程度的度量以礁体通透系数这一无量纲数来表示。由于 x、y、z 三个方向上都有水流穿透产生的流场变化，而且礁体除了迎流面和出口面的变化会影响流场以外，礁体内部结构的变化也能影响流场的变化，因此，综合考虑这些因素，参考相关文献对通透系数做出如下定义：

1. x 方向上的平均通透系数 $\overline{T_x}$

在一个 yz 剖面上，镂空部分的面积为 $S_{yz}(x)$，整个正方体体积为 V，那么 x 方向上的平均通透系数 $\overline{T_x} = \int_0^L S_{yz}(x)\mathrm{d}x/V$；$\overline{T_x}$ 的取值范围为 0～1，0 表示完全不通透、相当

于实心礁的情况，1 表示完全通透、相当于无礁体的情况；同理可得 $\overline{T_y}$ 和 $\overline{T_z}$。

2. 礁体进出口面的通透系数 T_{in}、T_{out}

迎流面 yz 上，进口面镂空面积为 S_{yzin}，总面积为 S，那么进口面通透系数为 $T_{in} = S_{yzin}/S$，T_{in} 取值范围为 0～1；同理可得礁体出口面通透系数 T_{out}。

首先，将稳定来流速度方向上（x 轴方向）的通透系数与流场效应进行比较，之后再考虑 y、z 方向上的通透系数。

（二）上升流和背涡流取值

目前，我国投放的人工鱼礁单体尺寸范围一般在 1～5 m，其中以 2～4 m 的正方体居多，长江口近外海域人工鱼礁建设的礁体尺寸大都为 3 m×3 m×3 m 的正方体礁；并且鱼礁单体的数值计算表明，3 m 礁高的正方体礁产生的流态变化较为显著，因此，本实验以该尺寸为礁体的基本尺寸。通过数值实验计算结果可见，在鱼礁背流面（出口面）生成比来流速度而言流速缓慢的背涡流区域，又常称为缓流区，尤以涡心处为最接近零。靠近鱼礁部分的涡流大，渐远渐弱。此外，在鱼礁迎流面也有涡流产生，其尺度很小，仅是鱼礁高度的几分之一。在鱼礁迎流面会产生上升流，流体由前下方向后上方运动，上升流速度最强的区域位于鱼礁迎流面前上方（彩图 16）。该流态变化与众多学者对单礁所产生流态的研究结果相符。

目前，对上升流和背涡流的大小规模没有一个统一的标准进行衡量，我们在定义缓流区范围时，根据大部分研究采用的方法，分别取 x 方向上速度绝对值小于来流速度 U_0 的 80%、75%、70%，比较缓流区体积大小，如图 2-30 所见，三种取法的缓流区体积变化趋势是相同的，因此为了便于比较分析，在礁高为 $h=3$ m 的单礁情况下，规定 x 方向上速度绝对值小于 80% 来流速度 U_0 的区域为缓流区，取缓流区体积 V_x 对缓流区进行比较分析。同理分别比较 y 方向上速度值大于 0.1 m/s、0.15 m/s、0.2 m/s 的区域，上升流体积变化趋势也相同，因此将 y 方向上速度值大于 0.1 m/s 的区域作为上升流区域，取上升流区域体积为 V_y 对上升流区进行比较分析计算达到 350s 后缓流区和上升流区的体积基本达到一个稳定值，因此，取 400～500s 的体积数据求平均值，得出缓流区体积 V_x 和上升流区体积 V_y。

（三）结构工况与实验结果

为了弄清正方体礁周围流态受到各个方向上通透系数影响的程度，设置正方体单礁迎流面、内部结构、背流面三个部分变化的不同情况，我们把我国目前阶段常见的 100 多种人工鱼礁归类为 13 种礁型，每种礁型包含 5 个渐变结构，共 65 个工况（Case1～13），如图 2-28 所示；例如 Case2，取相同的迎流面（中部镂空一个 0.5 m×0.5 m 的正方形区域），内部镂空结构呈线性增大至背流面。13 种礁型中的 Case1～6 是仅在 x 方向（来流方向）上做通透处理，Case7～11 加入了 y 方向（垂向）上的通透处理，Case12～13

则再加入 z 方向（侧向）的通透处理。

人工鱼礁各种结构工况所产生的上升流和背涡流（缓流）规模的实验结果分别如图 2-29 和图 2-30 所示。我们将人工鱼礁 13 种礁型 65 个结构工况下的实验结果分为 3 大类比较，在图 2-29 中，①仅 x 方向通透的情况，作上升流体积与 T_x 的关系用记号"△"表示、趋势线用实线表示；②x 和 y 两个方向通透的情况，作上升流体积与 T_y 的关系，用记号"□"表示、趋势线用虚线表示；③x、y 和 z 三个方向都通透的情况，作上升流体积与 T_z 的关系图，用记号"○"表示、趋势线用点画线表示。图 2-30 为缓流区体积和三个方向通透系数的关系，方法同上。

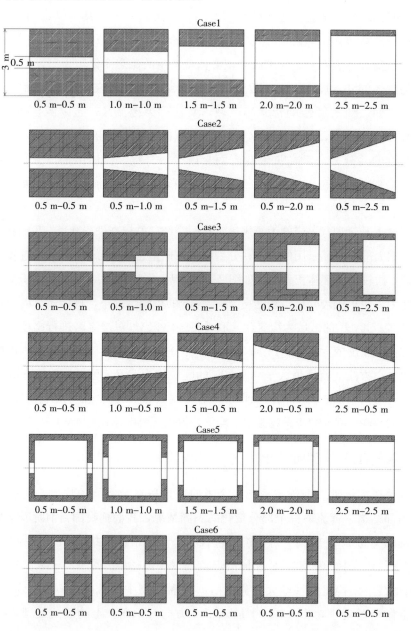

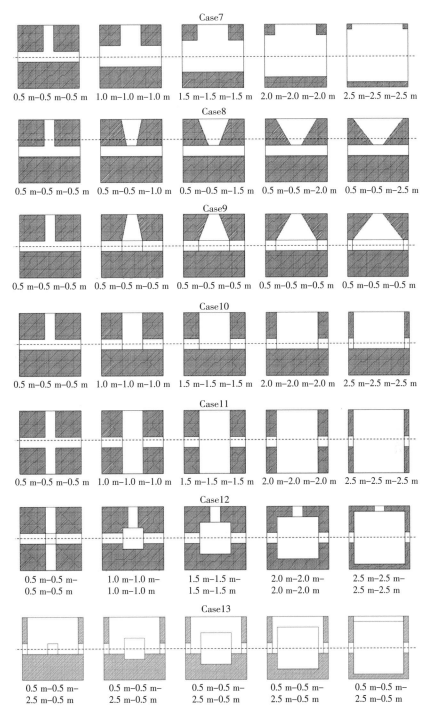

图 2-28　人工鱼礁 13 种礁型各 5 种通透性情况下的 65 个结构工况侧视示意

图下方数值分别表示 x 方向进口面和出口面、y 方向出口面、z 方向出口面的镂空正方体边长

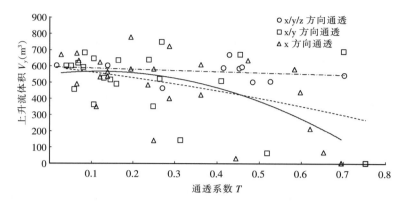

图 2 - 29　上升流体积与通透系数 T 的关系

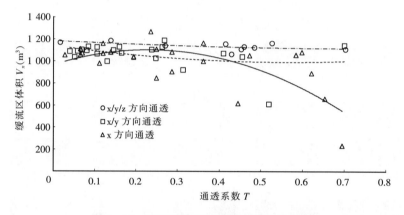

图 2 - 30　缓流区体积与通透系数 T 的关系

由图 2 - 29 和图 2 - 30 可见，当将 y、z 方向上引入通透结构时，上升流和缓流区的体积都未有明显影响，因此可认为，x 方向（来流方向）的结构变化是影响上升流和缓流区变化的主要因素。

工况 case1～6 的设计包括了 x 方向上进口面逐渐变化、内部不同变化形式、背流面逐渐变化的几种结构。根据实验结果并进行统计分析，可以得到 T_{in}、T_{out} 和 $\overline{T_x}$ 与缓流区、上升流体积的相关系数，如表 2 - 4。

表 2 - 4　上升流 & 缓流区规模与通透系数 T 的相关系数 R

	T_{in}	T_{out}	$\overline{T_x}$
上升流规模（m³）	−0.022 8	−0.381 4	−0.034 2
缓流区规模（m³）	−0.863 5	−0.630 7	−0.745 2

由表 2 - 4 可知，上升流规模与鱼礁出口面通透系数 T_{out} 之间的关系相对较为紧密，但其体积的变化幅度并不非常显著，相关系数值也不高。而缓流区规模则与鱼礁的进口面和出口面的通透性都具有较好的相关性，但进口面通透系数 T_{in} 影响更大，反映礁体内

部结构的 $\overline{T_x}$ 与缓流区体积的相关性比上升流大了一个数量级。相比较上升流，T_{in}、T_{out} 和 $\overline{T_x}$ 对缓流区体积的变化都起到一定的影响，其中进口面通透系数 T_{in} 的相关系数达到了 86%，据此推断鱼礁进口面结构是影响缓流区规模的比较关键的因素。我们将进口面通透系数 T_{in} 与出口面通透系数 T_{out} 的乘积和缓流区体积 V_x 的系列数值利用 Microsoft Excel 自动回归，结果如图 2-31，缓流区体积随 $T_{in} \cdot T_{out}$ 的增大而呈线性下降，即无论是鱼礁的进口面还是出口面，只要它们其中一个面的开口足够小，就可以获得较大的缓流区规模。这个结果非常有意思，提示我们在进行人工鱼礁的礁体结构设计时，可以考虑其进出口二面的不对称性；在我国近海大部分以往复流为特征的现场海域，鱼礁迎流面和背流面的不对称开口设计，不仅有利于缓流区的营造，而且对于提高人工鱼礁的幼鱼避敌效应和恋礁型鱼类的洞穴效应都具有现实的指导意义。

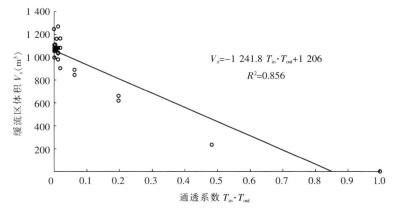

图 2-31　缓流区体积与通透系数 $T_{in} \cdot T_{out}$ 的关系

通过人工鱼礁单体通透性数值模拟实验可以得出以下结论：①单个方形礁体产生的流场变化主要受来流方向上的通透结构变化影响。在来流方向上，方形单礁的结构变化对其能产生的上升流和背涡流影响较大，而其他方向上的结构变化和通透程度对流态的影响则较小；②单个礁体的缓流区体积大小变化主要受礁体进口面和背流面的通透系数共同作用，随进口面和背流面通透系数的增加而降低，但与进口面的通透系数关系更为紧密，即进口面的开口大小对缓流区体积的变化有很大影响；③单礁缓流区体积随通透系数 $T_{in} \cdot T_{out}$ 的增大而呈线性下降，关系为 $V_x = -1\ 241.8 T_{in} \cdot T_{out} + 1\ 206$，$R^2 = 0.856$。即只要鱼礁进出口的其中一个面的开口足够小，就可以获得较大的缓流区规模。

通透系数是礁体结构变化的一种表示形式，本案例不同通透系数和上升流与缓流区规模的关系为在今后的数值计算中，对不同结构的中空结构鱼礁可以在实心礁体上赋值通透系数来替代，使其产生的上升流和缓流区规模与复杂中空礁体的效应相同，这样在进行大范围海域模拟时，将简单实心礁体导入模型进行数值计算，在保证计算规模的同时，可以满足模拟精度和计算速度，为解决网格合理划分提供了一种实用途径。同时，引入礁体通透系数这一概念后，可以得出礁体通透系数与所产生流场效应的定量关系，为今后的礁体设计工作提供科学依据，即在设计单礁结构时，着重考虑进出口面的设计来满足流场营造的目标，而内部的结构设计则着重考虑鱼礁的非流场营造功能。

四、鱼礁单体的 CFD 优化设计

鱼礁单体优化设计实验选用的两种正方体单礁边长都为 3 m，一种为实心正方体，另一种为目前已有实际投放的回字型透水单礁，如图 2-32 所示。

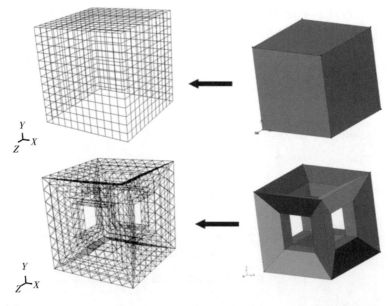

图 2-32　实心正方体（上）和透水正方体（下）的单礁及其网格划分

在确定流场计算区域大小时，既要尽量减小流场尺寸以控制计算网格数目，也要确保必要的尺寸以减小计算域边界对计算的影响；同时，考虑到我国沿海水域较浅，已投鱼礁区的水深一般在 20~30 m，数值水槽模型以选用 120 m×20 m×30 m 的计算域大小为宜，如图 2-33 所示。

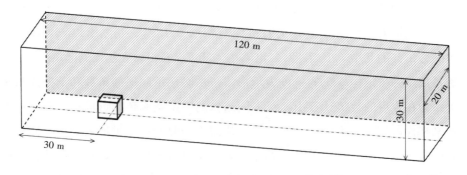

图 2-33　实心正方体鱼礁在计算区域中的模型

湍流的计算在生成网格时就必须要做一些考虑，要与选用的数值方法结合，才能较成功地模拟出实际情况。由于湍流度（随空间变化的黏性）在大多数的复杂湍流流动的平均动量和其他一些量的转化中起主导作用，必须使湍流度的大小与计算网格的精度相匹配。结合现有的计算条件以及试算的实际情况，把网格数目控制在200万以下比较合理，因此，在网格划分时尽量选用六面体网格。另外，由于鱼礁附近的湍流激烈，产生的涡流较为丰富，为了真实模拟这些涡流的产生和脱落等变化，在正方体鱼礁附近对网格进行加密。同样的方法应用于透水单礁，但由于透水单礁的结构更加复杂，在划分网格时需选用四面体网格。

由于目前对上升流和缓流的大小规模没有一个系统的标准进行衡量，为了便于比较分析，礁高为 $h=3$ m，规定 x 方向上速度绝对值小于0.8倍来流速度 U_0 的区域为缓流区，取其礁后 x 方向的长度（即缓流区长度）为 D_x、缓流区体积为 V_x，作为缓流区规模指标；对缓流区进行比较分析。将 y 方向上速度值大于0.1 m/s的区域作为上升流区域，取其上升流 y 方向的高度为 H_y、上升流区域体积为 V_y，作为上升流规模指标；最大上升流 U_{ymax} 作为上升流强度指标，对上升流区进行比较分析。彩图17所示数值水槽鱼礁水动力实验取 $y=1.5$ m 即面向来流鱼礁右侧剖面的速度分布情况。

从定性角度分析，实心单礁产生的背涡流范围（约降到来流速度20%以下）比透水单礁的大，但是湍流区域在礁后影响的距离比透水单礁小很多。在透水单礁的缝隙部分会产生流速较高的急流区域，实心单礁的上升流比透水单礁产生的范围更大。

由彩图18也能够看出实心单礁礁后的缓流区中，速度降到20%以下的区域范围比透水单礁的大。从产生的缓流区的整体来看，透水单礁的缓流区范围更大，实心单礁的绕流现象比透水单礁更明显。

比较定常来流速度为1.0 m/s时，水深10 m、15 m、20 m、25 m和30 m，即礁高水深比分别为0.3、0.20、0.15、0.12和0.10时，通过实心单礁和透水单礁的水流产生的变化情况，如表2-5所示。

表2-5 不同水深下实心单礁和透水单礁产生的上升流和缓流区相关参数（来流1 m/s）

| | 水深 (m) | 缓流区数据（$\lvert v_x \rvert \leqslant 0.8$ m/s） | | | 上升流区数据（$v_y > 0.1$ m/s） | | | |
		礁高水深比	缓流区规模 (m³)	缓流区高度 (m)	缓流区长度 (m)	v_x 最小值 (m/s)	v_z 最大值 (m/s)	上升流规模 (m³)	上升流高度 (m)
实心	10	0.30	1 036.1	9.9	23.2	−0.6	0.8	215.9	4.9
	15	0.20	1 122.9	9.9	21.2	−0.6	0.8	232.9	4.5
	20	0.15	1 200.7	9.8	20.9	−0.6	0.8	223.2	4.7
	25	0.12	1 246.9	9.9	21.7	−0.6	0.8	223.2	6.8
	30	0.10	1 103.3	9.8	23.3	−0.6	0.8	248.4	4.8

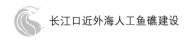

（续）

	缓流区数据（$\|v_x\|\leq 0.8$ m/s）					上升流区数据（$v_y>0.1$ m/s）			
	水深（m）	礁高水深比	缓流区规模（m^3）	缓流区高度（m）	缓流区长度（m）	v_x 最小值（m/s）	v_z 最大值（m/s）	上升流规模（m^3）	上升流高度（m）
透水	10	0.30	796.4	9.8	30.1	−0.8	0.7	506.8	9.8
	15	0.20	850.4	7.8	26.1	−0.7	0.7	454.5	7.8
	20	0.15	982.8	7.3	27.3	−0.8	0.7	451.7	7.3
	25	0.12	1 123.5	8.3	24.0	−0.6	0.8	582.1	8.3
	30	0.10	956.1	7.8	25.0	−0.7	0.7	407.8	7.8

通过对同一来流速度 1 m/s 下透水单礁和实心单礁产生的缓流规模和强度比较，结果显示：①实心单礁在不同的礁高水深比下，产生的缓流高度较稳定，约为礁高的 3.3 倍；而透水单礁随礁高水深比的变化而变化，与礁高比值范围为 2.4～3.3 倍；②实心单礁产生的逆向最大速度约−0.6 m/s，约为来流速度值的为 60%，减少了 40%；透水单礁为 0.7 m/s，减小了约 30%；实心单礁产生的逆流强度小于实心单礁；③透水单礁和实心单礁的缓流强度在礁高水深比为 0.12 时都达到最大值。实心单礁产生缓流的变化趋势与透水单礁相同，而缓流的范围能达到透水单礁的 1.3 倍左右。

上升流规模与强度比较结果显示：①相同礁高的实心单礁和透水单礁产生的上升流最大速度几乎相同；②相同礁高的实心单礁产生的上升流高度为礁高的 1.6 倍，透水礁高产生的上升流高度约为礁高的 2.7 倍；透水单礁为实心单礁的 1.74 倍；③透水单礁产生的上升流体积可达到实心单礁的 2～3 倍，随着礁高水深比的变化，实心单礁变化不显著，而透水单礁变化显著，在礁高水深比 0.12 时达到最大值。

另外，10 m 水深时，透水单礁产生的缓流和上升流均能够影响到海水表面；实心单礁产生的缓流也能够影响到海水表面。

在 25 m 水深下，比较来流速度为 0.4 m/s、0.6 m/s、0.8 m/s、1.0 m/s 和1.2 m/s 时，通过实心单礁和透水单礁流场产生的变化情况，结果如表 2-6 所示。

表 2-6　不同来流速度下实心单礁和透水单礁产生的上升流和缓流区和参数

礁型	来流速度	缓流区数据（$\|v_x\|\leq 0.8$m/s）				上升流区数据（$v_y>0.1$ m/s）		
		缓流区规模（m^3）	缓流区高度（m）	v_x 最小值（m/s）	v_z 最大值（m/s）	上升流规模（m^3）	上升流高度（m）	v_y 最大值（m/s）
实心	0.4	613.6	9.8	−0.3	0.3	47.2	4.4	0.3
	0.6	899.9	9.8	−0.5	0.4	119.9	5.3	0.5
	0.8	1 037	9.8	−0.6	0.6	261.9	7.8	0.7
	1.0	1 033.2	9.8	−0.6	0.7	609.2	10.3	0.8
	1.2	1 966.4	10	−0.7	0.8	664.2	6.5	0.8

（续）

礁型	来流速度	缓流区数据（$|v_x|\leqslant0.8$m/s）				上升流区数据（$v_y>0.1$ m/s）		
		缓流区规模（m^3）	缓流区高度（m）	v_x 最小值（m/s）	v_z 最大值（m/s）	上升流规模（m^3）	上升流高度（m）	v_y 最大值（m/s）
透水	0.4	1 031.2	4.4	−0.2	0.3	18.1	4.7	0.4
	0.6	1 223.7	5.8	−0.2	0.6	144.3	7.4	0.6
	0.8	1 197.5	4.8	−0.5	0.7	140.1	6.1	0.7
	1.0	1 246.9	4.7	−0.6	0.8	223.2	6.8	0.9
	1.2	1 208	4.9	−0.7	1	342	7.1	1.1

由表 2-6 可知，随着来流速度增大，透水单礁产生的缓流区的体积变化不大，约为礁体体积的 44 倍；实心礁体在 1.0 m/s 以下的速度变化缓慢，而在来流速度大于 1.0 m/s 后，明显增大并有超过透水单礁的趋势；透水单礁产生的缓流区体积平均为实心单礁的 1.3 倍左右。缓流区的高度在实心单礁情况下无明显变化，较为稳定，约为礁高的 3 倍；而透水单礁产生的缓流区高度明显小于实心单礁，且在 0.6 m/s 来流速度下产生了最大值。

不同来流速度下实心单礁与透水单礁的上升流规模与高度变化曲线如图 2-34 所示，随来流速度的增大，实心单礁产生的上升流区体积呈非线性增大，在超过 1.0 m/s 来流速度后趋于稳定；而透水单礁产生的上升流体积随来流速度而未有明显增大的趋势，且在来流速度大于 0.8 m/s 之后影响效果明显小于实心单礁。两种礁体产生的上升流高度均随来流速度增大而呈现先增大后减小的趋势，实心单礁在 1.0 m/s 来流速度下效果最好，透水单礁在 0.6 m/s 来流速度下效果最好，且能超过实心单礁。

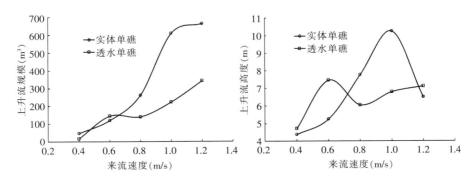

图 2-34　不同来流速度下实心单礁与透水单礁的上升流规模（左）与高度（右）

在不同的水域中，应根据深度和流速等自然条件的差异，投放不同大小的鱼礁，才能使鱼礁产生最佳的效果。通过数值实验的一系列比较，能够得出在 25 m 水深条件下，投放 3 m 高的实心单体礁和回字型人工鱼礁单体的效果是最显著的。而水深一定时，从缓流区高度和上升流区高度的比较结果可知，对于回字型的透水礁体在来流速度为 0.6 m/s 左右能起到最佳流场效应，对于实心单礁则在 0.8 m/s 左右来流速度下能达到最佳流场效应。利用上述结论，能够得出不同流场环境下适用的鱼礁结构，并有针对性地实施人工鱼礁单体的设计优化。

五、人工鱼礁组合的 CFD 优化

人工鱼礁组合与配置方式与以下几个概念有关：鱼礁单体、单位鱼礁、鱼礁群、鱼礁带。鱼礁单体指建造鱼礁渔场的单个构件，是构成单位鱼礁的基本单位。单位鱼礁是指由若干鱼礁单体随意堆叠或有规则组合而形成的具有实质效应的最小鱼礁规模。单位鱼礁是构成鱼礁群的基本单元，单位鱼礁的规模应可以供几条小型钓船作业一段时间。日本学者研究认为鱼礁规模在 400 空方（即空立方米，人工鱼礁建设规范用语，指鱼礁单体或单位鱼礁的外围包络体积）以上才具有实质效应。鱼礁群是指由若干相互联系的单位鱼礁构成的大型鱼礁渔场。鱼礁带是指呈条带状分布的鱼礁群。上述四者的关系如图 2-35 所示。Jan 等（2003）分析研究了我国台湾北部沿海鱼礁群（均采用 2 m³ 的混凝土鱼礁单体进行实验）大小和定居性鱼类种群数量的关系，发现只有当鱼礁群达到 40～60 空方（即 20～30 个实验鱼礁单体）时定居性鱼类种群集群数量才明显上升。从生物量来考虑，对于不同大小礁群单个鱼礁效率的估算显示，8～20 空方（即 4～10 个实验鱼礁单体）鱼礁的效率最高，若把偶尔出现于鱼礁区的鱼类也予以统计的情况下，30 空方（15 个实验鱼礁单体）鱼礁被认为是最好的；Jordan 等（2005）经过研究发现鱼礁的数量与组合模式均对鱼类集群产生一定影响。

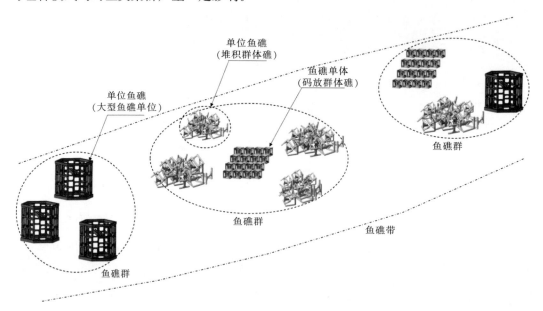

图 2-35　鱼礁单体、单位鱼礁、鱼礁群及鱼礁带之间的关系

根据礁区建设的目标功能，结合礁区的地形、水深和水文条件，在完成适合该礁区

的鱼礁备选单体设计并初步提出配置组合方案后，在所谓的"数值水槽"（图 2-36）里可对鱼礁单体设计和鱼礁组合配置进行优化。我们选用在长江口近外海人工鱼礁建设中应用广泛、稳定性良好的回字型礁体，对其礁体组合配置进行选优研究。

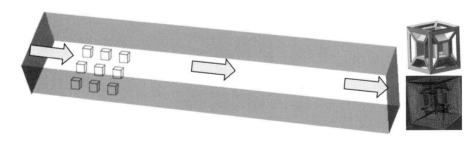

图 2-36　数值水槽和人工鱼礁造型与网格剖分示例

首先，对鱼礁单体进行 CAD 三维造型，导入 CAD 文件到网格剖分软件 GAMBIT 或 Workbench，并复制多个单礁体，根据鱼礁组合方案排列，之后进行三维网格剖分，采用四面体网格；其次，将剖分后的网格数据导入 CFD 软件（一般选用 Fluent），湍流计算采用大涡模拟法，在数值水槽中计算不同鱼礁组合的流场效应，以背涡流区和上升流区的空间体积范围为主要指标，对鱼礁组合间距、组合配置方案下数值模拟结果进行分析，据此选择确定适合海区鱼礁建设的配置组合方案。上述数值模拟实验方案应用水槽实验和风洞验证了其可行性。数值模型的计算采用三维双精度数（3 ddp）和时变（unsteady）模型、LES 湍流模式，求解器（Solver）选用基于压力隐式求解（pressure based），液态水单相流动，流体密度设定为长江口近外海域海水典型密度 1 024 kg/m³，考虑重力的作用。数值水槽沿来流方向的两个面设为流速进口（velocity-inlet，出口处流速为负值）边界条件，底面和礁体部分设为墙（wall）边界条件，2 个侧面和上顶面均设为对称（symmetry）边界条件。初始条件设为整个计算区域均为来流速度。

湍流模型选择是影响仿真精度的关键，这里选用的湍流模式为 LES。所用礁体模型的网格剖分精度可达厘米级，足以达到对礁体的分辨率。为了计算效率和模拟精度并重，一般的，在保证既能分辨礁体，又有足够大的计算区域的前提下，单体模型的网格数可控制在 100 万个左右，礁体组合的网格数为 200 万～400 万个。

为了基于流场效应数值仿真研究人工鱼礁组合方案的优化问题，安排了两组数值实验，其一用于判定单位鱼礁的合适礁距，其二用于不同人工鱼礁组合方案的选优研究。①9 礁组合，分为实心礁（长宽高：3 m×3 m×3 m）和回字型礁两组，每组分为 0°和 45°角迎流和 1、2、3 倍礁高间距 6 个算例，共计算例 12 个；②单位鱼礁组合，采用回字型礁体计算，实验分为 A、B、C、D 4 种组合类型，每组分 0°和 45°角迎流 2 个算例，共计 8 个算例。计算的数值水槽水深取为东海近岸鱼礁投放区的典型水深 25 m，来流速度取岛礁海域人工鱼礁区的典型大潮流速 1.0 m/s。

通过对鱼礁单体的研究，能够为鱼礁设计提供科学依据，同时也能为进一步研究鱼礁组合排列提供一定的基础。众所周知，在实际海域投放的鱼礁数量众多、排列复杂。因此，对鱼礁的排列组合形式的模拟研究是今后对人工鱼礁三维数值模拟的一个重要方向。我们对实际投放海域中，典型结构的透水礁体的排列布置进行了初步的数值模拟计算，分析 9 个透水礁体之间的距离变化对其产生的流场效果的影响。

礁体之间不同的距离会影响整体单位鱼礁产生的流态变化，礁体之间的紧疏程度会使得单个礁体的缓流区域和上升流区域产生一定的相互影响。如何排列礁体间距使得单位鱼礁产生最佳效果是本章主要的讨论内容。见图 2-37，将实际投放海域中的典型回字型单礁（外部框架结构为边长 3 m 的正方体）均匀排列。图中 9 个礁体两两间的距离为 3 m，将其放入长×宽×高 120 m×35 m×25 m 的长方体水域中，礁前端距离为30 m。

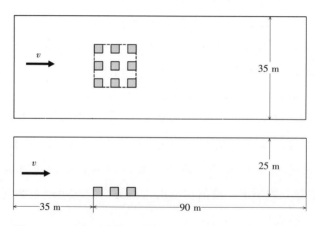

图 2-37　透水 9 礁排列示意（上为俯视图，下为侧视图）

变化礁体两两之间的距离，取间距为 3 m、6 m 和 9 m 进行流场的比较（彩图 19）。间距为 3 m 的单位鱼礁后方产生的缓流区互相影响，形成一大片缓流区域；而 6 m 间距的单位鱼礁只有在鱼礁后方较远处的涡即将脱落的相对不太稳定的流域中，缓流区域有小部分相互影响；9 m 间距的鱼礁每纵列的 3 组鱼礁之间几乎相互独立，它们之间产生的缓流区域可视为没有相互影响了。

从 9 礁流场的侧视图（彩图 20）可以看出：虽然 3 m 礁距的单位鱼礁在后方的缓流区能互相影响形成一块区域较大的缓流区，但是礁体之间的缓流区域则由于距离较小相互重叠，相比之下，9 m 礁距的单位鱼礁则能在礁体之间形成较大的缓流区域。由于单位鱼礁的整体高度都一致，因此上升流随礁体之间距离的变化没有太大影响。

缓流区 3 m 间距的 9 礁排列产生的缓流区体积最大，产生的反向流速也最大。这说明 3 m 间距的 9 礁排列模型中，相邻两个礁体之间的相互影响较大，使得每纵列的 3 个鱼礁所产生的缓流区相辅相成，形成效果最显著的缓流区域。然而，9 m 间距的九礁排列类型产生上升流区的体积则是最大的。虽然 3 种间距的单位鱼礁产生的上升流高度和最大上升流速度大小相差不大，但是 9 m 间距的单位鱼礁由于每个鱼礁单体产生的上升流不受相邻礁体的影响，每个鱼礁的上升流区域不会与其他单礁重叠，因此上升流区域的范围最大。3 m 礁高的回字型礁体在 3 m 间距时的缓流区范围最大，而在 9 m 间距时的上升流区范围最大（表 2-7，彩图 21）。因此，应根据单位鱼礁的需求，调控礁体排列间距，有目的性地获得所需流场的最佳效果。

表 2-7　不同间距的 9 礁排列产生的缓流区和上升流区相关数据

| | 缓流区数据（$|v_x| \leqslant 0.8$ m/s） | | | | 上升流区数据（$v_y > 0.1$ m/s） | | |
礁距（m）	缓流区规模（m³）	缓流区长度（m）	缓流区高度（m）	V_x 最小值（m/s）	上升流规模（m³）	上升流高度（m）	V_y 最大值（m/s）
3	8 257.8	30.00	8.20	—0.79	1 323.32	9.97	0.78
6	7 056.3	30.00	7.29	—0.52	1 250.82	11.77	0.76
9	7 450.4	29.99	8.61	—0.58	1 610.41	10.02	0.76

由于礁体之间的遮蔽作用，礁体组合所产生的总流场规模总是小于单个礁体流场规模的累加。实际应用中，鉴于"孤木难成林"的原因，鱼礁单体总是组合式集中投放来发挥其生态上的协同效应。鱼礁配置组合方案是发挥鱼礁单体协同效应的关键，首先要解决的问题是礁体的间距。以上述 9 礁组合实验，考虑 2 种礁型、2 种迎流角度和 3 种礁距，通过对流场动画（流速等值线、矢量图时间序列）的分析判别鱼礁组合的适宜礁距。

单体模型的计算结果表明，所选回字型鱼礁单体的背涡流规模可达到实心礁规模的87% 以上，上升流规模为 62% 以上。不同鱼礁单体的设计均可通过上述试验来达到背涡流规模及上升流规模效应优化。上述均值比越接近于 1，则说明该型透水礁的流场效应越优。因此，回字型礁设计在水动力效应上优良，且具有良好的稳定性。

布设礁距是影响人工鱼礁流场效应的关键因素，综合分析 12 个算例的 9 礁组合实验结果，可以消除迎流角度和礁型差异对结果的影响。不同礁距（1、2、3 倍礁高）下的 9 礁组合的流场效应分析显示，就背涡流而言，单礁产生的流速平均值与来流速度比率小于 0.7（简记 vle70，单位 m³，下同）的 1～2 倍礁距间增长斜率略小于 2～3 倍礁距，vle80 的 1～2 倍礁距间增长斜率略小于 2～3 倍礁距。而单礁产生的垂向上升流速与来流速度比率大于 0.1（简记 wge10，单位 m³，下同）和 wge20 均为 1～2 倍礁距间增长斜率大于 2～3 倍礁距的增长（表 2-8，图 2-38）。

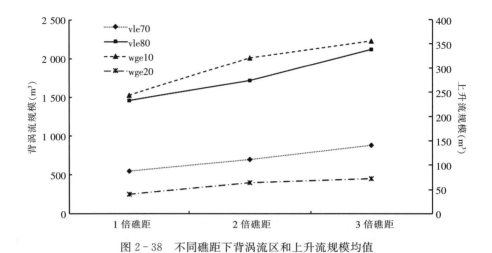

图 2-38　不同礁距下背涡流区和上升流规模均值

表 2-8　9 礁组合的上升流和背涡流规模（m³）指标

指标	礁距	均值比	最小值	最大值	均值	标准差
vle70	1 倍	1.00	320.4	851.3	545.8	155.6
	2 倍	1.29	420.0	1 017.8	705.7	169.5
	3 倍	1.23	472.5	1 668.5	867.3	350.1
vle80	1 倍	1.00	959.2	1 998.5	1 459.6	266.2
	2 倍	1.19	1 059.2	2 323.9	1 730.3	328.3
	3 倍	1.22	1 166.3	3 612.4	2 113.1	706.0
wge10	1 倍	1.00	111.0	424.9	245.2	115.9
	2 倍	1.32	112.4	523.0	324.0	150.9
	3 倍	1.11	135.9	558.7	359.8	155.7
wge20	1 倍	1.00	15.6	91.1	39.6	22.2
	2 倍	1.56	17.1	116.9	62.0	35.5
	3 倍	1.15	20.5	119.4	71.0	34.2

　　随着礁距的增大，鱼礁单体的礁均流场效应呈增大的趋势，但单礁之间协同效应则呈下降趋势。1 倍礁距的背涡流区为连续区域，协同效应良好，2 倍礁距下的背涡流区处于连续与分离的临界状态，3 倍礁距的背涡流区在 3 组鱼礁间完全分离而不连续。若礁区的建设以诱集和增殖岛礁性鱼类为主要需求，则要重视鱼礁单体之间的联系，以获得最

大、连续的背涡流区为目的，因此不建议礁距大于2倍礁高；实际投礁中以1~2倍礁距为宜，可最大限度发挥多礁协同效应，这也是目前的礁体投放技术能基本达到的。礁距2~3倍礁高的单礁平均上升流区体积增长小于1~2倍礁高的增长，从上升流区的角度考虑，也以小于或等于2倍礁高间距为宜。

无论是诱集渔业资源，还是通过生态调控增殖渔业资源的人工鱼礁建设，首要点是要让鱼类感知礁体的存在，以及礁体存在所带来的环境变异和饵料条件等差异。鱼类对礁体的感知很大程度上依赖于对流场环境变化（产生上升流和背涡流）的感知，流场环境的变化导致的营养盐向上层水体的输运，将增加礁区饵料生物的供给量。此外，对于趋礁性鱼类还通过内部结构的复杂化来达到增大栖息地空间和附着生物量的目的，从而提高鱼类诱集和增殖效果。

人工鱼礁的投放一般总是以单位鱼礁形式投放，以达到提高鱼类感知效果和优化生态调控规模的目的。我们通过优化单位鱼礁配置而逐步形成了鱼礁群布局的理论，即单位鱼礁中鱼礁单体平均上升流与背涡流调控规模的优化问题。

以嵊泗三横山礁区建设中曾采用的4种单位鱼礁组合为例，来分析比较不同单位鱼礁配置布设的差异和优劣，A、B、C、D 4种单位鱼礁组合的礁体个数分别为36、36、30、20。其中A和B型的礁体数相同，A型为单礁均匀分布，礁距为1.5倍礁高左右；B型为4个9礁组合的结合，9礁组合内的礁距为1倍礁高。C型和D型组合的理念相同，C型为5个6礁组合的结合，D型为5个4礁组合的结合，6礁和4礁组合内的间距均为1倍礁高，如图2-39所示。

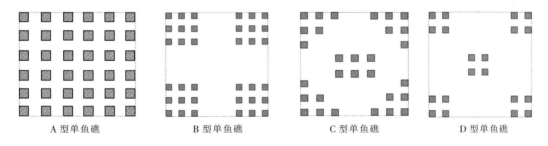

| A 型单鱼礁 | B 型单鱼礁 | C 型单鱼礁 | D 型单鱼礁 |

图2-39　嵊泗三横山海域的4类型单位鱼礁组合示意

上述4种对称性的单位鱼礁组合在周期性潮流作用下，迎流角度总是在0°~45°之间变换。以单位鱼礁对角线垂直迎流的方案（45°角），比单位鱼礁边线垂直迎流（0°角）的方案对流场环境的改造效果要好很多，如图2-40所示。不同迎流角度所造成的流场效应差异显著（背涡流 $F=11.56$，$P<0.001$，上升流 $F=102.93$，$P<0.0001$）。45°角迎流的背涡流范围可达到0°角的1.5倍以上，前者上升流范围则更可达后者的3.0倍以上。由此可见，在以往复流为主要潮流特征的海域，礁区主流轴的确定及其单位鱼礁布设的迎流角度对流场效应的影响重大。

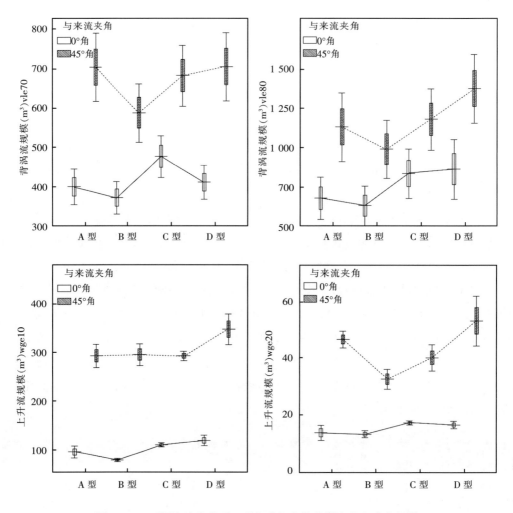

图 2-40 不同迎流角度下 4 型鱼礁组合的背涡流和上升流规模

不同迎流角度下的数据统一分析后，背涡流和上升流区的平均值见表 2-9 所示，4 种礁体组合的鱼礁单体背涡流的规模为：取 vel70 时 C＞D＞A＞B，取 vel80 时 D＞C＞A＞B；而上升流的规模为：取 wge10 时 D＞C＞A＞B，取 wge20 时 D＞A＞C＞B。4 种组合流场效应差异经检验显著（ANOVA）为背涡流 $F=5.85$、$P<0.001$，上升流 $F=5.39$、$P<0.002$。A 型鱼礁组合的流场调控规模明显优于 B 型；考虑到 4 种鱼礁类型的礁体个数分别为 36、36、30、20，D 型组合的礁体数最少，除了 vle70 值略小于 C 型外，因此可以认为其单礁体综合调控流场的性能是最优的，这也是 4 种多礁（＞20 个）组合比 9 礁组合的单礁背涡流和上升流规模要小的原因。

表 2-9　4 型鱼礁组合的背涡流和上升流规模平均值（m³）

	vle70	vle80	wge10	wge20
A 型鱼礁	556.4	921.8	194.4	28.8
B 型鱼礁	479.2	826.4	189.5	21.0
C 型鱼礁	582.6	1 018.3	204.9	27.4
D 型鱼礁	558.9	1 119.5	238.4	34.0

综上所述，D 型鱼礁组合的流场效应最优，其次是 C 型；A 型与 B 型礁体数相同，故 A 型优于 B 型。因此，从流场调控的角度来说，选用 3 m×3 m×3 m 的回字型礁体时，嵊泗三横山礁区的单位鱼礁选优结果是礁体数以 20～30 个为宜，这样既能发挥礁体的协同效应，保证定额投资下的礁区铺开面积，又能使单位鱼礁的流场调控范围达到最大化。

根据特征礁黑鲷幼鱼行为学实验结果，给出了判定人工鱼礁流场效应即背涡流区与上升流区规模大小的指标。在这个以满足相对流速比率为判据的流场空间体积指标下，利用数值水槽实验对比不同单位鱼礁组合方案的流场效应指标，提供了一种体系化的人工鱼礁组合流场效应优化方法。这一研究方法的前提是认可流场效应是人工鱼礁发挥其生态效应的要件之一，由流场效应表征生态效应，将流场调控范围作为生态调控范围的一个指标。

人工鱼礁对渔业资源的生态效应究竟是诱集作用还是增殖作用，这一诱集与增殖之争一直是学界和水产业界热议的话题。从流场效用的角度来说，人工鱼礁的诱集与增殖作用兼而有之。背涡流所产生的缓流空间主要起到诱集底层鱼类的作用，但其礁体及其附近所提供的相对安全的空间，同样可起到增殖的作用；而上升流效应将底层营养盐向上层输运，主要起到促进海域初级生产力增长，从而增殖渔业资源的作用，但上升流存在区域的流速相对较大，同样有一定的诱集上层鱼类的作用。人工鱼礁的建设目的决定了鱼礁单体设计和单位鱼礁配置组合时优先考虑背涡流还是上升流，需要指出的是，礁体安全性（抗掩埋、抗倾覆等）与流场效应冲突时，以礁体的安全性为优先考虑。

人工鱼礁投放后将受周期性潮流作用，特别是具有明显往复流特征的礁区海域，鱼礁布设过程中需考虑礁区的主流轴方向，以指导鱼礁单体、单位鱼礁和鱼礁群组合的布设和配置，以达到流场效应最大化的目的。目前的礁体投放技术无法保证鱼礁单体以精确角度迎流，但可基本满足单位鱼礁和鱼礁群组合配置的设计要求，单位鱼礁对角线垂直迎流在往复流占优的海域意义重大。

人工鱼礁水动力数值模拟研究经历了从二维到三维、静态（steady）模型到非静态（时变，unsteady）模型、应用 $k-\omega$ 和 $k-\varepsilon$ 等湍流模型到大涡模拟湍流模型的发展。日本水产界对人工鱼礁水动力学的研究开展得较早，但日本和美国等国家的人工鱼礁目前已向大型化、深水化发展，类似的小型鱼礁单体和单位鱼礁组合的水动力数值模拟选优研究开展的不多。选用大涡模拟（LES）湍流模型是本章节数值模拟研究工作的一大优势，LES湍流模型更符合海水流动均为湍流运动的特性，其模拟的因礁体存在所产生的涡旋运动随时间变化的规律更符合实际流动。其缺点是计算量巨大，一般需要采用并行计算，需要大型计算机集群或至少是新型工作站的硬件支持。

在单位鱼礁组合中，单体间距以保持1～2倍礁高为宜，这是基于众多算例流场动态分析和满足判据的背涡流区、上升流区体积计算结果综合分析得出的结论，而1～2倍礁高间距是否可使礁体间保持较好的生物学协同作用，则有待更多潜水观测研究成果的证实。分析算例中4种单位鱼礁组合的流场效应数值模拟结果，C型和D型组合所采用的5点式对称型配置是流场效应发挥较佳的方案。每个礁区的水深、流速和所选用礁体的情况均不相同，此结论是否具有普遍意义有待更深入的研究，但本案例至少提供了一种较为可行的研究方法。崔勇等（2011）以背涡流和上升流的面积、长度和高度为指标，认为当两礁体布设间距为1.5倍礁体尺寸时，所产生的上升流高度达到最大值，背涡流效果也最好；当布设间距为1倍礁高时，其上升流的影响面积为最大；最佳布设间距应为礁体尺寸的1～1.5倍。郑延璇等（2012）的计算结果也显示，当礁体纵向摆放时的两礁体间距为1.5倍礁体尺寸时，上升流高度、上升流面积和两礁体后背涡流面积达到最大值。上述研究成果与我们得到的结果均比较接近。此外，需要指出的是，单位鱼礁之间的间距则应在单位鱼礁生态调控半径的2倍以上，以避免两个单位鱼礁相互干扰，以及降低整体的生态调控效益。

前述4种类型单位鱼礁的礁体间距均在1～2倍礁高之间，实际投礁中无法完全按设计图准确投放，随着更多相对定位辅助设施和差分GPS等设备的应用，使分堆投放、保持1～2倍礁高的礁体间距成为可能。当然，研发更高精度的投礁方法和辅助设备来使鱼礁投放安全可靠、且达到设计目标，是今后急需开展的工作之一。

除了前述的用背涡流规模来作为鱼礁投放后所形成的异于背景流场的流场效应之外，将海水由于礁体存在而产生的湍流强度的变化，以及其空间范围作为流场效应指标之一，是本领域今后研究的重点。

第五节　人工鱼礁建设选址技术

人工鱼礁区选址最终是要为实施鱼礁建设选择较为适宜的区域，因此，人工鱼礁区选址其本质是一种决策问题。所谓决策，从狭义上讲就是做出一种选择和决定，决策针对某个具体问题，为了实现特定的目标，人们在采取某项行动之前，通过分析各种要素，预先设计多个方案，再对各个方案进行评价和比较，最后做出方案优劣的评判；从广义上讲，决策也可以理解是一个过程，对于建设方案的确定有一个反复思考的过程，经过提出问题、确立目标、搜集资料、拟订方案、分析评价和综合决策等一系列的过程。

一、选址理论

在进行人工鱼礁区选址时，需要综合考虑的因素较多；同时，选址区域还要满足不同的目标。例如，从安全上讲，鱼礁选址需要适宜的物理环境；从增殖效果上讲，鱼礁选址需要适宜的生物环境；从区域协调上讲，鱼礁选址需要适宜现有的海洋功能区划等。因此，我们可以进一步地将人工鱼礁选址问题从本质上归纳为"多目标决策问题"。所谓多目标决策，即系统方案的选择取决于对多个目标的满足程度，也称为多目标最优化；多目标决策一般按照目标性质可划分为多目标属性决策和多目标优化决策。人工鱼礁选址是利用已有的决策数据和信息，通过一定的方法分析并评价一组已有的礁区选址方案，对其进行排序，属于多目标决策问题中多目标属性决策的问题。多目标属性决策问题的解决方法一般分为以下5种。

1. 简单加权法

简单加权法是多属性决策分析方法的基础，其步骤主要包括：①对决策矩阵进行预处理，使原本不可比的各个指标之间具有可比性；②确定各个指标的权重；③通过加权法综合分析和评判各个方案，确定各个方案的值，数值越大，则表明方案越优。

简单加权法的优点是简单快捷，但其缺点也较多，主要是该方法只提供决策方案之间的相对优劣排序，它假设各属性偏好相对独立，而不考虑指标之间的依赖关系，评价指标间存在可补偿性，即一个指标上较优的表现可以弥补其他表现较差的指标。

2. 多属性价值函数

多属性价值函数是在加权法的基础上提出属性价值函数，用以确定决策者单属性的局部偏好信息和总体偏好信息，但它同样假设各属性的偏好相对独立，且属性间具有可补偿性。

3. 接近理想点法

接近理想点法的核心理念是拟定理想方案- A 和负理想方案- A，然后应用距离的概念找出与理想方案最近、且与负理想方案最远的方案作为最佳方案。其优点在于决策流程清晰，简单易用；其缺陷是决策者参与决策的程度相对较低，主观效能无法充分发挥，而且在实际操作过程中很难给出理想方案和负理想方案。

4. 层次分析法

层次分析法是由美国匹兹堡大学运筹学家 Saaty 教授提出的，是一种定量与定性相结合的多属性决策方法，其特点是将决策者的经验判断予以量化，在目标结构复杂且相对缺乏数据的时候较为实用。这种方法可以将复杂的问题层次化、简易化、数学化，方便分析和计算。

在具体运用层次分析法时也要注意其缺陷。例如，九分法设计的合理性缺乏论证，指标的层次性和数量会严重影响权重赋值等。但是，从理论发展和应用实践来看，层次分析法是当前使用最多、效果较好的一种多属性决策分析方法。

5. 其他方法

随着人们对于多目标决策问题的不断深入研究，越来越多的新方法被人们所发掘并使用。例如，基于 AHP 发展而来的 ANP 网络分析法、模糊综合评价法、模糊 AHP、灰色系统理论等，这些方法都在不同领域发挥着作用。

二、选址流程与原则

人工鱼礁选址是一项复杂的系统性工作，梳理出一个明确的操作流程有利于提高工作的效率，同时确保选址工作的准确有效。目前，针对选址一类的问题一般都分为一次阶段和二次阶段。一次阶段主要依据选址工作的原则和目的，结合可利用的数据及材料，粗略地评选出相对适宜的若干个方案；二次阶段是通过建立相应的模型，运用适合的研究工具和方法，以及专家评价结果对各方案进行定性和定量的分析，得出各方案的评价结果并排序，最终选取最优化的结果。两个阶段的工作具体包含以下内容：

1. 确立人工鱼礁选址的原则

人工鱼礁选址的基本原则是指导人工鱼礁选址工作最根本的基础，在正式开始人工鱼礁选址工作前，应根据选址问题的一般原则，结合人工鱼礁建设的目标定位，确立具有针对性的人工鱼礁选址原则，以指导接下来的礁区选址工作。

（1）安全有效的原则　为实现人工鱼礁建设的预期收益，在进行人工鱼礁选址前要明确人工鱼礁建设的目的，鱼礁选址的全过程应时刻围绕安全有效的建设目标，确保为科学选址目标服务。其次，人工鱼礁选址必须因地制宜，结合地区实际情况开展选址工作，最终确保人工鱼礁选址的科学有效。

（2）方便管理的原则　人工鱼礁建设是属于投入较大的基础性建设项目，尤其是其中的礁体建造与运输投放、资源增殖放流等工程，都不同程度地耗费大量的人力物力，建成后仍需不断加以维护管理才能使其持久发挥作用。因此，在考虑人工鱼礁选址时，必须充分考虑其管理的便利性，一是提高管理的可操作性，二是降低人工鱼礁的管理成本，可重点考虑交通便捷、周边基础设施相对完善的区域。

（3）长远发展的原则　目前，我国人工鱼礁建设尚处于粗放型初级阶段，对于人工鱼礁区建设的内容拓展、规模化发展、类型整合等问题尚缺乏研究。因此，在人工鱼礁选址时必须遵循长远发展的原则，充分考虑今后一段时间内可能出现的相关问题。

2. 分析人工鱼礁的类型与目的

针对人工鱼礁的概念可以梳理出人工鱼礁的基本特征。由于我国海岸线漫长，在实际工作中，海区与海区之间的社会、经济和生态环境的差异较为明显，导致人工鱼礁建设在各区域间存在一定的差异。此外，人工鱼礁的综合性特征导致人工鱼礁类型多样，不同类型的人工鱼礁侧重不同的目标产物，这也在很大程度上影响着选址工作。因此，在确立人工鱼礁选址原则之后要进一步针对具体类型的人工鱼礁进行分析，把握其特征以指导鱼礁选址工作。

3. 分析影响人工鱼礁的因素

人工鱼礁选址过程是选址限制因素与选址目标实现相匹配的过程，全面科学地分析影响人工鱼礁选址的因素，有利于科学合理地确定最优礁址，影响因素的选取应注意全面、科学、可行。

4. 对目标海区进行数据资料搜集与整理

数据、资料收集与整理工作是选址工作不可或缺的一部分，是实现对目标海区作为礁址的适宜性分析的基础和支撑。在选址工作前期应全方位、多角度、深层次地发掘、搜集和整理数据，这些数据一般包括目标海域的各类社会、经济、生态环境的信息，能够从宏观上反应海区的基本特征，并从微观上用于选址工作的技术实现。

5. 定性分析确定初选方案

确定人工鱼礁选址的原则，在分析特定人工鱼礁的类型和目的，以及收集和整理目标海区的数据资料后，对数据进行初步分析，排除典型不适宜区域后，定性地评价出较适宜的选址，确立若干初步方案。

6. 资料再收集

针对初步方案对应海区进行资料再收集，重点收集可从技术上实现选址评价的数据。

7. 选取特征因素建立方案评价体系

根据初选方案对应海区的特点，从可行性的角度出发，选取具有代表性的若干特征因素，层次分明地建立起评价体系。

8. 进行二次评价和确定最优方案

依照已建立的评价体系，选择适宜的评价方法，对初选方案进行评价，并依次排序，确定最优礁区选址。

三、影响选址的主要因素

人工鱼礁能实现的功能较多，影响因素错综复杂，建设目的也各异。因此，人工鱼礁选址必须充分考虑项目建设目的，以确保人工鱼礁建设能够达到预期效果。总结我国当前人工鱼礁的建设实践，并结合我国沿岸海域的生态系统特点，可依据海域特征及目标生物的不同，将我国人工鱼礁的建设划分为以下 3 种类型：①内湾鱼类型人工鱼礁：选择封闭性较好的内湾海域，以黑鲷、平鲷、紫红笛鲷等内湾定居或短距洄游性鱼类为生产对象，通过人工鱼礁群建设扩展内湾上升流和背涡流区域形成良好栖息环境，整合鱼类养殖网箱和贝藻类养殖筏等兼作浮鱼礁或中间暂养设施，设置导流堤并结合种苗放流等营造饵料及仔稚鱼苗汇集滞留区，诱集并增殖目标鱼种，形成立体式、生态型调控模式。该种类型的人工鱼礁重点保护内湾生态系统，同时推进潜水观光、休闲海钓等产业的发展。②岛礁鱼类型人工鱼礁：利用岛礁散布特点，以岩礁鱼类（石斑鱼、褐菖鲉等恋礁性鱼类，以及叫姑鱼、真鲷、大泷六线鱼等感礁性鱼类）为生产对象，通过设置集鱼礁、诱导礁、育成礁、增殖礁等延伸岛礁基架结构，整合贝藻类养殖筏和鱼类养殖网箱等，兼作浮鱼礁或中间暂养设施，并结合种苗放流等技术手段，增殖并诱集目标鱼种，形成立体式、生态型调控模式。该种类型的人工鱼礁重点保护岛礁海域生态系统，同时推进休闲渔业的发展。③寒系海珍品人工鱼礁：以海参、鲍鱼、扇贝等海珍品为生产对象，以投石造礁、藻场移植等为栖息地改造技术，以海珍品种苗的底播放流配合增殖礁设置为海域资源主要增殖手段，并通过贝藻套养、海参网箱养殖等充分利用海域立体空间，形成可控的生态增养殖模式。该种类型人工鱼礁重点发展海珍品增养殖。

人工鱼礁建设的选址环节受到诸多因素的影响，综合前人对人工鱼礁选址的研究，将影响人工鱼礁选址的因素总结为社会经济环境、海洋物理环境和海洋生物环境三方面的因素。

（一）社会经济因素对选址影响的分析

社会因素对于定性分析人工鱼礁选址具有较为重要的指导意义。当前，人工鱼礁选址技术相对不够完善，礁址选取的实际操作重点考虑社会经济因素，具体包括可接近性、海洋功能使用、建设基础、渔业规划与政策等。系统地分析社会经济因素对人工鱼礁选址的影响，有利于从宏观上把握选址原则，确保选址环节不出现关键性失误。

1. 可接近性

此要素描述人工鱼礁区的离岸距离，以及人工鱼礁距离特定渔港、码头的距离，表征了人工鱼礁的可接近程度。人工鱼礁区距离海岸或特定渔港、码头的距离太近，容易受到人类活动的过度影响，距离太远则既不利于建设实施，也不利于人类到达鱼礁区域从事渔业生产活动，因此适宜的距离是较为重要的考虑因素。

2. 海洋功能区划

海洋功能区划是海域开发利用与管理的综合体现。人工鱼礁是渔业发展的产物，理应是海洋使用功能的重要内容之一，但目前我国海洋功能区划中没有针对人工鱼礁单独划分的海洋功能类型。作为渔业综合开发利用与管理的新型渔业方式，人工鱼礁可以被列入渔业发展的区划，如海洋捕捞区、浅海养殖区、深水网箱养殖区、定置拖网区、增殖放流区等，尤其是一些已具备人工鱼礁建设、增殖放流和海水生态养殖基础的海域，更可列为人工鱼礁的建设备选区。针对一些具有排他性的功能区，如航道、军事训练、海底管线等功能区，在进行人工鱼礁建设选址时，应特别注意与这类海域保持一定的距离，避免海洋功能使用上的冲突。

3. 人工鱼礁建设基础

根据人工鱼礁的建设内容不难发现，具有栖息地改造、资源增殖放流等建设基础的海区是作为人工鱼礁进一步扩展建设的较好区域。

4. 渔业发展规划与管理政策

人工鱼礁作为一种综合性、系统性的渔业生产模式，其发展基础是现有的渔业产业，已有的渔业相关核心规划是影响人工鱼礁发展的重要因素。人工鱼礁选址需要考虑既有的或即将出台的渔业规划和政策，做到与渔业产业发展的政策导向相适宜，避免与发展政策导向冲突，否则既不利于人工鱼礁事业的发展，同时又会对既有的产业政策形成阻碍。

（二）海洋物理因素对选址影响的分析

海洋物理环境是实现人工鱼礁安全稳定，以及确保鱼礁功能发挥的重要因素，主要包括水深、海流、海浪、底质、水质、坡度等。

1. 水质

人工鱼礁建设包括基本的栖息地改造、资源增殖放流、生态养殖、休闲渔业等要素，属于典型的海洋生态类建设，有别于一般海洋工业类项目。人工鱼礁要求较好的海洋水环境质量，以确保鱼礁区域内水生生物的生存基础。水质要素包括：适宜的水色、盐度、溶解氧、透明度、悬浮物、氮磷含量、重金属含量、油类污染物等。

2. 水深

人工鱼礁投放海域的水深不宜过深，否则会影响附着生物（底栖海藻）的光合作用效果，从而削弱人工鱼礁增殖效果。Fast 等人认为人工鱼礁投放水深小于 20 m 为宜；Nakamura 认为人工鱼礁可投放的水深范围为 $10\sim100$ m 不等；邵广昭等人表示 $20\sim30$ m 为最佳投放水深；张怀慧等认为最适投放水深应根据实际情况而定，主要依据是生物的地理分布；徐汉祥等人认为人工鱼礁投放的适宜水深应该由鱼礁自身的特征结合海域的物理环境和生物环境确定，一般不能小于 15 m，否则容易影响船舶航行，以及受到风暴的影响。此外，投礁水深的另外一个重要判断依据是鱼礁单体的高度。研究表明，投礁的最适水深一般为礁体高度的 $4\sim10$ 倍。综上所述，礁区一般选取适宜海洋生物进行光合

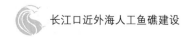

作用的海域，我国多以 10～40 m 等深线作为投放人工鱼礁的重要参考依据。

3. 流速

流速是影响人工鱼礁功能发挥的又一重要物理因素。一方面，流速大小影响着鱼礁的安全性与稳定性；另一方面，鱼礁投放后也会对海域原来的流场产生作用，影响礁区内的海流速度和方向，从而实现营养物质的重新分配。研究表明，流速过小容易造成鱼礁掩埋，鱼礁上的附着生物容易因泥沙覆盖固着而窒息；流速过大则容易造成鱼礁投放后底部被冲淤和洗掘，从而影响鱼礁的稳定性，具体表现为移位、倾覆等。通常认为鱼礁投放海域的流速以小于 0.8 m/s 为佳；从养殖的角度出发，海区需要一定的流速，以利减少自身污染、改善水质、提高增养殖种类的品质，但流速不能过大，一般要求短时最大流速小于 1.1 m/s。

4. 坡度

坡度描述了海底地形的起伏程度，是影响鱼礁投放后安全性与稳定性的重要因素。海底坡度较大、地形较陡，则不利于鱼礁的稳定性，容易导致鱼礁在海流和波浪的作用下倾覆和漂移，从而失去相应的功能。研究表明，海底坡度在小于 5°时能够较好地确保鱼礁的稳定性。

5. 波浪

波浪对鱼礁的作用主要表现为冲击。波浪的能量、波幅和周期是表征波浪的重要指标，鱼礁在波浪的作用下会产生扭力，当波浪作用力过大时，容易导致鱼礁直接被倾覆。考虑到波浪对鱼礁的冲击作用，人工鱼礁适宜建在水深大于近海特征波半个波长的海域中，在长江口近外海 20～30 m 水深，以避免受到海浪直接的强烈作用。

6. 底质

底质也是影响人工鱼礁工程安全性及有效性的重要因素。人工鱼礁区要求具有较高承载力的海底底质，而且沉积质厚度不宜太大，以避免礁体投放后由于底质太软而沉入海底湮灭。一些研究还表明，人工鱼礁的位置与现存的硬质海底关系是影响生物多样性和生物密度的一个因素，当人工鱼礁投放在远离天然硬质底的海域时，最具有底质改造效果和对岩礁鱼类的增殖效果。对于重点考虑底质因素的选址工作，应事先对拟选址海区做好详细的底质柱样采样等本底调查工作，并验证其可行性。

（三）海洋生物环境因素对选址影响的分析

生物环境是实现人工鱼礁生态效益和产出经济性的重要因素，通常考虑产出目标种、初级生产力、渔业资源水平等。

1. 目标种及其生活史

人们在建设人工鱼礁前，一般都会明确人工鱼礁需要养护或增殖的目标生物。例如寒系海珍品人工鱼礁，其目标生物为鲍鱼、扇贝等移动能力弱且需要岩礁硬质底质或细沙砾底质的生物，在进行人工鱼礁选址时需要充分考虑目标种的上述特征。除此之外，目标种的生活史也是影响人工鱼礁选址的重要因素，它具体包括繁殖阶段、保育阶段、索饵阶段、洄游阶段、避害阶段等，当考虑到目标种的具体生活史时，选址工作就具有了特殊性和针对性。

2. 初级生产力水平

人工鱼礁以目标生物的产出为主体目标，要求海区有较高水平的初级生产力以满足目标生物的饵料供给基础。初级生产力是标志海域生物资源产出水平的重要指标，是关系人工鱼礁建设成败的关键因素，如果初级生产力不足也可以通过建设鱼礁来营造有利于其发生的环境来实现。

3. 渔业资源水平

渔业资源是指具有开发利用价值的鱼、虾、蟹、贝、藻和海兽类等经济动植物的总体。渔业资源水平一定程度上反映了海区的生态环境综合水平，资源水平较高的海域其生态健康程度一般较高。因此，通过对渔业资源历史与现状水平的判断能够有效查明海区是否适宜通过建设人工鱼礁实现生态环境保护和生物资源养护与增殖的目的。此外，对海区渔业资源水平的考察也能够帮助分析海区与目标种生活史各阶段的匹配程度，有利于针对性地开展选址工作。例如，某海区调查发现目标种仔稚鱼资源量较高，则可初步判断该区域可能为目标种的繁育场所或索饵场所，则可根据判断针对性选取该区域开展养护型的人工鱼礁建设。

四、层次分析法选址

层次分析法（Analytic hierarchy process，简称 AHP）是一种定性和定量相结合、系统化、层次化的分析方法。它可以将诸多模糊的、随机的因素层次化和量化，并将这些要素在不同的备选方案中进行比较，从而综合得到各备选方案的优劣排序。同时，它便捷的数据处理和计算方法，也为实际工作节省了大量的时间和财物。

随着层次分析法 AHP 的广泛应用和发展，人们逐渐发现在实际使用过程中，AHP方法还存在一些不足。例如在进行两两比较中往往会出现不确定性的主观判断，针对这类情况，后来发展出模糊层次分析法（Fuzzy AHP）以及区间层次分析法（I-AHP）。除此之外，在采用 AHP 解决复杂问题时，由单个专家的判断来建立矩阵往往具有一定的片面性，为确保决策的科学性和民主性，后来发展出群体 AHP（Group AHP），与一般AHP 和模糊 AHP、区间 AHP 结合使用。本节涉及的决策问题相对简单，因此采用一般AHP 方法。

（一）层次分析法的分析步骤

运用层次分析法进行决策时，其分析步骤与内容主要包括：

1. 明确问题和建立层次结构模型

在明确问题时将问题抽象化、概念化，包括明确属性、分解因素并将这些因素归并为不同层次以形成层次结构，明确目标层、子目标、方案层之间的上下衔接关系。一般分为 3 个层次，分别为目标层 A、准则层 C、方案层 P，有时候准则层又会细分为多个层次。当准则层元素过多，如多于 9 个时，应进一步分解出子准则层。一般的层次结构模型如图 2-41 所示。

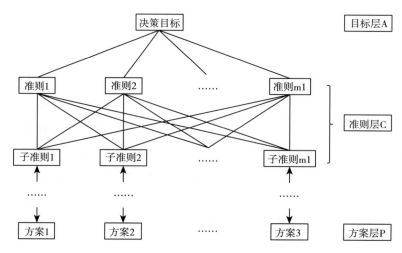

图 2-41　层次分析法模型

2. 构建两两判断矩阵

通常采用专家调查问卷法，获得层次结构中各要素两两比较的值，两两因素之间进行的比较取 1~9 个尺度（表 2-10）；用 a_{ij} 表示第 i 个因素相对于第 j 个因素的比较结果，则有 $a_{ij}=1/a_{ji}$，可得到两两判断矩阵：

$$A=\begin{cases} a_{11}=\dfrac{W_1}{W_1}=1 & a_{12}=\dfrac{W_1}{W_2}=1, & \cdots, & a_{1n}=\dfrac{W_1}{W_n} \\ a_{21}=\dfrac{W_2}{W_1} & a_{22}=\dfrac{W_2}{W_2}=1, & \cdots, & a_{2n}=\dfrac{W_2}{W_n} \\ \cdots & \cdots & a_{ij}=\dfrac{W_i}{W_j} & \cdots \\ a_{n1}=\dfrac{W_n}{W_1} & a_{n2}=\dfrac{W_n}{W_2} & \cdots & a_{nn}=\dfrac{W_n}{W_n}=1 \end{cases}$$

表 2-10　两两比较法的标度与定义说明

标度 a_{ij}	定义
1	因素 i 与因素 j 相同重要
3	因素 i 比因素 j 稍重要

（续）

标度 a_{ij}	定义
5	因素 i 比因素 j 较重要
7	因素 i 比因素 j 非常重要
9	因素 i 比因素 j 绝对重要
2，4，6，8	因素 i 与因素 j 的重要性比较值介于上述两个相邻等级之间
倒数 1，1/2，1/3……	因素 j 与因素 i 比较得到判断值为 a_{ij} 的互反数

3. 层次单排序及其一致性检验

通过软件对判断矩阵进行计算，获得各要素的权重向量，得到层次单排序，采用一致性指标 CI、随机一致性指标 RI 和一致性比率 CR 进行一致性检验，其中 $CR=CI/RI$。

若 $CR<0.1$，或 $CI<0.1$，则一致性检验通过；若 $CR<0.1$ 不成立，则需重新构造成对比较矩阵。

4. 层次总排序及其一致性检验

利用单层权向量的权值构成组合权向量表，并计算特征根、组合特征向量，同样进行一致性检验。

$$\vec{W}_j = \begin{Bmatrix} W_1 \\ \vdots \\ W_n \end{Bmatrix} \quad j=1,\cdots,m$$

5. 结果分析

根据最终的排序结果，筛选出最佳方案。

（二）舟山市人工鱼礁选址评价指标体系

以长江口外海的舟山市为例，此处的人工鱼礁选址是舟山市海洋牧场建设规划中的一部分，我们依据舟山市区域特征，结合海区渔业概况，并从数据获取可行性、经济性、适用性的角度，选取海洋功能区划、可接近性、水质、水深、坡度、底质、海流、初级生产力水平和渔业资源状况共 9 个因子，依照影响人工鱼礁的因子，设计人工鱼礁建设类型的 AHP 结构模型如图 2-42 所示。

依据前述对人工鱼礁选址因素的分析，结合预设的马鞍列岛海区、岱山东部海域、东极列岛海域和洋鞍-猫头洋海区这 4 个海区的实际情况进行相互比较，以指导层次分析的过程。对选取的 9 个具有代表性的要素，依次按照实际情况进行比较。

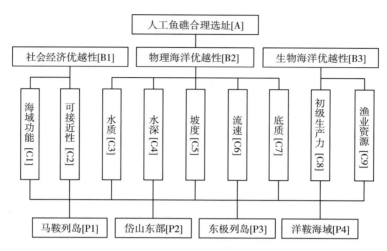

图 2-42　人工鱼礁建设选址的层次结构

1. 社会经济条件优越性比较

海洋功能区划方面，结合《舟山市海洋功能区划图》可以看出，马鞍列岛海区地处舟山渔场核心区域，同时又属于"嵊泗马鞍列岛国家级海洋特别保护区"，海洋功能规划主要包括海洋特别保护区、浅海养殖区、增殖区、风景旅游区等。岱山东部海域已标明的海洋功能区划较少，主要有捕捞区和度假旅游区，尚未标明的区域为预留区。东极列岛海域属于"中街山列岛海洋特别保护区"，靠近外海，主要海洋功能区划包括浅海养殖区和风景旅游区。洋鞍-猫头洋海区的海洋功能区划较为复杂，类型较多，东北部海域以捕捞区和风景旅游区为主，局部为浅海养殖区，而西南部海域多以锚地、港口和滩涂养殖区为主，局部为浅海养殖区。

可接近性方面，考虑礁区建设、渔业生产和礁区管理3个方面，马鞍列岛海域距离最近的嵊泗县城（主要海运枢纽）25n mile，海岛住民多为原始捕捞渔民，在该海域从事渔业生产十分方便，但从礁区建设和管理的角度考虑相对较困难。岱山东部诸岛距离岱山县城（主要交通枢纽）30n mile，且这些岛屿多为无人岛，海区有交通船只经过但不专门停留。东极列岛海域地处最外海，距离最近的交通枢纽沈家门港35 km，海区虽有专门航线到达，但班次较少且航时较长，总体交通不便。洋鞍-猫头洋海域距离舟山本岛最近，可接近性最为优越。

2. 物理海洋条件优越性比较

①水质：根据公布的2008年舟山市水质状况，东极列岛因靠近外海，水质最好，属于清洁海域，马鞍列岛海域则属于较清洁海域，岱山东部列岛和洋鞍-猫头洋海域部分属于较清洁海域，部分属于轻度污染海域。

②水深与流速：水深参见彩图13，流速依据实测和数模计算所得，结果从略。

③坡度：坡度表征海底的起伏情况，舟山市人工鱼礁建设重点考虑在岛屿周边的海

域，4 个备选海域均有较多岛屿，因此基于坡度考虑的 4 个备选区之间的差异较小。

④底质：舟山海域岛屿密布，底质分布基本上呈现一致特征，即以岛屿岸线为参考，在离岛方向上的底质分布依次为礁石质、砾石质、粉沙质、沙质、泥沙质、泥质。依托岛屿建设的人工鱼礁，一般选择岛屿周边或两个岛屿的中间区，其底质通常为砾石质或粉沙质，以及小部分岩礁质。这一特征在马鞍列岛、岱山东部、东极列岛和洋鞍-猫头洋这 4 个海域基本一致，但洋鞍-猫头洋海域因为最靠近大陆，受入海径流和近岸水团的影响也相对较大，因此海区水质泥沙类悬浮物较多，海区底质中的泥沙质面积略大。

3. 海洋生物条件优越性比较

①初级生产力：根据刘子琳等对浙江中部海域春秋两季初级生产力分布的研究，舟山岛屿外边界向西一侧虽然营养盐丰富，但由于受大陆径流的影响较大，海区水质较混浊，光照度较低，海域初级生产力相对低下，主要包括定海、六横、朱家尖一带靠近大陆侧的海域。根据具体数值得到的初级生产力水平从高到低依次是东极诸岛海域、岱山东部海域、马鞍列岛海域和洋鞍-猫头洋海域。

能够表征初级生产力水平的另一指标是叶绿素 a。俞存根等人（2011）的调查研究表明，舟山渔场表层叶绿素 a 在 4 个备选海域的分布如表 2-11 所示；以平均值计算，4 个海区的叶绿素 a 含量依次是马鞍列岛海域、洋鞍-猫头洋海域、岱山东部海域和东极列岛海域。

表 2-11　舟山市人工鱼礁备选区表层叶绿素 a 分布

单位：µg/L

备选区	春季	夏季	秋季	冬季
马鞍列岛海域	1.9	1.8	1.3	1.8
岱山东部海域	1.3	2.2	0.6	1.4
东极列岛海域	1.3	2.2	0.6	1
洋鞍-猫头洋海域	1.7	2.6	0.7	1.4

②渔业资源：参考俞存根等人对舟山群岛海域的渔业资源调查结果，马鞍列岛海域春季值为 10～50 kg/h、夏季 100～900 kg/h、秋季 50～100 g/h、冬季 10～50 kg/h；岱山东部海域与东极列岛海域值相同，春季为 10～50 kg/h、夏季 50～100 kg/h、秋季为 0～10 kg/h、冬季为 10～50 kg/h；洋鞍-猫头洋海域春季值为 10～50 kg/h、夏季 50～100 kg/h、秋季 10～50 kg/h、冬季为 10～50 kg/h。以平均值估算，可以得出马鞍列岛渔业资源量最丰富，其他 3 个海域基本持平。

综合以上要素条件，可以给出 4 个备选海域的星级评分表，以"五星"代表其中最优区域，条件相比有差别，则依次增加或递减星级（表 2-12）。

表 2- 12 舟山市初选人工鱼礁区评价要素星级表

星级	功能区划	可接近性	水质	水深	坡度	流速	底质	初级生产力	渔业资源
马鞍	5★	4★	4★	5★	4★	5★	4★	4★	5★
岱山	3★	2★	4★	4★	4★	4★	4★	5★	4★
东极	4★	3★	5★	5★	4★	5★	4★	5★	4★
洋鞍	3★	5★	3★	4★	4★	4★	4★	3★	4★

运用"两两比较法",在每一个层次上,对该层指标进行逐对比较,构成判断矩阵。采用专家问卷调查的形式,以舟山市实际数据为基础,邀请舟山市海洋与渔业部门科研管理人员及人工鱼礁领域专家,依照表 2- 12 中的星级标准,对每个层次中各元素的重要性进行两两比较,最后对评分结果做简单的统计,得到目标层-准则层等 10 个判断矩阵。准则层 C 对目标层 A 建立的判断矩阵见表 2- 13,方案层 P 对准则层 C 建立的判断矩阵见表 2- 14。

表 2- 13 准则层 C 对目标层 A 的判断矩阵

A	C1	C2	C3	C4	C5	C6	C7	C8	C9
C1	1	7	4	3	3	4	2	4	3
C2	1/7	1	2	1/2	1/3	1/2	1	1/3	1/4
C3	1/4	1/2	1	2	1/2	2	1	1/3	1/4
C4	1/3	2	2	1	1/2	2	3	1	1/2
C5	1/3	3	1/3	2	1	3	4	2	1
C6	1/4	2	1/2	1/2	1/3	1	1	1/2	1/3
C7	1/2	1	1	1/3	1/4	1	1	1/2	1/3
C8	1/4	3	3	1	1/2	2	2	1	1/2
C9	1/3	4	4	2	1	3	3	2	1

表 2- 14 方案层 P 对准则层 C 各评价准则的判断矩阵

C1	P1	P2	P3	P4	C2	P1	P2	P3	P4	C3	P1	P2	P3	P4
P1	1	5	3	3	P1	1	3	2	1/2	P1	1	1	1/2	3
P2	1/5	1	1/3	1/2	P2	1/3	1	1/2	1/3	P2	1	1	1/2	1/3
P3	1/3	3	1	3	P3	1/2	2	1	1/4	P3	2	2	1	3
P4	1/3	2	1/3	1	P4	2	3	4	1	P4	1/3	3	1/3	1

（续）

C4	P1	P2	P3	P4	C5	P1	P2	P3	P4	C6	P1	P2	P3	P4
P1	1	3	1/2	3	P1	1	2	1	2	P1	1	1	1	1
P2	1/3	1	1/2	2	P2	1/2	1	1/2	1	P2	1	1	1	1
P3	2	2	1	5	P3	1	2	1	2	P3	1	1	1	1
P4	1/3	1/2	1/5	1	P4	1/2	1	1/2	1	P4	1	1	1	1
C7	P1	P2	P3	P4	C8	P1	P2	P3	P4	C9	P1	P2	P3	P4
P1	1	2	1	3	P1	1	2	1/2	2	P1	1	3	1	3
P2	1/2	1	1/2	2	P2	1/2	1	1/2	2	P2	1/3	1	1/2	1/2
P3	1	2	1	3	P3	2	2	1	2	P3	1	2	1	2
P4	1/3	1/2	1/3	1	P4	1/2	1/2	1/2	1	P4	1/3	2	1/2	1

最后对判断矩阵进行计算及一致性检验，层次总排序及一致性检验，包括：①准则层 C 对目标层 A 构成的判断矩阵计算及检验，见表 2-15；②方案层 P 对准则层 C 构成的判断矩阵计算及检验，见表 2-16；③方案层 P 对目标层 A 构成的判断矩阵计算及检验，见表 2-17。

表 2-15　准则层 C 对目标层 A 构成的判断矩阵计算结果及一致性检验

W_i	C1	C2	C3	C4	C5	C6	C7	C8	C9	CR
A	0.175 9	0.079 1	0.092 4	0.110 3	0.120 6	0.088 3	0.088 3	0.110 3	0.134 8	0.013 1

表 2-16　方案层 P 对准则层 C 构成的判断矩阵计算结果及一致性检验

W_i	C1	C2	C3	C4	C5	C6	C7	C8	C9
P1	0.358 4	0.269 9	0.260 3	0.281 9	0.274 9	0.25	0.286 6	0.261 2	0.301 6
P2	0.169 3	0.190 2	0.213 1	0.219 6	0.225 1	0.25	0.234 7	0.236 3	0.202 1
P3	0.265 5	0.210 2	0.302 5	0.327 5	0.274 9	0.25	0.286 6	0.288 7	0.272 9
P4	0.206 8	0.329 7	0.224 1	0.171 0	0.225 1	0.25	0.192 1	0.213 8	0.223 4
CR	0.005 6	0.005 6	0.024 5	0.009 4	0	0	0	0.003 7	0.003 7

表 2-17　方案层 P 对目标层 A 构成的判断矩阵计算结果及一致性检验

W_i	P1	P2	P3	P4	CR
A	0.289 5	0.212 0	0.276 6	0.221 9	0.005 635
排序	1	4	2	3	—

从准则层 C 对目标层 A 构成的判断矩阵计算结果可以看出，在所选取的 9 个人工鱼礁选址因素中，权重值较大的分别是"海洋功能区划（0.175 9）""渔业资源状况（0.134 8）"和"水深（0.120 6）"；从类别上划分，这三个因素分属于"社会经济要素""物理海洋要素"和"海洋生物要素"。权重值相对排名滞后的因素主要是"可接近性（0.079 1）""坡度（0.088 3）"和"底质（0.088 3）"。分析产生以上结果的原因，主要是海洋功能区划、渔业资源状况和水深为大范围的表征要素，它们在不同海区的表现差异较为明显；坡度和底质由于涉及的范围较小，在 4 个海域均可以找到适宜的区域，海区间条件差异性不明显，因此权重值相对较低；可接近性则由于地区整体交通水平的优势，导致 4 个海区间的差异不明显。

从方案层 P 对目标层 A 构成的判断矩阵计算结果可以看出，舟山市规划的 4 个人工鱼礁选址评价成绩（权重）依次是"马鞍列岛人工鱼礁（0.289 5）""东极列岛人工鱼礁（0.276 6）""洋鞍-猫头洋人工鱼礁（0.221 9）"和"岱山东部人工鱼礁（0.212 0）"。舟山市可以参考以上结果，分类、分阶段、有主次地开展人工鱼礁建设，特别是优先安排资金和项目开展马鞍列岛人工鱼礁和东极人工鱼礁的建设工作。

五、GIS 与专家经验结合选址

人工鱼礁按设置目的可分为休闲生态型、资源增殖型和资源保护型三类。建设资源保护型人工鱼礁主要是通过在渔业资源生物的受损栖息地投放人工鱼礁，来防止拖网、围网和刺网等破坏性渔具的作业，并通过相关的法规使人工鱼礁海域成为禁渔区，同时利用投放鱼礁带来的生态效应来改善生物的栖息环境，从而达到有效保护渔业资源、增加生物多样性，以及保全濒危珍稀物种的目的。马鞍列岛海域历史上是舟山渔场的核心区，生物资源量和种类多样性都很丰富，但因为海岛开发、海水养殖和过度捕捞等多种人类经济活动的影响，该海域局部生境受到严重干扰，石斑鱼等名贵经济种，以及海豚等海洋高级动物的数量等已经非常稀少，一些趋礁性鱼类的种群结构也出现了个体小型化的趋势。

（一）马鞍列岛海域保护性人工鱼礁选址流程

保护和恢复马鞍列岛海域趋礁型鱼类等重要物种的举措之一，就是在该海域适当的局部区域投放保护型人工鱼礁，然而关于保护型人工鱼礁在岛礁海域的选址研究鲜有报道。国内外针对人工鱼礁选址的研究，通常使用基于专家经验的排除地图或者层次分析法结合 GIS，且未对选址准则进行解释。如前所述，选址是一个复杂的基于目标的决策过程，一种基于多准则决策、专家系统、层次分析法和 GIS 相结合的方法已被众多学者用于珊瑚礁修复和水产养殖建设项目的地址选择。该方法对选址准则的选取和权重赋值进行了量化评价，且随着本底调查数据精度的提高，可输出更为精确的选址适宜性分布图。Mousavi，S. H. 等人使用这种方法对波斯湾基什岛的人工鱼礁选址进行了研究，取得了良好的效果。我们参考该方法，采用以下 3 个步骤对岛礁海域保护型人工鱼礁的选址适宜性进行评价：①由专家经验提取其选址的有效准则；②采用两两比较法计算每个准则的权重；③根据研究区域的本底调查和数值模拟数据，由基于加权线性组合的 GIS 栅格计算得出最终的适宜性值，并输出研究区域的适宜性分布图。

本案例的选址流程如图 2-43 所示。

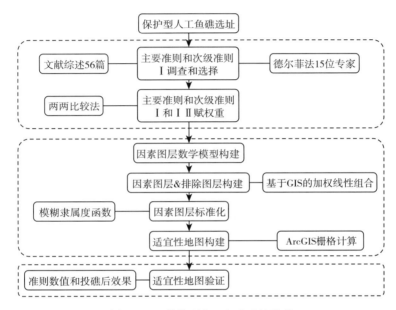

图 2-43 保护型人工鱼礁选址流程

1. 确定主要准则和次级准则

针对岛礁海域保护型人工鱼礁选址的主要准则和次级准则尚缺乏相关研究的实际情况，我们参考 Mousavi 等人列出的人工鱼礁选址准则并结合国内的人工鱼礁建设技术规范，把可能影响到保护型人工鱼礁选址的因素总结为 4 个主要准则和 47 个次级准则，如表 2-18 所示。

我们以邮件寄送的方式对 15 位相关专家进行了两轮咨询，确定了主要准则和次级准则。专家的选择是基于他们在东海区岛礁、人工鱼礁以及在渔业资源方面的经验和知识。每个专家按照如下规则对选址准则打分：不重要（=1）、重要性低（=3）、重要（=5）、很重要（=7）、极为重要（=9），介于它们中间为（=2，4，6，8）。根据专家评分，我们通过以下 4 个公式计算得出每一个主要准则和次级准则的"重要性水平"和"重要百分比"。

$$a_i = x_i N / \sum x_i \tag{1}$$

$$w_i = a_i \times n \tag{2}$$

$$p = \sum \frac{w_i}{A} \times 100 \tag{3}$$

$$D = \sum \frac{x_i \times n}{N} \tag{4}$$

式中 A 为最大获得分数（＝135）， N 为专家总数（＝15）， n 为投该重要性分数的人数， x_i 为初始权重， a_i 为权重， w_i 为权重分数， p 为准则的重要百分比， D 为准则的重要性水平。当准则的"重要性水平"和"重要百分比"大于最大值的80％时，该准则被确定为有效。

表2-18 影响保护型人工鱼礁选址准则的因素

准则编号	主要准则	次要准则	准则编号	主要准则	次级准则	准则编号	主要准则	次级准则
1	生物因素	现存的海底群落	17	物理因素	光	33	物理因素	目标种与竞争物种间的距离
2		幼鱼扩散	18		溶解无机物	34		与海水淡化装置的距离
3		存在自然幼鱼	19		溶解有机物	35		与自然礁的距离
4	管理因素	便于管理	20		海流	36		与石油和天然气平台的距离
5		利益相关者容易接近	21		溶解氧	37		与污染源距离
6	社会经济因素	对当地经济的利益	22		生化需氧量	38		与发电设备的距离
7		文化价值	23		酸碱度	39		与敏感生态系统的距离
8		经济优势	24		盐度	40		与航道距离
9		教育价值	25		潮流	41		与退化区域距离
10		旅游价值	26		浊度	42		与捕食物种的距离
11		居民的支持水平	27		水深	43		与海岸线距离
12		休闲娱乐价值	28		水温	44		与拖网路线距离
13		建造、投放以及维护费用	29		波浪	45		与海藻场距离
14	物理因素	底部坡度	30		风	46		与鱼类定居点距离
15		底质类型	31		风暴潮	47		与渔场距离
16		叶绿素a	32		底质粒径			

2. 确定选址准则权重

主要准则、次级准则和准则值的相对权重和排序由两个步骤完成：专家根据两两比较法构造判断矩阵（1～9标度法）；由层次分析法AHP计算准则的权重并评估判断矩阵的一致性比率。为了均衡各个专家的意见，每个准则最终的判断矩阵由每个专家构建的判断矩阵经几何平均计算后得出，最终计算出准则的相对权重。

3. 建立GIS模型

GIS模型由因素图层和排除图层构建，其中因素图层由以下数据构建：①生物因素数据来自2009年度马鞍列岛海域逐月渔业资源调查；②坡度由GIS中的坡度公式从水深数据的数字高程模型计算得出；③底质类型数据由马鞍列岛底质类型分布图数值化得到；
④水深数据由海图和其他实测资料获取，海流由 FVCOM 数值模型计算得出；⑤管理因
素数据由 GIS 空间分析的欧氏距离生成。排除图层的构建则结合东海区渔业监测区域的
海水养殖、渔场、航道以及海域使用规划。

　　由于构成每个因素图层的数据单位不同，因此需要通过模糊函数将其进行标准化。
我们采用 S 型隶属度函数、Z 型隶属度函数、高斯隶属度函数和通用隶属度函数进行准则
值标准化（图 2-44）。在 0～1 范围内进行标准化，0 代表适宜性最低，1 代表适宜性最
高。表 2-19 表明了每个主要准则、次级准则的权重和进行标准化的隶属度函数。

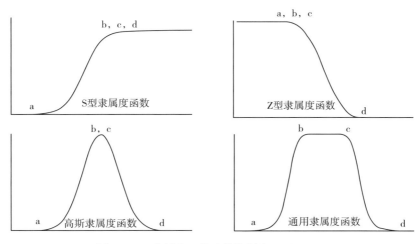

图 2-44　隶属度函数及其控制点 a、b、c、d

表 2-19　准则标准化类型

| 主要准则 | 权重 | 次级准则 | 权重 | 控制点 | | | | 隶属度函数类型 |
				a	b	c	d	
物理因素	0.48	底部坡度（°）	0.101	0	5	5	90	Z 型
		底质类型	0.186	沙	沙、石	沙、石	石	S 型
		海流（m/s）	0.097	0	0.1	0.63	0.8	通用
		水深（m）	0.098	0	10	20	60	高斯
生物因素	0.41	渔获量（kg）	0.095	0	1.314	11.371	11.371	S 型
		资源密度（kg/m²）	0.184	0	1.314	11.371	11.371	S 型
		幼鱼扩散（km）	0.048	0	1	1	1	S 型
		存在自然幼鱼（kg）	0.079	0	0.43	5.91	5.91	S 型
管理因素	0.11	与污染源距离（km）	0.068	0	1	1	1	S 型
		与航道距离（km）	0.03	0	1	1	1	S 型
		与海岸线距离（km）	0.016	0	1	1	1	S 型

马鞍列岛海域保护型人工鱼礁投放的适宜性图层的构造包含 11 个因素图层（对应表 2-19 中的次级准则）和 4 个排除图层（海水养殖、渔场、航道以及海域使用规划），即 SM＝FM－EM，式中 SM 为适宜性图层，FM 为因素图层，EM 为排除图层。

最终 SM 的计算基于多准则决策方法中的加权线性组合，每个区域的适宜性值由以下公式得出：

$$V_i = \sum W_j x_{ij}$$

式中 V_i 为区域 i 的适宜性值，x_{ij} 为准则 j 在区域 i 中的标准化值，W_j 为准则 j 的相对权重。

4. 准则评估

根据专家问卷，由公式（1）至公式（4）计算出的保护型人工鱼礁选址的主要准则评分结果如图 2-45 所示。所有专家均认为物理因素是最显著有效的准则，重要性水平值为 8.27，重要百分比为 30.62％；其次是生物因素，重要性水平值为 7.73，重要百分比值为 28.64％；管理因素重要性水平值为 6.74，重要百分比为 24.56％；社会经济因素重要性水平和重要百分比值均低于最大值的 80％（6.62、24.50），因此本案例未将其作为保护型人工鱼礁选址的主要准则。

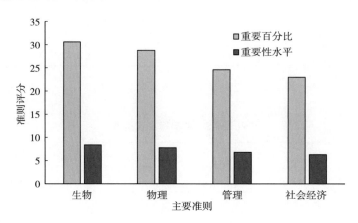

图 2-45　主要准则专家评分结果

次级准则重要性水平和重要百分比的最大值分别为 8.13 和 30.12。根据前述，当准则的重要性性水平和重要百分比大于最大值的 80％时，准则具有有效性。因此，重要性水平和重要百分比分别大于或等于 6.5（由式 8.13×80％计算得出）和 24.1（由式 30.12×80％计算得出）的次级准则为有效准则，评分结果如图 2-46 所示。渔获量（编号 1）、资源密度（编号 1）、幼鱼量（编号 3）和幼鱼扩散（编号 2）；底部坡度（编号 14）、底质类型（编号 15）、海流（编号 20）和水深（编号 27）；与污染源距离（编号 37）、与航道距离（编号 40）、与海岸线距离（编号 43）的重要性水平和重要百分比均大于 6.50 和 24.01，因此以上 11 个次级准则最终被确定为选址的有效次级准则。根据所有专家意见，底质类型、海流和水深是最重要的 3 个准则；底质类型的重要性水平和重要百分比分别为 8.13 和 30.12，海流和水深的重要性水平和重要百分比值相同，分别为 7.07 和 26.17。

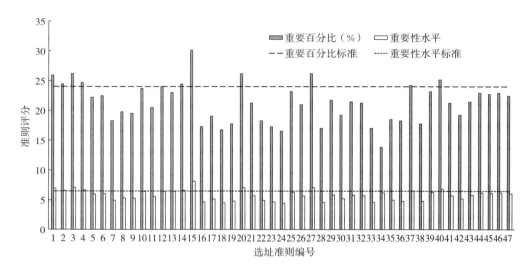

图 2-46　次级准则专家评分结果

选址编号对应的次级准则名称为：1. 现存的海底群落；2. 幼鱼扩散；3. 存在自然幼鱼；4. 便于管理；

5. 利益相关者容易接近；6. 对当地经济的利益；7. 文化价值；8. 经济优势；9. 教育价值；10. 旅游价值；

11. 居民的支持水平；12. 休闲娱乐价值；13. 建造、投放以及维护费用；14. 底部坡度；15. 底质类型；16. 叶绿素 a；

17. 光；18. 溶解无机物；19. 溶解有机物；20. 海流；21. 溶解氧；22. 生化需氧量；23. 酸碱度；24. 盐度；

25. 潮流；26. 浊度；27. 水深；28. 水温；29. 波浪；30. 风；31. 风暴潮；32. 底质粒径；33. 目标种与竞争物种间距离；

34. 与海水淡化装置的距离；35. 与自然礁的距离；36. 与石油和天然气平台的距离；37. 与污染源距离；

38. 与发电设备的距离；39. 与敏感生态系统的距离；40. 与航道距离；41. 与退化区域距离；42. 与捕食物种的距离；

43. 与海岸线距离；44. 与拖网路线距离；45. 与海藻场距离；46. 与鱼类定居点距离；47. 与渔场距离

5. 权重赋值

保护型人工鱼礁选址的主要准则、次级准则及准则值的权重如图 2-47 所示。3 个主要准则生物因素、物理因素和管理因素的权重分别为 0.405、0.481 和 0.114。次级准则渔获量、资源密度、幼鱼量、幼鱼扩散、底部坡度、底质类型、海流、水深、与污染源距离、与航道距离、与海岸线距离的权重分别为 0.095、0.184、0.048、0.079、0.101、0.186、0.097、0.098、0.068、0.030、0.016。

6. 输出适宜性地图

基于 11 个次级准则的因素图层，由加权线性组合计算研究区域的适宜性值：

$$FM = 0.095A + 0.184AD + 0.048LF + 0.079LD + 0.101BS + 0.186BT + 0.097MC + 0.098D + 0.068DP + 0.030DV + 0.016DC$$

式中 A 为渔获量；AD 为资源密度；LF 为幼鱼量；LD 为幼鱼扩散；BS 为底部坡

度；BT 为底质类型；MC 为海流；D 为水深；DP 为与污染源距离；DV 为与航道距离；DC 为与海岸线距离。

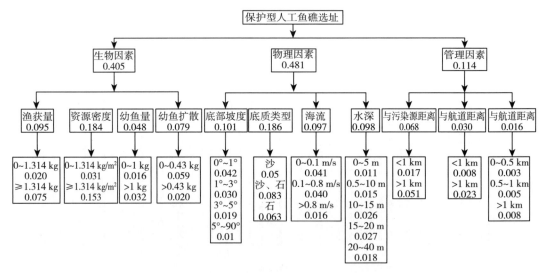

图 2-47 保护型人工鱼礁主要准则、次级准则及准则值的权重

由于该区域并未对幼鱼扩散进行调查，因此本案例未将其纳入加权线性组合计算中。经过对因素图层和排除图层的叠加分析，马鞍列岛海域保护型人工鱼礁投放的适宜性如彩图 22 所示。

（二）选址适宜性评价

人工鱼礁的选址受鱼礁用途、海洋生物、水质、底质、气象水文等诸多因素的影响。结合文献资料和专家经验的研究结果显示，对岛礁海域保护型人工鱼礁而言，物理因素、生物因素和管理因素是影响其选址的主要因素，对应的次级准则为底部坡度、底质类型、海流、水深和渔获量、资源密度、幼鱼量、幼鱼扩散，以及与污染源距离、与航道距离、离岸距离。王飞、许妍等人在舟山和天津近海海域人工鱼礁选址研究中，将水深、底质类型、地形坡度、生物密度、平均流速、离岸距离、重要渔业水域作为指标，但并未考虑目标种幼鱼的生物量和扩散、与航道距离、与污染源距离。投礁区域有无目标种存在将对礁体的增殖效果产生影响，趋礁性鱼类移动距离较短，因此应考虑在其存在的区域投放保护型人工鱼礁；而考虑与航道的距离可以避免人工鱼礁与航运之间相互影响。另外，岛礁海域人类活动频繁，海岛开发、工业生产和水产养殖污水将对海区造成污染，靠近污染源的区域不适宜渔业资源的修复，进行人工鱼礁选址时有必要考虑与污染源距离。

选址准则权重的确定是选址模型中最为关键的一步。由两两比较法计算出的主要准则，物理因素、生物因素和管理因素的权重为 0.481、0.405、0.114。该权重排序与

Mousavi 等人对修复珊瑚礁的人工鱼礁选址结果一致，但本案例中生物因素的权重较高。这是由鱼礁投放的目标不同造成的，保护型人工鱼礁用于修复鱼类栖息地，保护其不受破坏性底拖网等的伤害，投放区域是否存在目标生物、资源密度如何等生物因素将对鱼礁的养护效果起到重要影响。本案例的结果显示底质类型（0.186）是对岛礁海域保护型人工鱼礁影响最大的次级准则，这与 Tseng 和 Chang 等人在关于台湾的海湾增殖型人工鱼礁选址中认为水深是最重要的次级准则有所不同。首先，岛礁海域保护型人工鱼礁针对趋礁性鱼类，目标种的有无关系到礁体效能的发挥，而影响趋礁性鱼类分布最重要的因子是底质类型；其次，底质类型不仅影响鱼礁的整体稳定性和使用寿命，还会影响集鱼效果。人工鱼礁在底栖生物量高的区域集鱼效果也会更好。调查资料表明，渤海和东海的底栖生物总量以细粉沙质最高、中细沙和细沙底质次之、软泥底质最低，由此可见，底质类型对保护型人工鱼礁的适宜性评价至关重要。

马鞍列岛海域的物理环境和生物因素具有很强的空间异质性，彩图 23 显示该区域的底质类型、水深和资源密度的分布状况。将本案例输出的适宜性分布图与底质类型、水深和资源密度分布图对应分析可以发现，马鞍列岛保护型人工鱼礁选址适宜性高的区域具有如下特点：底质类型为沙、泥和石；水深主要为 20～40 m；资源密度大于 1.314 kg/m^2（2009 年渔业资源调查密度平均值），与本案例设置的选址准则适宜性基本一致，其中适宜性分布图中的红色框选区域早在 2004 年就进行了人工鱼礁投放。根据投放后的建设效应评价，该区域投放人工鱼礁后，与未投放人工鱼礁的对照区相比，生产力得到了提高，群落结构得以明显改善，且发挥了积极的鱼类和大型无脊椎动物的诱集效果和资源增殖作用。由此说明，本案例的选址方法可以有效地对岛礁海域保护型人工鱼礁的选址进行评价。

本案例尝试结合文献资料和专家问卷的方式来选取有效准则和赋予准则权重，该方法不仅能将前人的研究进行归纳总结，还能因地制宜地加入对研究区域具有丰富经验的专家知识，避免了选址的主观性。一方面专家系统的建立和问卷调查的轮次还需完善，以更加全面精确地获取对选址有效的准则和权重；另一方面，适宜性地图的输出对准则数据的输入有很强的依赖性，数据应来自最新调查、且具有相同的空间分辨率，在今后的人工鱼礁选址研究中应从以上两个方面加以改进。

第三章
长江口近外海
人工鱼礁建设
实践

长江和钱塘江等径流注入东海，与黄海冷水团和台湾暖流相互交错，在长江口近外海形成错综复杂的海洋生态环境。该海域营养盐充足，初级生产力水平高，饵料生物丰富，为海洋鱼类索饵、繁殖、育肥和生长提供了良好的栖息地，在其影响海域形成一系列著名的渔场，如吕泗渔场、长江口渔场和舟山渔场。

随着长三角经济带工业、农业和海洋事业的快速发展，以及相关海域的持续高强度渔业捕捞活动，海域内的生态环境已经受到不同程度的破坏，渔业资源衰退严重，一些传统经济鱼类种群几近枯竭。为此，保护与修复海域生态环境、养护与增殖渔业资源、振兴沿岸渔场成为当务之急。

作为人们有意设置在水中的构造物，人工鱼礁可为鱼类等水生生物栖息、生长和繁殖提供必要和安全的场所，营造一个适宜其生长的环境，从而达到保护并增殖渔业资源的目的。人工鱼礁在 20 世纪 60 年代以后逐渐受到重视，日本和美国等国家把人工鱼礁作为改造沿海渔场、增加渔业资源和捕捞产量的有效措施。在人工鱼礁建设目的上，日本主要是通过建设人工鱼礁来扩大渔场和提高捕捞效率，增加沿岸海域的资源量；美国则着重发展以海钓为主的休闲渔业。当前利用人工鱼礁修复或优化海洋生物栖息地，进而增殖海洋生物资源已是沿海国的共同举措。

长江口近外海的人工鱼礁建设始于 20 世纪 80 年代中期的南麂列岛人工鱼礁试验。当时的浙江省海水养殖研究所曾设计了 4 座高 4.5 m 的多层翼船型钢筋混凝土人工鱼礁，于 1986 年 4 月 20 日至 5 月 2 日投放在平阳县南麂列岛的上马鞍岛附近海域，开创了该海域的人工鱼礁试验之先河，之后从 2001 年开始进入规模化的人工鱼礁建设。目前已在南麂、洞头、大陈、渔山、朱家尖、嵊泗、秀山、象山港等海域实施了人工鱼礁建设工程。

长江口近外海域水温和盐度适中、气候温和、四季分明，生物资源和旅游资源丰富，是开展人工鱼礁建设的良好场所。该海域受长江冲淡水、黑潮暖流、黄海冷水团等多种水系的影响，且岛屿众多、岸线曲折、地貌复杂、底质类型丰富，孕育出多种典型的海洋生态系统，如以马鞍列岛为代表的岛礁海域生态系统、以象山港为代表的海湾生态系统、以竹屿岛海域为代表的泥地生态系统等。本章根据不同海域生态系统类型的特征，以生态环境改善和渔业资源恢复和提高为目标，对长江口近外海域陆续开展的资源增殖、休闲海钓、海洋牧场和藻场修复等多种类型的人工鱼礁建设案例进行阐述，以科学呈现这些海域人工鱼礁的建设模式及目标的实现途径。

第一节　岛礁海域人工鱼礁建设

岛礁海域是长江口近外海最重要的生境类型之一，大多分布于 50 m 以浅海域，如马鞍列岛、中街山列岛、渔山列岛等。这些海域在 20 世纪 80 年代之前皆为渔业高产区，但之后由于过度捕捞（电拖加高密度帆张网作业）导致传统渔业资源的严重衰退，产卵场等栖息地也遭到非常严重的破坏。

在高强度捕捞压力下，我国近海的渔业资源水平一直处于颓势，但在以岛屿为辐射中心的岛礁海域，其传统渔业资源密度及物种多样性仍能够维持在相对稳定的水平。以马鞍列岛海域为例，在其行政区划总面积 549 km² 的海域中，岛屿面积占 3.5%，2005—2010 年的资源调查表明，该海域各类生物资源的综合产出能力虽然有所下降，但并不显著，还是常年聚集着褐菖鲉、大泷六线鱼等恋礁种，刺鲳、带鱼、梅童鱼等洄游种，以及大黄鱼、乌贼等放流种，达 110 多种鱼类，年平均种类多样性指数为 2.46±0.534，鱼类丰度密度高达 $8.93×10^3 \sim 3.77×10^5$ 个/km²。该海域每年聚集来自各地的海钓者 2 万人次以上，还有超过 520 多艘船、1 200 人的规模，常年在岛礁周边从事渔业生产，以维持这些海岛居民的生计；同时该海域还是伏季休渔期间舟山群岛海鲜供应的重要来源。

长江口近外海岛礁海域所占海域面积并不大，但其在维持河口近岸生态系统健康、生物资源的高密度产出与高种类多样性起着重要作用，同时在维持岛礁渔民的生计和渔区社会的稳定等方面发挥着不可忽视的作用。正因为岛礁海域这些无可替代的生态服务功能，围绕该海域的生态修复工作往往也是最为常见的。本节以浙江嵊泗马鞍列岛海域的人工鱼礁建设实践为基础，通过对多种生境类型构成的岛礁生态功能的局部放大，以人工鱼礁的针对性设计和投放为途径，达到增加特定海域资源养护能力的作用。

一、岛礁海域渔业资源的生境利用模式

长江口近外海域常年受长江径流和浙闽沿岸流的控制，同时黑潮暖流的分支从东南向西北对近岸外侧水域产生季节性影响，黄海冷水团在势力强盛年份南下的舌锋也可抵达该海域北部并产生影响。由于长江径流夹带的大量泥沙等悬浮物的存在，西侧沿岸水域全年海水透明度一直较低，形成了浑水区以粉沙质软泥为主要底质的鱼类低生物量带，除季节性洄游种类外，常年栖息在该生境中的鱼类生物量低、种类少，从渔业资源利用角度上看，该水域在生态功能主要表现为鱼类的洄游途径。而在分布着一定数量岛礁的外侧海域，受黑潮暖流影响较明显，水质清澈，盐度明显高于长江口，底质类型多样，包括泥地、沙地和岩石等；鱼类等无脊椎动物种类丰富，生物量和营养级均高于河口，也高于外洋一侧，但体长组成一般较小，同时从岩礁岸线至外部泥地呈现出鱼类生物量和多样性递减的分布趋势。

马鞍列岛海域位于长江口外海、舟山群岛海域的北端，由花鸟、绿华、三横、枸杞、嵊山等 184 个岛礁（其中无人岛 173 个）及周围海域组成，属于典型的岛礁生境海域。这类生境条件较为复杂，包括岩礁、沙砾、泥地、沙石泥 4 种天然生境，以及贻贝养殖、网

箱养殖 2 种人工生境，每种生境条件具有其独特的种类组成和鱼类群落分布格局，具体分布形式如图 3-1 所示。

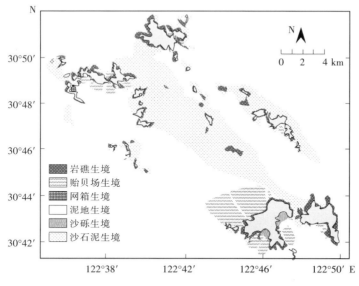

图 3-1　马鞍列岛海域 6 种典型生境的空间分布

　　岩礁生境支撑着很高的生物多样性，是一种非常重要的生态系统。它们能为海洋生物提供特定的栖息环境，形成多样化的生物类群。同时，岩礁区对邻近的软相底质生境的大型生物亦有诸多影响，一些生物的栖息密度会随着距离岩礁生境的远近呈梯度分布。这种现象主要受离岸线数米或数十米的狭窄范围内，其光照、水深和流态等环境条件发生急剧变化引起。结合了近岸水下植被系统的岩礁生境有着很高的空间异质性和结构复杂性，岩礁生境本身的结构特征加之底栖海藻的生长使其成为鱼类尤其幼鱼的良好庇护所。

　　岩礁生境作为许多鱼类幼鱼阶段的避敌所和育肥场，对养护近岸经济鱼类资源、维持其一定的种群量等起着不可忽略的作用。对于感礁性鱼类和底层岩礁种类而言，岩礁生境便是其一生必须依赖的关键生境，近底层石首科鱼类在不同生长阶段持续利用岩礁生境，岩礁外围常出现优质底层鱼类，而中上层鳀科和鲹科鱼类则季节性高密度聚集于此。地方种对岩礁生境的周年依赖、洄游性鱼类对该生境的季节性利用和其他偶见种类的暂时性停留，这三种情况从时间尺度上展现了岩礁生境养护鱼类的基本面貌。

　　岛礁海域的沙质生境地形平坦、坡度较小，受波浪、风力及潮汐的周期性运动，环境变化剧烈。沙地生境是鳀科和石首鱼科等鱼类幼鱼的良好育肥所，是底层鲆鲽类、鳗鲇及中上层鳀的生活区域。岛屿之间的泥质属于与沙质性质相同的软相底质生境，泥质生境的生物利用程度更趋于简单化，往往缺乏底层鱼类。

　　着生有各种底栖海藻（甚至被覆盖）的岩礁生境，其聚集的鱼类资源非常丰富，相比该海域其他无植被着生的沙、泥底质生境，有着更高的鱼类多样性和种类丰富度，以及更多的幼鱼数量。另外，起伏错落的岩礁生境相比平坦的沙地生境，还具有更多的复杂小生境能供更多的种类栖息，因此，沙地生境的鱼类丰富度和多样性往往比异质性更高的岩石生境低。结合丰度和生物量以后，沙地生境的多样性和丰富度普遍低于岩礁生境，尤其是夏季，岩礁生境的鱼类丰富度和多样性显著高于沙地生境，岩礁春季的多样性也显著高于沙地。平均多样性值沙地仍然小于岩礁，虽然两生境中的总种类数相当，但多数时间岩礁生境出现的种类数多于沙地生境，且鱼类组成的均匀度普遍高于沙地生境。

贻贝场与网箱区可以视作人工生境，一般设置于岩礁附近水域。随着时间的推移，这些人工生境会被各种生物所利用，最终演变为一个相对稳定的小生态系统，成为各种岩礁鱼类在幼鱼阶段躲避敌害的生存环境，从而形成与周边泥地生境不同的鱼类群落组成。马鞍列岛海域鱼类组成中的上层、中下层、底层鱼类分布较为均匀，食性多元化。网箱养殖区的残饵是吸引大量野生岩礁性鱼类进入该生境的另一原因。野生岩礁性鱼类并不直接利用这些残饵，而是以摄食被这些残饵所诱集过来的虾蟹类等活饵，进一步增大岩礁性鱼类的生物量。

虽然贻贝养殖筏式设施和网箱构件皆设置在泥地水域，但是两种生境中的优势鱼类组成并不相同。贻贝场生境的鱼类区系和泥地生境极为相似，除了石首鱼的出现率和密度高于泥地生境，以及岩礁性鱼类幼体阶段对贻贝场生境的利用外，两生境之间在种类数、相对密度、丰富度和多样性方面皆无显著差异。而同样由养殖设施组成的网箱区生境，其种类组成却和岩礁和人工鱼礁生境较为类似。就不同的生境而言，岩礁和沙地生境的丰富度显著高于贻贝场生境；同样，岩礁、沙地和沙石泥生境的多样性也明显高于贻贝场生境。可见，不同生境之间所表现出来的鱼类组成上的差异变化较为突出，岩礁和网箱区生境中皆以底层岩礁性鱼类为优势种，而贻贝场和泥底生境都以近底层的石首科鱼类，如皮氏叫姑鱼和小黄鱼的周年或季节性存在为主要特征。

通过对岛礁海域各种生境下多种鱼类利用模式的研究与比较，不难看出在天然生境中以岩礁生境条件对鱼类影响作用最为突出。表3-1为马鞍列岛岛礁海域各生境形成特点与渔业利用价值，岩礁生境集中了海域几乎大多数的优势鱼类，同时也集中了海域内多种网具作业形式。

表3-1　马鞍列岛海域各种生境分布及渔业利用

生境	主要特征描述	分布面积（km²）	面积比例（%）	渔业利用方式	渔业价值
岩礁	岛礁、干出礁的水下区域以及暗礁，主要沿岸线呈带状分布	4.0	1.139	刺网、笼网和蟹笼等，以鱼类为主捕对象，以海藻、蟹类和软体类为辅	极高
沙砾	以粗沙和碎石为主，含少量泥的硬质海底，主要分布于列岛中部	115	32.736	流刺网、张网、虾拖网和蟹笼，捕捞各类鱼虾蟹	很高

（续）

生境	主要特征描述	分布面积（km²）	面积比例（%）	渔业利用方式	渔业价值
沙石泥	以细沙为主，含少量粗沙和泥，分布与岛礁南侧浅滩	0.65	0.185	以刺网和双拖为主，主要捕捞对象为鳀和其他鱼类	较高
泥地	以粉沙质黏土为主，含少量碎石，主要分布于锚地区域	215	61.201	帆张网和桁杆虾拖，以舌鳎类和甲壳类为主捕对象	一般
贻贝场	以底桩、缆绳和浮子等构成的筏式养殖设施，枸杞岛规模最大	13.4	3.814	以浮刺网、底刺网、地笼为主，主捕中上层鱼类等	较高
网箱区	以底桩、锚链、网身和浮体等组成的养殖设施，分布于绿华山	0.05	0.014	偶有钓捕，以褐菖鲉和养殖逃逸个体为主捕对象	一般

　　岛礁海域天然生境条件优越，表现出对鱼类资源的积极影响作用。调查显示在此条件下逐渐形成的贻贝养殖场与网箱养殖区等人工生境对鱼类也产生一定诱集与增殖效果，可为鱼类提供更广阔的生存空间与食物来源。这说明岛礁海域具有超过当前生境条件下鱼类资源生存所需的营养物质与初级生产力水平，即可以期待更多的鱼类资源开发利用的潜在生产能力。面对近年来岛礁海域渔业捕捞强度过大、资源减弱的趋势，我们可以在特定区域有针对性的增加人工生境，充分利用岛礁海域的特有优势，强化岛礁生态功能，达到高效利用岛礁生产力、增殖渔业的最终目的。

二、建设目标与思路

　　面对近海渔业资源的持续衰退、经济鱼类占比严重下降的严峻现实，通过人工鱼礁建设修复近海各类栖息地的生态与环境，是实现我国鱼类等生物资源修复的一个重要工作，就是着眼于岛礁海域及其岩石生境对岩礁性经济鱼类的养护功效，以人工鱼礁建设为手段、以生境改善为途径进行局部海域渔业资源的增殖养护。岛礁海域中以岩礁生境对鱼类的群聚作用效果最为显著，岩礁生境对恋礁性、感礁性及近底层鱼类皆有较强吸引力，如果去除感礁性鱼类，则岛礁海域所有生境之间的鱼类在不同季节皆显示出单一的群落模式，即以石首鱼科和中上层洄游性鱼类为优势种的鱼类群落结构。这些结果表明岩礁鱼类是促成岛礁海域鱼类群落格局形成和变化的关键因素，也是岛礁海域中岩礁生境相对其他天然生境具有显著增殖作用的重要原因。因此，该海域人工鱼礁建设的设计需重点强化对恋礁性与感礁性鱼类的增殖作用，一方面可形成与岩礁相似的生境条件，增加岩礁鱼类的小生境，另一方面能充分开发利用岛礁海域潜在生产能力，以丰富营养物质供给更多的生物资源，从而达到鱼类资源增殖效果的目的。

以鱼类等生物资源养护的目标类群为出发点，并考虑其在不同生长阶段对岛礁海域各种类型栖息地的利用规律，如产卵、索饵、育成等，进而研究开发出基于栖息地改善及优化利用技术的阶段式渔业资源养护模式，如针对重要渔业资源的产卵场栖息地优化、索饵场栖息地优化，针对定居种的定点栖息地优化、针对洄游种的分段式栖息地优化技术等，最终通过目标种生活史关键阶段特定栖息地之间的协同优化技术，对渔业资源种群实施高效养护。从栖息地改善的角度出发，人工鱼礁建设是当前渔业形势下较为合适的途径。

在岛礁海域建设人工鱼礁，首先要对岛礁海域各栖息地的类型及功能进行全面调查与分析，并结合实际情况从诸多生境中筛选出具有代表性的养护类群。结合目标类群的生态学特征，研究其对不同类型生境的利用模式，再由此入手寻找各不同生境的优化模式，最终从大生境的角度着眼，寻找不同类型生境之间的联系，设计多种类型栖息地协同优化利用的技术手段。

根据马鞍列岛岛礁海域以石斑鱼、褐菖鲉等恋礁性鱼类，以及叫姑鱼、黄姑鱼等感礁性鱼类为主要优势种的特点，在岛礁海域改善栖息地应重点关注岩石生境。因此，岛礁海域人工鱼礁投放位置不同，会引起渔业资源增殖效果的差异。在岛礁边岩石-泥沙过渡带建设人工鱼礁，一般是通过补强原有的岩石生境或者拓展新的岩石生境为主要内容，以便实现为岩礁性鱼类提供更多的栖息地的目的。另外，通过在岛礁间泥沙地建设人工鱼礁群，增强岛礁不同栖息环境之间的协同效应，优化岛礁海域的生境及其功能连接，形成空间范围更大、生境类型更多样、食物链层次更丰富的生态系统，为恋礁性鱼类和近距离洄游的鱼类资源提供优良栖息地，实现岛礁海域鱼类等生物资源养护和增殖的目的，如图3-2所示。需要注意的是，在强化或营造岩石生境的同时，尽量保留原有的泥相生境功能。

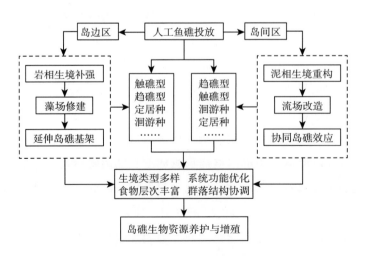

图3-2　岛礁海域人工鱼礁建设模式

综上，岛礁海域人工鱼礁建设的基本目标和思路为：利用海域岛礁散布的特点，紧紧依托岛礁的生物自然保护和增殖效应，在保持原有泥地底质的基础上，改造本地生境，以石斑鱼、褐菖鲉等恋礁性鱼类，叫姑鱼和黄姑鱼等感礁性鱼类，以及大小黄鱼等岛礁近岸洄游性鱼类为保护和增殖对象，通过设置集鱼礁、诱导礁、育成礁、增殖礁等礁体延伸岛礁基架结构，增加岩相栖息环境空间，同时整合贝藻类养殖筏和鱼类养殖网箱等，兼作浮鱼礁或中间暂养设施，兼并结合种苗放流等技术手段，增殖并诱集目标鱼种，最终营造成一个高生物量和高种类丰富度的功能更趋完善的人工生境，在地方渔业资源保护和合理开发利用的大环境中发挥积极的调控作用，同时也可促进相关产业的发展，如岛礁近岸小型捕捞业、休闲海钓业、海水养殖业等。

三、礁体结构与配置组合

为了实现通过人工鱼礁的投放来增强和拓展岩石生境功能的目标，岛礁海域的人工鱼礁一般采用中空结构复杂、平台面丰富、抗滑移性能较强的礁体结构，以利于褐菖鲉、大泷六线鱼等恋礁性鱼类的礁石触碰习性；同时，考虑黑鲷、叫姑鱼等感礁性鱼类的趋流习性，在礁体设计上还需考虑其能够产生复杂的流场效应。

（一）礁体结构

人工鱼礁礁体的设计具有一定的标准，参照国内外研究成果及实际建设经验，设计的礁体高为建设海域水深的 $1/10 \sim 1/5$，性价比最高。为防止礁体下陷过快和在潮流的洗掘作用下过早被掩埋，在保证礁体强度的基础上，应尽量减轻礁体自重。在保证礁体有效高度的同时，应预留一定的下陷高度，将礁体底部做成实心，以增大礁体底部受力面积。为了保持礁体有较好稳性，降低礁体水阻力作用，需具备较好的通透性，并对礁体与海底的接触面采取一定的处理措施，使两者之间有较大摩擦系数。从增殖对象生物和礁体生态效应角度考虑，如果要产生的相当规模的背涡流，在礁周围还要有比较复杂多变的流态，礁体的结构就要相对复杂；另外还需要针对主要经济性恋礁鱼类的生活习性，考虑有充分的洞穴、较大的内部空间和阴影面积，又要有相当数量的平面。

综合考虑以上因素，为了达到诱集和增殖感礁性和恋礁性鱼类的目的，设计了米字型和回字型人工鱼礁单体，见图 3-3。两型人工鱼礁尺度大小相同，内部空间结构有所差异，镂空大小不同，适合不同个体大小和体型的鱼类栖息。米字形鱼礁的特点为有效空间大、通透性好、上升流和背涡流影响范围大，主要针对感礁性鱼类而设计，适合投放于岛屿之间；回字型鱼礁的特点是自重大稳定性好、内部空穴和平台等复杂结构可以吻合恋礁性鱼类的行为特点，大量表面积能有效增加附着生物的种类和数量，从而营造饵料场，适合投放于岛礁周边。

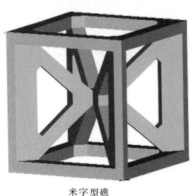
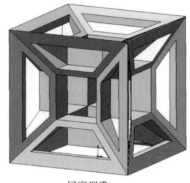

米字型礁　　　　　　　　　　　回字型礁

图 3-3　岛礁海域鱼类资源恢复典型用礁类型

（二）礁体稳定性

鱼礁建设海域近岸多为粉沙质黏土及黏土质粉沙，年盛行南风，波浪属于浅水风浪、平均波高 1.55 m、波高最大值 5.45 m，流速大多在 1.5 节（1 节＝1n mile/h≈0.514 4 m/s）左右，岛屿附近为往复流。根据海况特点，以水深 20 m、波高 1.55 m、周期 6s 作为年平均海况计算礁体稳定性。以回字型鱼礁为例，尺寸为 3 m×3 m×3 m，中间方形孔洞尺寸为 1 m×1 m，重 18.067 t，实体体积为 7.427 m³，表 3-2 为不同冲角时礁体迎流面积。

表 3-2　不同冲角时礁体迎流面积

回字型礁体	0°迎流	30°迎流	45°迎流
迎流面积（m²）	8.01	11.9	11.66
翻转中心距中心水平距离 l（m）	1.5	2.05	2.12
流体作用力的作用高度 h_0（m）	1.5	1.5	1.5

1. 礁体与海底间的最大静摩擦系数

根据礁体摩擦力的实验结果，总体趋势为：随着泥沙粒径的增大，礁体的最大静摩擦系数下降（表 3-3）。

表 3-3　在饱和含水率情况下礁体最大静摩擦系数

底质	粒径范围（mm）	最大静摩擦系数值
粉沙黏土	＜0.063	0.886
细沙	0.063～0.2	0.692
中沙	0.2～0.5	0.642
粗沙	0.5～2	0.603
砾石	＞2	0.501

回字型人工鱼礁的开口比为 0.47，略大于摩擦力模型实验中的最大值 0.44；现场海域底质表层为黏土层，而实验中的粉沙黏土底质时的礁体最大静摩擦力系数约为 1.0。进行稳定性校核时选取最大静摩擦力系数为 0.5，因此校核安全系数近似为 2，考虑到开口比增大时，最大静摩擦力系数呈上升趋势，因此，回字型鱼礁投放于该海域的安全系数是可以保证的。

2. 礁体的最大水阻力

根据实物礁体的通透开口比和投影开口比等设计参数，选取相应冲角下的水阻力系数，估算礁体水阻力，结果如表 3-4 所示。

表 3-4　礁体水阻力系数

礁体类型	迎流冲角	投影开口比	通透开口比	阻力系数值
回字型鱼礁	0°		0.111 1	1.22
	30°	0.466 7	0.032 5	1.31
	45°		0.081 7	1.38

运用日本学者中村充对人工鱼礁在波浪和潮流共同作用下的流速及作用力大小的研究结论，求出在不同冲角情况下礁体所受的最大作用力，结果如表 3-5 所示。可以看出，水作用力也呈现随着流速的增大而增大的趋势，在冲角为 30° 时作用力最大。

表 3-5　不同流速下的礁体最大受力

海况	迎流冲角	不同流速下最大受力（N）				
		0.51 m/s	1.03 m/s	1.54 m/s	2.06 m/s	2.57 m/s
年平均海况	0°	5 398	11 010	19 472	30 668	44 555
	30°	7 648	17 279	31 419	49 980	72 934
	45°	7 458	16 772	30 464	48 441	70 675

3. 抗漂移稳定性校核

要使礁体在水流冲击下不发生移动即礁体不漂移，就要求礁体与海底接触面之间的静摩擦力大于水流作用力。静摩擦力与最大水流作用力 F_{max} 比值称为抗漂移系数 S1，该数值必须大于 1，才能保证礁体不发生漂移。安全性校核计算公式为 $S1 = W \times \mu (1-\rho/\sigma)/F_{max}$，其中 μ 为鱼礁与底质摩擦系数，W 为鱼礁重量，ρ 为海水密度，σ 为单位体积混凝土重量。

从表 3-6 中可以看出，回字型礁体在流速范围为 0.51～2.57 m/s 下，抗漂移安全系数全部大于 1，当流速以约 0.5 m/s 递增时，礁体抗漂移安全系数随之降低。根据礁体的抗漂移安全系数计算结果，礁体的危险冲角是 45°，即礁体在 45°迎流时的抗漂移安全系数最低。

表 3-6　不同流速下礁体抗漂移安全系数

海况	迎流冲角	不同流速下安全系数				
		0.51m/s	1.03m/s	1.54m/s	2.06m/s	2.57m/s
年平均海况	0°	14.26	6.99	3.95	2.51	1.73
	30°	10.06	4.45	2.45	1.54	1.06
	45°	10.32	4.59	2.53	1.59	1.09

4. 抗翻转稳定性校核

要保持礁体在波流作用下不翻滚，就要求礁体的重力和浮力之合力矩 $M1$ 大于波流最大作用力矩 $M2$，$M1$ 与 $M2$ 的比值为抗翻转系数 $S2$，该数值必须大于 1，才能保证礁体不发生翻转，安全校核计算公式为 $S2 = M1/M2 = [W(1-\rho/\sigma) \times Lw] / (F_{max} \times h_0)$，其中 Lw 为鱼礁翻转中心到重心的水平距离，h_0 为流体作用力的高度。计算不同流速下的礁体抗翻转安全系数如表 3-7 所示。

表 3-7　不同流速下礁体抗翻转安全系数

海况	迎流冲角	不同流速下安全系数				
		0.51m/s	1.03m/s	1.54m/s	2.06m/s	2.57m/s
年平均海况	0°	18.98	9.31	5.26	3.34	2.30
	30°	18.93	8.38	4.61	2.90	1.99
	45°	18.77	8.35	4.60	2.89	1.98

回字型鱼礁的抗翻转安全系数在流速范围为 0.51～2.57 m/s 时均大于 1，当流速以大约 0.5 m/s 递增时，礁体抗翻转系数随之降低。在同一流速条件下，礁体抗翻转系数随着海况条件的恶劣而降低，根据礁体抗翻转安全系数的计算结果，礁体的翻转危险冲角是 30°，即礁体在 30°迎流时的抗翻转安全系数最低。

5. 稳定性计算结果

在年平均海况条件下，当流速取最大值 $u_0 = 2.57$ m/s 时计算得礁体最大受力为 72 934N，抗漂移系数 $S1 = 1.06$，抗翻转系数 $S2 = 1.98$。稳定性计算结果表明，礁体能够满足浙江嵊泗海域的年平均海况条件下的稳定性条件，适宜投放。当海况条件较为恶劣时，尤其台风经过期间流速大于 5 节时，礁体的主要失稳方式是漂移失稳，且危险迎流角度为 30°～45°冲角。在实际礁区布置中，为避免礁体失稳，应将礁体布置成正面与常流向夹角为 90°（即 0°冲角），同时将礁体按排或按列布置。在恶劣海况下，外围礁体抗漂移安全系数小于 1，会出现漂移现象，但随着礁体间距的减小，内部礁体抗漂移安全系数会继续上升，直至达到安全的范围。回字型鱼礁与米字型鱼礁能够满足建设海域的年平均海况条件，满足礁体稳定性条件，故而适宜在马鞍列岛海域投放。

（三）配置组合

岩石生境补强型人工鱼礁投放时，需达到延伸岛礁基架进而拓展岛礁边岩石生境作用，并从而为藻类提供附着基质，达到聚集鱼类，并为其提供良好栖息地的作用目的。岛礁边人工鱼礁设置位于岩石生境和泥相生境的过渡带并偏向岛礁一侧，岛礁边投放鱼礁采用回字型混凝土人工鱼礁单体。由于回字型鱼礁的完全对称框架和向内倾斜的导流结构，以及自重大，其抗滑移和抗翻滚等稳定性很高，因此其能适应于岛礁边坡度较大、波浪冲击强的环境特点。为了进一步增强其稳定性，回字型鱼礁在岛礁边采用多排并列的紧密排列组合方式，鱼礁之间的间隔距离小于一个鱼礁的边长，提高了此处鱼礁的整体性和规模化，以达到原有沿岸岩礁生境补强和拓展的目标。

增强岛屿之间协同效应的人工鱼礁投放时，需要分别考虑鱼礁个体之间、单位鱼礁之间，以及单位鱼礁与岛屿之间这三种情况下均能产生协同效应为度量，从而实现在丰富岛屿间局地生境类型（原有的泥地生境中增加岩石底质）的同时，使得在两个或多个岛屿范围内形成一个能相互影响的整体，并提高其协同效率的鱼礁建设目标，最终提高岛礁海域对岩礁性渔业资源的增殖与养护效能。具体配置组合方式是以两个岛屿间之间的中点为圆心、以该两个岛屿之间的 1/3 距离为直径划定的圆形区域内，建设若干个单位鱼礁（由一定数量的人工鱼礁单体组成），任意一组单位鱼礁按内部间距 1～2 倍鱼礁边长、以九宫格插空四角和中心位置的形式组成，单位鱼礁之间的布局方法同上。此类人工鱼礁投放需注意对原有泥地生境的破坏控制在最低程度。

四、东库山和三横山海域人工鱼礁建设

东库山和三横山海域的人工鱼礁建设区位于嵊泗县马鞍列岛海域西北，分属于二期项目，分别于 2004—2005 年和 2008 年建设完成。为了实现通过投放人工鱼礁以改善栖息环境、增加岩礁鱼类和底栖生物的目标，选取了马鞍列岛海域中的东库山-求子山海域和三横山海域为建设地点，二期建设共投放钢筋混凝土鱼礁单体 963 个，形成单位鱼礁 22 座、2 个人工鱼礁区，礁区面积 470hm² （4.7 km²）。

（一）东库山-求子山岛间区人工鱼礁工程

1. 投礁海域概况

东库山和求子山之间的海域水深 10～30 m，底质以泥沙为主，常年水温8.7～29.4 ℃、

盐度 26.0～33.6；年平均海水 pH 为 8.1，透明度较高，春、秋季真光层分别可达 7.78 m 和 3.21 m；水质条件良好，大多数指标均符合国家一、二类水质标准。潮汐和潮流均为正规半日潮，流速大多在 1.5 节左右。该海域浮游生物量及底栖生物量高，鱼类等生物资源丰富，历史上曾是我国海洋渔业产量最高海域之一，每年冬季渔汛期都有大量经济鱼类洄游经过，是大黄鱼、小黄鱼、带鱼、墨鱼四大经济鱼类的主要作业区之一；众多岛礁周围海域还盛产石斑鱼、真鲷、褐菖鲉等多种岩礁性经济鱼类，同时又是多种鱼虾蟹类和洄游性鱼类如蛇鲻、海鳗、银鲳、皮氏叫姑鱼、三疣梭子蟹、中华管鞭虾和鲐鲹等的栖息和利用场所。

2. 礁体类型

东库山-求子山海域的人工鱼礁单体为米字型鱼礁，规格为 3 m×3 m×3 m，钢筋混凝土浇筑，自重约 12 t。共投放人工鱼礁单体 641 个，计 17 307 空方。

3. 礁体配置

该区域的人工鱼礁建设配置了 5 个类型的单位鱼礁，分别由不同数量的米字型鱼礁单体组成。

A 型单位鱼礁：由 5 个组合体的共 45 个鱼礁单体组成，每个组合体为 9 个鱼礁单体按 3×3 排列，组合体内的单体之间保持 2～3 m 间距，如图 3-4 所示。A 型单位鱼礁投放于 10 m 以内水深区。

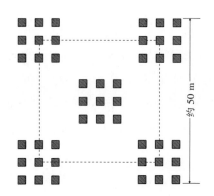

图 3-4 A 型单位鱼礁配置

B 型单位鱼礁：礁体配置比 A 型单位鱼礁少一个组合体，即由 4 个组合体的共 36 个鱼礁单体组成，组合体内的鱼礁配置与 A 型单位鱼礁完全相同，如图 3-5 所示。B 型单位鱼礁投放于 10～20 m 水深泥沙地质区。

C 型单位鱼礁：由 36 个鱼礁单体按 6×6 排列在边长约 40 m 的正方形内，单体之间保持 2～4 m 的间距，如图 3-6 所示。C 型单位鱼礁投放于 10～20 m 水深泥地区。

D 型单位鱼礁：由 74 个鱼礁单体，分两层自然堆放而成，底层 50 个堆放于直径约 35 m 的圆形区域内，其上再投放 24 个，如图 3-7 所示。D 型单位鱼礁投放于 20～30 m 水深的硬泥海底区。

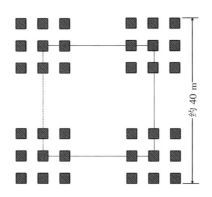

图 3-5 B 型单位鱼礁配置

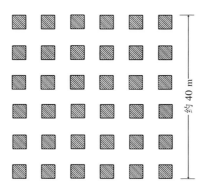

图 3-6 C 型单位鱼礁配置

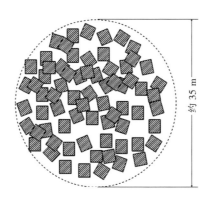

图 3-7 D 型单位鱼礁配置

E 型单位鱼礁：由 4 个组合体的共 80 个鱼礁单体组成，每个组合体为 20 个鱼礁单体分两层码放，底层 16 个单体按 4×4 排列、单体间距控制在 1 m 左右，上层 4 个单体均匀分布，如图 3-8 所示。E 型单位鱼礁投放于 20～30 m 水深平坦区。

以上 5 种类型单位鱼礁及其组合体和鱼礁单体的数量配置、空方规模等统计如表 3-8，它们在东库山-求子山海域的投放位置和投放时间如图 3-9 所示，共构成 13 个单位鱼礁，形成礁区面积 330 hm² （3.3 km²）。

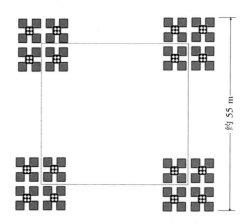

图 3-8　E 型单位鱼礁配置

表 3-8　东库山-求子山海域 5 类型单位鱼礁的配置

单位鱼礁 类型	单位鱼礁 数量	组合体 数量	组合体的 礁体数量	单位鱼礁的 礁体数量	鱼礁单 体数小计	空方数 小计
A	1	5	9	45	45	1 215
B	4	4	9	36	144	3 888
C	4	1	36	36	144	3 888
D	2	1	74	74	148	3 996
E	2	4	20	80	160	4 320
合计	13	15	148	271	641	17 307

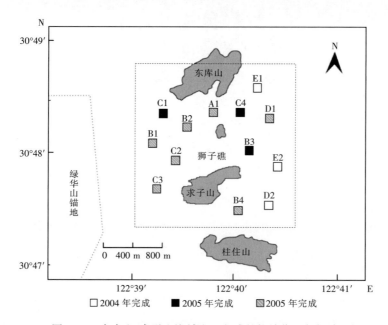

图 3-9　东库山-求子山海域人工鱼礁的投放位置与投放时间

(二) 三横山岛边区人工鱼礁工程

1. 投礁海域概况

马鞍列岛海域的三横山包括了上三横和下三横两个小岛，处于沿岸水系与外洋海水的交汇处，水色略浑泛青黄，钩虾等饵料生物量大，附近天然暗礁众多，恋礁性鱼类丰富，生物资源产出条件十分优越。区域水深变化较大，在 $10\sim35$ m 之间；小岛四周海底相对平坦，大潮底层最大流速在 1.0 m/s 以下、平均流速约 0.4 m/s，流速相对平缓，但二岛之间有沟槽且流速较大。

2. 礁体类型

三横山海域人工鱼礁单体为米字型鱼礁和回字型鱼礁两种，规格都是 3 m $\times 3$ m $\times$ 3 m，钢筋混凝土浇筑，自重分别约为 12 t 和 13.5 t。总共投放这两种人工鱼礁单体 342 个，计 $9\ 234$ 空方。

3. 礁体配置

三横山海域的人工鱼礁建设配置了 5 个类型的单位鱼礁，分别由不同数量的米字型鱼礁和回字型鱼礁的单体组成。其中，BH 型和 CH 型单位鱼礁的配置方式分别与东库山–求子山海域的 B 型和 C 型相同，但礁型采用了回字型鱼礁；另外 3 类的 F 型、G 型和 LH 型单位鱼礁配置如下：

F 型单位鱼礁：由两种组合体共 30 个米字型鱼礁单体构成，排列在边长为 45 m 的正方形区域内；正方形 4 个角分布着由 6 个鱼礁单体组成的直角三角形组合体，正方形中心为矩形组合体，各组合体内的单礁间距为 3 m，如图 $3-10$ 所示。F 型单位鱼礁投放于 $10\sim20$ m 水深区。

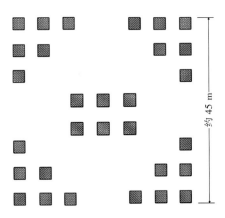

图 $3-10$　F 型单位鱼礁配置

G 型单位鱼礁：由 5 个组合体共 20 个米字型鱼礁单体构成，每个组合体由 4 个单体按 2×2 排列，组合体边长不超过 9 m，其内部单体之间保持约 3 m 的间距，如图 $3-11$ 所示。G 型单位鱼礁投放于 $20\sim30$ m 水深区。

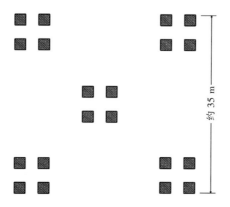

图 3-11　G 型单位鱼礁配置

L 型单位鱼礁：也称排礁，由 2 列并排的共 92 个鱼礁单体构成，每列 46 个鱼礁。其中一列由 20 个回字型鱼礁居中，两侧各 13 个米字型鱼礁组成，另一列全部由米字型鱼礁组成，所有鱼礁单体之间尽量密集以增加稳定性，如图 3-12 所示。L 型单位鱼礁投放于岛礁边 10 m 以内的岩石-泥沙地过渡带，其中回字型鱼礁一列近岸布设，主要起岩石生境补强与拓展的作用。

图 3-12　L 型单位鱼礁配置

三横山海域人工鱼礁建设的各单位鱼礁配置如表 3-9 所示，共投放米字型鱼礁 250 个、回字型鱼礁 92 个，投放位置和布局如图 3-13 所示，2008 年 4—5 月完成了工程建设。该区域的鱼礁布局充分考虑了潮流主轴方向为东南-西北的特点，使鱼礁迎流面积尽量最大化。同时还考虑到该区域水深差异较大，采用了较多的单位鱼礁组合；为提高鱼礁单体之间的协同作用，F 型和 G 型单位鱼礁放大了内部的礁体间距。在下三横山西侧，则沿天然岛礁的岸线走势的 10 等深线附近设计了 L 型单位鱼礁，使这些并列排放的人工鱼礁成为岛礁基架在水深方向上的自然延伸，从而补强和拓展该局部海域的岩石生境，可在原潮下带岩礁生境的基础上，扩大 500% 以上的岩相生境。

表 3-9　三横山海域 7 类型单位鱼礁的配置

单位鱼礁类型	单位鱼礁数量	组合体数量	组合体的礁体数量	单位鱼礁的礁体数量	鱼礁单体数小计	空方数小计
B	2	1	36	36	72	1 944
BH	1	1	36	36	36	972
C	1	4	9	36	36	972
CH	1	4	9	36	36	972
F	1	5	6	30	30	810

(续)

单位鱼礁 类型	单位鱼礁 数量	组合 体数量	组合体的 礁体数量	单位鱼礁的 礁体数量	鱼礁单体 数小计	空方数 小计
G	2	5	4	20	40	1 080
L	1	1	92	92	92	2 484
合计	10	22	192	286	342	9 234

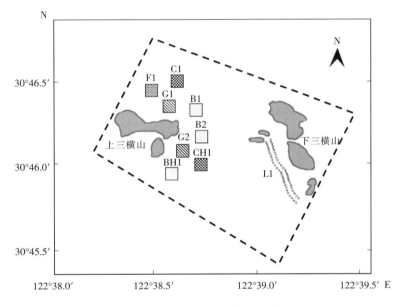

图 3-13　三横山人工鱼礁建设区域和配置

（三）建设效果

嵊泗县马鞍列岛海域自 2004 年开始人工鱼礁建设，当年就初见成效。在该海域从业的渔民普遍反映渔业捕获量明显上升，并且之后连续几年保持稳定，渔获物质量也大大提高。人工鱼礁海域的水下摄影画面显示，礁体上的附着生物量非常大，还长出了海百合等植物，以及出现了大量的马粪海胆等植食性动物，褐菖鲉等经济种在鱼礁周围频繁穿梭。这些现象都充分说明鱼礁区的生物多样性与生物量总体上都有了非常大的改观，马鞍列岛海域建设人工鱼礁的效果是可喜的。

2009 年 7 月底，利用 C3D 侧扫成像和测深系统对投放在三横山海域的人工鱼礁进行了声学探测及潜水员水下实地观察。结果显示，单位鱼礁和鱼礁群都保持了较好的完整性，如图 3-14 所示；礁体下陷和掩埋程度很小（约 10 cm），且鱼礁的实际分布状态与设计方案吻合较好，未出现滑移和倾覆现象。

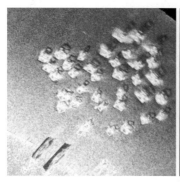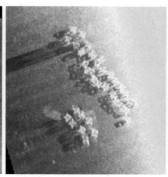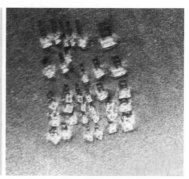

图 3-14　三横山人工鱼礁 C3D 侧扫成像结果

为了进一步评估东库山和三横山海域的人工鱼礁建设效果，我们在本底调查的基础上，开展了对这两个鱼礁区和各自对照区的多次跟踪调查，调查方法包括拖网、刺网、潜水观测等；通过对鱼礁建设前后，以及同步对照区的渔获物等样品的对比，分析人工鱼礁投放后的礁体生物附着生长、生境结构和渔业资源变化等生态效果。

1. 增加了饵料生物

2009 年 7 月和 9 月对建成一年多的三横山人工鱼礁的附着生物进行了 2 次潜水采样调查，结果显示，礁体上均有大量附着生物生长，覆盖率高达 100%，而在附着生物的种类和密集方面存在一定差异。7 月采集的样品中包括甲虫螺、脉红螺、黄口荔枝螺和日本笠藤壶等共 15 个种类，总生物量为 5 272.8g/m²，总丰度为每平方米 1 650 个；优势种为黄口荔枝螺、海百合、甲虫螺、带偏顶蛤、红带织纹螺和哈氏刻肋海胆，它们的合计个体数量占到了 90.7%，其中黄口荔枝螺为 39.4%。9 月采集的样品中包括甲虫螺、长牡蛎、红巨藤壶和黄口荔枝螺等 13 个种类，总生物量为 5 559.2g/m²，总丰度高达每平方米 8 467 个，其中带偏顶蛤和红巨藤壶的合计个体数量占 96.2%，两者中的红巨藤壶达 57.1%，为绝对优势种。对鱼礁区的鱼类胃含物分析表明，除带偏顶蛤等少有被鱼类摄食外，与海葵、藤壶等鱼礁附着生物共栖的沙蚕、四齿矶蟹和日本岩瓷蟹等都是礁区鱼类的重要饵料生物。三横山人工鱼礁的附着生物种类多、生物量大，它们作为食物链的低营养级生物，在鱼礁区的能流传递中发挥着重要的作用。

2. 改善了生境结构

人工鱼礁作为岛礁生境的延续与补充，改善了海域局部的生境结构，并通过生物种类和生物量等资源信息而体现。以 2007 年 5 月至 2009 年 12 月的三横山海域渔业资源调查为例，原属泥地生境的三横山人工鱼礁区，投礁前与对照区的种类相似度为 0.4，如图 3-15 所示；但投礁后带来的硬石相特质使得该生境渐变趋于岩礁类型，因此两者相似度下降到 0.2 以下，之后虽有波动，但整体上是趋于下降的，即鱼礁区的生物种类组成和对照区趋于渐行渐远。

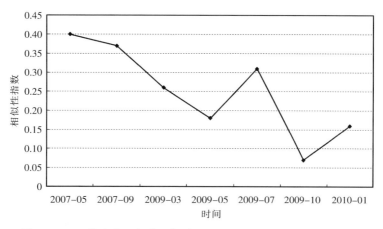

图 3-15　三横山人工鱼礁区与对照区（泥地）的种类相似性指数

　　基于 2009 年 1—12 月三横山鱼礁和邻近的鳗头山泥地（投礁前类似生境）、鳗头山岩礁三种生境的同步逐月调查数据，对鱼类等生物聚类分析的结果显示，所有的鱼类和大型无脊椎动物可以划分为 2 个群落，一个由泥地生物单独构成，另一个则由鱼礁和岩礁生境的生物共同构成，如图 3-16 所示。进一步地，鱼礁生境与岩礁生境的群落结构较为相似，多数月份都显著区别于泥地生境；在建成的鱼礁区，一些喜好泥地生活的种类如黑鮟鱇等不再或很少出现，却增加了褐菖鲉、大泷六线鱼等 15 个岩礁生境特有种。这说明鱼礁区生境已经逐渐从原来的泥地类型中脱离出来，但是，其优势种中仍保留了短吻舌鳎和鲬等泥地生境特有种类。因此，人工鱼礁并没有彻底消除原来的泥地类型，它对泥地的改造是温和的，是丰富了原有的生境结构，为鱼类等生物资源提供了更广泛的栖息环境。

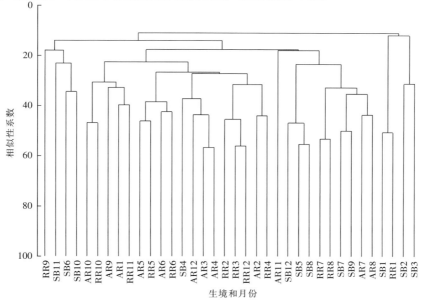

图 3-16　三横山海域三个生境 2009 年各月 Bray-Curtis 聚类分析

AR 为鱼礁生境，SB 为泥地生境，RR 为岩礁生境，数字代表月份

3. 提高了资源产出

东库山和三横山两个人工鱼礁区和各自对照区的渔业资源 CPUE 在鱼礁投放前后的结果如图 3-17 所示。其中东库山海域在人工鱼礁投放前，鱼礁区和对照区相差不多，在投礁初期效果也不明显；鱼礁区建成后数月即 2005 年 8 月，人工鱼礁区的渔业资源 CPUE 增加效果开始显现，至秋季 11 月，CPUE 进一步增加，超过了同期对照区 15 倍之多。三横山海域的情况也是如此，投礁前，三横山鱼礁区的 CPUE 为 29 kg/（hp·km²），投礁 1 年后的平均值上升到 250kg/（hp·km²），猛增了 7.6 倍，比同期对照区的 CPUE 增加了近 2 倍。

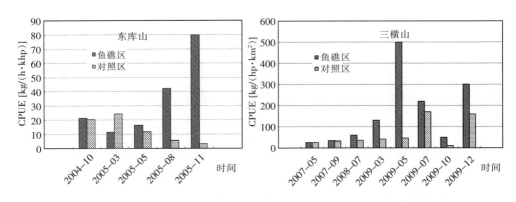

图 3-17　东库山和三横山海域投礁前后的渔业资源 CPUE 变化

另外，从鱼类等生物资源的生物量来看，东库山鱼礁区在投礁前仅为 0.133g/m³，小于同期对照区的 0.162g/m³，投礁初期增长也不明显，而到 2005 年 8 月，其资源生物量比对照区提高了近 4 倍，如表 3-10 所示，到 11 月秋季甚至高达近 30 倍。

表 3-10　东库山海域鱼类等生物资源生物量变化

调查区域	资源生物量（g/m³）				
	2004 年 10 月	2005 年 3 月	2005 年 5 月	2005 年 8 月	2005 年 11 月
鱼礁区	0.133	0.168	0.16	0.601	2.436
对照区	0.162	0.335	0.119	0.122	0.086
鱼礁区/对照区	0.82	0.50	1.34	4.93	28.33

2005 年 11 月份调查现场还发现，东库山人工鱼礁投放区及周围海域聚集了相当多的小型渔船作业，而同时间段在未投放鱼礁的其他类似海域却无作业渔船；我们在东库山鱼礁区和绿华山对照区的采样渔获物种类也呈明显的区别，如图 3-18 所示。

2005 年 4 个季度对东库山海域拖网调查，共检出生物种类 102 种（包括 4 个未定种），其中鱼礁区的种类数组成在投礁前比对照区多 5 种，投礁初期反而比对照区少 1 种，而进入 5 月份后，种类数是同期对照区的 2 倍多，如表 3-11 所示。

图 3-18　东库山海域鱼礁区（左）和对照区（右）2005 年 11 月采样渔获物

表 3-11　东库山海域拖网调查生物种类数变化

调查区域	生物种类（种）				
	2004 年 10 月	2005 年 3 月	2005 年 5 月	2005 年 8 月	2005 年 11 月
鱼礁区	24	24	43	38	38
对照区	19	25	21	13	16

对三横山海域 2007—2010 年的拖网调查发现，三横山鱼礁区在投礁前出现生物 40 种，其中鱼类 17 种；在投礁后出现生物 56 种，其中鱼类 27 种，新增鱼类至少 10 种。对照区的种类数在同期间并没有大的变化，都是 37 种，其中鱼类在 15 种左右，如表 3-12 所示。由表可知，投礁前二区的生物种类数十分接近，而投礁后鱼礁区的生物种类数比对照区多出 19 种，其中鱼类多出 11 种，是投礁前多出 2 种的 5.5 倍。

表 3-12　三横山鱼礁区和对照区各个大类生物组成

大类名称	鱼礁区种类数量组成（种）			对照区种类数量组成（种）		
	投礁前	投礁后	共有种	投礁前	投礁后	共有种
鱼类	17	27	15	15	16	12
节肢类	15	20	11	13	17	11
软体类	7	8	5	7	7	6
棘皮类	1	1	1	2	1	1
总计	40	56	32	37	37	30

三横山鱼礁区在 2008 年 5 月完成投礁后种类增长十分明显，新增的种类主要是趋礁和洄游性鱼类以及小型虾类，如褐菖鲉、大泷六线鱼和横带髭鲷等岩礁性鱼类，刺鲳、刀鲚、带鱼、绿鳍鱼、鲍和棘头梅童鱼等洄游性鱼类，以及中国毛虾、细螯虾、鞭腕虾和日本鼓虾等小型虾类。总种类数增加的同时，也有部分种类如黑鮟鱇等喜好泥地生境

或急流的种类的数量有所减少。

同时考虑种类数和生物量的情况下，对三横山海域的拖网调查数据运用 Margalef 丰富度指数来解释其种类多样性水平，图 3-19 所示。鱼礁投放前后，三横山鱼礁区的种类丰富度发生了明显变化，投礁前平均丰富度指数为 2.889，稍高于对照区的 2.850；而投礁后鱼礁区丰富度指数明显上升，平均值为 3.634，而对照区还是维持在 2.822，远低于鱼礁区，鱼礁区高出对照的 28.7%，在 2009 年 7 月甚至高出幅度达 34.6%。相对于投礁前的丰富度水平，投礁后鱼礁区的丰富度指数平均值是投礁前的 1.26 倍，种类增长明显。

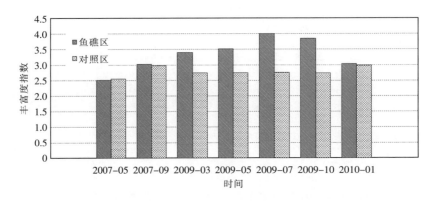

图 3-19 三横山人工鱼礁投放前后鱼礁区和对照区种类丰富度变化

第二节 基于休闲海钓的人工鱼礁建设

海钓或海洋游钓是一种以海洋为载体，通过对自然海域钓鱼行为的亲身体验来获得乐趣、愉悦心情的海洋休闲活动。海钓作为一项高雅的休闲活动和高水平的竞技运动，在西方发达国家已有超百年的发展历史，美国、日本、挪威、芬兰和加拿大等发达国家的海钓产业链非常健全完备。早在 19 世纪初，美国大西洋沿岸地区就出现了专业垂钓俱乐部，在一些海域开展以休闲娱乐为目的的海洋垂钓活动。近年来，海洋垂钓已经成为休闲渔业的一种重要形式，在西方可与高尔夫、骑马、网球三大贵族运动相媲美，成为全球越来越受欢迎的休闲运动。钓鱼人群平民化、爱好者年轻化、赛事设置多样化、活动方式丰富化等正成为现代国际海钓业发展的新特点。美国每年参加海钓人数达 8 000 多万人次，拥有海钓渔船超过 1 500 万艘，年产值达 380 多亿美元，是商业渔业产值的 3 倍。海钓业正逐步与海洋旅游休闲、环保、体育、媒体与渔具生产等产业紧密结合，相互促进。

我国钓鱼业虽然历史悠久，但长期以来淡水湖钓、河钓、池钓等传统方式一直占主导地位，休闲海钓起步相对较晚。海钓作为一个产业，在我国还远未成熟。与国外相比，我国的海钓产业还没有形成一个完整的产业体系，竞争力不强，管理上还存在诸多缺陷。随着国内外海洋渔业的大力发展，以及市场对海洋水产品需求量的日益增多，传统的渔业生产模式对现有的海洋资源和环境造成巨大压力，渔业资源日渐匮乏，生态环境也遭到了不同程度的破坏。因此，调整渔业产业结构，修复受损栖息地并维持渔业资源产出，已成为国内外尤其是沿海国家的重要行动方向。

我国海域辽阔，有海岸线 32 000 km，黄海、东海、南海和渤海等海域都蕴藏着丰富的渔业资源，有众多的天然钓场和钓点，为开展海钓活动奠定了得天独厚的资源条件和地理优势。从 1995 年我国第一家海钓俱乐部成立至今，沿海已相继建立了千余家海钓俱乐部，海钓队伍也不断壮大，已成为我国沿海地区经济发展的一大亮点。海钓业作为集渔业、休闲游钓、旅游观光为一体的产业，与传统的渔业相结合，既能丰富渔业活动形式、扩大渔业发展空间，又能为沿海渔区创造更大的社会和经济效益，因此正处快速发展之中。本节以长江口外海岛礁区域已经完成的海钓型人工鱼礁的实践为对象，将舟山市白沙海钓场建设作为典型，介绍海钓型人工鱼礁建设的理论、方法和效果评估内容。

一、区域的休闲海钓现状

长江口近外海域气候温和，水质肥沃，饵料丰富，适宜多种海洋生物的栖息生长与繁殖，海洋鱼类种类繁多，素有"中国鱼仓"美誉。拥有大大小小岛屿 3 000 多个，是我国岛屿最多的海域之一，其大陆海岸线和海岛岸线长度超过 6 500 km，占全国海岸线总长的 20% 以上。沿海的舟山、宁波、台州、温州等所辖地区，都分布有数量众多的海钓基地和天然钓点，见表 3-13。黑鲷、真鲷、石鲷（条石鲷和斑石鲷）、褐菖鲉、中国花鲈和各类石斑鱼等优质种类吸引着成千上万的海钓爱好者趋之若鹜。

表 3-13　长江口近外海域的主要海钓点及海钓种类

地区		主要基地和钓点	主要海钓种类	备注
舟山	嵊泗	嵊泗列岛	黑鲷、真鲷、石雕、虎头鱼、鲈、石斑鱼等	舟山渔场为世界著名渔场，有"中国渔都"之称
	普陀	东极列岛、白沙岛等		
	岱山	衢山岛、长涂岛等		
宁波	象山	象山港、韭山列岛、大目洋、渔山岛等	鲷科、石首鱼科、石斑科、鲉科等	渔山列岛有"亚洲第一钓场"之称
	北仑	梅山岛		
	宁海	强蛟群岛		
	奉化	桐照渔港、凤凰山岛、悬山岛等		

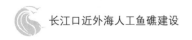

（续）

地区		主要基地和钓点	主要海钓种类	备注
温州	平阳	南麂列岛	黑道、石斑鱼、鲈、黄姑鱼、鲥、黄鲫等	南麂列岛为我国唯一的国家级海洋自然保护区和中国钓鱼协会指定的海钓基地
	苍南	霞关		
	洞头	洞头列岛		
	三门	蛇蟠岛等		
台州	椒江	大陈岛等	石斑鱼、黑鲷、七星鳗、虎头鱼等	大陈岛为国家一级渔港，浙江省第二渔场，浙江省海钓基地
	临海	东矶、头门、大竹屿岛		
	温岭	石塘、三算等		
	玉环	披山、鹿西岛等		

　　近年来，随着海钓业的迅速发展，舟山、象山、洞头和温州等地已建立了相对成熟的海钓基地，并成立了"大洋"海钓俱乐部等专业海钓俱乐部。我国自1993年7月在嵊泗举办全国首次国际性海钓大赛以来，已在舟山白沙岛和象山渔山列岛等海钓胜地举办了多次国内外海钓大赛，见表3-14。这些活动有力地推动了海钓运动的普及，带动了海钓从业人员的增加，让海钓变身为集海岛观光、休闲度假于一体的"海钓经济"，使整个海钓以及衍生的供给链成为一个可持续发展的产业，取得了较好的经济效益和社会效益，推动了区域乃至我国海钓业的发展。据统计，2002年舟山海钓人次达到2万、2004年达到8万、2012年40万，到2015年这个数字达到了60万；按一年每人钓鱼一次，每次消费1000元估计，海钓直接带来的经济收益可达6亿元。

表3-14　近年举办的海钓赛事

活动名称	时间	举办地点	主办方	承办方/协办方	规模
舟山市首届海钓大赛	2004年5月15—17日	白沙	浙江舟山市钓鱼协会	舟山普陀区白沙乡政府和浙江大洋海钓俱乐部	
2005亚细亚国际友好钓鱼大会暨中国·舟山群岛国际海钓邀请赛	2005年9月23日至10月12日	浙江舟山群岛	亚细亚钓鱼联盟、浙江省体育局、舟山市人民政府	舟山市旅游局、舟山市体育局、浙江大洋海钓俱乐部	来自日本、韩国、中国约100名海钓者参赛
中国·舟山群岛国际海钓邀请赛	2008年10月11—14日	舟山市普陀区东福山列岛和嵊泗县浪岗列岛	国家体育总局社体中心、浙江省体育局和舟山市人民政府	普陀区政府、嵊泗县政府、舟山市体育局、舟山市旅游局	韩国、日本和中国15个省份的30支海钓队的120名海钓高手参赛

（续）

活动名称	时间	举办地点	主办方	承办方/协办方	规模
洞头第八届浙闽城市海钓对抗赛	自 2008 年起每年举办	温州洞头	中共洞头区委、洞头区人民政府、温州市体育局、温州市旅游局	浙江省钓鱼协会、洞头区风景与旅游发展委员会	来自浙江、福建两地的 14 支队伍，近 90 名专业选手参赛，另有文化名人、体育明星、知名媒体和游客等参与配套赛事的各项活动
2011 年全国海钓锦标赛	2011 年 5 月 25—26 日	象山渔山岛	国家体育总局社会体育指导中心、中国钓鱼运动协会、浙江省体育局	象山县人民政府、宁波市旅游局、宁波市体育局、浙江省钓鱼协会	
2012 年全国海钓锦标赛（象山站）暨第五届中国·象山国际海钓邀请赛	2012 年 9 月 15—16 日	浙江省宁波市象山县渔山列岛	国家体育总局社会体育指导中心、中国钓鱼运动协会浙江省体育局	象山县人民政府、宁波市旅游局、宁波市体育局、宁波市海洋与渔业局、浙江省钓鱼协会	来自韩国、日本等国家和中国（包括港澳台等地区在内的 21 个省份）的钓鱼队参赛
2013 年"白沙杯"国际海钓精英赛暨全国海钓锦标赛	2013 年 6 月 3 日	白沙岛	国家体育总局社会体育指导中心、中国钓鱼协会主办，舟山市人民政府、浙江省体育局	普陀区人民政府、舟山市体育局、舟山市旅游委、舟山市海洋与渔业局浙江省钓鱼协会、舟山市体育总会承办，白沙乡人民政府、东极镇人民政府、舟山市钓鱼协会、普陀区体育局	
2014 年"嵊山杯"全国海钓锦标赛暨国际矶钓精英邀请赛	2014 年 9 月 27—28 日	浙江嵊泗县嵊山镇	国家体育总局社体中心、浙江省体育局、舟山市人民政府、中国钓鱼运动协会	中国钓鱼运动协会海钓委员会、嵊泗县人民政府、中国体育报业总社大型活动中心、舟山市体育局、舟山市体育总会	国内外 34 支代表队 102 位钓手，在白沙乡里、外洋鞍（A 区）、东极镇东福山（B 区）和东极镇西福山（C 区）海域进行比赛
2015 年"嵊山杯"第六届全国海钓精英赛	2015 年 10 月 23—25 日	浙江嵊泗县嵊山镇	嵊泗县旅游局、嵊山镇人民政府	嵊泗县钓鱼协会、嵊山海钓旅游开发服务有限公司	来自国内外参加比赛的队伍多达 36 个，运动员 108 人

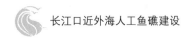

（续）

活动名称	时间	举办地点	主办方	承办方/协办方	规模
2015中国·舟山群岛国际海钓邀请赛	2015年10月31日至11月1日	舟山市普陀区东极岛	浙江省体育竞赛中心、舟山市普陀区人民政府、舟山市体育总局	舟山市普陀区体育总会、舟山市普陀区海钓协会	来自全国各地的23支队伍69名选手参加此次比赛
2015年中国大陈岛国际海钓邀请赛暨全国海钓锦标赛（台州站）	2015年6月10—13日	大陈镇	国家体育总局社会体育指导中心、中国钓鱼运动协会、浙江省体育局	中国钓鱼运动协会竞赛委员会、椒江区人民政府、台州市体育局	来自国内外的26支队伍，共78人参赛
2016年浙江舟山群岛"两岸四地"矶钓精英赛	2016年9月24—25日	东极的东、西福山和白沙的里、外洋鞍海域	浙江省体育竞赛中心、舟山市普陀区人民政府、舟山市体育总会	舟山渔韵海洋文化发展有限公司	来自香港、澳门、台湾、辽宁、上海、广东、浙江等地共36支队伍、108名海钓爱好者参赛
2017首届中国宁波湾海钓（路亚）大赛	2017年9月24—26日	浙江省宁波市奉化区阳光海湾地区	中国交通运输协会邮轮游艇分会及宁波市奉化区人民政府	中国休闲垂钓协会	港澳台及各有关省份26支代表队78名运动员参赛

二、人工鱼礁建设与海钓场的关系

海钓活动的开展有赖于陆地钓点的安全保障和海上钓场的有鱼可钓。海钓活动的组织、人员接待，以及矶钓的道路、标识、栏杆和船钓的许可证、救生设备等基础设施建设和日常维护运作一般都由当地的海钓基地相关职能部门管理。此外，海钓生物的调查评估和资源增殖与养护等，也是海钓基地管理部门的重要工作内容。

海钓场是海钓基地建设的重要组成部分，适宜海钓种类的生物资源量是能否保证海钓活动持续开展的基础和关键。海钓场建设迄今还无十分成熟的经验可供借鉴，亦没有规范性的具体规定作为依据。在美国、日本等渔业发达国家，针对海洋游钓活动有不同程度地通过投放人工鱼礁构件或旧船旧车等废弃物等来诱集鱼类，从而推动海洋游钓的发展。据1993年的统计资料，美国沿海各地投放人工鱼礁多达1 200处，通过鱼礁的鱼类诱集功能提高了可钓捕的渔业资源生物量，吸引了大量的游客和游船从事海钓活动，钓捕的鱼类产量超过150万t，占全美渔业总产的35%以上；更可观的是海钓还带来了旅游收入等，并为120万人提供了就业机会，其社会效益高达500亿美元。2006年5月，美国人还把退役的271 m长航母"奥里斯坎尼"作为一个巨大的人工鱼礁体，沉降到佛罗里达 38n mile 外的水深 65 m 海底，以期对佛罗里达州的海钓、冲浪等水上休闲活动带来积极影响。

在日本，海钓爱好者有 3 000 万人之多，占全国总人口的 20%以上，仅渔具、渔饵的零售额就达 8 亿美元以上；日本通过大规模的人工鱼礁投放结合幼鱼放流增殖等措施，优化了游钓海域的生境结构，增加了生物量和种类多样性，为繁荣海钓产业提供了强大的空间优势和资源优势，使得海钓在日本国内服务业 GDP 中占有重要一席，这其中人工鱼礁功不可没。

从海钓发达国家的实践来看，幼鱼增殖放流和人工鱼礁投放是海钓场建设的主要手段，前者侧重于补充种群数量，后者侧重于改善栖息环境（也是为了更多地增殖），以保障游钓海域全年各时段都有足够数量的海钓种类资源，从而满足垂钓活动的正常开展。这些国家的海钓场建设也是根据当地的实际情况，或是开展人工鱼礁投放，或是开展鱼类幼苗放流，或是双管齐下，目的就是要在进行海钓的区域有更多的鱼类等生物资源可以不断地增殖，使得各类游客到此来有鱼可钓，能够充分享受海钓过程的乐趣。

发达国家的经验表明，在海钓场建设人工鱼礁，对于改善栖息地生态、增殖渔业资源的效果是显而易见的。不仅如此，还能够利用人工鱼礁对鱼类的聚集功能，通过科学合理的鱼礁组合配置，在钓点附近形成较多的鱼类聚集，以提高游客的钓鱼上钩率。日本很多的海上船钓活动就是在具有诱集鱼类功能的特制浮鱼礁周围开展的。

因此，海钓场的人工鱼礁建设，在规划上应充分发挥人工鱼礁的栖息环境改善、资源养护和增殖、鱼类诱集等各种生态功能，并根据当地海钓场产出目标种的趋流性或趋触性、趋光性或喜阴影等行为特点，优化设计不同结构类型和配置组合的人工鱼礁，分布于海钓场不同的地点，以实现在海钓场增殖渔业资源，并在钓点附近形成较高密度的鱼类等海钓生物聚集地的目的。基于上述思想，海钓场建设的人工鱼礁可以设置成 3 类，一是增殖型人工鱼礁，主要设置于开阔地带，起改善海域生态环境和资源增殖的作用；二是聚集型人工鱼礁，主要设置于钓点附近，起聚集鱼类、提高游客海钓效率的作用；三是诱导型人工鱼礁，主要设置于增殖礁和聚集礁之间，起到将增殖的渔业资源引诱疏导至钓点附近，使渔业资源转变为海钓资源的作用。

长江口近外海的常见海钓品种为黑鲷、褐菖鲉、真鲷、条石鲷、三线矶鲈、中国花鲈等岩礁性鱼类，海钓场人工鱼礁特别是钓点附近鱼礁的结构应基于这些鱼种的生活习性，考虑充分的洞穴、较大的内部空间、阴影面积及相当数量的平面，以利于这些鱼类在钓点附近的聚集。礁体的高度按增殖、诱导、聚集等不同功能的要求，并考虑海区水深浅、流速大的特点，一般设计为投放地点水深的 1/10～1/3。但是各个区域乃至同一区域的各个钓点，其海况条件和鱼类等生物资源特点总是有一定差异的，并且它们还会随着不同季节和自身生命史阶段的生理特点，对生境类型会产生选择差异性，因此具体到某个海钓场建设人工鱼礁时，应坚持因地制宜，合理规划海钓的目标，制订切实可行的技术路线，设计适合当地海况和生物的人工鱼礁，并根据各钓点的现状和未来的发展潜力进行建设。

三、白沙岛海域人工鱼礁建设

白沙岛位于长江口近外海域的舟山群岛东端，紧靠洋鞍渔场，北与海天佛国普陀山隔海相望，与洛迦山一水之隔，西与国家级风景旅游区"沙雕故乡"朱家尖相距 2.2 km，是白沙乡的行政所在地。白沙乡由白沙岛、柴山岛两个住人岛和里洋鞍、外洋鞍、石蛋山等 25 个无人岛礁组成，岛上礁石嶙峋、形态各异，是舟山群岛中为数不多的礁石资源比较好的海岛乡之一。岛礁近旁鱼类资源丰富，有经济鱼类 100 多种、虾类 45 种、蟹类 28 种、贝类 28 种、藻类 25 种，是舟山群岛最佳的天然海钓基地，被誉为"钓岛"。白沙海域常年清水日高达 300 d 以上，是离舟山本岛最近的蓝色海洋，是舟山建立海钓、游艇水上活动和休闲渔业的理想基地。借力借势借机发展海钓、海上游、荒岛探险游、渔家体验游、游艇旅游，白沙岛具有得天独厚的区位优势。

(一) 建设思路与建设区

经过多年的建设和经营，白沙岛的海上客运便捷，岛上的住宿餐饮，以及海钓服务中心等配套设施齐全，道路修整良好，各矶钓点的安全护栏牢固完备。基于陆地良好的基础建设现状，白沙海钓场建设的重点放在了人工鱼礁对于海域渔业资源的增殖和诱集方面。

白沙岛周边的海域为非国家特殊海洋功能规划区，因此可以建设人工鱼礁。海域的海底地形相对平坦，底质以礁石、粉沙质黏土和黏土质粉沙为主；水深适宜，流速、风浪适中，全年水温、盐度较稳定，诸多海洋物理要素的特征值范围适宜，因此可在白沙海钓场开展人工鱼礁建设。

白沙岛海钓以矶钓为主，具有海钓点 30 个，全年适宜垂钓风力在 8 级以下，钓捕种类主要有黑鲷、中国花鲈、石斑鱼和褐菖鲉等典型的岩礁性鱼类，如表 3-15 所示，十分适合通过人工鱼礁的合理布设来进行增殖和诱集。

表 3-15 白沙岛各钓点及适钓风力和适钓种类

钓点号	钓点名称	适宜垂钓风向	适宜垂钓风力	适钓鱼类（当地俗称）
1	一粒咀	南、东南风向	7 级以下（含 7 级）	鲷类、鲈、虎头鱼、沙鳗、白果子、黄婆鸡
		西南、东、东北风向	8 级以下（含 8 级）	
2	西极咀	南、东南、西南、东、东北风向	8 级以下（含 8 级）	鲷类、鲈、虎头鱼、沙鳗、白果子、黄婆鸡

（续）

钓点号	钓点名称	适宜垂钓风向	适宜垂钓风力	适钓鱼类（当地俗称）
3	碎礁	南、东南、西南、东、东北风向	8级以下（含8级）	鲷、鲈、虎头鱼、沙鳗、白果子、黄婆鸡
4	铜锂山	南、东南、西南、东、东北风向	8级以下（含8级）	鲷、鲈、虎头鱼、沙鳗、白果子、黄婆鸡
5	小铜锂	南、东南、西南、东、东北风向	8级以下（含8级）	鲷、鲈、虎头鱼、沙鳗、白果子、黄婆鸡
6	老鹰咀	东南、东、东北风向	7级以下（含7级）	鲷、鲈、虎头鱼、沙鳗、白果子、黄婆鸡
		西南、偏北风	小8级以下	
7	长咀里	南、东南、西南	7级以下（含7级）	鲷、鲈、虎头鱼、沙鳗、白果子、美国红鱼、黄婆鸡
		东、东北、偏北风向	小8级以下	
8	里狗头	南、东南、东风	7级以下（含7级）	鲷、鲈、虎头鱼、沙鳗、白果子、黄婆鸡
		东北、西南、偏北风	小8级以下	
9	外狗头	东南、西南、东风、东北、偏北风	7级以下（含7级）	鲷、鲈、虎头鱼、沙鳗、白果子、黄婆鸡
10	黄泥沙下	南、东南、东、东北	7级以下（含7级）	鲷、鲈、虎头鱼、沙鳗、白果子、黄婆鸡
		西北、西南、偏北风	小8级以下	
11	中冲里	南、东南、东、东北	7级以下（含7级）	鲷、鲈、虎头鱼、沙鳗、白果子、美国红鱼、黄婆鸡
		西北、西南、偏北风	小8级以下	
12	海带场	南、东南、东、东北	7级以下（含7级）	鲷、鲈、虎头鱼、沙鳗、白果子、美国红鱼、黄婆鸡
		西北、西南、偏北风	小8级以下	
13	磨盘	南、东南、东、东北	7级以下（含7级）	鲷、鲈、虎头鱼、沙鳗、白果子、美国红鱼、黄婆鸡
		西北、西南、偏北风	小8级以下	
14	石笋	南、东南、东、东北	7级以下（含7级）	鲷、鲈、虎头鱼、沙鳗、白果子、美国红鱼、黄婆鸡
		西北、西南、偏北风	小8级以下	
15	老山咀头	东南、西南、偏北、东、南、东北风向	7级以下（含7级）	鲷、鲈、虎头鱼、沙鳗、白果子、石斑鱼、黄婆鸡
16	鸡笼尾	东南、西南、东风、东北、偏北、南风	7级以下（含7级）	鲷、鲈、虎头鱼、沙鳗、白果子、石斑鱼、黄婆鸡

（续）

钓点号	钓点名称	适宜垂钓风向	适宜垂钓风力	适钓鱼类（当地俗称）
17	鸡笼头	东南、西南、东风、东北、偏北、南风	7 级以下（含 7 级）	鲷、鲈、虎头鱼、沙鳗、白果子、石斑鱼、黄婆鸡
18	小长咀	东南、西南、东风、东北、偏北、南风	7 级以下（含 7 级）	鲷、鲈、虎头鱼、沙鳗、白果子、石斑鱼、黄婆鸡
19	后头尖	东、东北、偏北	7 级以下（含 7 级）	鲷、鲈、虎头鱼、沙鳗、白果子、石斑鱼、黄婆鸡
		西南、南风、东南向	小 8 级以下	
20	仙人礁	西南、南风、东南向	7 级以下（含 7 级）	鲷、鲈、虎头鱼、沙鳗、白果子、石斑鱼、黄婆鸡
21	大水潭	东、东北、偏北	7 级以下（含 7 级）	鲷、鲈、虎头鱼、沙鳗、白果子、石斑鱼、黄婆鸡
		西南、南、西北风向	8 级以下（含 8 级）	
22	后沙头	东、东北、偏北	7 级以下（含 7 级）	鲷、鲈、虎头鱼、沙鳗、白果子、黄婆鸡、石斑鱼
		西南、南、西北风向	8 级以下（含 8 级）	
23	东咀头	东、东北、偏北	7 级以下（含 7 级）	鲷、鲈、虎头鱼、沙鳗、白果子、鲴、黄婆鸡
		西南、南、西北风向	小 8 级以下	
24	水潭平	东、东北、偏北	7 级以下（含 7 级）	鲷、鲈、虎头鱼、沙鳗、白果子、石斑鱼、黄婆鸡
		西南、南、西北风向	8 级以下（含 8 级）	
25	蟹礁	西南、南、东、东南东北、偏北风向	7 级以下（含 7 级）	鲷类、鲈、虎头鱼、沙鳗、白果子、石斑鱼、黄婆鸡
26	蛋头	西南、南、西北、偏北风向	7 级以下（含 7 级）	鲷、鲈、虎头鱼、沙鳗、白果子、石斑鱼、黄婆鸡
27	蛋后	西南、南、西北风向	7 级以下（含 7 级）	鲷、鲈、虎头鱼、沙鳗、白果子、石斑鱼、黄婆鸡
28	蛋前	西南、南、西北、东南、东北风向、东风	8 级以下（含 8 级）	鲷、虎头鱼、沙鳗、白果子、石斑鱼、黄婆鸡
29	蛋尾	西南、南、西北、东南风向	7 级以下（含 7 级）	鲷、鲈、虎头鱼、沙鳗、白果子、石斑鱼、黄婆鸡
30	东极咀	西南、南、西北、东南、偏北、东风向	7 级以下（含 7 级）	鲷、鲈、虎头鱼、沙鳗、白果子、石斑鱼、黄婆鸡

注：1. 以上钓场 4 月中旬至 10 月除台风和低压影响外，符合上述风力、风向条件的都可以垂钓。11 月至次年 4 月上旬小潮汛除冷空气低压外，农历初八至十三、二十三至二十八都可以垂钓，但对象鱼以鲷类、黄婆鸡和沙鳗为主。

2. 白沙岛大众钓场 4 月中旬至 10 月 200 天，其中 7 级（包括 7 级）风力以下达 90d，以东风、东南风、南风、西南风和东北风为主；7～8 级（包括小 8 级）风达 50d，以东风、东南风、南风和东北风为主；8 级（包括 8 级）风力以上 60d（包括台风影响），以东南风、南风、西南风、东北风和偏北风为主。其余 165d，其中 7 级风力以下达 40d，以东南风、偏南风和西南风为主；7～8 级风达 45d，以偏东风、东北风和偏北风为主；8 级风力以上达 80d（包括冷空气和低压影响），以偏西风、西北风、东北风和偏北风为主。

根据白沙岛的岸线特征和矶钓站点分布情况，将白沙岛周边海域划分为 8 个区块，分别命名为 1~8 号区，如图 3-20 所示。整体而言，白沙岛的东侧和南侧更加靠近洋鞍渔场，渔业资源种类和数量多，钓点分布也相对密集，海水透明度要明显大于西侧。根据海钓场的建设思路和人工鱼礁的建设要求，白沙海钓场人工鱼礁建设地址选在 2 号（记为 A 区）、4 号（记为 B 区）和 8 号（记为 C 区）3 个区。其中 A 区有一级钓点 4 个、二级钓点 3 个，B 区有一级钓点 2 个、二级钓点 2 个、三级钓点 1 个，C 区有一级钓点 1 个、二级钓点 4 个、三级钓点 1 个；3 个区一共有钓点 18 个，即白沙海钓场通过人工鱼礁建设，可以覆盖或辐射到该海钓场 60% 的钓点数。

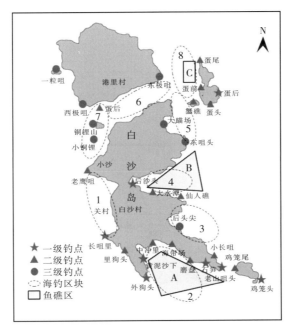

图 3-20 白沙岛周边矶钓点分布与人工鱼礁建设区

在选定的 3 个人工鱼礁建设区中，A 区呈不规则梯形状，上底长约 250 m、下底长约 750 m、平均高约 750 m，面积约 20 万 m²，水深 13~15 m，离岸 10 m 左右一带地形复杂、坡度较陡，10 m 开外则海底地形较为平缓、坡度变化不明显；湾口中点至湾顶（最大距离）约 600 m，推算平均坡度小于 1°，局部最大坡度为 3°~4°。B 呈三角形，底长约 700 m、高约 700 m，面积 24.5 万 m²，水深 7~15 m，湾顶向湾口方向变化较大，湾内侧海底地形复杂，坡度变化大，局部最大达 13.2°；湾外侧海底相对平坦，坡度变化较小，平均约 0.62°。A、B 二区的海底地形示意图模拟如图 3-21。C 区呈长方形，长约 350 m、宽约 150 m，面积 5.25 万 m²，3 区总面积近 50 万 m²。

鱼礁建设海域不同水深区的流速流向矢量图如图 3-22 所示，15 m 以深局部流速较大超过 2 m/s，其余总体上并无显著差异，鱼礁投放点应该尽量避开。在水深 2~10 m 区间，与流速与水深呈较好的负相关，如图 3-23 所示。

此外，以 A 区为样本进行了 8h 的定点连续观测，每隔 5 min 记录 1 次流速。结果显示，该区平均流速仅 15.5 cm/s，最大流速为 28.05 cm/s，最小流速为 5.55 cm/s，涨落潮的流速变化范围并不很大，适合鱼礁投放，如图 3-24 所示。

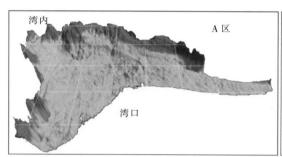
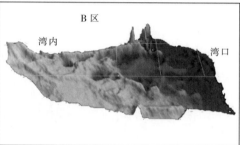

图 3-21　白沙海钓场人工鱼礁建设区海底地形示意

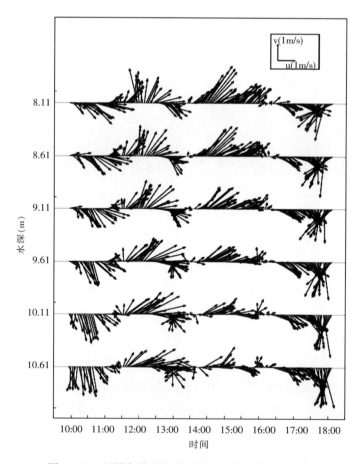

图 3-22　不同水深区的流速流向随时间分布矢量图

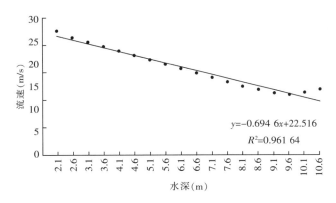

图 3 - 23　流速随水深的变化

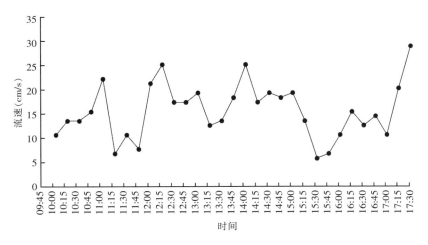

图 3 - 24　A 区流速随时间的变化

（二）礁体结构与配置

1. 礁体类型与功能

根据白沙海钓场人工鱼礁建设区的海底坡度分布差异大、所在海域初级生产力高的特点，考虑当地主要海钓种类为黑鲷、真鲷和褐菖鲉等岩礁性种类的生物习性，从鱼礁建设需要具备的增殖、聚集、诱导等功能出发，设计了 3 种人工鱼礁类型。

（1）六棱台型聚集礁　钢筋混凝土材质，主要功能为聚集鱼类。底面为正六边形，边长 1.5 m，顶面边长约 1.04 m，高 1.5 m，厚度为 10 cm，单礁空方 6.34 m^3，自重近 2 t，如图 3 - 25 所示。

六棱台鱼礁的侧面共有多达 12 个开面，内部空间较大，顶端设计为平台，能够很好地产生阴影。类似结构的鱼礁在日本近岸海域的使用中，对褐菖鲉、石斑鱼等恋礁性鱼类的聚集十分有效。礁体底部留有一定高度的脚腿，以卡位岛礁边的突变地形、保持礁体稳定；鱼礁整体的重心位于下部，以及底部向四周撑开的结构，有利于增加礁体的抗倾覆性；顶部的平台加斜面开槽的设计，以及即使鱼礁入水后稍有偏斜，其顶部的斜边面也可转变为平面，是为藻类孢子等一些海洋植物种子的有效着落，有利于大型海藻和贝螺类生物的附着与生长，为聚集的鱼类提供适宜的栖息环境和丰富的饵料生物。

图 3-25　六棱台型聚集礁示意

（2）三层塔型增殖礁　等边角钢（63 mm×63 mm×6 mm）材质，主要功能为增殖鱼类等生物资源。底层框架尺寸为 5 m×5 m×1 m，中层框架尺寸为 3 m×3 m×1.2 m，顶层框架尺寸为 1 m×1 m×1.5 m，整体高度 3.7 m，单礁总空方 37.3 m³，总重量约 1.4 t，如图 3-26 所示。

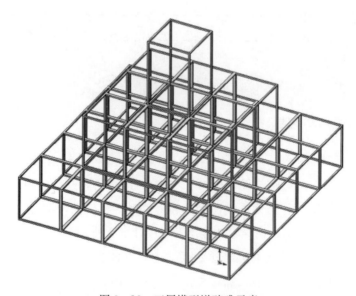

图 3-26　三层塔型增殖礁示意

三层塔型鱼礁的每一层都由底边长 1 m 的正方柱体组成，并通过焊接相连接。在提高鱼礁整体稳定性的基础上，增加了礁体内部的小尺度空间，其纵横较密集的网格状结构，可以产生复杂的湍流和缓流区，有利于形成黑鲷等感礁性鱼类的喜好环境。自下而上每一层正方柱体数量的减少除满足鱼礁稳定性之外，还考虑到能发挥最大的上升流作用；钢制材料的选择是为了有利于铁离子在海水中的析出，以提高藻类附着和海域生产力，实现海钓场渔业资源增殖的目的。

（3）框架型诱导礁 混凝土材质，主要功能为诱导鱼类。规格为 1 m×1 m×1 m，框架棱边为 10 cm×10 cm，单礁空方 1 m³，自重 0.3 t，如图 3-27 所示。

框架型诱导礁的结构较简单但很经典，在日本等国近海广泛使用，布设于增殖礁区和聚集礁区之间，可增加海底类型多样化、改善生境条件，扩大鱼类特别是岩礁性鱼类的栖息地范围；同时，强化增殖礁区和聚集礁区之间的协同效应。

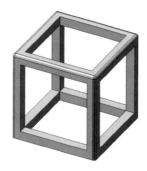

图 3-27 框架型诱导礁示意

2. 功能礁配置组合

白沙海钓场人工鱼礁建设对海域的功能区块进行了规划，分为增殖区、诱导区和聚集区，并据此设计了 3 种组合和 1 类单位鱼礁进行功能礁配置。

Ⅰ型鱼礁组合：由 4 个六棱台型聚集礁单体构成正方形阵，相邻礁体中心点间距 4 m、外围边长约 7 m，总空方数约 25.4 m³，如图 3-28 所示。

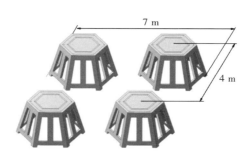

图 3-28 Ⅰ型鱼礁组合示意

Ⅱ型鱼礁组合：由 4 个三层塔型增殖礁单体构成正方形阵，相邻礁体中心之间距离 15 m、外围边长约 20 m，总空方数近 150 m³，如图 3-29 所示。

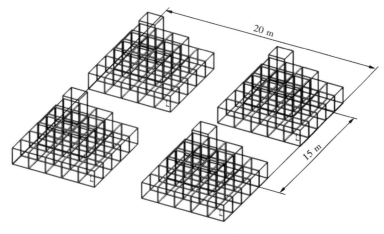

图 3-29 Ⅱ型礁组合示意

Ⅱ型单位鱼礁：由 6 个Ⅱ型鱼礁组合，共 24 个三层塔型增殖礁单体构成等边三角形阵列，相邻两个Ⅱ型鱼礁组合之间的距离为其边长的 2 倍，即 40 m，外围边长约 140 m，总空方数近 900 m³，如图 3 - 30 所示。

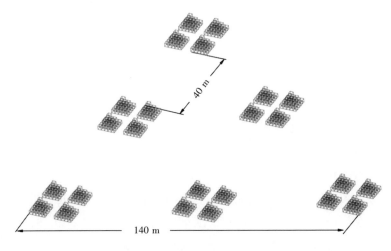

图 3 - 30 Ⅱ型单位鱼礁示意

Ⅲ型鱼礁组合：由 90 个框架型诱导礁单体构成，排成 3 列，每列 30 个，相邻两列之间距离为 2 m，每列中的相邻两礁体紧挨排放，总体形成 30 m×7 m 的条带状鱼礁阵列，总空方数 90 m³，如图 3 - 31 所示。

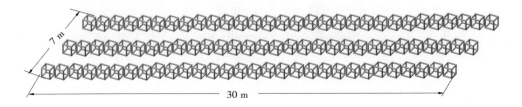

图 3 - 31 Ⅲ型鱼礁组合示意

3. 人工鱼礁区布局与投放

白沙海钓场人工鱼礁布局的思路是：①利用相对开阔的湾中央部，通过设置三层塔型鱼礁产生上升流等流场效应，提高海域初级生产力，增殖补充鱼类等海钓生物资源；②沿海岸线分布的矶钓点毫无疑问是进行海钓的主要场所，通过投放六棱台型鱼礁使得鱼类等海钓生物在此聚集并滞留，以增大矶钓的上钩概率；③为使湾中央区增殖补充的渔业资源种类向着岛边矶钓点移动，在增殖礁区和聚集礁区之间布设框架型诱导礁条带状列阵，诱导并形成鱼类从增殖礁区向聚集礁区移动的通道，以利于矶钓点附近鱼类数量的增加。

2010 年 8 月开始投放的人工鱼礁 A、B、C 三区的鱼礁布设如图 3 - 32 所示。

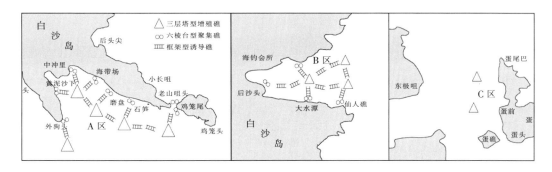

图 3-32 人工鱼礁区整体布局示意

A区：矶钓点较多，海钓环境条件较好，是人工鱼礁重点建设区。沿湾轴线由湾中央向湾口部、并考虑与各矶钓点的距离，按大致相等的间隔布设5个Ⅱ型单位鱼礁，共计三层塔型增殖礁120个，约4 500空方；沿海岸线分布的8个矶钓点附近各布设2个Ⅰ型鱼礁组合，共计六棱台型聚集礁64个，约410空方；5个增殖功能的Ⅱ型单位鱼礁之间，以及它们与最相邻的矶钓点之间，视距离远近分别布设1～2个Ⅲ型鱼礁组合，共计框架型诱导礁1 170个，1 170空方。A区共投放三类鱼礁1 354个，约6 080空方。

B区：矶钓点不多，但海钓环境条件尚可。湾中央向湾口部布设3个Ⅱ型单位鱼礁，共计三层塔型增殖礁72个，约2 700空方；沿海岸线4个矶钓点附近共布设六棱台型聚集礁32个，约200空方；10个条带状的Ⅲ型鱼礁组合共计框架型诱导礁900个，900空方。B区共投放三类鱼礁1 004个，约3 800空方。

C区：矶钓点较分散，且从白沙岛前往需渡船，多个钓点直面高海况波浪拍击，海钓环境条件适合专业人员，是人工鱼礁非主要建设区。C区投放2个Ⅱ型单位鱼礁，共计三层塔型增殖礁48个，约1 800空方。

3个区共投放人工鱼礁2 406个，约11 680空方，配置详情如表3-16所示。

表 3-16 白沙海钓场人工鱼礁建设配置表

礁型 礁区	六棱台型聚集礁		三层塔型增殖礁		框架型诱导礁		总礁体个数	总礁体 空方
	个数	空方	个数	空方	个数	空方		
A	64	410	120	4 500	1 170	1 170	1 354	6 080
B	32	200	72	2 700	900	900	1 004	3 800
C	0	0	48	1 800	0	0	48	1 800
合计	96	610	240	9 000	2 070	2 070	2 406	11 680

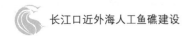

（三）增殖放流

白沙海钓场人工鱼礁建设前的本底调查表明，白沙周边海域现有的海钓渔业资源量约 19 t。为满足休闲海钓业的发展，根据测算，实际海钓渔业资源需求量在 32 t 左右，渔业资源量的缺口约为 13 t，大约可换算成 13 万尾，这仅仅是满足海钓规格的成鱼数量。根据渔业资源种群的结构进一步换算得到，补充资源群体的数量约为 50 万尾。排除死亡率、散逸率等因素，平均存活率为 15%～25%，即实际放流的数量应达到 200 万尾左右。

根据白沙海域的现地海钓品种和通常的海钓品种，确定渔业资源增殖放流的品种与规模为黑鲷 100 万尾、真鲷 50 万尾、中国花鲈 10 万尾、褐菖鲉 15 万尾、管角螺 8 万粒，如表 3-17 所示。

表 3-17 白沙海钓场增殖放流的种类、规格和数量

放流品种	放流规格（mm）	放流数量
真鲷	40～50 mm	50 万尾
黑鲷	40～50 mm	100 万尾
中国花鲈	30～40 mm	10 万尾
褐菖鲉	30～50 mm	15 万尾
管角螺	20～50 mm	8 万粒

（四）建设效果

为评估白沙海钓场人工鱼礁建设的效果，鱼礁投放约一年后的 2011 年 9 月，对人工鱼礁建设区进行了跟踪调查与评估，主要内容包括投放鱼礁的稳定性、渔业资源群落、浮游生物等饵料、营养盐供给、底泥粒径与底质重构等。调查期间还走访调查了矶钓点附近的海钓人员，记录其渔获种类、数量、钓捕时间等，并对鱼礁建设前后的渔获进行了对比分析。

1. 鱼礁安全性评估

三个鱼礁建设区的多波束侧扫声呐仪 C3D 走航调查结果如彩图 24 所示。A 区共发现鱼礁 10 处，分别用编号 a1～a10 标出，B 区共发现鱼礁 7 处，分别以编号 b1～b7 标出；C 区发现鱼礁 2 处，以编号 c1 和 c2 标出。

A、B、C 三个礁区检测到的鱼礁类型与数量如表 3-18 所示，三区共检测到人工鱼礁数量为 410 个，其中 A 区 218 个、B 区 154 个、C 区 38 个。对比投放的鱼礁个体总数

2 406，总检出率为 17％。

表 3-18　三个鱼礁区 C3D 走航调查检测到的礁体类型和数量

礁区	标号	鱼礁类型	数量	小计
A 区	a1	框架型诱导鱼礁	48	
	a2	六棱台型聚集礁	21	
	a3	六棱台型聚集礁	10	
	a4	框架型诱导鱼礁	26	
	a5	三层塔型增殖礁	27	218
	a6	框架型诱导鱼礁	23	
	a7	框架型诱导鱼礁	16	
	a8	框架型诱导鱼礁	8	
	a9	三层塔型增殖礁	37	
	a10	框架型诱导鱼礁	2	
B 区	b1	框架型诱导鱼礁	31	
	b2	框架型诱导鱼礁	19	
	b3	框架型诱导鱼礁	21	
	b4	三层塔型增殖礁	37	154
	b5	框架型诱导鱼礁	31	
	b6	框架型诱导鱼礁	7	
	b7	框架型诱导鱼礁	8	
C 区	c1	三层塔型增殖礁	31	38
	c2	三层塔型增殖礁	7	
合计			410	

C3D 走航调查的检测结果表明，投放在 A、B、C 三区的人工鱼礁虽然都能检测到一定的数量，其位置也与设计方案基本符合，但整体上并不理想，检出率偏低。原因可能有：①鱼礁投放后遭遇强台风"梅花"过境，剧烈的海况波动和海底泥沙泛起导致一部分鱼礁被掩埋，尤其是框架型诱导礁因个体小、重量轻而被掩埋严重，检出率仅为 11.6％（表 3-19）。由于其数量占投放礁体总数的比重大，因此降低了整体的检出率。②固定在船舷水下 1 m 的 C3D 设备无法进入钓点附近的岸边浅水区测量侧扫，导致布设在那里的六棱台型聚集礁检出率下降；另外，调查时间距离鱼礁投放相隔 1 年之久，未能在投放之后及时跟踪，因此难以判断是礁体设计问题造成的稳定性较差，还是未按设计地点进行投放所致。无论哪种情况，对人工鱼礁功能的正常发挥都会产

生一定影响。

表 3 - 19　三种礁型的检出数量与检出率

鱼礁类型	鱼礁数量	检出率
三层塔型增殖礁	129	53.6%
六棱台型聚集礁	31	32.3%
框架型诱导鱼礁	240	11.6%

2. 生态效果评估

（1）渔业资源　渔业资源种类组成和生物量的调查结果如表 3 - 20 所示，共发现 17 种生物种类，其中鱼礁区发现 14 种生物，占总种类数的 78%，对照区发现 11 种生物，占总种类数的 61%。只在鱼礁区出现的种类是皮氏叫姑鱼、海鳗、刺鲳、凤鲚、大黄鱼和红星梭子蟹，只在对照区出现的种类为日本鳀、哈氏刻肋海胆。

表 3 - 20　白沙海钓场的渔业资源种类组成和个体数

种类	鱼礁 A 区	对照 A 区	鱼礁 B 区	对照 B 区	鱼礁 C 区	对照 C 区
黄姑鱼	0	20	6	3	11	9
褐菖鲉	0	7	0	0	4	3
棘头梅童鱼	3	5	3	1	0	0
日本鳀	0	1	0	0	0	0
星康吉鳗	0	4	1	0	0	0
龙头鱼	3	3	0	1	0	0
皮氏叫姑鱼	28	0	0	0	0	0
海鳗	4	0	0	0	0	0
刺鲳	3	0	0	0	0	0
凤鲚	1	0	0	0	0	0
大黄鱼	1	0	0	0	0	0
鮸	0	0	1	1	0	0
赤鼻棱鳀	1	14	5	2	1	1
日本蟳	10	12	2	2	1	3
红星梭子蟹	1	0	0	0	0	0
哈氏刻肋海胆	0	3	0	0	0	0
口虾蛄	1	0	4	11	3	6
合计	56	55	31	24	21	22

鱼礁区总生物量为 5 660.5 g，约为对照区 4 775.1 g 的近 1.2 倍；总捕获个体数分别为 108 和 101。鱼礁区的刺网因放置于礁内导致破损严重，其中 C 区有一片刺网挂到鱼礁上，一片完全损坏。按调查刺网一组 8 片计算，鱼礁 A 区破损折合 1 片约 12.5%，鱼礁 C 区破损折合 2 片约 25%，鱼礁 B 区破损较小不折合。若考虑礁区内刺网破损程度造成的渔获减少，将各区渔获按网片平均后校正的 A 区渔获应为 3 829.7 g、C 区渔获应为 1 253.4 g，鱼礁区总渔获则为 6 336.7 g，高于对照区 33% 左右。

在所调查的几个区中，鱼礁 A 区与对照 A 区的生物量和种类数及个体数最多，三个鱼礁区的生物量均高于其对照区，但鱼礁 B 区与鱼礁 C 区种的类数与其对照区是相同的，如表 3-21 所示。

表 3-21 白沙海钓场鱼礁区与对照区的生物量、种类数及个体数

站点	生物量（g）	校正生物量（g）	种类数	个体数
鱼礁 A 区	3 404.2	3 829.7	11	67
对照 A 区	3 328.1	3 328.1	8	55
鱼礁 B 区	1 253.6	1 253.6	7	31
对照 B 区	579.4	579.4	7	26
鱼礁 C 区	1 002.7	1 253.4	5	21
对照 C 区	867.6	867.6	5	22

从优势种来看，鱼礁区以鱼类为主，A 区优势度不明显，种类分布比较均匀，次优势种为龙头鱼和口虾蛄，如表 3-22；B 区优势种为黄姑鱼和赤鼻棱鳀，C 区优势种为黄姑鱼；而鱼礁区外的对照区，出现了黄姑鱼、星康吉鳗、口虾蛄 3 种优势种类。总体上，9 月份白沙岛附近海域的黄姑鱼、赤鼻棱鳀、口虾蛄、日本蟳等种类较多。

表 3-22 白沙海钓场各鱼礁区优势种

站点	优势种	优势度	次优势种	优势度
鱼礁 A 区			龙头鱼	0.467
			口虾蛄	0.448
对照 A 区	黄姑鱼	0.812	褐菖鲉	0.267
	星康吉鳗	0.501	日本蟳	0.468
鱼礁 B 区	黄姑鱼	0.575	星康吉鳗	0.245
	赤鼻棱鳀	0.835	棘头梅童鱼	0.232
			口虾蛄	0.242

（续）

站点	优势种	优势度	次优势种	优势度
对照 B 区	口虾蛄	0.943	赤鼻棱鳀	0.428
			鮻鱼	0.298
			黄姑鱼	0.367
			日本蟳	0.232
鱼礁 C 区	黄姑鱼	1	褐菖鲉	0.285
对照 C 区	口虾蛄	0.5	日本蟳	0.302
			褐菖鲉	0.341
			黄姑鱼	1.000

鱼礁 A 区的丰富度和多样性都是最高的，丰富度最低值出现在对照 C 区，而多样性最低值则出现在鱼礁 C 区；整体而言，鱼礁区的丰富度和多样性要稍高于对照区如图 3-33 所示。

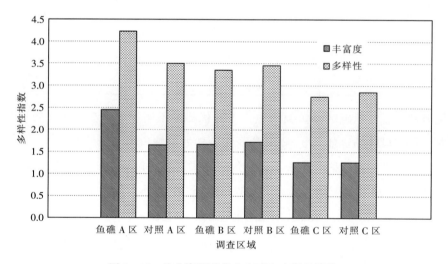

图 3-33　渔业资源种类丰富度和多样性指数

通过以上渔业资源调查的数据对比分析可知，白沙海钓场的鱼礁区以鱼类占优势种类的程度稍大于对照区，而口虾蛄等甲壳类生物在对照区的优势度更为明显。从反映群落结构特征的丰富度和多样性指数上，也显示鱼礁区稍高于对照区。

（2）**浮游生物**　调查采样检测出白沙海钓场所在海域的浮游植物有 86 种，如表 3-23 所示，其中表层 63 种（包括 3 种未定种）、底层 61 种，均以硅藻门居多。表层中，三个鱼礁区共出现 40 种，对照区共出现 46 种；底层中，三个鱼礁区 43 种，对照区 46 种。出现种类最多的是对照 A 区底层 30 种，最少的是鱼礁 A 区底层 17 种；但表、底层的浮游植物种类数差异并不大，各自的平均值均为 24 种。

表 3-23　白沙海钓场海域浮游植物种类

区域种类	鱼礁 A 区		对照 A 区		鱼礁 B 区		对照 B 区		鱼礁 C 区		对照 C 区	
	表层	底层	表层	底层	表层	底层	表层	底层	表层	底层	表层	底层
棕囊藻	+				+			+	+			
朱吉直链藻											+	
舟型藻										+		
中肋骨条藻	+	+	+	+	+	+	+	+	+	+	+	+
中华盒形藻			+			+						
长菱形藻	+				+		+					
长刺角甲藻			+									
长柄曲壳藻		+		+	+			+		+		
远距直链藻				+								
圆海链藻			+									
羽纹硅藻					+							
夜光藻							+					
匈牙利曲壳藻					+							
新月拟菱形藻				+								
小型卵囊藻						+						
线性双眉藻			+			+						
线性双肩藻				+		+	+			+		
线形圆筛藻				+	+				+	+		
细长翼根管藻				+								+
细弱根管藻	+			+	+	+	+	+				
无异硅鞭藻						+						
椭圆双壁藻							+					
条纹小环藻				+						+		
太平洋海链藻											+	
塔形盖冠藻	+		+		+	+	+	+	+	+		
四角十字藻							+					
斯氏扁甲藻	+	+	+	+	+	+	+	+		+	+	+
窄隙角毛藻	+											
三角弯角藻				+								
柔弱菱形藻									+			+
柔弱根管藻	+				+		+		+			
鞘丝藻										+		

（续）

区域种类	鱼礁A区		对照A区		鱼礁B区		对照B区		鱼礁C区		对照C区	
	表层	底层	表层	底层	表层	底层	表层	底层	表层	底层	表层	底层
奇异菱形藻											+	
平滑双肩藻						+						
诺氏海链藻	+		+	+	+	+	+		+	+	+	
扭曲小环藻	+								+		+	
膜状舟形藻										+		
密集海链藻											+	
锚甲藻			+			+						
洛氏菱形藻			+	+	+	+	+					
洛氏角毛藻				+			+					
菱形藻		+						+		+		+
菱形海线藻	+	+	+	+	+	+	+	+	+	+	+	+
具点菱形藻	+	+	+	+	+	+	+	+	+	+	+	+
具槽直链藻	+	+	+	+	+	+	+	+	+	+	+	+
近缘曲周藻									+			
金囊藻				+			+			+		+
尖刺菱形藻	+		+	+	+	+						
尖翅甲藻			+									
厚甲多甲藻											+	+
厚辐环藻			+	+		+			+			
红束毛藻											+	+
海洋原甲藻	+							+				+
海生斑条藻					+			+				
格氏圆筛藻			+									
刚毛根管藻	+				+		+	+				
复瓦根管藻					+							
辐射圆筛藻	+	+	+			+					+	+
伏恩海毛藻	+	+	+	+	+	+		+	+	+		+
佛氏海毛藻		+		+				+				
分脚多甲藻			+									
分叉角甲藻			+				+				+	+
飞燕角藻											+	
纺锤甲藻			+	+	+	+	+					
多边膝沟藻	+		+	+	+	+	+	+		+		+
盾形卵形藻			+					+				
短楔形藻			+			+						

（续）

区域种类	鱼礁A区		对照A区		鱼礁B区		对照B区		鱼礁C区		对照C区	
	表层	底层	表层	底层	表层	底层	表层	底层	表层	底层	表层	底层
短小曲壳藻	+				+							
短柄曲壳藻	+				+	+				+		
短柄弯杆藻		+										
地中海指管藻				+						+		
蛋白核小球藻	+	+	+	+	+	+	+	+	+	+	+	+
丹麦细柱藻	+	+	+	+	+	+	+	+	+	+	+	+
粗卵囊藻					+							
池沼隐棒藻												+
颤藻						+					+	+
草履波纹藻	+				+					+		
布氏双尾藻		+	+				+		+			+
扁藻	+	+				+				+		
扁多甲藻			+									
笔尖根管藻		+										
包氏卵囊藻	+									+		
爱氏角毛藻				+								
直链藻属 SP1									+		+	
直链藻属 SP2			+									
小环藻属 SP									+			
合计种类数	26	17	28	30	29	27	25	23	19	27	18	23

　　浮游植物种类组成：各区的水平差异也不明显，但表层和底层之间有所差异，共有37种不同种类；只在表层出现的种类主要是长菱藻和柔弱根管藻等，只在底层出现的种类是菱形藻和佛氏海毛藻等。

　　浮游植物优势种：各调查区的主要优势种为中肋骨条藻、丹麦细柱藻、具槽直链藻、地中海指管藻、尖刺菱形藻等，见表3-24。表底层优势种大致相同，底层比表层多一个优势种。中肋骨条藻是白沙海钓场主要优势种类，在6个调查区均为优势种，无论是表层还是底层，其优势度十分明显。

表3-24　各调查区表底层主要浮游植物的优势度指数

优势种	鱼礁A区		对照A区		鱼礁B区		对照B区		鱼礁C区		对照C区	
	表层	底层	表层	底层	表层	底层	表层	底层	表层	底层	表层	底层
中肋骨条藻	0.138	0.061	0.065		0.05	0.057	0.047	0.119	0.035	0.04	0.034	0.064
丹麦细柱藻	0.025		0.023		0.04	0.02	0.038	0.03				
地中海指管藻				0.02								
尖刺菱形藻						0.021		0.031		0.025		
具槽直链藻	0.025											0.021

浮游植物丰度：白沙海钓场总体的浮游植物丰度平均值为每立方米 12.4×10^6 个，最高值出现在对照 B 区（每立方米 19.8×10^6 个），最低值出现在对照 C 区（图 3-34）。

表层平均丰度为每立方米 8.5×10^6 个，变动范围为每立方米 $4.1 \times 10^6 \sim 12.1 \times 10^6$ 个；表层最高值出现在鱼礁 A 区、最低值出现在对照 C 区；三个鱼礁区表层平均丰度为每立方米 8.8×10^6 个，稍高于对照区的每立方米 8.1×10^6 个。

底层平均丰度为每立方米 16.3×10^6 个，变动范围为每立方米 $12.1 \times 10^6 \sim 19.8 \times 10^6$ 个；底层最高值出现在对照 B 区，最低值出现在对照 A 区；三个鱼礁区底层平均丰度为每立方米 16.1×10^6 个，稍低于对照区的每立方米 16.5×10^6 个。

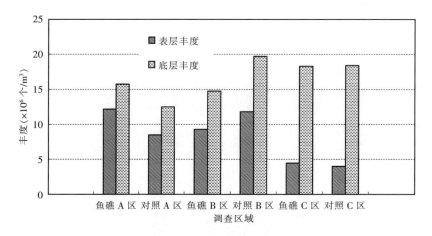

图 3-34　浮游植物丰度

浮游动物：白沙海钓场浮游动物调查共检测出 58 种，包括 4 个未定种，最多的为桡足类。对照 B 区发现的种类最多，为 35 种，其次为对照 A 区的 31 种，最少的对照 C 区为 26 种，见表 3-25。

表 3-25　浮游动物种类分布

种类	鱼礁 A 区	对照 A 区	鱼礁 B 区	对照 B 区	鱼礁 C 区	对照 C 区
中华假磷虾	+	+	+	+	+	+
瘦尾胸刺水蚤	+	+	+	+		+
精致真刺水蚤	+	+	+	+	+	+
真刺唇角水蚤	+	+	+	+		+
普通波水蚤	+	+	+	+	+	+
驼背隆水蚤				+		
中华哲水蚤	+	+	+	+	+	+
细长脚虰	+			+		+
对虾蚤状幼体	+			+		

（续）

种类	鱼礁 A 区	对照 A 区	鱼礁 B 区	对照 B 区	鱼礁 C 区	对照 C 区
小拟哲水蚤	+	+	+	+	+	+
叉胸刺水蚤	+	+	+	+	+	+
剑水蚤属 SP1			+			
美丽箭虫	+	+	+	+	+	+
肥胖箭虫	+	+	+	+	+	+
太平洋箭虫		+		+		
节糠虾属 SP				+		
中型莹虾	+	+	+	+		+
太平洋磷虾	+	+	+	+	+	+
中华节糠虾	+		+	+		+
短尾类蚤状幼体	+		+			
鲍氏水母	+	+	+	+		
双生水母		+	+	+	+	
拟细浅室水母			+			
百陶箭虫	+	+	+	+	+	
瘦型箭虫	+	+	+	+	+	
拿卡箭虫		+	+	+		
叫姑鱼属稚鱼 SP			+	+		+
太平洋纺锤水蚤	+		+			+
特氏歪水蚤	+		+	+		
刺胞栉水母	+	+				
四叶小舌水母	+	+	+	+	+	
小介穗水母		+			+	
巴斯水母		+				
三疣梭子蟹幼体		+				
帽铃水母		+				
蟹蚤状幼体		+			+	
毛虾蚤状幼体		+				
微型箭虫	+	+	+			
剑水蚤属 SP2		+				
亚强真哲水蚤		+	+	+		+

（续）

种类	鱼礁A区	对照A区	鱼礁B区	对照B区	鱼礁C区	对照C区
小哲水蚤		+			+	
拟双生水母	+		+	+	+	
五角水母	+		+			+
侧腕球状栉水母			+			
黑褐新糠虾			+		+	
球形侧腕水母	+			+	+	
大同长腹剑水蚤	+					
真刺拟哲水蚤		+			+	
海龙箭虫						+
四角周水母						+
芽口枝管水母					+	
强壮箭虫					+	
丽隆哲水蚤						+
磷虾蚤状幼体					+	+
华丽盛状水母				+		
米勒氏水母				+		
近缘大眼剑水蚤				+		
微刺哲水蚤	+					
合计种类数	30	31	30	35	27	26

　　白沙岛周边海域的浮游动物优势种为7种，如表3-26所示，其中三个鱼礁区有7个优势种，对照区有4个优势种；相对而言，鱼礁区的浮游动物优势度比较明显，而对照区的优势种类分布较均匀，故优势度不明显。只出现在鱼礁区的优势种有鲍氏水母、普通波水蚤、真刺唇角水蚤等。

表3-26　主要浮游动物的优势度指数

优势种	鱼礁A区	对照A区	鱼礁B区	对照B区	鱼礁C区	对照C区
精致真刺水蚤	0.031	0.03	0.045	0.028		
小拟哲水蚤	0.022		0.029	0.026		
鲍氏水母	0.13		0.027			
中华哲水蚤	0.036		0.057		0.02	0.02
普通波水蚤			0.022			
真刺唇角水蚤			0.023			
瘦尾胸刺水蚤			0.027	0.02		

浮游动物的平均丰度为每立方米 210 个，范围为每立方米 85～392 个，对应丰度最高值出现在鱼礁 A 区，最低出现在鱼礁 C 区，如图 3-35 所示。鱼礁区的平均丰度为每立方米 278 个，对照区为每立方米 143 个，前者为后者的 1 倍之多。鱼礁区较高的浮游动物丰度，可以为鱼类等提供良好的饵料基础，支撑鱼礁区较高的渔业资源产出；前述鱼礁 A 区的渔业资源量高于其他两区，可能与该区较高的浮游动物丰度有关。

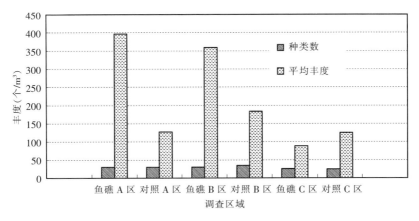

图 3-35　浮游动物种类数和平均丰度

（3）营养盐　白沙海钓场海域的氮、磷、硅营养盐调查结果如表 3-27 所示，总体上水质良好，符合国家二类海水水质标准。

表 3-27　白沙海钓场海域营养盐平均值

地点		活性硅酸盐 (mg/L)	亚硝酸盐 (μmol/L)	活性磷酸盐 (mg/L)	铵盐 (μmol/L)	硝酸盐 (μmol/L)
鱼礁 A 区	表层	0.716	0.274	0.03	5.772	7.362
	底层	0.745	0.27	0.014	5.853	3.866
对照 A 区	表层	0.604	0.802	0.035	6.343	8.212
	底层	0.692	0.289	0.009	7.478	6.534
鱼礁 B 区	表层	0.595	0.188	0.025	5.141	7.396
	底层	0.569	0.155	0.042	1.417	3.497
对照 B 区	表层	0.631	0.346	0.012	10.364	4.197
	底层	0.745	0.678	0.02	6.736	4.596
鱼礁 C 区	表层	0.845	0.661	0.032	16.751	4.558
	底层	0.501	0.543	0.02	7.908	6.588
对照 C 区	表层	0.71	8.096	0.011	15.49	5.168
	底层	0.969	7.395	0.03	13.227	2.429

其中，合计硝酸盐、亚硝酸盐和铵盐之后的三个区域的无机氮，鱼礁区平均值为

13.0μg/L、对照区平均值为 18.1μg/L；最高值出现在对照 C 区表层（28.6μg/L），最低值出现在鱼礁 B 区底层（5.1μg/L），如图 3-36 所示。无论是平均值还是单区值，鱼礁区的无机氮都低于对照区，说明鱼礁区的无机氮被利用较多，导致其浓度下降，这可能与鱼礁区的浮游动物和渔业资源等生物量较高有关。在无机氮组成中，比例最高的是氨盐（54.9%），其次为硝酸盐（34.5%），最低的为亚硝酸盐（10.6%）。

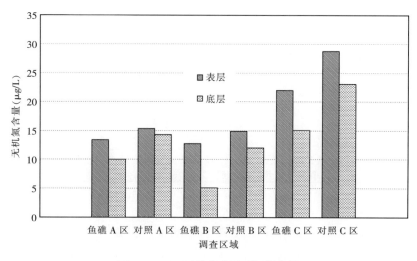

图 3-36　三区的表底层无机氮含量

活性磷酸盐的变化范围为 0.009～0.042 mg/L，平均值 0.023 3 mg/L，符合国家二类海水标准。磷酸盐的含量较为丰富，其主要分布特点为：①表层平均值 0.024 mg/L，稍高于底层的 0.022 mg/L；表层最高值出现在对照 A 区，最低值出现在对照 C 区；底层最高值为鱼礁 B 区 0.042 mg/L，最低值为对照 A 区 0.009 mg/L，见图 3-37 左图。②整体上，鱼礁区的活性磷酸盐平均为 0.027 mg/L，高于对照区的 0.02 mg/L，其中，鱼礁 B 区为最高（0.033 5 mg/L），对照 B 区为最低（0.016 mg/L），见图 3-37 右图。由于没有同步检测底泥的营养盐，故鱼礁区的活性磷酸盐高于对照区，推测可能与鱼礁投放带来的局部海水激烈混合有关。对比无机氮在鱼礁区和对照区的情况，推测白沙海钓场生态系统中对于氮的需求要大于对磷的需求。

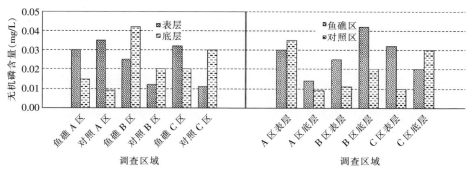

图 3-37　A、B、C 三区的无机磷含量

硅酸盐是海洋浮游植物所必需的营养盐之一，尤其对硅藻类浮游植物，硅更是构成机体不可缺少的组分。调查显示，海域整体的活性硅酸盐平均值为 0.694 mg/L，最高值为对照 C 区底层的 0.969 mg/L，最低值为鱼礁 C 区的 0.501 mg/L；三个鱼礁区的平均值（0.725 mg/L）要低于对照区的平均值（0.662 mg/L）。鱼礁区表层的平均值 0.72 mg/L，稍高于底层的 0.61 mg/L，而对照区则与鱼礁区相反，其表层的平均值 0.65 mg/L，稍低于底层的 0.80 mg/L，如图 3-38 所示。

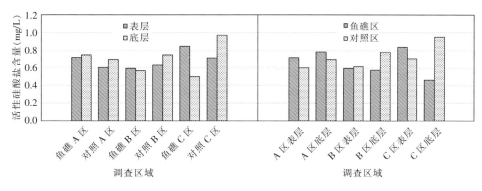

图 3-38　A、B、C 三区的活性硅酸盐含量

营养盐是海洋生态系统的物质基础，海水中的营养盐水平与结构对浮游植物的生长起着很重要的制约作用。当营养盐总水平足以满足浮游植物生长时，海洋浮游植物的 N/P 值基本上遵循 Redfield 比，即 16:1。当海水中 DIN 和 DIP 含量达到一定水平时，N/P 值对浮游植物才有实际意义，如果两者含量均很低或者特别高，对浮游植物等自养生物将是不利的。因此，常用 N/P 值来判断营养盐的相对限制情况，N/P<16 表明氮相对不足，N/P>16 表明磷相对不足。按照邹景忠等提出的营养盐阈值标准（即海水中的 DIN=0.2～0.3 mg/L，DIP=0.04 mg/L），其比值 E 为 5～7。从白沙海钓场海域的 N/P 值分布来看（表 3-28），该海域营养盐比较适宜浮游植物生长。一般认为，高氮磷比（>30）意味着磷限制，低氮磷比（<5）意味着氮限制。可以看出，除了鱼礁 B 区稍低于 5，属于氮限制外，其余区域都属于适宜浮游植物生长的阈值范围内。

表 3-28　各区域富营养化指数 E 和 N/P 值

	鱼礁 A 区		对照 A 区		鱼礁 B 区		对照 B 区		鱼礁 C 区		对照 C 区	
	表层	底层	表层	底层	表层	底层	表层	底层	表层	底层	表层	底层
E	1.75	0.61	2.34	0.56	1.39	0.93	0.78	1.05	3.06	1.31	1.38	3.01
	1.18		1.45		1.16		0.9		2.19		2.19	
N/P	6.26	1	6.14	22.2	7.13	1.69	17.39	8.41	9.61	10.53	36.6	10.76
	8.12		14.19		4.41		12.9		10.07		23.68	

（4）底质粒径　白沙岛周围海域主要以粉沙底质为主，如表 3-29 所示，鱼礁区和对

照区的粒径差别不是很大。该区域的泥沙含量较高，另因鱼礁建设规模相对较小，且以小型礁为主，故对于海域底质的影响较小。

表 3-29 白沙海钓场各区的底泥粒径分布

各站点范围内体积（%）		鱼礁A区	对照A区	鱼礁B区	对照B区	鱼礁C区	均值
粒度（μm）	0.1~1	3.97	3.27	3.45	4.58	2.92	3.638
	1~2	2.88	2.42	2.66	3.41	2.06	2.686
	2~4	4.93	3.61	4.3	6.5	3.05	4.478
	4~8	9.56	5.83	7.15	14.41	5.06	8.402
	8~16	18.95	10.05	11.66	26.44	8.52	15.124
	16~32	31.26	22.66	21.89	28.91	20.41	25.026
	32~63	23.85	33.2	30.21	13.65	34.58	27.098
	63~125	4.59	18.31	17.43	2.1	21.59	12.804
	125~250	0	0.65	1.26	0	1.81	0.744
黏土	<2μm	6.85	5.69	6.11	7.99	4.98	
粉沙	2~63μm	88.55	75.35	75.21	89.91	71.62	
沙质	63~2 000μm	4.59	18.96	18.69	2.1	23.4	

3. 经济效果

人工鱼礁和增殖放流可较大幅度地增加经济鱼种的资源量，并提高海钓场的回捕性和经济收入。从渔获物来看，鱼礁区捕获的鱼类比较多，如黄姑鱼、海鳗等，都是高经济价值鱼类，尤其是捕到目前数量很少的大黄鱼，重达 275g，如图 3-39 所示。另据现场海钓人员描述，在白沙海钓场经常能捕钓到黑鲷、褐菖鲉等。在走访一个 6 人的海钓队时，他们表示，自上午 8 时起钓，至 14 时接受我们咨询时，已钓得褐菖鲉 100 多条，黄姑鱼 5 条，重 150~200g，上午钓到的 1 条中国花鲈重达 500g，下午也钓到 1 条 450g 的中国花鲈，收获颇丰，如图 2-40 所示；他们用沙蚕、海蟑螂作饵料，在涨潮、水稍清时渔获量较大。在走访的常钓人员中大部分都表示，自钓场建设人工鱼礁后，钓点附近的

图 3-39 捕获的大黄鱼和其他渔获物

渔获量明显增加，尤其是黑鲷很多，可能与增殖放流有关。来白沙岛进行海钓的人也较以前增加了，走访当天，鱼礁 A 区有 9 人在海钓，均有收获，在交通船离开码头时也可看到很多带着钓具的海钓人离去，他们都是专门来白沙岛海钓的人，提的网袋和鱼箱里面装着海鳗、褐菖鲉等渔获。

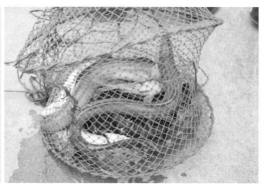

图 3 - 40 海钓人员的渔获物

第三节 海洋牧场区的人工鱼礁建设

海洋牧场作为一种新的渔业发展模式，从提出至今已有 100 多年的历史。最早的海洋牧场英文名为 Sea ranching，它源自 19 世纪末 20 世纪初欧美的"海鱼孵化运动"。美国为了应对由于水电站建设阻断鱼类溯河洄游通道而导致鲱科、鲟科等种群资源衰退，在 1880—1890 年期间，将超过 10 亿尾数量的鳕、牙鲆、鲱、蓝点马鲛等苗种放流入海；在欧洲，挪威自 1883 年开始在其近海增殖放流幼苗。20 世纪 60 年代，由于 200n mile 专属经济区的实施及燃油价格上涨等因素，迫使远洋渔业强国日本从远洋向沿岸近海撤回。为了确保充分并持续利用其沿岸渔场，日本实施了大型综合性海洋牧场（英文名演化为 marine ranching）建设计划，其海洋牧场已不是仅仅停留在资源的增殖放流上，而是把人工鱼礁作为生物资源增殖的重要手段也列入了海洋牧场建设的主要内容。到了 20 世纪 90 年代，以韩国为代表的海洋牧场建设又有了新的突破，突出了基于海洋生态系统管理的内容，他们认为海洋牧场管理内涵应包括生物群落之间的相互作用、生物与栖息地之间的相互作用、渔业活动对生物群群落与栖息地的综合影响等，并把渔获可持续、生物多样性维持、栖息地质量改善作为海洋牧场管理的核心目标。

因此，源自渔业资源增殖和生物栖息场所改造的海洋牧场实践活动，经历了一个多世纪，使得人们对海洋牧场的认识不断提高、理论不断丰富、实践不断深入，取得了较为丰硕的成果。目前，日本、韩国、美国、澳大利亚、挪威等国家均有海洋牧场与资源

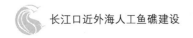

重建的国家计划。

我国海洋牧场建设虽然起步相对较晚，但是伴随着我国近海渔业资源的急剧衰退，从20世纪80年代开始，我国的渔业科技工作者就探索寻求近海渔业资源恢复和新的渔业发展之路，开展了渔业资源增殖放流和人工鱼礁建设。进入21世纪以来，随着人们的发展理念的革新，可持续发展的要求、生态化发展的要求被日益重视。以2006年《中国水生生物资源养护行动纲要》的颁布为契机，我国渔业资源恢复和生态修复工作得到空前重视，资源增殖放流、人工鱼礁建设、各类海洋保护区建设等在全国沿海各地大量开展起来；同时，海洋牧场概念正式被官方引入。2008年农业部开始安排海洋牧场财政转移支付专项，这标志着我国把海洋牧场建设正式纳入到了国家计划之中。

国内学术界的海洋牧场概念借鉴了国外资源增殖和栖息地改造等内容，强调了两个方面：一是海洋牧场的可控性；二是要结合养殖等多种渔业生产要素。前者主要是利用声、光、电或生物自身的生物学特性，并采用先进的鱼类控制技术和环境监测技术对其进行人为、科学的管理；后者则是结合了我国网箱、浮筏等养殖设施众多，因地制宜结合沿海各地养殖方式的特点，既能有效降低海洋牧场建设成本，也能以此提高产出效益。因此，海洋牧场作为一种综合性的资源管理型渔业方式，可以通过人工鱼礁等生物栖息地改善技术、幼体放流等渔业资源增殖技术、音响投饵驯化等鱼类行为控制技术，有机组合多种渔业生产要素，形成基于海洋生态系统管理的放流-育成-回捕可控体系，以最大限度地利用海域生产力和海域空间，使渔业综合产出获得可持续效益。

我国海岸线曲折漫长，港湾众多，岛屿密布，底质复杂，蕴藏着丰富的生物资源、空间资源、化学资源、矿产资源和动力资源，对沿海地区的经济发展作用重大。伴随着海洋经济快速发展的同时，由于陆源污染物入海总量未能得到有效控制，海洋生物资源未能得到合理的开发利用，以及盲目围填海和局部海域过度的海水养殖等，海湾等近岸海域的生态环境趋于恶化，渔业资源日益衰退，已成为制约我国沿海地区海洋经济可持续发展的重要因素。因此，结合我国现有的人工鱼礁和增殖放流方面的研究工作基础，探索适宜海湾等近岸海域的海洋牧场建设，恢复和提高生物资源量，改善海域生态环境，并进一步发挥区域的功能优势，实现渔业的海洋经济的可持续发展，将是我国海湾等近岸海域生态建设的重要内容。本节以象山港海湾型海洋牧场建设为实践案例，围绕人工鱼礁在海洋牧场中的功能作用与建设布局等进行系统介绍，为我国海湾区域的人工鱼礁建设和海洋牧场综合设计提供技术参考。

一、人工鱼礁在海洋牧场中的作用

人工鱼礁是海洋牧场系统工程的重要组成部分，作为海洋牧场的主体和基础建设之一，通过投放人工鱼礁可以改善海域生态，改善修复和优化生物栖息环境，为鱼类等生物提供索饵、繁殖、生长发育等场所，或形成增养殖渔场，达到保护、增殖生物资源和提高渔获质量的目的。根据人工鱼礁投放带来的底质重构和流场改造等多种功能属性，其在海洋牧场中的作用主要体现在以下几个方面：

1. 营造多样化的栖息空间

在海洋牧场建设中，根据建设海域的环境特征和生物资源条件，以及海洋牧场的建设目标，有针对性地设计功能鱼礁（包括上层和中层的浮鱼礁），并进行科学合理的配置与布局。人工鱼礁的不同结构、大小、材料，以及配置方式和布设位置等，可为鱼类提供躲避、产卵、索饵等多种功能场所，尤其是经过特殊设计的鱼礁。对嵊泗海洋牧场区的潜水摄像可以发现，褐菖鲉等幼体会利用人工鱼礁的内部空间进行停留或移动，以有效地躲避其他鱼类的捕食。在东极海洋牧场投放的人工鱼礁，研究人员根据乌贼利用柳珊瑚作为产卵附着基的特性，通过移植柳珊瑚或其他类似形状的材料作为附着基设计乌贼产卵礁，取得了显著效果，修复和扩大了当地的乌贼产卵场，有效地促进了乌贼资源的恢复。北方的海珍品种类海洋牧场建设还通过在原先的泥沙海底投放人工鱼礁，达到底质类型的改造目的，在此基础上开展播撒大型底栖海藻的孢子或移植幼苗等活动，为海参、鲍、海胆的增殖提供优良的栖息地。另外，浮鱼礁或具备浮鱼礁基本功能的筏架也被用于海洋牧场建设中，既可为大型海藻的生长提供附着基，也可为各类渔业资源生物在它们幼体的浮游阶段提供生活场所，为海域立体空间的高效利用等提供有效保障。

2. 增加生物的附着基质

海洋牧场中的各类沉底人工鱼礁，在为鱼类和贝类、棘皮动物等目标种生物提供丰富多样的栖息空间的同时，由于其钢筋混凝土材质的特征性状更加接近于天然的硬相岩石属性，因而常常是荔枝螺和厚壳贻贝等贝螺类生物非常喜好的附着基。这些附着在礁体上的生物的苗种，或是来自海区的自然发生，或是为了底播增殖的人工放流，它们可以成为海洋牧场建设的产出品种或饵料生物，从而实现该海洋牧场的建设目标。人工鱼礁的内部中空和礁体堆积产生的缝隙等提供了大量的微结构和表面积，是钩虾和麦秆虫等端足类和桡足类生物等的理想栖息场所。设置在一些海洋牧场中的贝类养殖区，其浮筏架等设施上往往着生了大量的大型海藻以及端足类和桡足类生物，起着浮鱼礁的一部分功能与作用。海洋牧场中的浅水区人工鱼礁相对接近水面，比之于深水区的人工鱼礁能得到更好的光照条件，更利于底栖海藻的孢子附着并产生光合作用和形成海底植被等优良环境。

3. 提高海域的产出能力

根据海洋牧场区的营养条件和产出目标，布设不同的人工鱼礁结构、配置和规模，可以产生可预估的流场效应，促进海洋牧场区的水体交换。营造预设的上升流规模，可将海底部的营养盐带到上层，提高海域的初级生产力，并进一步增加浮游动物等饵料生物的丰度，为海洋牧场区的食物基础提供保障；同时加快营养物质的循环速度，提高从

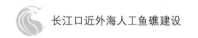

食物链低端向高端的营养转换效率，从而提高海洋牧场区的生产潜力。

布设在海水流路上的大型鱼礁群，除了产生预设规模（比如其量值可与水平流量相当）的上升流外，还可在鱼礁的下游形成一个充满旋涡的背涡流区。研究表明，当礁体高度和鱼礁周围流速的乘积超过 100 cm²/s 时，旋涡将从礁体上剥离脱落，一些鱼类可以被吸引到鱼礁下游的这些背涡流区；礁体高度为水深的 10% 左右时，背涡流的范围可达水深的 80%～100%，可为多种鱼类提供不同流态的栖息环境等，从而提高海洋牧场区的渔获产出。

海洋牧场区的人工礁体在投放海底以后，其流场效应会导致局部流速减小，形成缓流区，但同时，另外一些局部会导致流速增大。这些局部发生变化的流速进一步导致底泥粒径的重新分配，原来沉积下来的一部分底泥因为流速增大而再度泛起，因此粒径变大；而另外流速减小了的局部，则会沉积更多细小的悬浮颗粒而导致底泥粒径变小，因而形成海洋牧场区多类型粒径结构的新海底环境，并进一步影响着对底泥粒径有很大选择性的沙蚕等多毛类生物和线虫等埋栖类生物的分布，增加了捕食这些生物的底层游泳生物的种类多样性和生物量。

以鱼类为产出目标的海洋牧场，需要将增殖放流的鱼类的行为控制在该区域范围。通过设计与目标种行为特点相匹配的礁体结构，或营造这些结构的礁体所产生的流场效应，投放在相应的海洋牧场区局部，形成目标种鱼类的滞留地和暂栖地，把目标种鱼类的行为控制在一定的区域范围，以实现海洋牧场的高效率回捕。如黑鲷幼体的喜好流速范围为背景流速的 0.7～0.8 倍和 1.1～1.2 倍，因此可通过人工鱼礁的结构和配置等来营造这些区段的流速，以使增殖放流的黑鲷能滞留于海洋牧场区。

4. 提供海上设施的搭载平台

海洋牧场作为一种综合性的资源管理型渔业方式，从高效和安全利用的角度考虑，区域的生物资源增殖、水质环境变化，以及回捕作业、休闲观光等，都需要进行监测和监控。因此，海面和水下都需要布设相应的仪器设备，包括边界浮标、水下探头、气象仪、音响驯化器、游艇缆绳、潜水台、信号传输架等。在海洋牧场设计阶段，充分考虑这些设施的受力强度，利用沉底鱼礁和浮鱼礁作为这些设备的锚泊系统和搭载平台，可以降低建设成本，并提升在海洋牧场区的航行与潜水等活动的安全性，保障海洋牧场的维护与管理秩序。

二、功能礁的设计与布设

毗邻长江口的典型海湾主要分布于长江口以南，如象山港、三门湾、乐清湾等，海湾的水深较浅，除主航道以外的水域一般深度不超过 20 m。处于中纬度地区的这些海湾均属于正规半日潮，且流速大，大潮时的局部最大流速可超过 2 m/s，因而表底层海水的交换与混合程度高，同时海水透明度较低。由于不断接收周围陆源物质的输入，故海湾的营养盐通常是充分的。相比较开阔海域更容易遭受风浪，以及风暴潮和台风等灾害损失的情况而言，海湾因其风区长度小、水深浅，故而不易产生较大的波浪，海况比较平稳，因此往往分布有较密集的鱼类、贝类和藻类的网箱或筏式养殖区，但同时，也因为陆源物质流入和养殖自家污染等，这些海湾也面临着很大的环境压力。

海湾或港湾型海洋牧场中的人工鱼礁建设，需要考虑海湾的上述环境特征，并充分利用已有的网箱或筏式养殖设施，以及这些设施和养殖种类所带来的小尺度和微尺度结构生境、内部平稳环境、附着饵料生物、诱集同类生物等生态副效应，这样可以事半功倍。因此，在人工鱼礁的结构设计与整体布局上，需要考虑与现地的网箱/浮筏等多种设施和养殖、增殖种类之间的功能与规模的配比，使之能形成一个区块功能互补、产出效率提升、整体环境友好的海湾型海洋牧场。

（一）功能礁设计

海洋牧场的核心问题和目标是如何实现海域生物资源的高效增殖和持续利用，人工鱼礁作为海洋牧场的基础设施建设，通过营造放流种类生物的适宜生境、或改善它们的栖息环境等，为实现这一目标提供切实可行的途径。

海湾型海洋牧场一般水深较浅、表底层混合较强且营养充足，其生物资源的增殖模式可以依靠自身的生态环境特点，通过上升流-营养盐-生产力这一途径来实现。因此，在人工鱼礁的功能设计上，重点在于营造和改善增殖生物的栖息地的物理环境，即需要重点考虑鱼礁的内部空隙、阴影效果、涡流规模、立柱高度等要素。基于这些物理环境的营造要求，海湾型海洋牧场的鱼礁结构通常设计成具有内部空旷、侧围复杂、透水性好、扰流性强等特点，进一步地，根据不同的增殖目标种的行为习性，可以设计增添某些结构如平台、凸起等，以强化或完善相应的功能。

海洋牧场的鱼类增殖放流品种大体可为经济产出型和生态修复型这两类，前者主要是一些岩礁性鱼类，如黑鲷、石斑鱼、褐菖鲉等，通常栖息于近底层；后者主要是一些传统种群鱼类，如大黄鱼、日本黄姑鱼等，移动范围较大，中下层或中上层均有分布。对于海湾近底层鱼类增殖的物理环境营造而言，功能礁的设计点之一：可以在礁体增加顶面平台，以强化与海湾通常为平坦泥沙海底的起伏度和异质性，同时可以加大礁体内部的阴影效果，以满足近底层鱼的负趋光特性的要求。功能礁营造的物理环境是否适宜，对于增殖鱼类在人工鱼礁区的滞留或暂栖，以及在海洋牧场区的回捕利用都是至关重要的，在目前音响投饵驯化技术尚不成熟的阶段，利用人工鱼礁的诱集功能进行增殖鱼类的行为控制是具有非常现实的意义。

海湾型海洋牧场区还会有一些洄游性的中上层鱼类定期到访，如象山港每年的清明节前后，都有成群的马鲛进入湾内产卵，养护好这些资源种群对于维系海湾原有的生态系统非常重要。另外，对于增殖放流的非岩礁性传统种群鱼类而言，其行为活动也较多地在海湾的中上层进行。因此，投放有限规模的高大型人工鱼礁以及浮鱼礁等，营造或改善海湾上层水域的物理环境，也是功能礁设计的重要内容。高大型鱼礁同样需要满足内部空旷、侧围复杂、透水性好、扰流性强等特征功能；同时，在有岛礁的海湾水深变化大，高大型鱼礁以可以组装成不同高度和外围的设计为宜。而浮鱼礁则可结合浮式海藻床进行布设，通过栽培大型海藻等，使之具备饵料生物发生的功能和中上层鱼类聚集的功能。

海湾型海洋牧场的功能礁在材料选用上，首先要求环保和生态，并且坚固耐用不散架，以免对已经面临很大环境压力的海湾造成二次污染。一般用于鱼礁制作的材料包括混凝土、钢铁、石材、玻璃钢/纤维、煤灰粉/渣、木材、贝壳、陶瓷等。北海道新日本石油公司历时 10 年，利用原油提炼副产品硫黄，研发出了生态高性能环境材料 Recosul（Recycle ecology sulfur），可用于人工鱼礁和藻礁，以及消波堤和码头等建设，具有抗压、抗弯曲、抗散架、耐腐蚀性能强，以及干燥快、透水好、对环境无污染等优点。但是，由于材料价格、制作工艺、输运便利等方面的因素，目前使用较多的还是钢筋混凝土，制成的鱼礁强度通常能符合海洋牧场和人工鱼礁建设的相关要求，经蒸汽保养后能保证在海水下 30 年不散架。

（二）鱼礁布设

海洋牧场区的人工鱼礁布设方式，取决于该海洋牧场的建设目标和建设路径对人工鱼礁的功能需求与实施可能。以海参、鲍鱼等海珍品种类为产出目标的海洋牧场，需要大型海藻为其增殖生物提供饵料，因此人工鱼礁的布设以连片区域的礁体投放为基本特征，从而达到底质重构、营造底栖海藻场的目的。以鱼类为产出目标的海洋牧场，经过结构优化设计的礁体本身所具有的内部空隙、阴影效果等可以为它们提供躲避敌害、适宜空间、喜好流速等功能需求；除此以外，还需要为它们提供附着生物和浮游动物等饵料生物，因此人工鱼礁的布设以单位鱼礁和鱼礁群的配置为主要特征，以目标生物的营养供给和生态位，以及上升流规模等为度量，结合现地的本底环境，通过底质重构及其流场效应，实现以附着生物，以及上升流-营养盐-初级生产力-浮游动物等为营养传递路径的鱼类增殖目标。

在海湾，海洋牧场的鱼礁布设还需要充分考虑与鱼、贝、藻类等养殖品种、养殖形式和养殖规模之间的协同作用。在物理层面上，根据海湾的纳潮量和潮流主轴线，以及养殖区中心位置等，人工鱼礁的布局应以其和养殖区设施的各自的流场效应中的背涡流尾长为指标，以它们互为辐射到对方区域为度量。在生物层面上，应考虑增殖放流种特别是增殖的岩礁性鱼类的移动距离，以它们能捕食养殖区的饵料生物，以及鱼礁区流场能接受养殖区的饵料残渣和生物排泄物等为度量。通过鱼礁建设和网箱/筏式养殖二区之间的协同作用，以及物理场-生物场之间的耦合作用，使海湾型海洋牧场具备表层-底层空间立体化利用程度高、网箱/浮筏设施-人工鱼礁-泥沙海底等生境异质性强、端足类-螺贝类-多毛类等饵料生物发生量大、上层鱼-感礁鱼-恋礁鱼等生态位分化显著等优良的功能特征，实现可持续产出的建设目标。

三、中央山-白石山海域人工鱼礁建设

中央山-白石山海域位于浙江省中部沿海的象山港中段，是象山港海洋牧场建设的人工鱼礁投放区。象山港为一狭长的半封闭海湾，海域面积约 390 km²，滩涂面积约 170 km²；全港纵深 60 多 km，主航道以外的一般水深为 10～15 m。象山港海域渔业资源品种多，洄游性种和定居性种兼而有之，其中鱼类约 124 种、虾类 30 种、蟹类 49 种、潮间带生物 190 余种等；主要经济鱼类有大黄鱼、小黄鱼、带鱼、鲳、鳓、马鲛、鳗等。同时，象山港海况条件平稳、营养物质丰富，也是宁波市乃至浙江省的重要养殖区和增殖放流区，区内有大黄鱼、黑鲷等鱼类养殖网箱超过 4 万个，2005 年甚至达到了 6.5 万个，还有较大规模的海带、牡蛎、紫菜等筏式养殖。此外，区内每年增殖放流的各类鱼苗、贝苗在 10 亿尾（粒）左右。

由于近年来海洋开发和海水养殖等人类活动的影响，象山港海域的生态环境趋于恶化、渔业资源日益衰退，并同时影响到区域的海水养殖业自身。调查表明，象山港海水的无机氮、活性磷酸盐等营养盐已大大超出二类海水的水质标准，海水营养状态指数超标 11.9 倍，水体处于严重的富营养状态（张荣保，2014）。这其中一部分影响与海水养殖的鱼糜投饵等人类经济活动有很大关联（张健，2003）。

象山港海洋牧场建设作为改善区域生态环境、增加海洋生物资源量的重要举措，通过在中央山—白石山海域的人工鱼礁合理投放，集成附近一部分养殖区、发挥其生态效应，并结合海域增殖放流等，以实现海洋生态良性循环、渔业资源高效产出、产业经济持续发展的目标。

（一）鱼礁单体

象山港海洋牧场建设的目标生物是黑鲷、褐菖鲉和黄姑鱼等岩礁性鱼类，因此人工鱼礁的结构应以营造阴影效果和内部空间等功能为主，同时考虑鱼礁区与养殖区的协同作用，礁体须具备良好的通透性，以利于产生较长的背涡流。基于上述思路，设计了台面框架型鱼礁和圆角六边形鱼礁。

1. 台面框架型鱼礁

台面框架型鱼礁的主结构如图 3-41 所示，顶部下嵌台面，以利于岩礁性鱼类栖息；台面中间开方框，能减缓流体向上冲击，利于礁体稳定；上方四根横梁顶部内设长槽，

便于海藻孢子附着或移植已在室内培育附着了幼苗的藻礁块，长槽底部开有小孔，以利于漏沙；侧面横嵌竹条，可丰富礁体内部流态。礁体结构简单、制作方便。

图 3-41　台面框架型鱼礁

台面框架型鱼礁高 2.0 m，上下两个面的边长均为 2.5 m，总空方 12.5 m³。主体构件采用钢筋混凝土浇筑，约使用 C35 混凝土 1.8 m³、钢筋 128kg，整体重量近 5 t。

2. 圆角六边形鱼礁

圆角六边形鱼礁的主结构如图 3-42 所示，由折角板、水平板、嵌直板等钢筋混凝土部件，以及上下端连接扣等金属部件装配而成。钢筋混凝土部件采用模具灌注、震动捣实、蒸汽养护制作，金属连接扣经特殊处理后能抗海水腐蚀；顶部和底部都设计了专用部件，以保持鱼礁整体的牢固，投放后使用寿命超过 30 年。礁体周壁镂空设计，透水性和扰流性优良；六边形转角为圆形处理，不受设置方向制约，可随意沉放，同时不易被刺网等渔具缠挂。

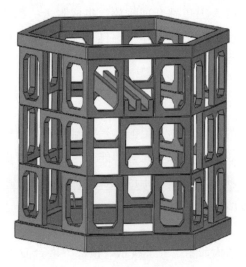

图 3-42　圆角六边形鱼礁

圆角六边形鱼礁的高度和直径都是可以变化的，需根据设置水深、目标生物等不同需求进行调整和设置。此类型鱼礁投放在象山港 8～15 m 水深处，以诱集中上层鱼为主要目的，因此装配成高度 3.8 m、横截面对角线 5 m 的正六边形，总空方约 70 m³，总重量约 21 t，可抗海流 2.57m/s。

（二）鱼礁组合

根据中央山-白石山海域水深小于 20 m，最浅处小于 8 m，考虑现地水深较浅和靠近岛屿，以及岩礁性鱼类在岛礁周边的趋流性强和捕食范围小等活动特点，设置了 3 种单位鱼礁和 2 种鱼礁群，分别如表 3-30 和表 3-31 所示，其中有 2 种单位鱼礁各自的总空方规模均设置为小于常规的 400 m³，与布设地水浅匹配。

表 3-30　中央山-白石山海域单位鱼礁类型

单位鱼礁	礁体个数		备注	单位鱼礁数
	框架型	六边形		
TA 型	50	0	正方形 10 个×5 个，单倍礁距	16
TB 型	25	0	长方形 5 个×5 个，单倍礁距	8
LA 型	0	3	正三角形，单倍礁距	4

表 3-31　中央山-白石山海域鱼礁群类型

鱼礁群	单位鱼礁构成	框架型礁体数	六边形礁体数
A 型	4 个 TA 型、1 个 LA 型	200	3
B 型	4 个 TB 型、1 个六边形礁	100	1

1. 单位鱼礁

TA 型单位鱼礁：由 50 个台面框架型鱼礁构成长方形阵列，总空方 625 m³，如图 3-43 所示，礁体之间距离 2 m，长边边长 38～40 m，短边边长 18～20 m。

TB 型单位鱼礁：由 25 个台面框架型鱼礁构成正方形阵列，总空方约 313 m³，如图 3-44所示，礁体之间距离 2 m，边长 18～20 m。

LA 型单位鱼礁：由 3 个圆角六边形鱼礁构成正三角形阵列，总空方约 210 m³，如图 3-45 所示，鱼礁之间距离 5 m，边长 13～15 m。

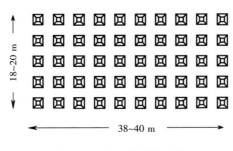

图 3 - 43　TA 型单位鱼礁

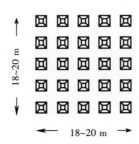

图 3 - 44　TB 型单位鱼礁

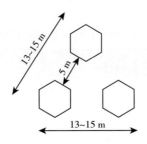

图 3 - 45　LA 型单位鱼礁

2. 鱼礁群

A 型礁群：由 4 个 TA 型单位鱼礁和 1 个 LA 型单位鱼礁构成正方形阵列，边长 65～70 m，其中相邻的 2 个 TA 型单位鱼礁的边缘间距为 9～10 m，LA 型单位鱼礁位于 4 个 TA 型单位鱼礁所构成的中心区，如图 3 - 46 所示。

B 型鱼礁群：由 4 个 TB 型单位鱼礁和 1 个圆角六边形鱼礁构成正方形阵列，边长 54～60 m，其中相邻的 2 个 TB 型单位鱼礁的边缘间距为 18～20 m，圆角六边形鱼礁位于 4 个 TB 型单位鱼礁所构成的中心区，如图 3 - 47 所示。

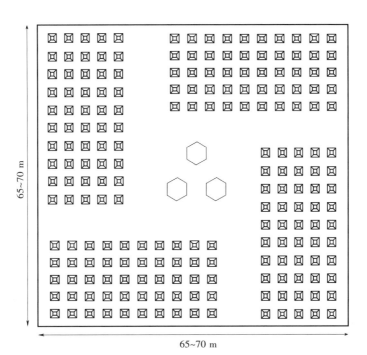

图 3-46　A 型鱼礁群

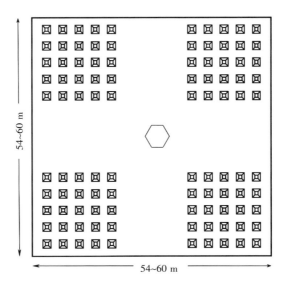

图 3-47　B 型鱼礁群

（三）象山港海洋牧场区的人工鱼礁布局

象山港海洋牧场区位于白石山-中央山-铜山岛北侧、主航道以南 500 m 的海域，规划面积为 4.2 km²。通过在该海域投放人工鱼礁，使原本为粉沙质黏土的海底兼具岩礁生境的特质，以营造和改善黑鲷、褐菖鲉等增殖放流种的栖息环境；同时利用人工鱼礁的流场效应，协同与白石山-中央山北侧近岸的大黄鱼围栏养殖和黑鲷网箱养殖区、主航道东南和西南二侧的海带筏式养殖区等不同功能区块的相互作用，整体布设如图 3-48 所示。人工鱼礁于 2012 年 4 月完成投放，具体布设要点为：

一是鱼礁群沿大致等深线走向布设，每个鱼礁群相对独立又能形成鱼礁带，利于鱼礁区整体的规模效应及其与各养殖区的协同作用；同时，鱼礁带的外侧鱼礁能起到诱导礁的效果。

二是总空方量较大的鱼礁群 A 型布设在外侧深水处，较小的鱼礁群 B 型布设在内侧浅水处，主要起岩礁生境营造和改善作用。单体空方量较大的圆角六边形鱼礁布设于相对深水处，主要起聚集中上层鱼类，以及协同沉底鱼礁与周边养殖区营养与悬浮物质交换、增殖鱼类等生物资源的作用。

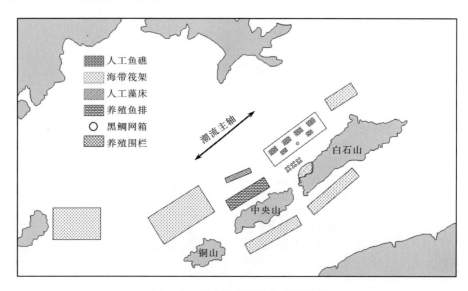

图 3-48　象山港海洋牧场布局示意

（四）人工藻床配置

象山港海洋牧场区因需避开主航道而偏离潮流主轴，人工鱼礁和网箱/筏架等养殖设施的流场效应会受到一定影响，为此在鱼礁区和养殖区之间专门增设了浮式人工藻床，以过渡和强化二区之间的协同作用。

象山港海洋牧场区的人工藻床构件有管架刚性和绳索柔性，以及可调水层型等多种形式。图 3-49 所示为管架刚性构件，采用 PPR 管材焊接成方形浮框，浮框内配备 pp 绳索编织的网格，作为藻类附着基。构件边框长 1～3 m，直径 90 mm，厚 8.2 mm，4 个弯头直径相同、长 1 m，采用热熔方式焊接；藻床内

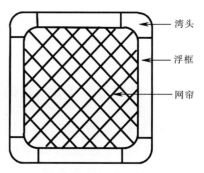

图 3-49　管架刚性人工藻床构件示意

部的网格采用直径 6～8 mm 的韩国麻编织，网目边长 50 mm，缩结 0.707。

人工藻床的海藻培育采取混合夹苗方式进行，见图 3 - 50。苗种为包括海带、铜藻、亨式马尾藻、石花菜、紫菜、全缘马尾藻、海蒿子等，规格为 3～5 cm。

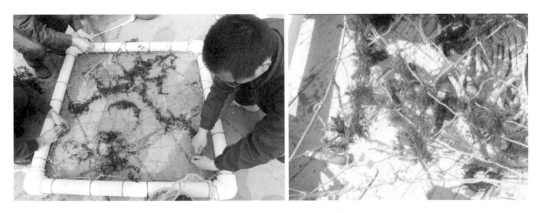

图 3 - 50　管架刚性人工藻床夹苗现场

人工藻床以单个构件独立或多个构件串成带状，布设于鱼礁区东南、海带筏式养殖区东北、黑鲷网箱养殖区西北和大黄鱼养殖鱼排以北之间区域的水面下 0.5～1.0 m，现场水深 5～10 m，沿大致东西向顺流锚系固定（图 3 - 48），于 2012 年 12 月布设完毕，布设现场情况如图 3 - 51 所示。

图 3 - 51　人工藻床海上布设

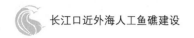

（五）建设效果

象山港海洋牧场区的人工鱼礁投放后，使用流刺网和桁杆拖网等网具，以及双频识别声呐（DIDSON）等声学手段进行了跟踪调查。另外，还开展了人工藻床附着生物随机采样，以期通过该区域的生物资源变化来评估其建设效果。

1. 网具调查结果

调查显示，海洋牧场区共有 52 种游泳动物，主要种类为黑鲷、褐菖鲉、黄姑鱼、斑鰶、短吻三线舌鳎、焦氏舌鳎、青石斑鱼、多鳞鱚、三疣梭子蟹、巨指长臂虾、脊尾白虾、口虾蛄、黑斑口虾蛄和日本蟳等。其中，斑鰶是该海域的中上层绝对优势种；短吻三线舌鳎、日本蟳、黑鲷、褐菖鲉、焦氏舌鳎和巨指长臂虾是该海域的底层优势种。舌鳎、虾等沙泥栖息种类和黑鲷、褐菖鲉等岩礁种类的混居共存现象，说明鱼礁投放构成的岩石相特质并没有破坏原有的粉沙质黏土相特质，而是丰富了该海域的底质类型，增加了生物多样性，提升了海域生态系统的健康。

海洋牧场区的渔业资源生物量也有显著增加，物种丰度为对照区的 1.3 倍，而底栖生物和中上层游泳生物的资源密度则分别为对照区的 3.6 和 3.9 倍左右。其中，黑鲷、黄姑鱼、青石斑鱼、褐菖鲉等优质鱼的种群优势显著提升，这些岩礁性鱼类等的平均营养级达到了 3.59、平均能量转换效率为 13.6%，分别高于对照区的 2.87% 和 9.5%。

2. 人工藻床附着生物调查结果

现场取样检测表明，人工藻床上的附着生物多达 19 种，主要种类为囊藻、海葵、藤壶、牡蛎、麦秆虫、钩虾、沙蚕等，换算后的密度高达 10 200 多个/m²，生物量约 9 250g/m²。在海洋牧场区海带养殖场的随机采样发现，黑鲷、斑鰶和虾虎鱼等种类的鱼卵、仔稚鱼数量也显著多于海洋牧场区外围的海带养殖区。海洋牧场区的附着生物等饵料条件的改善，以及幼鱼数量的增加，意味着其渔业资源的增殖潜力和养护效能得到了极大提升。

3. DIDSON 声学调查结果

采用双频识别声呐（DIDSON）于投礁前的 2011 年进行了海洋牧场区生物资源的声学本底调查，鱼礁投放完成后的 2013—2016 年，又先后进行了 5 次调查，以声学仪器的结果来认识海洋牧场区特别是鱼礁区内外的生物差异，可弥补拖网不能进入礁区内部、刺网可能在礁区缠挂破损等带来的采样不均等局限性。

声学调查包括定点观测和走航观测两种方式采集数据，三个定点观测站分别设置在礁区内（1 号点）、礁区外（2 号点）以及礁区边缘（3 号点），每站均连续观测 12h 以上；走航观测的航迹线如图 3-52 所示，每次走航里程 5～6 km，持续时间约 60 min。

定点观测到的鱼类计数结果如表 3-32 所示。2011 年 4 月投礁前，鱼类数量为礁区

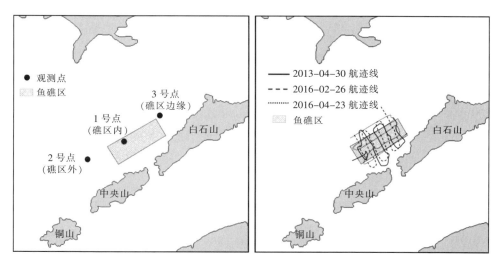

图 3-52　声学调查定点观测和走航观测示意

外＞礁区边缘＞礁区内。投礁一年后的 2013 年 4 月，礁区内鱼类数量有所上升，明显高于礁区边缘，但依然少于礁区外。2013 年 11 月再次观测，结果显示礁区内鱼类数量已和其他两个定点形成鲜明对比，分别是礁区外、礁区边缘的 1.95 和 6.52 倍。之后 2015—2016 年又进行了 3 次观测，整体结果仍然显示礁区内数量高于其他 2 个定点，但礁区边缘鱼类数量有所回升；2015 年之后礁区外鱼类数量亦有上升趋势，但相比于前 3 次观测结果却有所下降。以上结果说明，投放的人工鱼礁对区域的鱼类诱集效果是十分显著的，达到了鱼礁的功能设计要求。

表 3-32　三个观测定点的鱼类尾数分布

时间	礁区内	礁区外	礁区边缘
2011/4/17	1 980	2 746	2 682
2013/4/30	2 801	2 971	431
2013/11/16	3 044	1 558	467
2015/5/29	2 239	717	1 021
2016/2/28	3 485	1 481	2 570
2016/4/22	3 956	1 922	2 038

在鱼类的体长分布方面，定点观测到的结果如表 3-33 所示。人工鱼礁投放后，鱼礁区的鱼类平均体长呈逐渐下降的趋势，2016 年 2 月达到最小；2015 年 5 月观测到的鱼类数量有所回落，但平均体长有所增大，同期在礁区外和礁区边缘也观测到鱼类在各自站点的平均体长最大值，因此，平均体长可能与调查季节有关。在礁区外，2013 年 11 月平

均体长最小，而其他年份变化不大，基本维持在 10～15 cm 范围。礁区边缘的鱼类平均体长在 2013 年 4 月达到最小，之后缓慢增大。

相同时间的观测数据显示，2011—2013 年礁区内的鱼类体长明显大于其他两区，之后逐渐下降；2015 年 3 个观测站的鱼类平均体长均较 2013 年有所增大，但在礁区内的增大趋势显著低于其他两区。虽然 2016 年 2 月三区的鱼类平均体长都较小，但礁区内仍为三者之最小；结合鱼类的数量在鱼礁区为最大值，说明投放鱼礁对于增加幼鱼数量的效果是明显的，通过人工鱼礁建设实现幼鱼养护和渔业资源增殖的目标是行之有效的。

表 3 - 33　三个观测定点的鱼类平均体长

时间	鱼类平均体长（$X \pm SD$）(cm)		
	礁区内	礁区外	礁区边缘
2011/4/17	17.47±7.18	12.15±8.56	14.37±8.31
2013/4/30	15.12±5.84	14.22±6.44	6.39±4.78
2013/11/16	9.03±3.90	9.42±8.14	6.85±5.22
2015/5/29	13.99±5.76	21.19±10.71	21.42±12.48
2016/2/28	8.96±8.56	12.21±10.26	9.28±3.31
2016/4/22	13.21±10.15	11.57±8.79	11.87±6.69

第四节　软相泥地海域的人工鱼礁建设

软相泥地是海洋大陆架的主要生境类型之一，其中的沉积物主要来源于陆地河流泥沙输入、海洋生物腐烂、海洋悬浮物和大气颗粒物沉降。长江口及其延伸区尤其是南部的许多海域就属于软相泥地环境，在这些区域中多以细沙质软泥和粉沙质软泥沉积为主，只有少部分区域如海岸线冲积带分布一些粗沙。在径流、沿岸流和外侧台湾暖流的多重影响下，其底层环境呈现悬浮颗粒密度大、能见度极低的特点。在此类生境中常年栖息的生物以洄游性较弱的底表鱼类和底内埋栖、穴居的底栖动物为主。另外，随着季节的变化，也会有大量的洄游性鱼类阶段性地在该海域出现。但由于人们在该海域长期高强度的捕捞作业以及海洋污染物的汇集，其底栖环境受到了一定的干扰和破坏，这也进一步使得该环境中的海洋生物资源处于较低的水平。与此同时，人们对海产品的实际需求却日益增长，在捕捞和环境污染的双重压力下，如何改善该海域底栖环境并恢复或提高该海域渔业资源产量则是当前亟待解决的问题。本节以长江口外海域的典型软相泥地海域人工鱼礁建设实践为对象，详细阐述选址、设计、投放和效果评估等相关问题，为长江口开阔海域的人工鱼礁建设提供理论指导和技术参考。

一、泥质海底环境的生物群落结构

大陆架海床的底质可分为硬质底、软质底和生物礁等类型，多数大陆架海底以软质底（沉积物）为主。如在 65 m 以浅的大陆架，泥、沙底质是常见的软质底海底类型，其总覆盖面积可占整个大陆架海床面积的 84%，而硬质底海床面积只占 6%，其余则由生物礁和贝壳碎片所组成。对于软质底海底，其分布与海底的水动力过程和地形密切相关，其中沉积物主要来自陆地的沙、粉沙和黏土。这些物质由风、雨和冰对土壤和岩石的侵蚀作用而形成，并通过河流运输到海洋中。

长江口外海处于东海宽阔陆架的边缘，这里既是长江、钱塘江、瓯江、闽江等多条河流的入海口，同时又处于东亚季风的下风带，因此有大量的泥沙通过水流被运输到该区域。这也进一步使得该陆架上呈斑块状分布着一些泥底质海区，如远岸济州岛西南泥质区和近岸闽浙沿岸泥质区，这些泥质区是该陆架乃至整个东海现代细颗粒物的堆积中心，也是陆海相互作用和物质通量研究的关键区域。

栖息地的环境特征往往决定了其中生物的群落结构，相较于硬底质海底，泥质海底不同样栖息着丰富多样的海洋生物，但该环境下一般不存在海藻、珊瑚等生物。泥质海底不仅为生活在海底表层的生物创造了适宜的栖息场所，也为穴居生物提供了理想家园，而栖息的生物主要以无脊椎底栖动物为主。按在沉积物中的栖息位置或利用方式，可将这些底栖生物分为底上、底表和底内栖息三种无脊椎底栖生物，主要为腔肠动物、节肢动物、环节动物、软体动物等无脊椎动物。这些无脊椎底栖动物随底质的不同而具有不同的分布特征和摄食习性。多毛类的蛰龙介科、丝鳃虫，甲壳类的豆蟹科等选择性沉积食性类群，潜居于含沙量 70% 左右的软泥底质表层，摄食含丰富有机物碎屑、单细胞藻、有孔虫等的细颗粒沉积物。软体动物的毛蚶、多毛类的长吻沙蚕、棘皮动物滩栖蛇尾等非选择性沉积食性类群，潜居于软泥底质内，不加选择地摄食富含有机物的腐殖软泥。它们在受泥质底环境影响的同时，其自身的生命活动也会造成某种程度的底质环境改变。另外，也有一些肉食性鱼类在此觅食，有的是定栖性鱼种，有的则是洄游性鱼种，它们大多以这些无脊椎动物为捕食对象。但在人们高强度的拖网渔业捕捞活动以及污染物排放等影响下，泥质底环境和其中生活的底栖生物一直面临着一定程度的干扰，有些区域甚至如海底沙漠一样，生物量极少。这也让人们更加意识到对这些区域实现资源修复的重要性。

二、人工鱼礁建设与生境类型再建

与岛礁等硬相底质海域的人工鱼礁建设不同，泥质海底建设人工鱼礁对生境往往具有较大的塑造性，这种塑造性主要体现在生境类型的底质重构过程。根据海域环境特征，将以钢筋混凝土等为主要材料的人工鱼礁进行一定的配置和组合，投放到泥质海底的海域后，经过一定时间可逐渐形成具有一定岩礁或岛礁功能的生境，而在此栖息的生物群落具有泥地和岩礁两种生态类型的特征。

随着人工鱼礁建设以及相关科学研究的不断加强，人们对软相泥地海域人工鱼礁的环境改造效益和生态功能的认识而逐渐加深，可总结概括为以下几个方面：①人工鱼礁投放形成的局部缓流区域、阴影区域、中空结构和凸起结构等特殊环境，能为一些特定种类尤其是岩礁性种类如褐菖鲉、许氏平鲉、乌贼等提供其喜好的产卵或避敌、育成等栖息场所，从而在原有泥地生境的基础上，实现具有岩礁特性生境的塑造，加大人工鱼礁建设海域生物栖息地类型多样性和空间异质性；②与易受海水冲刷的泥质海底不同，人工鱼礁礁体的存在，为藻类、端足类、贝类等附着生物提供了附着基，同时这些附着生物又能为一些植食性或肉食性的更高营养级生物提供摄食饵料；③局部流态变化引起鱼礁周边海底不同粒径的沉积物重新分布，进而使得沙蚕、线虫等埋栖类底泥生物在此聚集，从而吸引以其为摄食对象的虾蟹类、鲆鲽类等近底层游泳生物；④钢铁材质类鱼礁释放铁离子等，补充局部水体微量元素平衡，促进浮游生物的生长，从而提高海域初级生产力，有利于资源增殖及渔场形成；⑤大规模抛石等鱼礁建设不仅改变布局海床基质、增加大量埋栖类生物饵料、形成新的底层生物群落，同时通过营造上升流域，促进海水上下交换，提高局部海域新生力，形成鲐鲹、小黄鱼等洄游性鱼类渔场。以上几方面往往相互关联、协同作用，经长期相互交叉作用和演变、耦合，最终在泥质海底海域形成相对稳定的人工鱼礁生态系统及资源增殖体系。

从生物资源增殖和礁体生态效应角度考虑，要求人工鱼礁周边应产生一定规模的背涡流和相对多变的其他流态，因此礁体结构不可过于简单。在泥质海底海域建设人工鱼礁过程中，除考虑原有的生物种类外，还要考虑一些恋礁性鱼类如真鲷、黑鲷和花鲈等。因此，人工鱼礁礁体结构要有充分的洞穴、较大的内部空间、阴影面积及相当数量的平面，为鱼类提供充足的索饵、栖息、繁殖和庇护等场所。

在人工鱼礁投放的泥质海底，底质较为柔软，部分以淤泥为主，为防止礁体下陷过快和在潮流的洗掘作用下过早被掩埋，在礁体设计过程中要求在保证礁体强度的基础上，应尽量减轻礁体自重。同时，在保证礁体有效高度的同时，应预留一定的下陷高度。如果建设海域台风和大浪较多、海流较强，为保持礁体有较好的稳性，必须降低礁体水阻力作用；结构不宜过度复杂，礁体重心要下调；以堆积鱼礁单体形成的鱼礁群，其礁体结构设计上还需要考虑在礁体已经倾覆的情况下不至于翻滚太远，以尽量保持鱼礁群规模。

三、竹屿岛海域人工鱼礁建设

竹屿岛位于洞头本岛东侧约 3.5 km 的海域处，由大竹屿、小竹屿、虎头屿、北猫屿、笔架屿等数十座岛礁组成，总面积约 3.8 km²；该海域鱼类、贝类、藻类资源丰富，渔业资源区域优势十分明显。但随着区域经济发展和城市化步伐的加快，以及外地渔民破坏性开采当地贝类等渔业资源的活动愈发频繁，洞头列岛海域资源亟须保护，并需要以合理的经济开发方式带动当地渔区经济发展。针对此情况，当地政府加大了对海洋生态环境的保护与建设的重视力度，先后制定了一系列有针对性的海洋工作方针、政策和具体办法，并通过建设人工鱼礁和海洋牧场，带动旅游业和海钓业等，以达到修复和改善海洋环境、恢复生物多样性及渔业资源、带动地方渔业经济的目的。

（一）建设海域

竹屿岛人工鱼礁是洞头县海洋牧场示范区建设的主要内容，建设区位于竹屿岛东南侧，整体呈长约 1 520 m、宽约 980 m、面积近 1.6 km² 的长方形，如图 3-53 所示。该海洋牧场示范区北接大陈渔场，南临南麂列岛，西近温州市区，东至温外渔场，地理位置优越，渔业资源十分丰富。尤其是海洋牧场的毗邻岛屿——大、小竹屿，设有交通码头区，是对接县镇的快速通道，交通便捷。此外，与海洋牧场毗邻的竹屿旅游景区和竹屿海钓区，集岛屿烧烤与岛礁垂钓、游艇观光为一体，十分适合休闲渔业的发展。

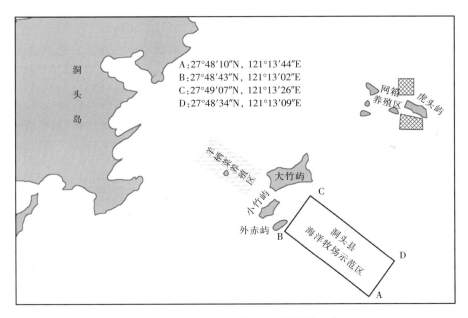

图 3-53　洞头县海洋牧场建设海域示意

（二）海域环境

1. 海底地形

建设海域地形平坦，平均水深为 13～17 m，为粉沙质黏土底质海底，承载力较弱。底质中硫化物含量 2.4×10^{-5} mg/L，有机碳含量 0.58%，油类含量为 10.6×10^{-6} mg/L，这些指标均符合国家海洋沉积物质量一类标准。

2. 水文水质

水温：全年最高水温 26～28 ℃，发生在 7—9 月间；全年最低水温 9～10 ℃，发生在 1—2 月间，全年水温变化情况如图 3-54 所示。水温垂向分布为表层高、底层低，但建设海域水温垂向分布总体较均匀，层化现象不明显。

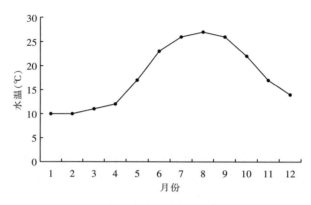

图 3-54　建设海域全年水温月变化

盐度：冬季呈低盐分布，变化范围 26～28，在夏季，东部和东南部表层盐度高于 33，西部高于 26，底层盐度的变化范围为 28～34。

潮汐：属正规半日潮，潮差较大，涨潮历时大于落潮历时，潮位站实测最大潮差为 6.61 m，最小潮差为 1.26 m，是我国强潮海区之一。

潮流：主要运动形式为往复流，且潮流强度较大，大潮实测最大流速 158 cm/s、小潮最大流速 104 cm/s，大潮平均流速 83 cm/s、小潮平均流速 60 cm/s。海域北部落潮流强于涨潮流，落潮流历时亦长于涨潮流；海域南部两者相当，甚而相反，这一现象主要因北部的瓯江径流影响较大所致。

波浪：该海域波浪的传播方向与风向一致，波浪高度与风速相关，主浪偏东，年频率 0.73。平均波高 1.0 m，各月平均波高 0.7～1.3 m；年均波浪周期 5.7s，最大 11.3s（涌），各月平均 5.2～6.0s。台风期间最大浪高为 4.3 m，浪级以 3 级为主，其次 4 级，相应频率 0.75。

水质：包括 pH、DO、COD、BOD_5、石油类、悬浮物、营养盐（NO_3^-、NO_2^-、NH_4^+、PO_4^{3-}）的浓度及重金属（Cu、Pb、Zn、Cd、Hg、As）含量等，监测结果见表 3-34。

表 3-34　水质监测结果

项目	海水一类标准（mg/L）	大潮到小潮所测值的范围
pH	7.8～8.5	8.19～8.4
DO（mg/L）	＞6	7.12～7.27

（续）

项目		海水一类标准（mg/L）	大潮到小潮所测值的范围
COD（mg/L）		≤2	0.16～0.48
BOD₅（mg/L）		≤1	0.74～1.24
石油类（mg/L）		≤0.05	0.008～0.012
悬浮物（mg/L）		人为增加量≤10	7.48～8.643
营养盐（mg/L）	无机氮	≤0.2	0.066 27
	PO_4^{3-}	≤0.015	0.043
重金属（mg/L）	Cu	≤0.005	0.001 3
	Pb	≤0.001	0.002 1
	Zn	≤0.02	0.054
	Cd	≤0.001	0.001
	Hg	≤0.000 05	<0.000 05
	As	≤0.020	0.005 6

水质监测结果表明，pH、DO、COD、BOD₅、悬浮物、石油类，以及重金属的 Cu、Hg、As 均能为一类海水；重金属 Pb、Cd 为二类海水，Zn 的实测值偏高，无机氮和活性磷酸盐为四类海水，总体上能满足人工鱼礁建设的水质标准要求。

3. 生物组成

浮游生物：大潮期间该海域共发现 81 种。浮游植物 48 种，丰度为每立方米 485.2×10⁶ 个，分属硅藻和甲藻，其中硅藻占绝大部分，达 45 种；小潮期间共发现浮游植物 24 种，丰度为每立方米 107.9×10⁶ 个，分属硅藻、甲藻、隐藻，其中硅藻 18 种、甲藻 5 种、隐藻 1 种。浮游动物 33 种，总生物量为 335.7 mg/m³、总丰度为每立方米 533.3 个，其中桡足类最多，为 12 种；其次是浮游幼体和介形类，分别为 6 种和 3 种；其他还有腔肠动物、端足类、磷虾类、十足类、翼足类、毛颚类、被囊类及鱼类。

底栖生物：调查资料显示，虎头屿附近海域共有底栖生物 22 种，分属软体动物、甲壳动物、多毛类动物和鱼类，其中软体动物 3 种、甲壳动物 7 种、多毛类动物 11 种、鱼类 1 种。大潮期间的丰度为每平方米 190 个，生物量为 2.1g/m²；小潮期间的丰度为每平方米 85 个，生物量为 2.3 g/m²。

游泳生物：虾拖网调查资料表明，虎头屿附近海域共有游泳动物 19 种，包括六指马鲅、虾姑、小黄鱼、红星梭子蟹、龙头鱼、三疣梭子蟹、锈斑蟳、日本蟳、鲚鱼、丁氏𫚒、鱿鱼、海鲇等。

4. 流场分析

应用三维有限体积河口海岸海洋模式 FVCOM（Finite Volume Coastal and Ocean Model），建立洞头海域水动力模型，分析海洋牧场备选海域的流场特性。

根据 FVCOM 可使用任意大小三角形网格的特点，对复杂海岸线进行了精确拟合，并在岛礁等重点区域进行了局部加密。模式范围包括整个瓯江口及其口外海域，人工鱼礁备选海域的局部网格划分如图 3-55 所示；备选区附近网格精度 50 m，开边界处最大网格尺度 5 000 m。模型计算在大型服务器上计算完成。

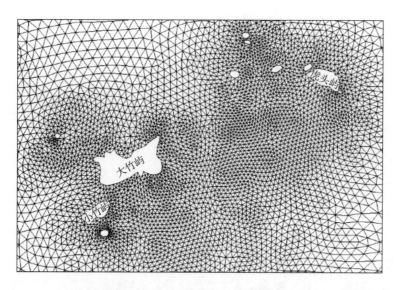

图 3-55 人工鱼礁备选区网格划分

径流边界仅考虑距离最近的瓯江，取其多年平均流量 470 m³/s。模式外海开边界采用 16 个主要天文分潮驱动，各分潮的调和常数由西太平洋大模式内插所得。开边界潮位由下式合成：

$$\xi = \sum_{i=1}^{n} f_i H_i \cos[\sigma_i t + (V_0 + u)_i - g_i]$$

式中 ξ 为某时刻的潮位，H_i 和 g_i 为各分潮的振幅和迟角，f_i、σ_i、$(V_0 + u)_i$ 分别为各分潮的多年变化因子、角速率和天文相角。

利用三盘门西侧观测站的实测资料，对 2007 年 11 月 26—27 日的流速流向进行了验证，另外，利用邻近的黄大岙潮位站资料，验证了 2007 年 11 月的潮位过程。结果分别如图 3-56 和图 3-57 所示，拟合良好。

备选礁区附近的涨急和落急流场如图 3-58 所示，根据数值计算结果获得的 25h 潮流玫瑰图如图 3-59 所示，备选礁区所在海域的潮流主流轴基本为东南-西北走向，故长方形礁区的走向亦设置为东南-西北走向。流速范围为 0.4~1.0 m/s，备选礁区附近最大流速 1.1 m/s，出现在南园屿与大竹屿之间的水道。

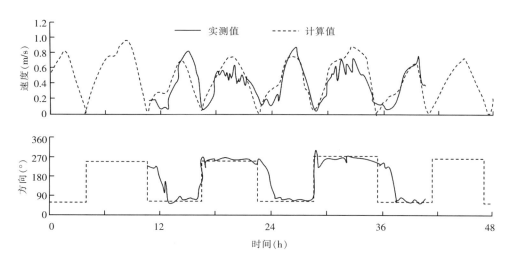

图 3-56　三盘门西侧观测站流速流向过程验证

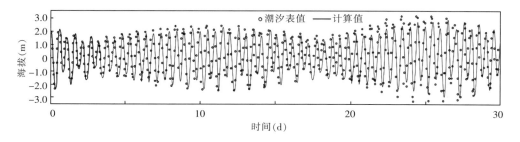

图 3-57　黄大岙潮位过程验证

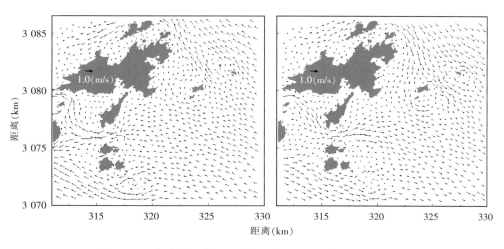

图 3-58　备选礁区附近的涨急流场（左）和落急流场（右）

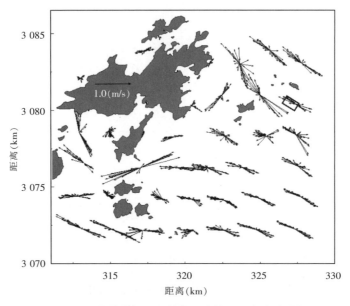

图 3-59   海洋牧场区及其邻近海域 25h 潮流玫瑰图

　　人工鱼礁投放区流速不宜过大，否则将危及礁体的安全，本处以大潮底层的最大流速和 25h 平均流速两个指标来判定备选海域是否适合建设人工鱼礁。如图 3-60 所示，由大潮底层最大流速图可知，南园屿与大竹屿之间水深大于 20 m 的区域为一个主要的涨落潮通道，此处最大流速超过 1 m/s，潮周期平均流速范围为 0.4～0.6 m/s。备选礁区大竹屿东南侧海域，避开了这一潮流通道，流速条件较好，为理想的人工鱼礁投放区。此处大潮底层最大流速均在 0.6 m/s 以下，平均流速在 0.3 m/s 以下。水深在 15～20 m 之间（参见图中实线框），适合建设休闲型鱼礁，且大、小竹屿可大大减少大部分的西向和北

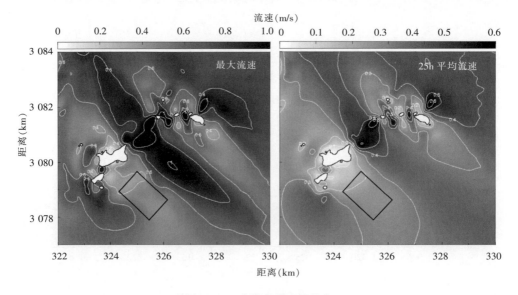

图 3-60   大潮底层流速分布

向风浪，海况条件有利于休闲游钓业的开展。

(三) 鱼礁结构

竹屿岛人工鱼礁建设的主要目标是改善洞头县海洋牧场示范区的岩礁性鱼类生境，同时与示范区周围的大、小竹屿和虎头屿等岛礁共同构成岩礁性鱼类幼苗的增殖放流点和栖息地，并与示范区东北侧的深水网箱养殖区和大竹屿西侧 0.133 km² 羊栖菜养殖区发挥协同作用（参见图 3 - 53），形成放流幼鱼的人工索饵场，从而完备海洋牧场示范区的各功能体系，再以此辐射周边海域，带动区域的渔业发展。

根据上述建设目标和建设海域以淤泥为主的底质特点，以及国外人工鱼礁大型化的发展趋势等，设计了两种类型的人工鱼礁，即大型的四棱台钢制鱼礁和小型的混凝土圆筒礁。

1. 四棱台钢制鱼礁

四棱台钢制鱼礁以近底层鱼类等游泳动物为目标生物，鉴于建设海域平均水深较浅和考虑礁体预留下陷高度，此鱼礁的高度设计为水深的 $1/5\sim1/3$，并采用钢架结构以减轻自重防止下陷。用热轧等边角钢（L63 mm×63 mm×6 mm）和钢板（50 mm×6 mm）焊接而成，其中正方形底边长 6 m，正方形顶边长 4.24 m、高 5 m，侧面与底面倾斜角为 10°，礁体结构如图 3 - 61 所示。

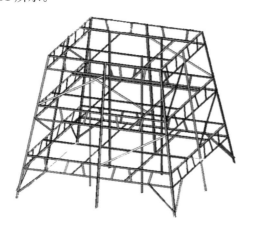

图 3 - 61　四棱台钢制鱼礁示意

2. 混凝土圆筒礁

混凝土圆筒礁以改造淤泥底质、丰富底栖生物种类为目标，体积较小，设计为圆筒上、下两截面直径不等，以便于在海底堆放和不易滚远。采用混凝土结构，圆筒上端外径 0.55 m、下端外径 0.45 m，圆通壁厚 0.1 m、高 0.9 m，礁体结构如图 3 - 62 所示。

图 3 - 62　混凝土圆筒礁示意

（四）人工鱼礁布局

先期通过数值模拟计算海洋牧场示范区及周边海域的流场分布情况，以及投放鱼礁可能带来的变化，再校验鱼礁布设的合理性，最终确定鱼礁区的布局方案。

1. 单位鱼礁

Ⅰ型单位鱼礁：间距 3 m 的 4 个四棱台钢制鱼礁个体，组成一个边长 15 m 的正方形组合，再由间距 15 m 的 4 个组合构成边长 45 m、空方数为 2 128 m³ 的正方形阵列，Ⅰ型单位鱼礁的配置见图 3 - 63。

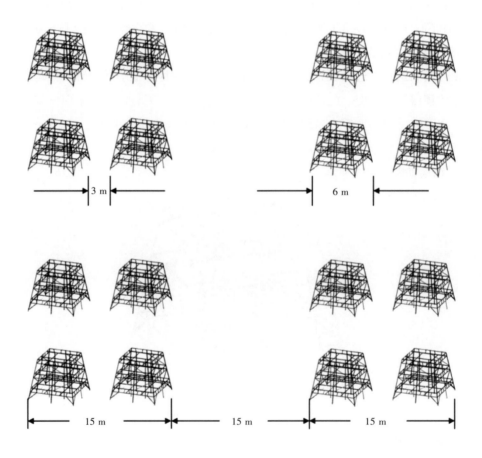

图 3 - 63　Ⅰ型单位鱼礁配置示意

Ⅱ型单位鱼礁：由 400 个混凝土圆筒礁个体组成，自然堆放，堆积 3～4 层，形成底部直径为 15～20 m、高度 3 m、空方数近 290 m³ 的圆台型堆积体，小于标准的 400 m³。这是考虑了组成个体数较多、可满足丰富生境类型的要求而设计的。Ⅱ型单位鱼礁的布设见图 3 - 64。

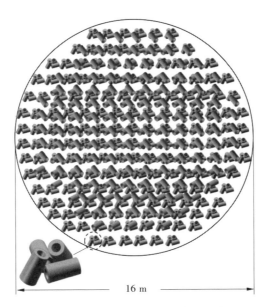

图 3-64　Ⅱ型单位鱼礁的布设示意

2. 鱼礁群

A 型礁群：由 9 个Ⅰ型单位鱼礁组成，形成空方数约为 19 150 m³ 的正方形阵列，相邻单位鱼礁距离控制在 100~150 m，鱼礁群边长控制在 400~450 m。其配置见图 3-65。

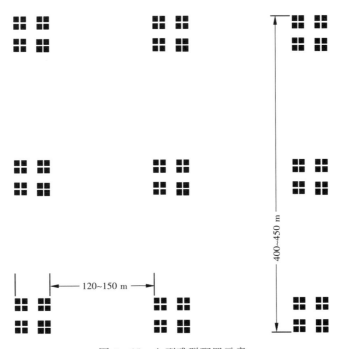

图 3-65　A 型礁群配置示意

B 型礁群：由 5 个Ⅱ型单位鱼礁构成，其中 4 个作为端点形成对边长 200 m 左右、空方数 1 420 m³ 的正方形阵列，其中心位置再添置一个Ⅱ型单位鱼礁。B 型礁群配置见图 3-66。

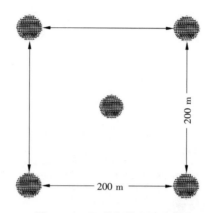

图 3-66 B 型礁群配置示意

C 型礁群：由 4 个Ⅱ型单位鱼礁构成，构成边长 150 m、空方数 1 136 m³ 的正方形阵列。C 型礁群配置见图 3-67。

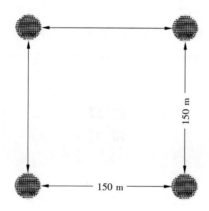

图 3-67 C 型礁群配置示意

3. 整体布局

综合海洋牧场示范区的流速、地形、面积等因素，人工鱼礁整体布局如图 3-68 所示，区内中心地带布设 2 个 A 型礁群，相邻间距 200～250 m；其四周交叉布设 B、C 两种鱼礁群共 12 个，整个鱼礁区的礁体空方数近 54 000 m³。其中空方数近 20 000 m³ 的大型 A 礁群作为鱼礁主体部分，主要起改变海域流场环境和诱集鱼类的作用，空方数近 4 000 m³ 的小型 B 礁群和 C 礁群分布四周，起丰富礁区底质类型和协同大型鱼礁群的作用。

鱼礁的投放于 2010 年 6 月完成。此外，为了增加海区中渔业资源补充群体、亲鱼群体数量、增加渔获量，示范区还进行了增殖放流，共放流真鲷、黑鲷、鲈等各类海水鱼苗 145 万尾，管角螺 5 万粒。

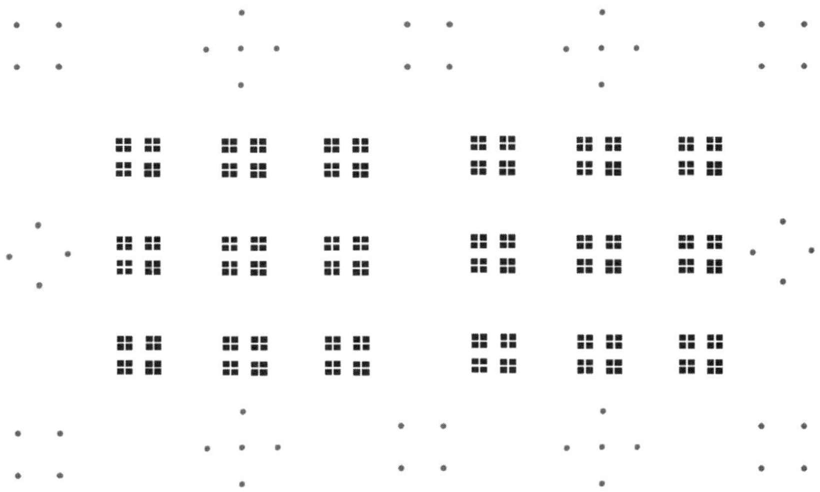

图 3-68　礁区整体布局示意

（五）人工鱼礁建设效果

为了解洞头海洋牧场示范区建设后人工鱼礁等基础设施的现状，尤其是经历台风后鱼礁的安全性如何，以及评估鱼礁区建设后的浮游生物等基础饵料生物、大型鱼类和无脊椎动物的增殖效果等，于 2011 年 11 月和 2012 年 4 月对人工鱼礁建设区进行了跟踪调查，刺网、拖网、C3D 等各种工具的调查站位布设如图 3-69 所示。

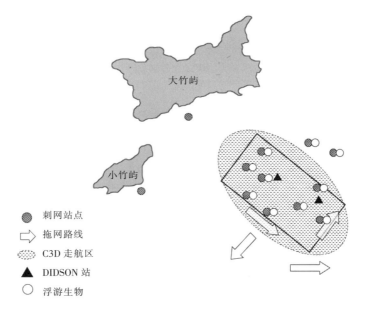

图 3-69　跟踪调查站点分布

刺网调查：2011 年 11 月 11—14 日，共设 12 个站点，其中礁区内 8 个、对照区 4 个（2 个在岩礁附近、2 个在礁区外泥地生境）。调查网具为多网目三层组合式，其中内网目

（2a＝25、34 mm 和 2a＝43、60、80 mm）、外网目 2a＝310 mm，刺网长度为 37 m/片×6 片＝222 m。放置时间早上 9：00 至次日 9：00 的 24h，采样后立刻用保温箱冷藏，带回岸上进行种类鉴定和生物学实验及胃含物取样。

拖网调查：2012 年 11 月 11 日，在鱼礁区边缘和对照区各设置 2 个站点，拖速 3 节，采样后立刻用保温箱冷藏，带回岸上进行种类鉴定和丰度、生物量及胃含物实验和分析。

浮游生物：2011 年 11 月 11 和 12 日，共设 10 个站点（礁区内 8 个、礁区外 2 个），分表、中、底层进行水采；浮游动物自底层至表层垂直网采。样品均用 5％福尔马林固定，保存于干净聚乙烯瓶中，带回实验室静置沉淀 48h，过滤掉上清液，浓缩至 50～100 mL，在显微镜下进行种类鉴定和计数。

声呐走航：2012 年 4 月 28—30 日，使用三维侧扫声呐 C3D - LPM 对鱼礁的移位和掩埋等存在状态进行了调查。

声学定点：2012 年 4 月 29 日使用声学成像仪 DIDSON 在鱼礁内部 2 个站位进行了鱼类监测，每个站位的持续时间大约 7h。

1. 鱼礁安全性

使用 C3D 侧扫声呐仪对现场海底的鱼礁分布状态进行走航探查，基本覆盖了海洋牧场区，共发现鱼礁 37 处，如图 3 - 70 所示。比较鱼礁布局方案可知，各单位鱼礁向东有所偏移但不大，只有编号为 36 的单位鱼礁向东偏移达到了最大的 200 m 左右，而南北方向偏移较小。由于距离投礁时间相隔一年，因此无法估算偏移量中因投礁施工所引起的占比。另外，期间还经历了强台风"梅花"的影响，因此，整体鱼礁的偏移程度处于允许的布局误差范围内，设计的鱼礁具有较好的抗滑移性。

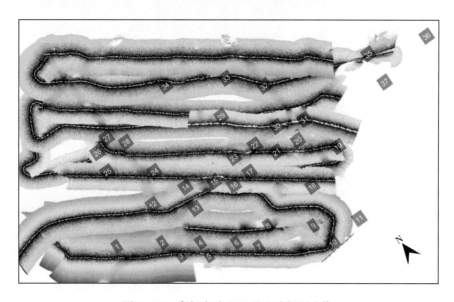

图 3 - 70　旁扫声呐 C3D 的鱼礁探测成像

由图 3-70 还可知，较大的四棱台钢制鱼礁其抗倾覆和抗滑移性效果较好，所构成的Ⅰ型单位鱼礁大部分清晰独立、分布规律、边缘齐整，基本保持了较好的完整性。另外，根据侧扫成像的明暗对比评估鱼礁的抗掩埋性，即掩埋度＝［1－（中心色度－边缘色度）/中心色度］，结果表明，礁体普遍存在被掩埋现象，平均掩埋可能达到 2/5，这主要由于海域泥沙含量较多所致，未来鱼礁可能会继续下陷。

局部区域的侧扫效果不太理想，尤其是在中西段，发现礁体较少，一些鱼礁被掩埋达到了 3/4，无法评估是否向西偏移，同时礁体轮廓不甚清楚，推测可能出现了较为严重的下陷掩埋，也可能是由于走航侧扫时，风浪过大，影响了扫航的清晰度。

2. 拖网渔业资源

（1）种类组成和生物量　拖网调查结果如表 3-35 所示，共发现 40 种大型无脊椎动物，其中鱼礁区 35 种，占总种类的 87.5%，对照区发现 30 种，占总种类的 75%，鱼礁区的种类数略多于对照区。

从各大类的组成和所占比例来看，节肢类的种类数在该海域占到了较大比例，在对照区甚至高达 56.7%，这显然与泥地生境占主导地位有关。但在鱼礁区，鱼类的种类数和节肢类同样多，比例为 42.9%，高于对照区的 33.3%，这是因为鱼礁区出现了对照区没有的特有种，如白姑鱼、小黄鱼、赤鼻棱鳀、半滑舌鳎、长蛸、窝纹网虾蛄、日本鼓虾等。

表 3-35　鱼礁区与对照区各大类组成比例（拖网）

	鱼礁区			合计	对照区			合计
	鱼类	软体类	节肢类		鱼类	软体类	节肢类	
种类数	15	5	15	35	10	3	17	30
比例（%）	42.9	14.3	42.9	100	33.3	10	56.7	100
尾数	441	38	756	1 235	297	38	519	854
比例（%）	35.7	3.1	61.2	100	34.7	4.5	60.8	100
重量（g）	2 785.2	328.5	6 425.5	9 539.2	1 904.3	80.3	4 587.5	6 572.1
比例（%）	29.2	3.4	67.4	100	29	1.2	69.8	100

从生物的个体数（尾数）看，鱼礁区的鱼类和软体类均多于对照区，但节肢类要少于对照区。折算成平均个体重量，鱼礁区（9 540/1 235＝7.725 g/尾）略大于对照区（6 572/854＝7.696 g/尾），这可能与鱼礁区的鱼类数量较多、占比例较大有关；但鱼礁区的鱼类平均重量（2 785/441＝6.32g/尾）却略小于对照区（1 904/297＝6.41 g/尾），这说明鱼礁区具有一定的幼鱼保育功能。

从生物量（重量）来看，鱼礁区总生物量为 9 539.2g，对照区为 6 572.1g；将它们折算到 30 min 拖网作业标准，则分别为鱼礁区 9 231.5g、对照区 6 259.1 g，鱼礁区的总生物量为对照区的 1.5 倍。并且鱼礁区各大类单项的生物量也高于对照区，其中，鱼礁区的鱼类生物量 2 785.2 g，是对照区 1 904.3 g 的 1.5 倍；鱼礁区的软体类生物量 328.5 g，要比对照区的 80.3 g 高达 3 倍，但软体类生物量所占权重较小；鱼礁区的节肢类生物量为 6 425.5 g，为对照区 4 587.5 g 的 1.4 倍。节肢类生物量明显大于其他两类，主要与口虾蛄的大量存在有关。口虾蛄的比例占到总渔获量的 26.3%，在鱼礁区占 20%，而在对照区达到了 35.4%，口虾蛄是此季节该海域的绝对优势种。

与历史资料相比，拖网调查结果显示，鱼礁区的种类数增加了，但种类的岩礁特征不明显，这可能与鱼礁建设的规模偏小，以及拖网只是在鱼礁边缘地带、不能进入到鱼礁内部调查等有关。

（2）优势种　拖网结果统计的优势种组成如表 3-36 所示，鱼礁区与对照区的优势种组成比较接近，两区共有的优势种为三疣梭子蟹、龙头鱼和口虾蛄均排在了前三位，为该海域此季节主要优势种类。此外，共同优势种还有棘头梅童鱼、中华管鞭虾、红狼牙虾虎鱼和细巧仿对虾。从优势度上看，鱼礁区的前三甲优势度平均值 37.1（=111.4/3）和总优势度之和 161，分别小于对照区的 43.6（=130.9/3）和 175.5，其中对照区榜首的口虾蛄优势度高达 53.4，也大于鱼礁区榜首的三疣梭子蟹优势度 42.9，说明鱼礁区的种类分布相对均匀，其生境所养护的资源种类生态位更加宽泛。

表 3-36　鱼礁区与对照区的优势种组成（拖网）

	优势种	优势度		优势种	优势度
	三疣梭子蟹	42.9		口虾蛄	53.4
	龙头鱼	37.7		三疣梭子蟹	44.9
	口虾蛄	30.8		龙头鱼	32.6
	细巧仿对虾	28.3		棘头梅童鱼	11.3
鱼礁区	棘头梅童鱼	9.2	对照区	中华管鞭虾	10.1
	中华管鞭虾	7		细螯虾	6.8
	红狼牙虾虎鱼	5.1		红狼牙虾虎鱼	6.3
				海鞘	5.1
				细巧仿对虾	5

（3）丰富度和多样性及相似度　丰富度指数是为了评价不同调查区的丰度情况，多样性指数进一步反映群落多样性状况，基于拖网数据计算的鱼礁区的种类丰富度为 4.77，种类多样性为 2.5；对照区丰富度为 4.29，多样性为 2.49。丰富度鱼礁区大于对照区，多样性两个区域的差异不大。从渔获的种类组成上看，鱼礁区与对照区的相似性为 0.48，两者相似度不高，不足 50%，说明鱼礁区与对照区已经开始出现一定差异。

3. 刺网渔业资源

（1）种类组成 刺网调查共发现种类 36 种，鱼礁区发现 26 种，岩礁区发现 17 种，泥地发现 8 种，种类和个体尾数如表 3-37 所示。鱼礁区特有种类为三线矶鲈、四指马鲅、赤鼻棱鳀、凤鲚、赤点石斑鱼、六丝矛尾虾虎鱼、海鲇、半滑舌鳎、棘头梅童鱼、窝纹网虾蛄、隆线强蟹、中华管鞭虾、脊尾白虾、哈氏仿对虾、周氏新对虾共 15 种；岩礁特有种类为真鲷、横带髭鲷、黄姑鱼、双角互敬蟹、鞭腕虾、葛氏长臂虾、甲虫螺、纵肋织纹螺、红带织纹螺、哈氏刻肋海胆共 10 种；泥地出现种类均在鱼礁和岩礁区发现，无特有种类。另外，鱼礁区开始出现褐菖鲉等典型的岩礁性种类，说明投礁已显现岩相生境的作用。

表 3-37 基于刺网调查的资源组成和个体尾数

种类	岩礁	泥地	鱼礁
半滑舌鳎	0	1	5
尖头黄鳍牙鿂	1	0	5
海鳗	1	1	3
龙头鱼	0	1	14
三线矶鲈	0	0	1
六指马鲅	1	0	1
四指马鲅	0	0	1
赤鼻棱鳀	0	0	3
凤鲚	0	0	6
赤点石斑鱼	0	0	1
红狼牙虾虎鱼	0	1	2
六丝矛尾虾虎鱼	0	0	1
海鲇	0	0	1
棘头梅童鱼	0	0	8
褐菖鲉	27	0	2
真鲷	1	0	0
横带髭鲷	1	0	0
黄姑鱼	1	0	0
窝纹网虾蛄	0	0	1
三疣梭子蟹	0	8	41
日本蟳	15	1	8
隆线强蟹	0	0	1

（续）

种类	岩礁	泥地	鱼礁
锐齿蚵	8	1	1
双角互敬蟹	1	0	0
口虾蛄	3	47	862
中华管鞭虾	0	0	22
脊尾白虾	0	0	4
哈氏仿对虾	0	0	1
鞭腕虾	1	0	0
葛氏长臂虾	1	0	0
周氏新对虾	0	0	1
长蛸	0	0	2
甲虫螺	39	0	0
纵肋织纹螺	1	0	0
红带织纹螺	28	0	0
哈氏刻肋海胆	2	0	0

由于刺网放置鱼礁区及岩礁区，易被钩挂或磨损，因此，根据每顶刺网的损失率来校正渔获量，结果见表 3-38。鱼礁区无论是生物量，还是种类数和个体尾数，均大于其他两区；特别是生物量，鱼礁区平均值 3 307g（＝26 452.7/8）明显高于岩礁区 1 586g（＝3 171/2）和泥地 793g（＝1 585.4/2），分别是它们的 2.1 倍和 4.2 倍。在个体尾数方面，鱼礁区与另外两区相差也较大，鱼礁区个体尾数平均值达 125，而岩礁和泥地平均值仅为 66 和 31。这说明鱼礁区内部吸引了大量生物聚集，相对于拖网调查，刺网设置于礁群内部，更能反映鱼礁区内部的生物资源状况。另外，就平均个体重量而言，鱼礁区（26.51g）的个体要略大于岩礁区（24.02g）和泥地（25.99g），这和拖网结果有一定差异，或许是刺网的渔具选择性较强所导致。

表 3-38　鱼礁区与对照区的生物量、种类数及个体尾数（刺网）

	生物量（g）	校正生物量（g）	种类数	个体尾数
岩礁	3 129.1	3 171	17	132
泥地	1 549.7	1 585.4	8	61
鱼礁	21 385	26 452.7	49	998

（2）优势种　刺网调查的优势种组成如表 3-39，由表可知，岩礁区优势种类较多，且分布比较均匀；相对于岩礁区，鱼礁区与泥地的优势种类更为接近，均为口虾蛄、三

疣梭子蟹等。这可能与鱼礁和投放规模和占据面积都较小，还不至于影响到该海域泥地生境占主导的格局有关；虽种鱼礁区出现了龙头鱼等近岩礁泥沙地生境的优势种，但口虾蛄占绝对优势种无疑说明了鱼礁区对整个海域的影响仍然是有限的。另外，鱼礁区的平均生物量高达 3 307g（前述），说明其对海域的局部确实能起到一定的调控作用，并改善局部环境、丰富生境类型，从而达到养护和增殖生物种群数量的目的。

表 3-39 基于刺网调查的优势种组成

	优势种	优势度		优势种	优势度		优势种	优势度
岩礁	褐菖鲉	44.3	泥地	口虾蛄	131.1	鱼礁	口虾蛄	166.4
	海鳗	42.3		三疣梭子蟹	28.3		三疣梭子蟹	16.1
	甲虫螺	35.2		海鳗	23.8		龙头鱼	4.7
	日本蟳	26.1						
	锐齿蟳	10.2						

4. DIDSON 定点监测

两次 DIDSON 定点监测共发现鱼类 10 条，其水深分布见表 3-40。监测到的鱼类主要出现在中午或午后一段时间，出现水深在 7 m 以内。由于现场海域风浪过大，使得探头摇晃不稳定，较难监测到体长较小的鱼类，导致整体监测效果不明显。

表 3-40 DIDSON 定点监测结果

名称	发现鱼的深度（m）
鱼 1	3.3
鱼 2	2.2
鱼 3	2.5
鱼 4	5.1
鱼 5	5.6
鱼 6	5.7
鱼 7	2.0
鱼 8	2.1
鱼 9	5.4
鱼 10	7.0

5. 鱼类体长分布

将拖网和刺网的鱼类调查数据划分为鱼礁区和对照区两大类，得到各体长组的分布，如图 3-71 所示。由图可知，鱼礁区的鱼类在 60～100、101～140、141～180 和 181～220 mm

等体长组均有分布，其中以 181～220 mm 体长组分布最多。对照区的鱼类主要集中于 60～100 mm 和 101～140 mm 两个体长组，对照区的体长较鱼礁区偏向于小体长组分布。

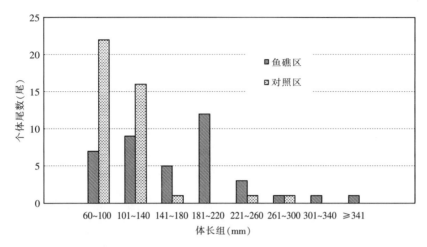

图 3-71　鱼类体长组分布

6. 鱼类性腺成熟度

鱼礁区和对照区的鱼类性腺成熟度如表 3-41 所示，调查时期所有鱼类的性腺成熟度均以Ⅱ期和Ⅲ期为主。其中，Ⅱ期的比例达到 63.9%，Ⅲ期占 26.5%，Ⅰ期占 9.6%。鱼礁区的性腺成熟度组成中，Ⅰ期鱼类所占比例为 10%，Ⅱ期为 70%，Ⅲ期为 20%。对照区Ⅰ期的比例为 9.3%，Ⅱ期的比例为 58.1%，Ⅲ期占 32.6%。从性腺成熟度组成来看，鱼礁区鱼类的性腺成熟度要小于对照区，可以反映鱼礁区的幼鱼养护作用。

表 3-41　鱼礁区与对照区的鱼类性腺成熟度

	种类	测定尾数	Ⅰ期	Ⅱ期	Ⅲ期	Ⅳ期
鱼礁区	龙头鱼	14	2	10	2	0
	尖头黄鳍牙鰔	6	2	4	0	0
	小黄鱼	1	0	0	1	0
	凤鲚	5	0	3	2	0
	棘头梅童鱼	11	0	8	3	0
	半滑舌鳎	2	0	2	0	0
	海鳗	1	0	1	0	0
合计		40	4	28	8	0
对照区	棘头梅童鱼	28	4	14	10	0
	凤鲚	4	0	3	1	0
	褐菖鲉	10	0	7	3	0
	海鳗	1	0	1	0	0
合计		43	4	25	14	0

7. 鱼类胃含物

对海洋牧场区和附近海域的几种重要鱼类的胃含物进行了分析，主要种类包括棘头梅童鱼、海鳗、舌鳎、龙头鱼、褐菖鲉、尖头黄鳍牙鰔等，共采集 52 个胃含物样本。结果表明，Ⅰ级胃比例为 23%、Ⅱ级胃 15.4%、Ⅲ级胃 28.8%、Ⅳ级胃 32.7%，该海域鱼类的摄食强度比较大。

鱼类摄食的主要饵料生物种类有口虾蛄、细巧仿对虾、龙头鱼、周氏新对虾、葛氏长臂虾、三疣梭子蟹、日本鼓虾等，虾、蟹类承担了大部分的摄食压力，是主要的优势饵料。鱼礁区内存在的大量的口虾蛄（刺网优势种），为海洋牧场区的渔业资源增殖放流和经济鱼类产出提供了强大的食物基础。

8. 浮游生物

浮游生物位于捕食食物链的底端，影响着海域生态系统的能流传递过程。它的分布和数量与鱼类的种群变化和补充机制、鱼类群聚和渔场形成都有密切的关系。

（1）浮游植物　浮游植物调查结果如表 3-42 所示，鱼礁区的种类数及优势种均显著多于对照区，但均以硅藻为主。在鱼礁区内部，种类及优势种分布也不均衡，底层的种类数要多于表层和中层，但底层的优势种类数却少于表层和中层，说明鱼礁区各水层对浮游植物种类组成的垂直环境适宜性有较大差异。

表 3-42　浮游植物种类数与优势种

水层	全部种类数（未定数）	种类数		鱼礁区优势种	对照区优势种
		鱼礁区	对照区		
表层	51（一2）	43	26	细弱海链藻、密集海链藻、太平洋海链藻、地中海指管藻、颤藻、扭曲小环藻、扭链角毛藻	具槽直链藻
中层	46（一2）	38	22	具槽直链藻、尖刺菱形藻、颤藻、菱形海线藻、丹麦细柱藻、布氏双尾藻、中肋骨条藻	具槽直链藻
底层	55（一5）	48	15	具槽直链藻、菱形海线藻	中肋骨条藻

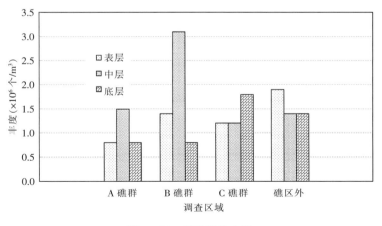

图 3-72　浮游植物丰度

浮游植物的丰度统计结果如图 3-72 所示，最高值（每立方米 3.1×10^6 个）出现在 B 礁群的中层，明显高于其他站位和水层，而最小值（每立方米 0.8×10^6 个）在 A 礁群的表层、底层和 B 礁群底层同时出现。鱼礁区表层和底层的丰度平均值分别为每立方米 1.13×10^6 个和 1.13×10^6 个，均小于礁区外，但中层丰度平均值（每立方米 1.93×10^6 个）大于礁区外，这显然主要是来自 B 礁群中层的丰度最大值的贡献。另外，鱼礁区表层和底层的丰度相对变化率 75%～125%，也小于中层的 158%。因此，鱼礁区的中层是一个环境比较复杂的水层面，很可能与礁区内部布设的大型 A 礁群和小型 B 礁群与 C 礁群所引起的局部水流差异等因素有关。

（2）浮游动物　总共获得浮游动物 56 种（包括 3 个未定种），分属暖温近岸低盐、广温广盐、低温高盐、低温广盐、高温高盐等类群。出现最多的为桡足类，其次是箭虫类、水母类、磷虾及稚鱼。其中鱼礁区 45 种，大于对照区的 26 种。鱼礁区浮游动物种类数远大于对照区，这可能与鱼礁区站位较多有关，但折算到单个站位的平均值为 34 种，仍大于对照区。

浮游动物优势种（$Y\geqslant0.02$）如表 3-43 所示，海洋牧场区所在海域共发现浮游动物优势种 19 个，其中鱼礁区 16 种，对照区 8 种。鱼礁区和对照区的共同优势种有 5 个，分别为微型箭虫、丹氏厚壳水蚤、水螅水母、四叶小舌水母、瘦尾胸刺水蚤。鱼礁区特有优势种有 11 个，主要是瘦胸刺水蚤、小拟哲水蚤、亚强真哲水蚤等；对照区特有优势种有 3 个，分别为克氏纺锤水蚤、中华假磷虾、虾蛄幼体。鱼礁区较多的浮游动物种类数和优势种意味着更具丰富多样的饵料生物，有利于海洋牧场区产出物种的多样性以及海域生态系统的健康。

表 3-43　浮游动物优势种

优势种	鱼礁区	礁区外
克氏纺锤水蚤		0.05
微型箭虫	0.04	0.04
丹氏厚壳水蚤	0.03	0.04
水螅水母	0.02	0.04
四叶小舌水母	0.03	0.03
瘦尾胸刺水蚤	0.04	0.02
中华假磷虾		0.02
虾蛄幼体		0.02
瘦胸刺水蚤	0.04	

（续）

优势种	鱼礁区	礁区外
小拟哲水蚤	0.05	
亚强真哲水蚤	0.3	
美丽箭虫	0.02	
百陶箭虫	0.03	
普通波水蚤	0.05	
叉胸刺水蚤	0.04	
鲍氏水母	0.03	
丹氏纺锤水蚤	0.04	
海樽	0.02	
背针胸刺水蚤	0.02	

　　浮游动物的丰度统计结果如图3－73所示，最大值（每立方米170个）出现在C礁群，与同为小型礁群的B礁群相差不大，但都高于大型礁群的A礁群。鱼礁区丰度平均值每立方米146.7个，达礁区外（每立方米70个）的2倍多，说明海洋牧场区具有更充分的饵料基础，以及较高的渔业资源增殖潜力，这与拖网和刺网调查数据显示的鱼礁区种类多样性和丰富度均大于对照区的结果是吻合的。

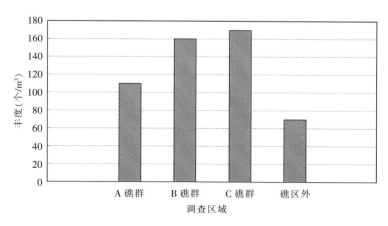

图3－73　浮游动物丰度

　　在整个跟踪调查与评估过程中有几点值得关注：①口虾蛄的大量繁殖现象十分严重，无论鱼礁区内，还是外围海域，均发现大量口虾蛄。这一方面给渔业资源带来了一定的饵料基础，不少鱼类胃含物中均发现口虾蛄，但同时口虾蛄的摄食也对一些鱼类产生了饵料压力。因此，口虾蛄的大量繁殖所带来的正面或负面效应及产生原因需及早研究，以保证海洋牧场示范区和周边海域生态系统的健康。②人工鱼礁投放后，缺乏及时的投放质量评价，因此在后期鱼礁安全性评估中，只能与设计方案比较，但无法判知礁体投放本身造成的误差。③该海域泥沙含量较高，未来鱼礁还存在继续下陷的可能，也要充分考虑鱼礁的礁体改进。

基于上述思考以及鱼礁建设效果的评价结果，建议该海域今后的海洋牧场建设中应当改进以下几点：①增加礁体底座面积，以增强其抗掩埋能力，避免面积铺开与规模虚高，增设离底型鱼礁和浮鱼礁；②进一步投放鱼礁，扩大整体规模与堆积高度，从而增强其抗掩埋性，以达到海洋牧场建设的规模效应；③结合海洋牧场产出目标与海域生态系统特点，合理调整增殖品种与放流规模。

第五节　基于海藻场修复的人工藻礁建设

海藻场是一种由大型底栖海藻群落支撑的典型近岸栖息地，也是维持岩相海岸和岛礁生态系统稳定和生物多样性的关键生境。底栖海藻在近岸固定了大量营养盐，除直接为植食性生物提供了饵料外，其脱落的碎屑还可被底栖动物滤食，或者被异养微型生物分解，为浮游植物的生长提供大量养分，使各种水生动物获得丰富的饵料。同时，大型底栖海藻群落内的光照、流态和水温等环境因素日间差异较小，形成海藻场特有的平稳生境结构，为各种水生生物特别是幼小生物等提供了适宜的生存条件。海藻场不仅生态效益显著，还有着较高的社会经济价值，其中生长的底栖海藻，许多都有食用或药用价值。

20世纪初40年代起，随着工业化进程加速发展、人类经济活动加剧，使得近岸环境污染日益严重、海水富营养化程度提高，直接导致近岸海域栖息地生态质量下降，海藻场出现大面积退化或消失。我国自20世纪80年代以来，由于高强度的拖网作业、近海海洋工程加剧，以及陆源性污染的输入，导致海藻场等天然栖息地发生严重的退化，并进一步造成我国近海产卵场、保育场、索饵场等栖息地生态功能的丧失，其巨大的生态损失与经济损失难以估量。

近年来，随着可持续发展战略的实施，恢复和重建受干扰的海域生态系统，调控和优化海洋环境，使海洋生物资源得以持续利用，已逐渐成为海洋生态环境保护和综合治理的重要内容和基本目标。开展包括大型底栖海藻场等在内的近岸海域生物栖息地的调查与研究，查明各类栖息地的生态过程特点及其养护生物资源的机制等关键科学问题，具有非常重要的生态意义。与此同时，根据大型海藻的生长与分特点以及不同的海底状况，人工投放适宜海藻生长的附着基质，建设人工藻场，对于近海生态修复具有非常重要的意义。本节在上述背景下，以铜藻海藻场修复为对象，详细阐述海藻场修复过程中的人工藻礁设计和投放、效果监测等关键技术问题，为长江口近外海域藻场的系统修复工作提供理论参考和技术支持。

一、大型底栖海藻的生长与分布

大型底栖海藻一般生长在海岸潮间带和潮下带附近，尽管在鹅卵石底质也有分布，但更常见于岩礁性底质中，目前已知全球海藻约 6 500 种。与大多数生物自然分布情况相比，全球海藻的种类分布并非随着纬度的增高而减少。在纬度大于 60°的两极海域，海藻种类最少，大约为 200 种；寒带海域海藻种类为 200～400 种，温带和热带海域海藻种类为 600～700 种；但在纬度范围为 30°～50°海域的海藻种类最多，其中包括澳大利亚、地中海、日本和菲律宾等海域，为 900～1 100 种。我国目前记录的海藻种类约 800 种，在黄海、渤海、东海、南海均有分布，并包含冷水性、温水性和暖水性等温度区系的海藻种类。

在长江口外海的马鞍列岛、渔山列岛、南麂列岛等岛屿的潮间带和潮下带，都分布有一定规模的海藻场，建群种为马尾藻属的铜藻。在马鞍列岛海域大型底栖海藻 30 多种，隶属 3 门 24 属；主要优势种包括铜藻、瓦氏马尾藻、鼠尾藻等 10 余种，其中铜藻为绝对优势种，生物量最高可达到大型底栖海藻总生物量的 90%。铜藻生长在大高潮线以下的浅海岩礁上，植株高大、分枝繁茂，成体后的冠层可成片浮露出水面，被称为"海中森林"，其形成的海藻场中栖息着丰富多样的海洋生物。铜藻生长速率之快和生物量之巨大引起了海洋工作者的关注，但与此同时，由于近年来海洋生态环境的改变，其资源量明显减少，铜藻也因此被海洋生态学家列为海底藻场修复和海洋生态系统维护的重要物种之一。

（一）铜藻的生长

枸杞岛位于舟山群岛东北，陆地面积 5.92 km²，岸线总长 22.5 km，除岛东部和西部有两处沙滩外，近岸 30 m 以内均为岩礁底质，30 m 外为泥沙底质，水深 10～30 m。枸杞岛周边潮间带和潮下带分布着大量的铜藻，并形成了以底栖铜藻为主导的海藻场，如彩图 25 所示。如同许多马尾藻属一样，枸杞岛海藻场的铜藻在其整个生命周期，出现 4 个连续阶段的物候学行为特征：再生、生长、繁殖、衰老和分解。

1. 生长周期

在夏季，铜藻的个体还很小，植株主要由叶片、侧枝以及枝干组成。叶片的锯齿状程度低，叶片边缘较为光滑，侧枝长度及叶柄长度相对于其他季节都比较小。

在秋季，枝干长度、主侧枝长度以及植株高度不断增加。相对于夏季个体生物量达到成倍的增长，侧枝上的叶片数目也随之增多，叶片的长度、宽度达到 4 个季度中的最大值，叶片的锯齿状程度也为四季中最高，气囊则在 9 月开始出现，主要生长在铜藻的中部和顶部。

在冬季，次侧枝开始出现，植株变得相对繁茂。气囊数目也逐渐增多，但其仍然主要出现在铜藻中部或顶部侧枝较大的地方。气囊的向上分布与铜藻植株在自然海域有波浪和潮流等水文环境作用下的水体中呈现自由向上生长的态势密不可分。冬季叶片的锯齿状程度不断降低，主侧枝及次侧枝叶片长度、宽度不断减小，而叶片长宽比却不断增大，说明叶片形态越来越纤细。

在春季，铜藻的生长得到全面的发展。4月生殖托的出现标志着铜藻进入成藻期，次侧枝最为繁茂。侧枝上的叶片、气囊及生殖托数目在5月均达到四季中的最大值，到春末，叶片变得最小，叶片繁茂程度已然降到四季中的最低值，但其生殖托生物量达到最高值，并在开始逐渐释放孢子。5月底6月初是铜藻的全面衰老和凋亡期，叶片、气囊和生殖托等首先开始凋落分解，随后主侧枝和次侧枝也腐烂，直至整棵植株在物理、化学和生物等作用过程中不断凋亡解体。

2. 生物量变化

随时间的变化，铜藻植株个体大小变动展现出明显的季节性。在8月幼苗期，铜藻植株个体最小；在第二年6月成藻期，铜藻植株大小达到最大值。枝干大小变化趋势与叶片长度和宽度的变化趋势相一致，均表现为先增大后减小。叶片繁茂程度在9月和11月出现两个极大值，11月后开始递减，最小值出现在6月。铜藻气囊的个体数目也呈现明显的季节变动，在12月和3月达到两个极大值，在4—5月铜藻快速生长时期，生殖托的个体数目呈现快速增加的趋势，6月初达到整个生命周期内的最大值。

3. 形态季节变化

铜藻在不同季节呈现不同程度的生长情况，株高的均值介于4.5～70.2 cm之间，如图3-74所示；主侧枝叶片长宽比在8月至次年3月呈逐渐增大趋势，3—4月降低而后在4—6月后又逐渐增加，如图3-75所示。

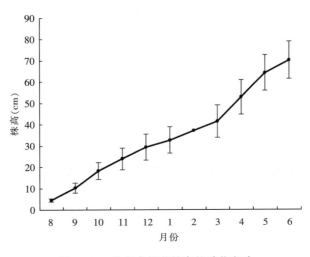

图3-74 枸杞岛铜藻株高的季节变动

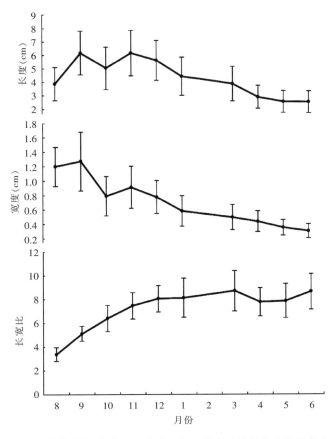

图 3-75　枸杞岛铜藻主侧枝叶片长度、宽度以及长宽比的季节变化

许多研究表明，马尾藻属种类的季节变动特征与海水温度相关。海水温度决定了海藻生长的幼体发育期、缓慢生长期、快速生长期和繁殖期以及衰退期的哪一个阶段；在生长繁殖季节，处于海水温度较高水域的海藻种群繁殖期明显提前。海水温度变化与不同地域海藻种群的生长节律相一致，不同地理海区的同种海藻的生长和繁殖过程则会因为海水温度的不同而产生差异，从而导致不同地域海藻种群的时空分布格局发生改变。对于分布在热带海域的马尾藻属的其他种类，它们的繁殖期以及生物量的最大值均出现在冬季；相反的是，分布在大不列颠岛及丹麦沿岸的冷温性物种——海黍子马尾藻的繁殖期是在夏季；而来自枸杞岛的铜藻最大生物量以及繁殖期则出现在春季，这说明这类广泛分布于西北太平洋的暖温性马尾藻属展现出介于热带物种和冷温性物种之间的物候学行为。

（二）铜藻的分布

1. 区域分布

枸杞岛周边海域的铜藻整体分布规律为东南侧较稀疏，仅几个小型内湾处以及受贻贝筏式养殖区庇护的区域有少量分布；西北侧铜藻较多，原因可能是岛西北侧外围有大面积的贻贝养殖筏，受波浪作用影响小；而枸杞岛东北侧水流较急，海水透明度低，铜藻分布稀少（参照彩图 25 的 S1～S5 各站点）。

铜藻集中分布在潮间带低潮区至潮下带 1 m 以浅的水深范围，在大潮时干出时间短、沉积物少、光照条件好、潮流通畅的岩礁基质上，尤其是近岸较凸出的潮下带岩礁基质上铜藻的分布密度和生长优势明显，岛屿周边整体呈现出米级或几十米级的斑块状聚集分布特征。对于不同的区域，铜藻密度存在显著差异，即使在同一水深范围内其差异也比较显著；而对同一区域内的铜藻种群整体来说，其分布格局较为一致，如图 3-76 所示。S1 和 S3 区铜藻集中分布在 3 m 水深范围，S5 区铜藻集中分布在 1～2 m，其聚集分布特征明显，而 S2 区铜藻则在不同水深处呈现低密度的均匀分布特征。这体现了铜藻在外界环境条件作用下的趋同性分布特征，这种趋同性表现为隐蔽区 S1 铜藻在某一水深范围内聚集分布，而暴波区 S2 铜藻在不同水深范围内稀疏地均匀分布。这种分布方式可能说明了铜藻在不同区域内对不同环境作用下所表现出的协同性反应，是对外界环境条件适应的结果，同时说明了铜藻在水平分布上的差异受环境条件制约。在受波浪和水流运动影响小的 S1 区域，铜藻孢子体散放距离近且集中，铜藻分布密度较高，更趋于聚集分布，易形成斑块状分布状态。而在受波浪和水流运动影响大的 S2 区域，铜藻孢子体扩散距离远且容易被水流稀释，铜藻分布密度较稀疏，因此更趋于离散的均匀分布。由于适宜铜藻生长的分布空间有限，稀疏的个体分布难以形成优势种群，可能会在外部不利条件的作用下逐步消失，结果表现为枸杞岛曲折复杂的近岸海域铜藻呈斑块状不连续分布的特征。

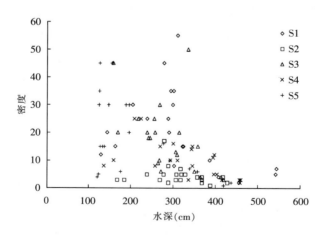

图 3-76　不同区域铜藻密度与水深的关系

密度单位为每 0.09 m² 的株数

在区域尺度上，铜藻藻苗在潮间带低潮区上部的分布密度最大，显著高于潮下带

280 cm 以下各水深组的铜藻密度，如图 3-77 所示。在潮下带，铜藻分布密度随水深增加而逐渐减少，在平均海平面 5 m 以下铜藻稀少，6 m 以下很难发现有铜藻分布，而在潮间带中潮区及潮间带高潮区则没有发现铜藻植株分布。在潮间带低潮区下部，铜藻株高显著高于其他各水深组，潮间带低潮区上部显著高于潮下带各水深组，如图 3-78 所示。这一结果表明了铜藻分布与水深因素关系密切，而影响铜藻分布的光照条件、

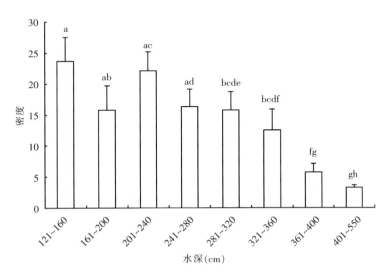

图 3-77 铜藻密度与水深的关系

密度单位为每 0.09 m² 的株数

标有不同小写字母表示组间差异显著；标有相同小写字母表示组间差异不显著

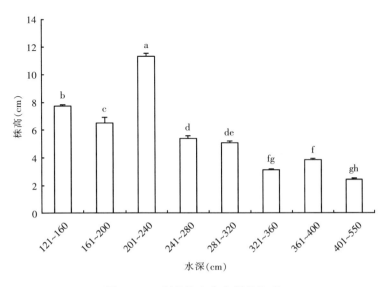

图 3-78 铜藻株高和水深的关系

标有不同小写字母表示组间差异显著；标有相同小写字母表示组间差异不显著

波浪、水流和沉积物等因素也随水深的变化而发生改变。因此，根据目前的分析结果，还无法判断是哪一个因素决定了铜藻的垂直分布格局。对于区域内铜藻分布上的差异，尤其是在同一水深范围内铜藻的分布也不均匀，呈现斑块状的分布特征，这可能是由于附着基的物理特征差异所导致，因为在同一水深处的小尺度范围内，一些影响因素（波浪、水流、光照、温度等环境因素）的差异较小，不太可能成为影响分布格局差异的主要因素。铜藻垂直分布的调查结果说明了在潮下带区域，铜藻的株高和密度与水深呈负相关，而潮间带低潮区是适宜铜藻分布和生长的最适宜区域。由于岩礁基质的坡度大，而适宜铜藻分布的水深范围又小，因此铜藻则很难在这一区域形成较宽范围的分布带。在铜藻繁殖季节，由于受附着基之间物理特征差异的影响，在那些结构复杂且较凸出的附着基上，铜藻植株生长快速，繁茂地漂浮于水表面，形成斑块状漂浮的繁殖群体。而对于未达到快速生长条件的铜藻来说，由于生物量低，散放孢子体的数量较少，可能更难形成优势种群。因此，铜藻种群很难形成连续的分布带，而必然形成斑块状的分布特征。

2. 生长时期分布

铜藻的幼苗和成藻的分布也有所不同。铜藻幼苗时期的水深分布范围在 1.3～5 m，而成藻时期的水深分布范围为 1.3～4.6 m。在潮间带低潮区和潮下带浅水区，铜藻藻苗密度显著高于潮下带深水区，如图 3-79 所示；而在潮间带的中、高潮区则没有藻苗分布。在成藻时期，水深 3.6 m 以上的浅水区铜藻密度极显著高于深水区，而在水深大于 4.8 m 时，则没有发现成藻植株，密度损失率达到 100%；在 3.6～4.8 m 水深内铜藻密度损失率最小，而在 1.2～2.4 m 和 2.4～3.6 m 两个水深组的铜藻密度损失率又明显升高，分别达到了 57.1% 和 71.1%。

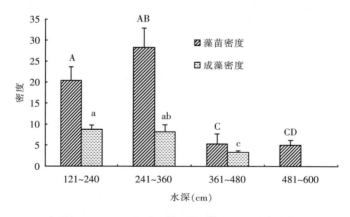

图 3-79　不同水深铜藻幼苗和成藻的密度

密度单位为每 0.09 m² 的株数

标有不同大写字母表示藻苗密度组间差异显著；标有不同小写字母表示成藻密度组间差异显著

藻苗的株高随着水深的增加而逐渐减小，如图 3-80 所示，潮间带低潮区藻苗的株高极显著高于深水区。成藻时期潮间带低潮区株高极显著高于潮下带区，潮间带低潮区铜藻生长速度最快，平均株高达到了 78 cm。而潮下带 2.4~3.6 m 和 3.6~4.8 m 两个水深组的铜藻生长相对缓慢，平均株高分别为 57 cm 和 22 cm。

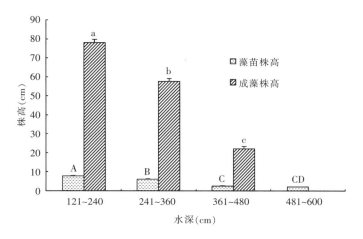

图 3-80　不同水深组铜藻幼苗和成藻的株高

标有不同大写字母表示藻苗株高组间差异显著；标有不同小写字母表示成藻株高组间差异显著

（三）铜藻生长与分布的影响因素

大型底栖海藻的生长与分布的影响因素较为复杂。从大尺度范围考虑，海水盐度、海水温度、光照强度和底质类型等因素对海藻的生长与分布影响较大；从小尺度范围考虑，水深、光照、波浪、水流、附着基、沉积物等因素对海藻的生长与分布都会产生影响。

大型海藻在区域尺度上的斑块状不连续分布的现象在其他海域研究中也有发现，甚至在几十厘米的微小尺度范围内这种斑块状现象也依然存在，由于枸杞岛海藻场范围较小，在对大型底栖海藻的生长与分布的影响因素进行研究时，重点应从小尺度范围考虑。

1. 附着基物理特征

过往研究发现，附着基的坡度和坡向（表 3-44），以及粗糙度（表 3-45），都可能会对海藻的生长和分布产生影响。

表 3-44　坡向定义

坡向	北（N）	东（E）	南（S）	西（W）
坡向范围	316°—45°	46°—135°	136°—225°	226°—315°

表 3-45　附着基粗糙度类型描述

类型	I	II	III	IV
描述	礁石表面较光滑	礁石表面粗糙	礁石表面结构复杂，有棱角但不突出	礁石表面结构复杂，有棱角且突出

　　枸杞岛不同区域的采样分析结果表明：铜藻分布密度随坡度增加呈逐渐减小的趋势，小坡度附着基上铜藻株高要高于坡度大的附着基，说明附着基坡度在一定程度上影响了铜藻生长。这种现象也许与种间竞争有关，较大的大坡度可能限制了铜藻直立向上生长的空间；坡向对铜藻分布密度影响不大，但对铜藻的生长有着很大影响，在西南朝向附着基上的铜藻生长情况好于东北朝向，这可能与铜藻的喜光性有关；在同一水深处的小尺度范围内，一些环境影响因素（波浪、水运动、光照、温度、盐度等）的差异较小。铜藻的附着和生长对附着基具有一定的选择性，附着基粗糙度水平与铜藻附着密度关系密切，随着附着基表面粗糙程度增加，铜藻附着密度逐渐增大；而对于站点间的附着基物理特征来说差异不大，如表 3-46 所示，说明枸杞岛铜藻水平分布差异主要是由其他相关因素引起的。

表 3-46　铜藻密度和株高与影响因素的偏相关分析

		坡度	坡向	粗糙度
密度	相关系数 r	-0.026	-0.029	0.175
	自由度 df	100	100	100
	相关概率 P	0.801	0.778	0.092
株高	相关系数 r	0.032	0.063	-0.176
	自由度 df	100	100	100
	相关概率 P	0.758	0.548	0.091

2. 水深

　　随着水深的增加，暴波强度（暴波指数）也逐渐降低，如图 3-81 所示，在深水区铜藻受波浪和水流作用影响程度减弱。而在岩礁基质上积累的沉积物数量则随着水深的增加增多，其中小粒径沉积物含量占主导地位，如彩图 26 所示。在 2.4 m、4.4 m 和 6.4 m 三个水深处沉积物厚度分别达到了 0.24 mm、0.78 mm 和 1.27 mm；同时光照强度也会随水深的增加而减弱，如图 3-82 所示，这将影响铜藻的光合作用，并进一步影响铜藻的生长和分布。

　　在枸杞岛海域，铜藻幼苗的最大分布水深大约为 2.4 m，丰度最大值可达每平方米 600 株。在潮间带低潮区成藻分布密度显著高于潮下带 3 m 以下深水区，在潮间带低潮区成藻密度平均达到每平方米 89 株，而在潮下带 3 m 以下的深水区，成藻密度平均仅每平方米 22 株左右。

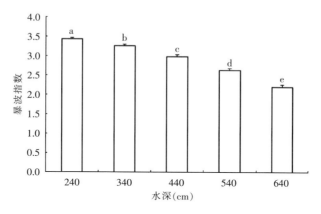

图 3 - 81 不同水深的暴波指数

标有不同小写字母表示组间差异显著

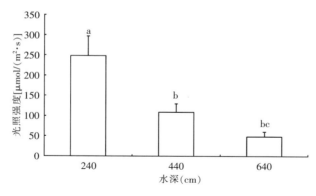

图 3 - 82 不同水深的光照强度

标有不同小写字母表示组间差异显著

3. 暴波强度

暴波强度对铜藻的生长与分布也会产生影响。在暴波强度较为平缓的区域，更有益于铜藻幼苗早期的附着，且铜藻幼苗密度较高；而在暴波强度较高的区域，铜藻幼苗的早期附着受到很大影响，且铜藻幼苗密度较低，有些暴波强度过高的区域则完全不生长铜藻；同时波浪和水流所导致的沉积物再悬浮，也会使得海水的浑浊度增加，这会间接地影响铜藻生长所需要的光照强度，进一步减少铜藻的生物量；但波浪和水流对铜藻的生长带来的影响并非都是负面的，一定强度的暴波强度，使得铜藻附着基表面的沉积物水平降低，这有助于铜藻幼苗早期的附着。

4. 沉积物

附着基表面的沉积物则会影响铜藻孢子的附着。在室内无外界干扰、不产生沉积物数量波动的条件下，随着附着基质上沉积物数量增加，铜藻幼孢子体附着率显著降低：附着基表面沉积物覆盖厚度约为 0.36 mm 时，铜藻幼孢子体附着率为 22.2%；当沉积物覆盖厚度约为 0.54 mm 时，铜藻幼孢子体附着率仅为 4.4%；而沉积物覆盖厚度约为 0.72 mm 时，铜藻幼孢子体则无法附着。

沉积物的存在对已附着的铜藻幼孢子体的存活也会产生很大影响。随着沉积物覆盖水平的增加，铜藻幼孢子体存活率将显著降低；在没有沉积物覆盖附着基上，铜藻幼孢子体成活率较高，达到了 92.0%；当沉积物覆盖厚度约为 0.18 mm 时，铜藻幼孢子体的存活率为 80.5%；当沉积物覆盖厚度约为 0.72 mm 时，铜藻幼孢子体仍有 24.0% 存活；当沉积物覆盖厚度约为 1.45 mm 时，铜藻幼孢子体仅有 1.0% 存活；当沉积物覆盖厚度达到 1.81 mm 时，铜藻幼孢子体则全部死亡。

5. 风浪

风浪对铜藻的生长与分布的影响也是不可忽视的。枸杞岛东南侧铜藻稀少而西北侧较多的分布特点，与台风大多数在枸杞岛东南侧生成的影响趋势相一致；虽然在 2012 年期间西北区域风浪发生的频率相对较高，对枸杞岛西北侧铜藻的分布和生长起到了一定保护，可能正是由于贻贝场对波浪的缓解作用才没有导致西北侧铜藻的分布数量减少。因此，风浪对枸杞岛铜藻的生长和分布可能有一定的影响，但并不是导致近年来铜藻数量下降的主要因素。

铜藻的生长和分布受各影响因素的共同作用而呈现不同，并且各影响因素之间往往存在着一定关系。例如，随着水深增加，光照强度会逐渐减弱，暴波强度也会减弱；附着基表面的沉积物含量也和暴波强度存在关系。这就需要针对不同的实际情况，对其主要影响因素进行研究分析。

大量研究表明，在枸杞岛海域，沉积物是影响铜藻生长与分布的主要因素。近年来，由于人类自身活动，近岸岩礁区沉积物不断增加，使得非耐受沉积物的物种逐渐消失，而耐受沉积的物种得以生存并占据空间，这导致近岸岩礁性栖息地的群落结构及生物多样性发生改变。铜藻作为岩礁基质上附着的重要大型底栖海藻，近岸岩礁区沉积物的增加无疑将对其生长与分布产生影响。这种影响包括许多方面，如沉积物的运动摩擦造成藻体组织损坏或从附着基质上移除，影响藻类的定居和已附着藻类的光照条件；细颗粒沉积物可导致海藻早期生活阶段由于窒息而死亡，这些过程都会对铜藻的早期生活阶段产生很大的影响。

二、人工藻礁设计与试验

基于对铜藻生长与分布影响因素的研究结果，针对长江口外海域岛礁周边海藻场的修复工作，进行了不同材料、结构和固定方式的多款附着基的铜藻生长的实验，以期筛选并优化设计该海域合适的人工藻礁。

（一）附着基结构与类型筛选

大型海藻需硬质底附着基提供稳定的固着场所，受海流及风浪的影响，大块的岩礁基石上附着的海藻幼苗成活率较高。粗糙的附着基质表面结构和空隙可有效保护海藻补充群体免受波浪、水流和植食动物的破坏，增加的附着表面积有利于海藻定居。附着基坡度及形状结构是一个间接因素，通过改变海水流动状态和沉积水平来影响大型海藻的分布，由于不同海藻补充群体对沉积水平耐受能力的不同，导致海藻对附着基坡度选择上的差异。而对于某一种海藻而言，附着基质坡度越小，补充群体的附着密度越大，因为附着基坡度决定附着基垂直向上有效附着面积的大小，即坡度越大，有效附着面积越小。

根据附着基粗糙程度等物理特征对铜藻生物量的影响，设计了多种材质类型的附着基，并根据投放于潮下带不同地点的试验结果（图3-83），筛选出铜藻附着率较高的附着基材质类型。各类型附着基的铜藻幼苗附着率潮下带试验结果为：

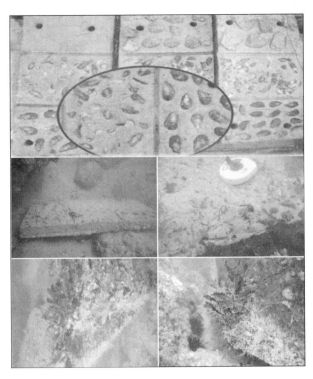

图3-83　不同材质类型的附着基试验

①海藻生物量：贻贝壳外壁＞混凝土＞小粒岩石块＞大粒岩石块＞贻贝壳内壁。

②置于水深2.5～4.2 m的水泥板附藻密度大于置于5 m以深的，这与海藻生长适宜的光照条件相吻合，且试验礁上海藻的生长与周围海藻的种类及密度密切相关。

③水泥板上附着的海藻普遍矮小且不茂盛，可能是投放位置较深且受海底泥沙覆盖

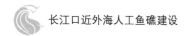

影响所致，抑制了海藻的附着和生长。

④具有一定倾角的试验礁着生情况最好，直立或平铺的水泥板海藻较少，这可能是因为海胆很难爬到边棱上摄食；调查发现海胆活动于海底或礁石基部和缝隙，在礁石顶部未发现海胆活动踪迹。

⑤水泥板顶部边棱处水流、光照、营养条件优于其侧面和底部，这与自然藻礁顶部海藻生长茂盛且植株较高相吻合。

⑥已经附苗的小礁块固定在平形藻礁的顶面，需投放在波浪作用小、岩礁基质坡度平缓位置，否则易产生移动和翻滚；可在非藻场浅水区投放，投放过深则会导致移植藻苗大量死亡。

（二）藻礁结构设计

在人工藻礁设计中，除考虑附着基的材质类型外，还需考虑藻礁的结构、设置水深等对铜藻附着率的影响，其设计的思路不一样，现场试验的附着和生长等效果也不一样。根据现场的铜藻分布情况和海况特点，设计试验了孢子集纳型、小块体型、平板型、三脚架型等多种藻礁，第一种为自然固定型藻礁，后三种为人工固定型藻礁。

1. 自然固定型藻礁

孢子集纳型藻礁，投放于潮下带，设计思路是通过礁体顶面的凹型结构集纳漂流于藻场内的海藻孢子并着生，以其自然扩增种群来达到修复藻场的目的，适合于较平坦的岩礁海底。孢子集纳型藻礁分顶面沟槽形和顶面内弧形两款，如图 3-84 所示。

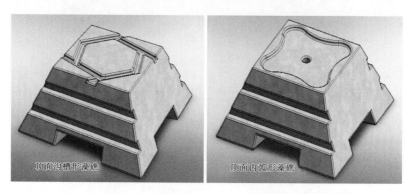

图 3-84 自然固定型藻礁（孢子集纳型藻礁）

顶面沟槽形藻礁：用料为较大粒径的碎石与水泥混合，各表面都比较粗糙，易于海藻孢子附着；各棱边作圆角处理，以减小水流冲击；顶面开有各边贯通的六边形沟槽，使降落到礁体顶面的海藻孢子不易被波浪、海流冲走，并附着在粗糙的槽壁上；藻礁周围设计有用于捆绑苗绳的凹槽，进一步帮助海藻幼苗附着。礁体底部设计有镂空十字结构，可使通过藻礁底部的水流能冲走沉积在藻礁周围的沉积物，以延长藻礁的工作寿命。

顶面内弧形藻礁：与顶面沟槽形藻礁类似，不同之处是其顶面设计为大面沉降台，使降落的孢子落入并着生而不易被冲走；中间的圆孔直通底部，便于在沉降台形成涡流，利用重力分离原理，使较轻的孢子均匀分散于沉降台各壁面，较重的沉积杂质汇聚中心并通过圆孔掉落至海底。

自然固定型藻礁需投放在波浪作用小、岩礁基质坡度较平缓的适宜水深处，否则易产生移动和翻滚。

2. 人工固定型藻礁

此类藻礁都需要通过在岩石上钻孔来固定，对于长江口外海岛礁周边的藻场修复而言，由于波浪及海流较大，因此藻礁设计若个体小、重量轻，则不利于稳定；个体大则因为藻场宽度局限在岸边较窄的范围，水深变化大且较浅，稍大一些的船只便无法进入投放。基于这些考虑，设计试验了小块体型、平板型、三脚架型等多种人工固定型藻礁。

小块体藻礁：正四方体水泥块，嵌有钢筋，个体小易制作；通过在岩礁上钻孔直接将已附苗的礁体固定于潮下带，也可与其他结构类型的藻礁组合投放。小块体藻礁安置方便灵活，稳定性好，不易被人为破坏掉；礁体表面与海水的交换充分，利于营养吸收和免受沉积影响等。小块体藻礁的附苗、安放以及试验效果如图 3-85 所示。

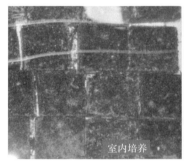

图 3-85　小块体藻礁试验

平板型藻礁：水泥制平板块，四周打孔，结合钢筋支架一起固定于潮下带，也可用绳子捆绑固定；安装牢固，藻苗附着和移植效果好，但易被抛锚破坏，防沉积效果不显著。平板型藻礁的基架柱以及可用网衣覆盖的特点，能非常有效地防止海胆攀爬和海藻幼苗被食，这对于藻场修复是至关重要的。平板型藻礁的附苗、安放以及试验效果如图 3-86 所示。

图 3-86　平板型藻礁试验

三脚架立体藻礁：由钢制三脚架和多层混凝土三角框形藻礁构成，高大的体架可为自然附着或人工移植的藻苗的生长提供较好的光照条件；良好的通透性增加了海水交换，既可防沉积物，也能使海藻更多地吸收营养盐；多层式藻礁（还可在其上固定小块体藻礁）构成的立体空间，可作为不同光照需求的海藻种类附着生长和扩增种群，并丰富种类多样性的生物环境。另外，三脚架立体藻礁还因为体积较大和具有中空结构等，故兼具一定的集鱼功能。图 3-87 为三脚架立体藻礁的水下安置情况及试验效果。

多种类型的藻礁试验结果表明，在枸杞岛近岸潮下带波浪和水流都比较大的情况下，自然固定型藻礁容易发生移位和翻滚，并且其表面附着的海藻生物量要小于人工固定型藻礁；而在人工固定型藻礁中，平板型藻礁因容易积累沉积物而导致海藻孢子着生少，铜藻生物量也小于另外两种藻礁。因此，针对枸杞岛海藻场或海况条件类似的藻场的修复，人工固定型的小块体藻礁和三脚架立体藻礁是较为合适的，应优先选用。事实上，在长江口外海域有较大规模海藻场的岛屿，如南麂列岛、渔山列岛等，其海况条件与枸杞岛也是十分相似的。

图 3-87 三脚架立体藻礁试验

三、海藻幼苗人工培育和移植

海藻场修复除投放藻礁、改造生境等工程以外，移植幼苗的前期工作，如海藻的孢子采集、幼苗繁育、附着基着苗等同样重要。考虑长江口外海域的岛礁海藻场的建群种主要是马尾藻属的铜藻、鼠尾藻、瓦氏马尾藻等，因此，选定铜藻作为修复藻种开展相关的藻苗培育和移植等技术。

（一）铜藻幼苗人工培育

铜藻的育苗在室内水池进行，为保证海水干净，除合适的育苗池外，还需配套的沉淀池、沙滤池和蓄水池。自然海域抽取的海水需在沉淀池静置 24h 以上，待大部分悬浮物沉淀后再进入沙滤池（铺沙厚度大于 80 cm，粒径大小为 0.1～0.3 mm），以过滤掉海水中难以沉降的悬浮物和存在的其他海藻孢子，消除对铜藻培育的影响。经过上述步骤处理后的海水储存至蓄水池，其总蓄水量应达到日换水量的 1 倍以上。育苗池、沉淀池、沙滤池、蓄水池一般可由混凝土材料建造，其大小和形状可依铜藻幼苗培育量而定。为减小外界环境的影响，整个培育设施宜设置在非露天环境，并在育苗之前对这些设施进行消毒处理。

铜藻的幼孢子体主要通过采集其种藻植株获得，包括已受精和未受精的繁殖期铜藻雌性植株。这些铜藻雌株的藻体通常都是健壮和鲜亮的，生殖托大且数量多；其中已受精的雌株可以通过显微镜观察到生殖托表面黏附着许多受精卵，受精后约 48h，受精卵发育成具有假根芽的幼孢子体，而未受精的雌株生殖托上没有受精卵。将采集到的铜藻雌株进行异物剔除和洗净处理后，再按是否受精以及成熟阶段分池暂养；之后，未受精的铜藻雌株和铜藻雄株按 5∶1～10∶1 的比例混合暂养。暂养池应 24h 充气，流水培养，日换水量达到 100% 以上，并每天通过显微镜观察铜藻卵的排放情况。

待暂养池中卵子已受精，并且大多数幼孢子体已发育到 128 个细胞以上时，将种藻植株置于育苗池中的 100 目筛绢上清洗震荡，采集收纳脱落下来的幼孢子体。收集的幼孢子体的质量应符合培育要求（表 3-47），并制成定量的幼孢子体溶液。

表 3-47　采集的铜藻幼孢子体的质量要求

步骤	要求
外观质量（显微镜下观察）	幼孢子体细胞分裂达到 128 个以上，有附着丝出现；手雷状，规格整齐，完整无破碎；颜色淡黄，无黑斑
可数指标（显微镜下计数）	死亡率、畸形率小于 5%

根据铜藻幼苗的移植方法，采用维尼纶绳制成的附苗帘和混凝土制作的小块体礁作为附着基。附苗帘和小块体礁分别需经过 15～30 d 和 3 个月以上的淡水浸泡处理，再洗净晒干备用。

将附苗帘或小块体礁附着基平铺在育苗池池底，加海水 20～30 cm，将胚孢子体溶液用喷壶均匀喷洒在附着基上，然后缓慢加水至 60 cm 左右，静置 24 h，整个过程采用微流水培养。之后逐步加大换水量并开始给水体充气，控制流水，每天换水量至少要达到100％。在胚孢子体生长阶段，需定期检测育苗池海水的营养盐浓度，如果浓度较低，可添加适量的硝酸钾和磷酸二氢钾溶液，以补充铜藻胚孢子体生长之所需养分。

考虑到铜藻幼苗在非露天环境下培养，光照不足会对铜藻幼苗的生长带来负面影响，所以需人工提供光照，但不同生长期的铜藻幼苗的最适光强不同，附着初期的胚孢子体白天光强最高应控制在 2 000lx 以下；附着 3 d 后，胚孢子体已经萌发成幼孢子体，可每天逐步将光照强度提高到 5 000lx 左右；附着 10 d 后，可增加到 8 000lx 左右；当幼孢子体长成 1 cm 左右的幼苗时，可将光照强度控制在 10 000lx 左右。

在铜藻的幼苗培育阶段，水温的控制也非常重要，过高或过低的水温都会影响铜藻幼孢子体的存活率。实验表明，水温控制在 18～22 ℃较为适宜，尽量避免超过24 ℃；若遇连续晴好天气导致育苗池水温过高，可通过加大日换水量的方法来降低水温。

在铜藻幼苗培育的整个过程中，需要每两天将育苗池的海水排净，快速地用喷洗方法冲刷附着基上未附着或已死亡的幼孢子体及杂质。适当的清洗操作可有效提高幼苗的成活率，以及后期幼苗移植的成活率，但每次洗刷时间不可过长，以不超过 1 min 为宜。

（二）铜藻幼苗人工移植

根据铜藻苗的附着数量和生长阶段，以及移植海区的水温和潮周期等环境条件，制订具体的出苗或移植时间。如果育苗厂设施完备且生产条件好，可适当延长苗种的出苗时间。以附苗帘为附着基的移植方法，可在铜藻幼苗达到 1 cm 以后出苗；以小块体礁为附着基的移植方法，最早可在铜藻幼孢子体附着 10 d 后出苗。

铜藻人工移植海域应符合以下一些基本条件：水域生态环境良好，沉积物少，透明度高，水流畅通，受风浪影响小，温度、盐度和水深等条件适宜；非倾废区，非航道，非捕鱼作业区，非盐场、电厂、养殖场等进排水区。海底移植铜藻要求为岩礁底质，筏架上移植铜藻要求靠近岩礁底质区且空间充足，以便扩繁的铜藻自然附着。

铜藻移植前，需对拟移植水域进行较大范围的生物资源与环境状况调查，筛选出其中最为适宜的移植区并制订适合的移植方法，同时确定合理的移植密度和面积等。在着苗的附着基或夹苗移植用的铜藻幼苗运输过程中，要将其装入盛有海水的容器中，充氧运输，避免阳光直射，且海水温度不可过高，必要时可加冰袋控制水温。另外，也可根据运输时间更换海水，提高藻苗存活率。在现场投放过程中，应依据苗种大小和现场海水透明度投放于合适的深度。

在移植水域要设立浮标并安装警示牌，做好宣传工作，禁止在移植水域进行捕捞作业和采贝藻等渔业活动，禁止在移植水域抛锚，同时做好巡查工作。

四、枸杞岛近岸人工藻礁建设

枸杞岛地处亚热带边缘海区，海域处于北方冷温带与南方热带的交接地带，水系组成复杂，营养盐丰富，初级生产力较高，海域生物资源丰富。历史上，枸杞岛及周边的壁下岛、羊公礁等岛屿的潮间带和潮下带，均分布有较大规模的大型底栖海藻，它们为海域的鱼类等生物资源提供了产卵、育幼等重要的栖息场地，为海域的持续高产发挥了重要的作用。但是 20 世纪 80 年代后，由于人类经济活动造成海水悬浮物和沉积物大量增加等原因，这些藻场严重退化，面积萎缩 50% 以上。作为改善岛礁海域生态环境、恢复渔业资源重要生境的举措之一，我们在海洋公益项目的支持下，选择以铜藻为修复藻种，对枸杞岛近岸海藻场进行了修复实践。

（一）前期调查

实施修复前，利用 BioSonic-TX 数字回声探测仪结合潜水影像和水下采样、室内生物学测量等手段，对枸杞岛周围底栖海藻的覆盖度生长与分布等状况（参见彩图 25）进行了较为详细的分析；同时，获得海藻场水下地形图如彩图 27 所示。比较两图可知，枸杞岛周边底栖海藻的分布与水深关系密切，分布茂盛的西北侧水下礁石坡度小、水较浅；而分布稀少的东南侧水下礁石坡度大、水较深。这是因为如前文"铜藻生长与分布的影响因素"部分所述，水深与波浪和水流、沉积物、光照强度具有很大的关联性。另外，在调查站位的较小尺度范围内，底栖海藻呈斑块状离散分布的现象，则可能与该尺度内海底基石的大小、坡向、粗糙度等物理特征的差异性有关，即海藻可能对于附着的礁石具有选择性。基于枸杞岛海藻场的底栖海藻分布特点和海底小尺度内的礁石结构复杂程度，确定了投放藻礁和移植幼苗并举、自然固定和人工固定相结合的藻场修复方式。

（二）实际投放

根据投放点的暴波强度来确定附着基的固定方法，在暴波强度大的位点，采用预先固定支架或投放大型母礁的方法，将附着基安装在支架或母礁上，或采用钻孔直接固定法将带有螺丝的附着基旋入有膨胀管的孔洞中。在暴波强度小的位点，预先投放中小型母礁，然后将附着基安装在母礁上。同时，考虑投放区的海水透明度及光照条件确定附着基的投放水深，并考虑投放点的沉积水平确定附着基的安装角度，或采用具有防沉积物功能的附着基。另外，根据投放区岩礁基质的物理特征和铜藻自然分布状况，选取适宜的藻礁作为附着基，在投放的藻礁上或岩礁上绑缚苗绳和种藻。投放或移植过程中测量并记录移植海区的水深、水温、盐度、光照强度等参数。整个藻礁投放工作于 2012 年 7 月完成。

1. 附苗藻礁投放

根据前期的调查研究及藻礁投放试验的结果，结合站点的暴波强度、沉积水平以及大型海藻的分布情况等，选择不同的附苗藻礁的投放或移植方法。投放地点为断桥、磨礁、育苗场（地名）、后头湾、高北门、黄石洞、龙泉等 17 个处，藻礁类型、附苗方法、投放数量、建设面积如表 3 - 48 所示，共建成 6 条藻礁带。

表 3 - 48 枸杞岛海藻场附苗藻礁投放情况

藻礁类型	附苗方法	投放数量（个）	形成面积（m²）	辐射面积（m²）
平板型	附苗	70	245	490
小块体型	附苗	200	640	1 280
三脚架立体型	附苗	10	70	140
顶面内弧形	绑苗绳	233	1 142	2 284
顶面沟槽形	绑苗绳	100	490	980
合计		613	2 587	5 174

2. 非附苗藻礁投放

与嵊泗县海盛养殖投资有限公司合作，在枸杞岛的黄石洞和马鞍岛潮下带投放了顶面内弧形和顶面沟槽形两种藻礁共 3 200 个，依靠海藻孢子体自然附着逐步形成自然种群，建成 2 条藻礁带，现场投放情况如图 3 - 88 所示。

图 3 - 88 非附苗藻礁的投放场景

（三）藻场修复效果

为评估枸杞岛海藻场的大型海藻修复效果，先期于 2011 年 6 月利用数字回声探测仪 BioSonics-TX 进行了 3 次（内圈、外圈、S 形圈）环岛走航扫描，如图 3 - 89 所示，获得了该海藻场底栖大型海藻的声学数据作为本底资料。

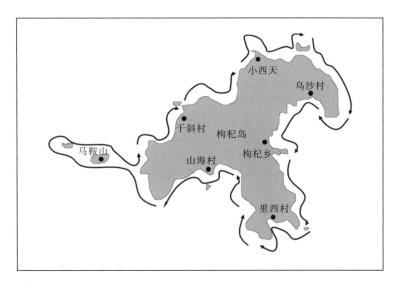

图 3-89　数字回声探测仪 BioSonics-TX 扫航线路示意

2013 年 6 月全部藻礁投放后将近一年，又进行了同样 3 次环岛走航扫描，并利用软件 EcoSAV 对声学数据进行了处理，结合水下铜藻定点采样的株密度、株高等生物学数据，获得了枸杞岛海藻场投放藻礁前后的大型底栖海藻的覆盖面积和覆盖度，如图 3-90和彩图 28 所示。

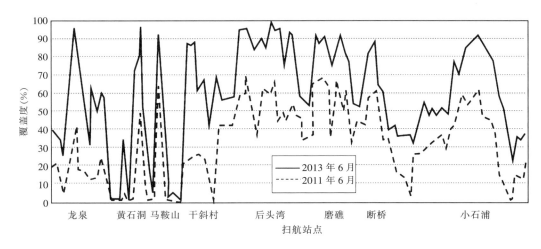

图 3-90　枸杞岛底栖海藻覆盖度扫航结果

比较藻礁投放前后的两次扫描结果，并进行差值比较和标准化处理。2011 年 6 月到 2013 年 6 月的 2 年间，未投放藻礁的区域的大型底栖海藻覆盖度增长了 10.1%（即自然增长率），而各类藻礁投放区的同步增长率最小为 22%、最大达 63%。扣除该海区的大型底栖海藻覆盖度的自然增长率，得到枸杞岛大型底栖海藻覆盖度在投放藻礁

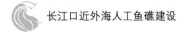

后的 2013 年 6 月，比投放藻礁前的 2011 年 6 月平均增长了 32.4％，如彩图 29 所示。

　　建设的藻礁带总长度达到了近 4 000 m，以大型海藻覆盖宽幅 4 m 计算，投放藻礁的修复面积可达到 16 000 m²。2013 年 5 月底至 6 月初的潜水观察显示，人工藻礁上的铜藻平均株高达 95.2 cm，平均密度为每平方米 262.5 株，并且人工藻礁上的大型海藻已散放孢子体，补充群体的附着存活情况较好，这些都表明枸杞岛潮下带大型底栖海藻的生态修复取得了预期的效果。

第四章
长江口近外海人工鱼礁建设效果评价

人工鱼礁作为保护各种海洋生物、增殖渔业资源和改善局部水域环境的工程设施，其各方面的效果已经在国内外的诸多实践中得到充分印证。在人工鱼礁建设过程中，投放后的鱼礁到底产生了哪些效应，相应的规模或尺度又如何，对将来的建设和管理起到哪些指导作用等，都需要认真对待。任何类型的鱼礁，其投放的实际效果往往都需要通过多个层次的评估才能综合把握。本章主要从人工鱼礁的工程效果和生态效果两个方面对其建设效果进行评价，可为国内鱼礁设计投放、海洋牧场规划建设及过程中伴随的相关研究提供科学参考。

第一节　人工鱼礁工程质量评价

传统的人工鱼礁效果评价往往将注意力集中在鱼礁的资源增殖或者诱集效果上，而针对鱼礁投放后工程效果的评价几乎空白。鱼礁的投放是在本底调查和科学选择的基础上进行的，加上合理的布局设计，以实现最佳的综合效益。因此，科学认识鱼礁投放后的工程状况及其效果，是评价人工鱼礁建设后期生态效果的第一步。

一、人工鱼礁工程质量评价的意义

人工鱼礁建设是一个复杂的系统工程，包含多个方面：礁体设计与制造、礁址选择、鱼礁投放，以及管理和维护等。每个方面都影响着人工鱼礁建设的效果，对人工鱼礁建设的成败都至关重要，如果某一环节建设不当，不仅达不到建设的效果，还有可能对原有的生态环境造成破坏。人工鱼礁投放是人工鱼礁建设过程中重要环节之一，投放结果的优劣影响着人工鱼礁功能的实现效果。据有关资料报道，人工鱼礁的投放往往是根据目测或者 GPS 定位，在人工鱼礁投放时，受到海况条件以及投礁技术等各种因素的限制，人工鱼礁实际的投放位置与设计位置之间存在较大误差，投放位置不准确，礁体易发生偏移等。在所有的外来因素中，最重要的影响因素当属于人工鱼礁的投放技术带来的误差。投放施工技术的优劣改变了人工鱼礁设计时的配置组合方式。

人工鱼礁的配置与组合是人工鱼礁建设的重要内容之一，不同的配置与组合模式产生的效应不同。鱼礁分散布置就会削弱环境对鱼类的刺激作用，导致鱼类的密度减少；而鱼礁分布过于集中，鱼礁预期的规模效应将会降低。只有合适的礁群配置组合模式，才能更好地发挥礁区的物理环境造成功能。因此，投放施工技术带来的误差会影响人工鱼礁对鱼类等对象生物有效作用的范围，导致建设目标难以实现，投放位置的不准确甚至能影响海上交通安全和给海洋开发带来麻烦。

到目前为止，国内尚无对应的技术规范亦无统一标准来评价人工鱼礁投放施工技术的准确性和合理性，致使很难对实际投放位置与工程设计位置之间偏差进行量化及评估，加大责任追究的难度，从而导致对实际投放施工无法进行监管，影响了人工鱼礁建设工程的可靠性和有效性。从20世纪80年代开始，北起吉林南至海南，我国在河口、海湾和岛礁附近陆陆续续投放了许多人工鱼礁，至今未能从工程上对这些人工鱼礁投放时的效果进行针对性评价。其实在发达国家如美国也存在这方面研究的缺失。因此，人工鱼礁的实际投放结果是否满足当初设计时的布局要求，以及局部的鱼礁配置与组合的偏移是否对整体的鱼礁建设目标产生影响等，都需要进行正确评估，以利于改善目前人工鱼礁建设中出现的随意投放等现象。

二、国内外研究进展

人工鱼礁工程施工要严格遵守工程的准确性和合理性原则，因为这很大程度上决定了建设目的能否最终实现。工程施工在一定程度上是人工鱼礁建设成败的决定性环节。人工鱼礁工程施工不当，容易造成鱼礁位置的偏移、倾斜、沉陷和掩埋等现象，致使鱼礁丧失其功能。目前，主要侧重研究人工鱼礁的生态效果及稳定性等方面的内容，而鱼礁抗冲击力、抗漂移、抗翻转等是人工鱼礁物理稳定性研究的重点。王素琴（1987）研究了正方六面体鱼礁的稳定性，包括人工鱼礁抗漂移、抗翻转以及礁体着地的冲击力。钟术求等（2006）分析了钢制四方台型礁体稳定性，确定了水阻力系数和最大静摩擦系数。刘德辅等（2007）对特殊环境下的人工鱼礁进行了风险分析，计算了鱼礁的失效概率。Kim等（2004）对鱼礁的冲刷和下陷进行了研究，认为鱼礁的形状通过影响水流进而决定鱼礁的冲刷程度，底层流导致了鱼礁的不稳定和下陷。除以上方面的研究外，关于人工鱼礁物理稳定性对人工鱼礁投放的位置准确度的影响，以及礁体投放后期位置偏移的定量分析方面研究相对较少。田文敏和林佳玮（2003）应用波浪力学原理配合水下声学探测技术，探讨高雄县永安人工鱼礁区礁体的工程稳定性情况，讨论了礁体的位移与下陷量，并将两礁体间距离的改变作为判断礁体发生位移的标准。Baine（2001）发现对人工鱼礁的效果评价显示只有50%的人工鱼礁达到预期的效果，剩下的鱼礁没有或者很少达到原先的标准。

虽然在人工鱼礁工程建设过程中还没有对礁体投放技术进行误差评价，但是在其他行业中早已经研究出关于工程质量评估的方法。在误差偏移量的计算方面，周振（2013）在进行滑坡位移的监测中，测量发生形变后的坐标值，建立三维笛卡儿坐标系，通过一定的算法，计算出三维坐标，结合几何运算得出位移的大小。刘涛（2010）在船体测量数据配准的研究中，针对船体分段的测量数据点集的分布特点，将最优配准算法与最小二乘法结合，得到三维坐标的偏移量以及偏移的角度。Kaiser（1999）研究飞机钣金零件组件铆钉孔的位置偏差，通过计算孔位圆心设计值坐标与测量值坐标的差异，得出坐标偏移向量。在隧道施工过程中，肖林萍（2008）利用数值分析方法对围岩拱顶沉降位移监测数据进行处理与分析，得出利用 Boltzman 函数拟合拱顶的沉降变化较好。在误差的评价方法方面，Okello（2003）采用最大似然匹配算法（MLR），在同一个坐标系中通过批处理输出匹配参数进行系统误差的评价。冯志华等（2012）在计算系统误差时，通过随机加权方法计算各个影响因素的权值，得到系统误差。Molares 等（2008）研究了基于球体概念的位置不确定性，通过两个球心的三维坐标计算球心之间的距离，并且引入球的半径，计算球心坐标在三维方向上的权重。赵健虎等（2004）利用半参数（非参数）法确定各误差来源对系统误差的影响程度，结合误差，综合获得点深度的系统误差。项新建（2005）在计算系统误差时，首先利用格罗贝斯统计理论提出误差数据，对剩余的数据，通过模糊理论计算数据和估计值之间的模糊贴近度，并确定影响权重，最后利用融合公式得出最终值。曹立佳（2011）为了提高系统误差模型准确性，针对如何进行误差系数融合这一问题，提出一种新的方法：利用估计方差确定误差系数的权重，根据误差系数对总误差的贡献率确定各误差系数，然后将误差系数进行加权融合，从而确定总体误差。

三、人工鱼礁投放后的空间聚类分析

人工鱼礁的流场营造、鱼类诱集等效应往往是在特定布局和规模条件下，由多个个体形成一定空方数的单位鱼礁，以及单位鱼礁构成的鱼礁群等来实现的。单位鱼礁是构成鱼礁群的基本单位，也是具有实质效应的最小鱼礁规模，它由若干鱼礁个体在一定的范围内随意堆叠或有规则组合而成。每个单位鱼礁在投放海域都是一个局部的人工生态系统，具有独立性。鱼礁规模一般是指被设置的礁块总容积，称之为空立方米（简称空方），单位为 m^3，也可以用形成鱼礁渔场的空间面积来表示，单位为 hm^2（公顷）或 km^2。目前，国内外讨论鱼礁规模时一般采用空方数表示。鱼礁投放的实践证明，单位鱼礁规模越大则产量越高，集鱼效果越好。但对于鱼礁建设的最适、最经济的规模问题，日本有关专家做了比较详细的调查与分析，认为 $400\sim4\,000\ m^3$ 为最适规模，并认为单位鱼礁能够产生实质效应的规模至少需要达到 $400\ m^3$。

通过 C3D 侧扫声呐等现代仪器对人工鱼礁区的调查发现，已经投放于海底的人工鱼礁个体在表象上往往呈现不规则的凌乱状态，这主要是由于海况条件和投放技术的限制，以及其他人为等因素造成的。这样的分布是否满足单位鱼礁、乃至鱼礁群等不同规模的要求，现阶段难以进行定量的判断。如何从成百上千个人工鱼礁的实际分布状态中，合理区分各个单位鱼礁和鱼礁群，是评价礁体实际投放是否准确、是否满足礁区建设要求的前提。

尽管实际投放的人工鱼礁在表象上呈现散乱的分布状态，但各个鱼礁个体之间在空间上存在一定的规律和趋势，即存在空间自相关性；距离较近的鱼礁属于同一类的可能性较大，即满足地理学第一定律"空间上距离越近的实体越相似"。而空间聚类主要是通过空间数据的空间自相关性，挖掘空间实体的分布规律，找出空间实体的集聚模式，揭示空间实体的结构特征，预测空间实体的发展变化趋势。因此，应用空间聚类算法，对实际的人工鱼礁进行划分归类，可以对单位鱼礁实际的分布情况进行很好的评价。

（一）空间聚类方法

1. 空间聚类的定义

人类通过聚类和分类不断地认识世界改造世界。早在古代著作《易经》中已经指出"物以类聚，人以群分"的思想。随着信息时代的到来，数据激增，为了从大量的数据中提取出有用的信息，产生了空间数据挖掘这一技术。数据挖掘主要包括关联规则挖掘、数据可视化、空间聚类等多个内容。空间聚类主要依据空间实体不同的聚散程度，将空间实体划分为多个类，同一个类中的实体相似性较大，处于不同类中的实体差异性比较大。目前空间聚类分析已经在多个领域得到了广泛应用，包括城市规划领域、道路交通领域、地价分级评估领域、遥感图像处理领域、地震分析领域、全球气候变化研究领域等。

2. 现有空间聚类算法

目前，主要存在两种类型的空间聚类：一种是将距离远近作为判断准则，根据实体间的距离进行聚类；另一种是将空间实体的距离和属性结合作为判断准则进行聚类。在现有的诸多空间聚类方法中，按照聚类思想的差异，可以大致分为：基于划分的聚类、基于层次的聚类、基于密度的聚类、基于图论的聚类、基于模型的聚类和基于格网的聚类等。

（1）基于划分的算法　该算法使用较早，应用比较广泛，主要思想为：存在一个空间实体集，该集合由 n 个实体组成，划分为 k 个分组，每一个分组表示一个簇。该算法主要有：k 均值算法（K-means）、k 中心点（K-medoids）算法以及 CLARANS 算法等。K-means 是最为经典的划分算法。K-means 算法通过迭代优化，使平方误差准则不断收敛，最终获得 k 个簇，平方误差准则公式如下所示：

$$E = \sum_{i=1}^{k} \sum_{n \in C_i} |n - m_i|^2$$

式中 E 为平方误差准则，n 为空间实体，m_i 为簇 C_i 的质心。

（2）基于层次的算法　该方法通过构造聚类树进行划分，主要有凝聚法和分裂法两种形式。凝聚法主要思想为：首先将每个空间实体作为一个簇，通过一定的准则进行归并，直到聚为一个簇或满足终止条件。分裂法的思想与凝聚法想法相反。基于层次的算法包括：经典的层次聚类算法、BIRCH 算法、CURE 算法、CHAMELEON 算法。具体过程如图 4-1 所示。

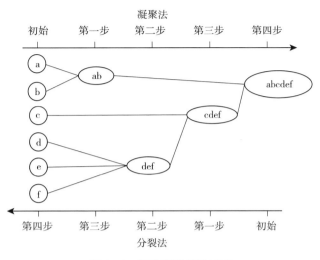

图 4-1　层次聚类算法示意

（3）基于密度的算法　基于密度的方法应用较广泛，该方法将密度作为聚类的判断准则，而其他方法则是将聚类作为聚类依据。主要有：DBSCAN 算法、DENCLUE 算法、OPTICS 算法等。

（4）基于图论的算法　基于图论的方法首先将空间实体生成一个图，通过给定的约束条件对图进行划分，分为若干个子图，每一个子图为一个空间簇。基于图论的算法包括：MST 算法和 AUTOCLUST 算法等。

（5）基于模型的算法　该算法的思想是将空间实体与给定的模型进行拟合，从而完成聚类。基于模型的算法包括 EM 算法和 SOM 算法等。

（6）基于格网的算法　该算法首先创建格网单元，将数据落在若干个格网聚类中，所有的处理都是基于单个单元对象。主要包括：CLIQUE 算法、STING 算法和 Wave-Cluster 算法等。

3. 人工鱼礁的约束聚类算法

根据各种聚类算法的分析可以发现，当前的空间聚类算法在实现单位鱼礁划分归类方面面临以下一些问题：人工鱼礁实际的分布情况比较复杂，某一海域中，单位鱼礁配置与组合模式的不同，单位鱼礁会存在不同的形状，大小也存在差异，并不统一；每个单位鱼礁中的个体数量也各不相同，并且单位鱼礁之间可能没有明显的界线，可能存在较多零散的鱼礁个体。由于单位鱼礁分布的复杂性，应用已有的空间聚类算法进行单位鱼礁划分归类时，不能实现合理划分，因此需要提出一种新的空间聚类算法。

基于约束的聚类是指用户根据实际情况通过给定的限制条件，对空间实体进行聚类，用以满足实际需求。在现实世界中，大多数的聚类都要考虑约束条件，从而帮助我们得到更加符合用户需求的结果。例如，河流、湖泊等障碍物的存在。而对人工鱼礁进行聚类时，需要考虑鱼礁本身的一些情况，如单位鱼礁中礁体的个数、礁体之间的距离等限制条件，因而，必不可少地需要加入一些限制条件。

因为 Delaunay 三角剖分满足空外接圆和最大最小角这两个性质，所以三角网中的三角形近似等边三角形，给定任意的散乱点，构成的三角网是唯一的，具有整体最优性质，并且可以描述空间实体间的邻近关系，生成三角网时，既考虑实体间的距离，又包含拓扑关系，能够表达数据空间特征。通常事物主要受两方面的影响，即整体因素和局部因素。据此，为了得到人工鱼礁的分布情况，这里提出了一种约束算法，基本思想为：借助 Delaunay 三角网，从不同层次（整体和局部）和不同类型（距离和个数）两个方面施加约束准则，并制订相应的参数，删除三角网中不符合约束条件的边，消除整体因素和局部因素的影响，形成相对稀疏的簇（即群体），再依据簇间邻近原则重新合并簇。

（1）基本定义　定义 1——整体约束条件：给定空间实体集合 DB，其中包含 n 个鱼礁个体，鱼礁个体 p 的整体约束条件为

$$C\_Global = \alpha \cdot k$$

式中 α 表示调节系数，默认设为 1，k 为设计方案中单位鱼礁之间的距离。如果两个鱼礁个体之间的距离，即鱼礁个体之间边的长度，超过整体约束条件，就删除个体之间的边。

定义 2——局部约束条件：与鱼礁个体 p 相连的边的平均值。$N(p_i)$ 表示与 p_i 相连的边的数量，e_j 表示与点 p_i 相连的边，C_Local 为鱼礁个体 p 连接的所有边的局部约束条件，表示为

$$C\_Local(p_i) = \frac{\sum_{j=1}^{N(p_i)} |e_j|}{N(p_i)}$$

根据整体约束条件，划分得到人工鱼礁划分的稀疏图，如果单位鱼礁中鱼礁个体之间的长度大于局部约束条件，则将其删除。

（2）约束聚类算法　人工鱼礁的约束聚类算法过程如图 4-2 所示。算法分为 3 个阶

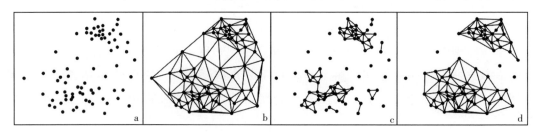

图 4-2　约束聚类算法步骤

a. 空间实体集　b. 构造 Delaunay 三角网　c. 生成约束三角网　d. 合并簇

段，第一阶段为构网阶段，即生成 Delaunay 三角网，第二阶段为删边的过程，第三阶段为凝聚离散礁体的过程，具体算法如下：

①构建三角网。将所有鱼礁个体生成一个 Delaunay 三角网。

②生成约束 Delaunay 三角网。通过施加整体约束条件和局部约束条件，对原先的三角网进行修改。

设置整体约束条件，删除整体长边。整体长边包括单位鱼礁之间的长边、单位鱼礁与零散的鱼礁个体之间的长边、零散的鱼礁个体之间的长边。通过设置整体约束条件后，得到单位鱼礁大致分布情况，但是某些单位鱼礁之间的界限仍旧模糊，可能存在"颈"和"链"的问题，导致两个甚至多个单位鱼礁划分在一个簇中，得到的单位鱼礁中内部礁体的个数可能出现过多的现象。为了得到更加准确的划分结果，引入局部约束条件，结合单位鱼礁个体数量个数的限制，进一步对某些单位鱼礁进行划分。

利用局部约束条件和个体数量对局部范围内的边进行删除。根据个体数量判断需要进一步划分的单位鱼礁，对这些单位鱼礁运用局部约束准则。通过局部约束条件删除单位鱼礁之间的长边、单位鱼礁与零散的礁体之间的长边以及零散的礁体之间的长边。经过设置局部约束条件后，解决了单位鱼礁之间相连的现象，零散的鱼礁个体被分离出来。

③依据最远距离准则，将零散的鱼礁个体归并到单位鱼礁。完成以上两个过程后，接下来就是凝聚离散个体，主要分为以下两个步骤：

计算密集分布的每个单位鱼礁的重心，结合设计方案，依据单位鱼礁距重心点最远距离这一限制条件，将已有单位鱼礁周围密集分布的零散的鱼礁个体归并到邻近的单位鱼礁中。在完成这一步骤后，将空间密度较高的礁体聚为一类，对于一些处于边界的鱼礁体，它们分布较分散，密度较低，但是又不属于零散点，因此需要对单位鱼礁周围密度较低的零散点进行再次归并。

计算零散鱼礁点与已有单位鱼礁的最近距离，根据礁体间最远距离这一限制条件，合并最近距离的零散点。

（二）人工鱼礁聚类分析与比较

不同的聚类方法根据各自的判断准则进行聚类。由于主要思想的差异，聚类结果各不相同。根据实际投放鱼礁的自相关性所得到的聚类结果，在多大程度上满足单位鱼礁、鱼礁群的规模要求？如何选择合适的空间聚类方法，才能从本质上最大化的反映现场人工鱼礁的集聚情况？针对这些问题，我们根据鱼礁个体存在的空间自相关性，结合人工鱼礁的实际情况，主要采用划分聚类、层次聚类以及约束聚类对现场海域的人工鱼礁进行聚类分析，找出最适宜的聚类算法，充分展示单位鱼礁的实际分布状况。

1. 数据获取

人工鱼礁建设过程中，不管是前期拟投礁区的本底调查，还是投礁后的跟踪调查，都需要投入大量的人力、物力和时间来完成，这不仅影响到鱼礁的建设进度，还增加了项目成本。由于声学仪器在浑浊的水体中具有极高的图像分辨率，近几年已被广泛应用于海洋工程，尤其是海洋测绘、水下管道测探、水下电缆测探等。为了查明现场海域人工鱼礁水下实际的投放位置，对人工鱼礁建设海域进行了侧扫声呐探测实地调查，了解人工鱼礁实际的分布情况。

（1）调查设备　数据采集使用 C3D 三维侧扫测深系统，它应用多阵列换能器，并结合 CAATI（Computer Angle of Arrival Transient Imaging）专利算法，使得图像具有更好的信噪比和解析度，消除了虚假信号，提高了探测分辨率，测深精度可达 5cm，侧扫精度可达 4.5cm。因此，可利用 C3D 获取人工鱼礁区高质量的水下地貌和水下三维地形数据。C3D 的外观如图 4-3 所示。

图 4-3　C3D 外观

（2）调查区域　不同的建设区域，人工鱼礁的建设目的不同，随之人工鱼礁设计时的配置组合方式也不一样。为了深入地了解不同建设海域中各种组合方式下人工鱼礁的投放情况，从而对不同的方案做出合适的分析与评价，研究中选取了三种不同类型的投礁海域进行调查探测，分别为海湾型人工鱼礁建设区、岛礁型人工鱼礁建设区以及开阔海域人工鱼礁建设区。

（3）调查结果　侧扫声呐沿着航线向两侧发射扇形声波，然后接受发射声波的海底反射。在获取的声呐图像中，反射强度不同对应图像的灰度值也存在差异。利用 C3D 声呐系统对人工鱼礁区进行现场测量，快速获取水下每个鱼礁的三维地理位置和分布状态，获得大范围水深和水下声呐图像信息，获得的声呐图像如图 4-4 所示。

基于 C3D 提供的高清晰水下声呐图像信息，结合 ArcGIS 矢量化功能，人工提取图像中每个鱼礁点在水下的空间位置，以及它们之间的相互距离与方位等空间关系。对鱼礁点中参与聚类的非目标对象进行数据清理，鱼礁的分布状态如图 4-5 所示。

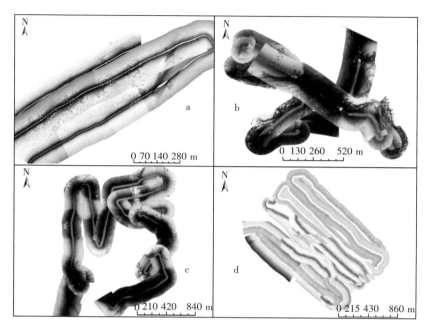

图 4-4 各类人工鱼礁海域的 C3D 鱼礁成像

a. 海湾水域 b. 岛礁海域 c. 岛礁海域 d. 开阔海域

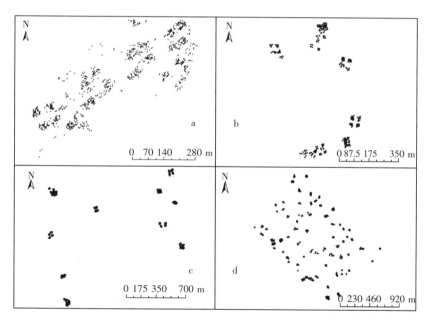

图 4-5 实际海域的人工鱼礁分布状态

a. 海湾水域 b. 岛礁海域 c. 岛礁海域 d. 开阔海域

2. 检验标准

聚类分析以空间实体的空间自相关性为基础，各种聚类算法按照其各自的思想或者准则进行聚类，使得处于同一个簇中的实体相似性大，而处于不同簇中的实体差异性大，以此得到不同的聚类结果。当给定空间实体时，也就确定了各实体的空间自相关性，而聚类主要是依据实体的空间自相关性，因此，当实体的空间自相关性不变时，各种聚类算法虽然聚类思想不同，但聚类结果大体相似。将不同聚类算法的结果进行叠置分析，得到聚类结果的重叠区域，此区域为不同聚类算法的共有区域，处于共有区域中的空间实体之间自相关性高，分布相对紧密，不会因为聚类算法的不同导致聚类结果存在差异，因此，重叠区域反映出单位鱼礁的实际分布状况。而各种聚类算法得到的聚类结果与重叠区域之间的差异则反映出各种算法的差别。因此，为了比较各种聚类算法在人工鱼礁应用中的适用情况，以各种聚类结果与重叠区域之间的差异作为一个判别指标，根据差异的大小来判断各种聚类方法的优劣。

人工鱼礁设置的内容包括鱼礁布局、鱼礁间距和鱼礁规模等。礁区布局通过影响水体交换能力，进而影响鱼礁的效应。鱼礁之间间距具有一定的要求，较大的间距，礁体之间的协同作用降低，间距较小，鱼礁之间分布相对集中，又会导致鱼礁形成的面积缩小，因此，人工鱼礁的效应也受鱼礁间距的影响。鱼礁建设的规模也有一定的要求，作为鱼礁能产生效应的最小单位，单位鱼礁规模至少需要达到 400 m^3。鱼礁建设的规模与鱼礁本身形状、礁体个数以及构成的面积有关。

因此，我们着重应用全面表征单位鱼礁实际存在状态的几个要素，如重心位置、影响面积、礁体数量以及礁体间距作为评估聚类方法优劣的指标。重心位置反映单位鱼礁主要分布的位置，构成了鱼礁分布的基本布局情况，影响面积和鱼礁个体数量可以体现单位鱼礁的规模，而礁体间距则反映鱼礁个体之间分布的凝散程度。

3. 结果和分析

以海湾投放的人工鱼礁为例，为了更加直观地看到各种聚类方法的效果，图 4-6 给出了不同方法（划分聚类算法、层次聚类算法、约束聚类算法）得到的人工鱼礁聚类结果。从中可知，各种方法得到的聚类结果大体相似但又存在差异，总体上分为 24 个单位鱼礁，大部分鱼礁呈集聚分布，存在部分分布较为离散的鱼礁个体。利用 ArcGIS 中的区域叠置功能得出 3 种聚类算法的重叠区域，重叠区域的个数达 35 个，如图 4-7 所示。

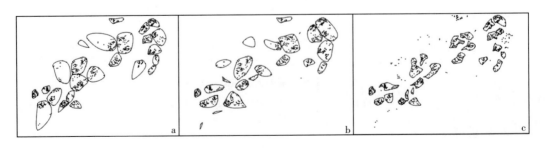

图 4-6 三种聚类算法结果

a. 划分聚类算法 b. 层次聚类算法 c. 约束聚类算法

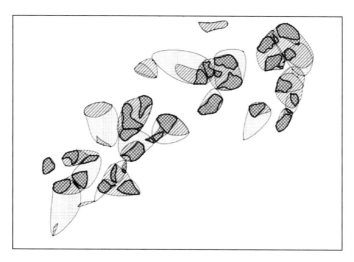

图 4-7　三种聚类算法的重叠区域

（1）单位鱼礁内的礁体数量误差　从 3 种方法对人工鱼礁聚类结果的误差（图 4-8）来看，层次聚类误差波动较大，其次为划分聚类，而约束聚类波动最小，误差的排序为约束聚类＜划分聚类＜层次聚类，其值分别为 0.187、0.221、0.329。基于约束的算法具有最小的标准差，即基于约束的算法与重叠区域之间的差异最小，相似性最高。

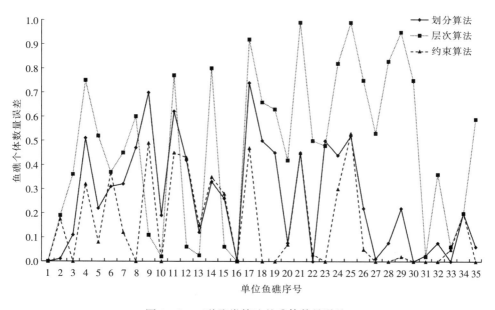

图 4-8　三种聚类算法的礁体数量误差

（2）单位鱼礁重心位置误差　利用 3 种方法对人工鱼礁进行空间聚类，并利用标准差对 3 种聚类方法获取的聚类结果进行误差检验。从图 4-9 中可以看出：3 种聚类方法的误差波动差异较小，划分聚类误差波动略高于层次聚类和约束聚类。误差的排序为层次聚类＜约束聚类＜划分聚类，其值分别为 0.220、0.243、0.251。层次聚类标准差最小，因此，该方法得出的聚类重心与重叠区域的重心最接近。

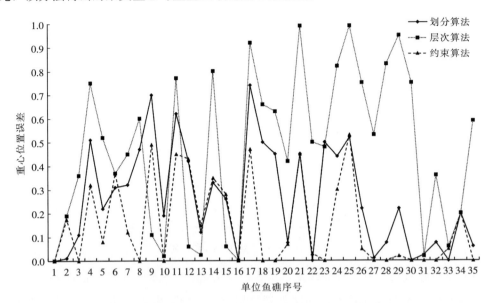

图 4 - 9　三种聚类算法的重心位置误差

（3）单位鱼礁外围面积误差　图 4 - 10 给出了 3 种聚类算法得到的外围面积误差结果：约束聚类误差曲线较平缓，最大误差不超过 0.4，总体误差值明显小于其他两种方法，划分聚类和层次聚类误差较大。误差的排序为约束聚类＜划分聚类＜层次聚类，其值分别为 0.118、0.301、0.313。约束聚类得到最小的标准差，因此，从面积这一因素考虑，约束聚类得到的聚类结果最接近鱼礁实际分布情况。

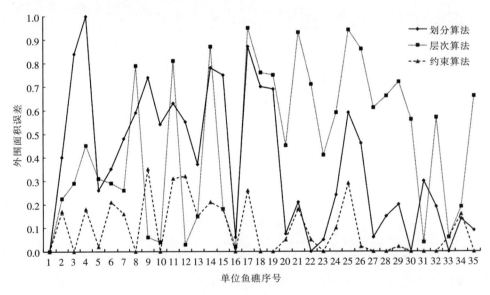

图 4 - 10　三种聚类算法的单位鱼礁外围面积误差

（4）单位鱼礁内的个体间距误差　单位鱼礁中鱼礁个体间距的大小反映出礁体分布的

凝散程度，礁体之间间距小，说明鱼礁分布集中，反之，鱼礁分布分散。在 3 种聚类方法得出的礁体间距误差，如图 4－11 所示，3 种聚类结果整体差异都比较小，在第 9 个重叠区域，3 种聚类算法的误差值都达到最大值，说明第 9 个重叠区域中鱼礁个体之间的间距较小。礁体间距误差的排序为层次聚类＜约束聚类＜划分聚类，其值分别为 0.220、0.225、0.266。因此，从鱼礁个体间距误差方面考虑，层次聚类最能反映鱼礁分布的凝散程度。

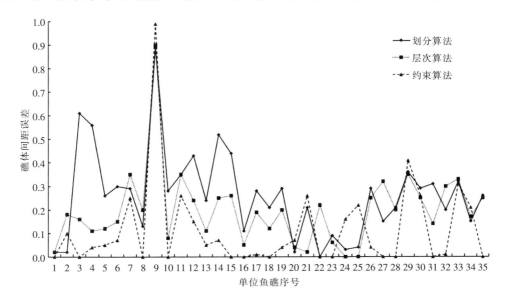

图 4－11　三种聚类算法的单位鱼礁内的个体间距误差

（5）总体误差分析　根据以上指标即可得到各个误差因素值，但是误差因素类型多样，每一种误差因素都存在误差值，无法得出一个统一值，因此，需要通过现有的误差因素得出每种聚类方法总体误差情况。而每一个误差因素对总体误差的影响程度是不一样的，因此，在计算总体误差之前，首先需要应用主成分分析法确定每一个误差因素的权重值。

主成分分析是多元统计分析方法中的一种，它通过数学变换的方式计算指标权数。主成分分析法保持总方差不变，将变换后的指标按照方差的大小依次排序，第一指标方差最大，代表第一主成分，第二指标方差次之，代表第二主成分，以此类推。指标的方差表示指标数据的差异程度，方差越大说明该指标在评价各个对象时越能说明评价对象的差异性，从而赋予较大的权重值；反之，赋予较小权重值。

对 3 种聚类算法的外围面积、重心位置、礁体间距、礁体数量进行主成分分析，确定各个指标的影响程度。表 4－1 为 3 种聚类算法经过主成分分析后得出的结果，从表中可以看出，在划分聚类中，4 个成分的贡献率分别为 65.96%、27.19%、4.87%、1.99%。第一主成分与重心位置存在明显的正相关，相关性达到 0.929，因此，第一主成分可以被认为是重心位置的代表。同理，第二主成分代表礁体间距，第三主成分代表个体数量，第四主成分代表面积。层次聚类中第一主成分代表个体数量，第二主成分代表重心位置，第三主成分代表礁体间距，第四主成分代表面积。四个成分的贡献率分别为 65.88%、22.48%、9.59%、2.05%。约束聚类中第一主成分为面积，第二主成分为礁体间距，第三主成分为重心位置，第四主成分为礁体数量。四个成分的贡献率分别为 76.35%、20.20%、2.31%、1.14%。

表 4-1　三种聚类算法的单位鱼礁 4 个主成分负荷值和贡献率

算法	指标	成分			
		1	2	3	4
划分算法	重心位置	0.929	0.089	0.348	−0.092
	外围面积	0.825	0.207	0.428	0.305
	礁体间距	0.111	0.991	−0.069	0.020
	礁体数量	0.509	−0.139	0.849	0.035
	贡献率（%）	65.958	27.187	4.870	1.985
	累计贡献率（%）	65.958	93.145	98.015	100.000
层次算法	礁体数量	0.929	0.321	0.088	−0.161
	外围面积	0.884	0.355	0.179	0.244
	重心位置	0.403	0.911	0.081	0.013
	礁体间距	0.121	0.069	0.990	0.011
	贡献率（%）	65.878	22.478	9.594	2.050
	累计贡献率（%）	65.878	88.356	97.950	100.000
约束算法	外围面积	0.980	−0.138	0.031	−0.143
	礁体数量	0.968	−0.179	0.067	0.160
	重心位置	0.849	−0.328	0.415	0.006
	礁体间距	−0.179	0.982	−0.062	−0.004
	贡献率（%）	76.351	20.198	2.314	1.136
	累计贡献率（%）	76.351	96.549	98.864	100.000

根据主成分分析得到的各指标权重以及各误差要素的误差值，将以上各个指标线性加权求和，确定总体误差 y，如下公式所示：

$$y = \sum_{i=1}^{n} a_i \cdot x_i$$

式中 n 为指标个数，a_i 为指标对应的权重值，x_i 代表指标的误差值。

根据公式得出 3 种聚类算法的总体误差，如图 4-12 所示，约束聚类误差曲线相对比较平缓，误差值低于其他两种聚类方法，误差最大值低于 0.4。层次聚类在第 11 以及第

17～30 重叠区域中误差值都远高于其他两种聚类方法，在第 22 个重叠区域误差值达到最大。标准差的排序为约束聚类＜划分聚类＜层次聚类，其值分别为 0.093、0.203、0.264。因此，在综合考虑面积、个体数量、重心位置、礁体间距这 4 个指标时，约束聚类误差值最小，精度最高。使用约束聚类得到的结果在反映鱼礁实际分布状态的聚集模式时是最好的。

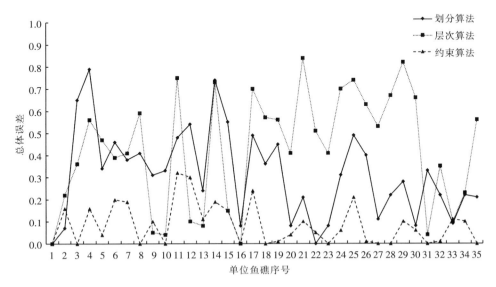

图 4-12　三种聚类算法的单位鱼礁总体误差

基于上述结果，对 3 种聚类算法进行比较分析，由于划分聚类和层次聚类对异常数据敏感，无法剔除零散点，因此，在对鱼礁聚类时，无法排除距离相对较远的鱼礁个体，得到的聚类结果中单位鱼礁由于个别零散个体的存在，使之面积较大。而当鱼礁之间的间距较远时，鱼礁的协同作用降低，因此，在聚类过程中应排除零散的鱼礁个体。而约束聚类通过删除不同层次的长边，避免了聚类结果中面积过大这一问题。层次聚类对数据输入顺序敏感，相较于其他两种聚类算法，该方法得到的单位鱼礁中个体数量差异较大，分布不均匀。由此，在对人工鱼礁实际分布状态进行聚类时，基于约束的算法最为适宜。

四、人工鱼礁投放误差分布

人工鱼礁投放结果影响着人工鱼礁效果的实现。如果鱼礁投放后的位置不当，将会改变鱼礁的布局、间距、设置规模等，使之难以达到修复海洋生态环境和增殖渔业资源的作用。在人工鱼礁投放过程中易受到多种因素的影响，如风浪、定位精度、浮标误差、海流和潮流等，造成投放后的鱼礁位置与设计位置往往不吻合，发生不同程度的偏移，也就是投放误差，其中很大一部分的原因是施工方投放技术不娴熟造成的。投放技术的优劣关系到鱼礁能否达到合理布局、满足规模要求以及实现其生态功能。为了改变在人工鱼礁投放过程中出现随意投放的现象，需要对人工鱼礁的投放技术进行评价，确定人工鱼礁投放技术的优劣。而目前国内外还没有相关的评价标准，因此，迫切需要建立人工鱼礁投放技术评价体系，评价人工鱼礁投放技术的优劣。在评价体系中，评价的等级与投放误差相关，人工鱼礁投放误差的分布规律研究就成了进行等级划分的首要问题。只有确定了投放误差的分布，分析投放误差的范围，才能对误差进行等级划分。

实际海域投放的人工鱼礁，通过 C3D 测扫声呐等仪器得到实际分布情况，以鱼礁间的空间自相关性为基础，经过空间聚类后，发现有些单位鱼礁的面积比设计方案小而有些比设计方案大，而单位鱼礁中包含的鱼礁个体数量也存在相似的情况，这种结果的出现纯属偶然还是具有某种特定规律？误差值的大小是随机的还是分布在一定的范围内？人工鱼礁投放误差的实际分布情况又如何？为了解决上述问题，需要对投放误差进行定量描述，首先通过现场海域人工鱼礁的分布状态与设计方案进行误差计算，得出人工鱼礁实际投放误差，分析投放误差的概率分布情况，并进行拟合与检验，找出投放误差尽可能准确的概率分布规律，进而得出人工鱼礁投放误差的分布范围，定量描述投放误差的特性。

（一）投放误差计算

1. 指标确定及转换

如前所述，人工鱼礁设置的内容包含了鱼礁布局、鱼礁间距和鱼礁设置规模等方面。投放技术的优劣直接影响这 3 个方面，进而影响鱼礁建设效果的实现。这里将以下几个要素作为鱼礁投放误差的分析指标：重心位置偏移（重心误差）、外围面积的改变（外围面积误差）、设计方案与实际鱼礁区面积的吻合程度（即重叠区域的面积误差）、鱼礁个体数量的增多或减少（个体数量误差）以及礁体之间的间距的变化（礁体间距误差）。

当存在多个评价指标时，每个评价指标皆得到一个对应的评价值，使得难以对评价对象进行整体评价。因此，需要将各个指标进行综合，得到一个统一数值，通过对该数值的比较分析，对研究对象进行综合评价。而将各指标统一为一个综合数值时，需要确保所有指标拥有同质性。常用的指标类型主要分为三类：正向指标（值越大越好的指标）、逆向指标（值越小越好的指标）和中性指标（值大小适中的指标）。对评价人工鱼礁投放技术的优劣而言，投放误差越小，投放技术越好，因此，统一将人工鱼礁投放误差的各指标转换为逆向指标，即各误差指标值越小越好。

2. 误差计算方法

（1）重心位置误差　单位鱼礁的分布反映了鱼礁布局情况，建立单位鱼礁重心位置偏移误差，用以监测鱼礁布局是否处于合理的状态。

$$\Delta d = \sqrt{(x_0 - x)^2 + (y_0 - y)^2}$$

$$\delta_w = \Delta d / L$$

式中（x_0，y_0）为鱼礁设计重心，（x，y）为实测重心，Δd 为重心偏移的绝对误差，L 为设计的单位鱼礁对角线长度的一半，δ_w 为单位鱼礁重心偏移的相对误差，如图4-13所示。

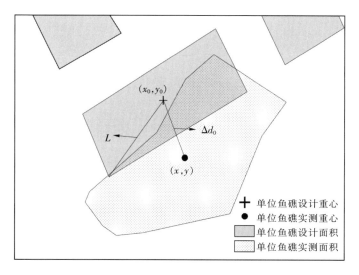

图4-13　重心位置误差计算

（2）外围面积误差　在相同的配置组合条件下，外围面积越大，单位鱼礁整体的调控范围增大，但随之鱼礁个体之间的协同作用降低；外围面积越小，单位鱼礁整体的调控范围缩小，鱼礁个体之间产生的效应出现重叠现象。

$$\delta_P = (S_0 - S)/S_0$$

式中 S_0 为鱼礁设计外围面积，S 为实测外围面积，δ_P 为单位鱼礁外围面积变化的相对误差，如图4-14所示。

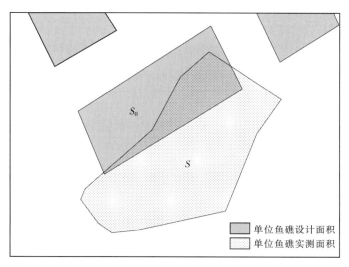

图4-14　外围面积误差计算

（3）**重叠面积误差** 重叠面积误差是指单位鱼礁设计方案与实际投放状态的面积重叠部分，当两者面积完全重叠时误差为 0，当两者完全分离时误差为 100%。该误差实际上包含了外围面积误差和重心位置误差两部分，并不是一个独立的误差项，而只是一个误差补充项，可以根据误差评估的目的进行取舍。重叠面积误差的表达式为：

$$\delta_{OA} = 1 - S_I/S_0$$

式中 S_I 为鱼礁设计区域与实测区域之间的重叠区域的面积，S_0 为鱼礁设计面积，δ_{OA} 为鱼礁实测区域与设计区域之间的吻合程度大小，如图 4-15 所示。

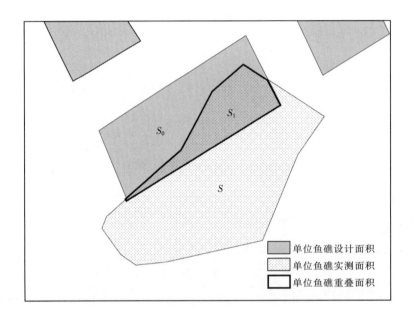

图 4-15 重叠面积误差计算

（4）**礁体数量误差** 鱼礁个体数量反映了人工鱼礁的规模情况，由于单位鱼礁的规模应在 400 m³ 以上，单位鱼礁中礁体数量也存在相应的限制。

$$\delta_N = (N_0 - N)/N_0$$

式中 N_0 为鱼礁设计时单位鱼礁中的礁体个数，N 为实测的个体数量，δ_N 为单位鱼礁个体数量变化的相对误差，如图 4-16 所示。

（5）**礁体间距误差** 人工鱼礁区的水体交换能力亦受到礁体间距的影响，不同间距水体交换能力不同。

$$\delta_L = L_0/a - \left(\sum_{i=1}^{n} L_i/n\right)/a$$

式中 L_0 为鱼礁个体之间间距的设计值，a 为鱼礁的边长，L_i 为个体间距的实测值，δ_L 为个体间距的相对误差，如图 4-17 所示。

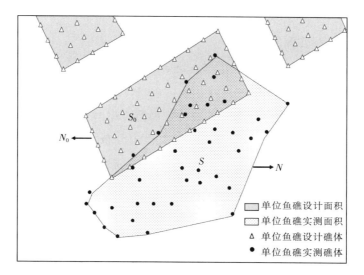

图 4-16 礁体数量误差计算

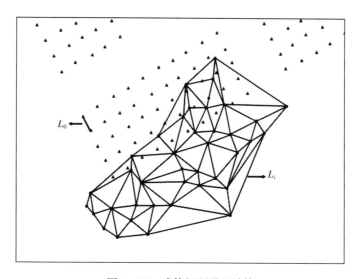

图 4-17 礁体间距误差计算

3. 指标归一化方法

在评价投放误差时，各个误差指标实际数值的量纲不同，如重心位置误差描述的是距离，单位为米，而个体数量误差描述的是个数的变化，单位为个，并且各个误差指标的数值不在同一个数量级上，重心位置误差得到的值较大，个体数量误差值较小。因此，在将各个误差指标进行综合之前，需要解决误差值量纲和数量级的问题。因此，对各个指标的误差值进行无量纲化处理，通过将实际误差值进行转变，使各个误差值具有相同的量纲和数量级，进而进行综合，求出整体误差值。数据挖掘中的归一化方法能够解决数据量纲存在差异的问题。为了便于处理和分析，归一化方法经常将实际数据转化为0~1范围内数值。这里采用以下公式，对人工鱼礁各个误差指标进行归一化处理。

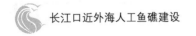

$$y = 1 - e^{-x^2}$$

式中 x 为误差指标实测值，y 为误差归一化后的转换值。

（二）投放误差的分布规律

人工鱼礁投放误差为一随机变量，根据不同海域得出的各个误差要素的误差值发现，误差结果呈现特定的规律性，因此，投放误差其概率分布必满足某一定规律。但同一个误差指标也有可能服从多种分布模式，在不同投礁海域的分布规律也许满足一致性，不同的误差指标分布类型或许相同。通常选用三种常用的假设分布：正态分布、指数分布、对数正态分布，对各个误差指标进行分布拟合检验分析，探讨投放误差的分布规律。

卡方检验是根据主观因素将数据划分为若干个子集，这些子集之间互不相交，由于是主观划分，不同的划分容易导致检验结果的不一致。斯米尔诺夫（Kolmogorov-Smimov，简称 K-S）检验是一种非参数检验方法，检验时可以不用事先知道数据的假设分布模式，而且不受主观因素的影响，克服了卡方检验的缺陷。因此，运用 K-S 检验对人工鱼礁误差要素的概率分布进行了统计检验。

1. 正态分布

正态分布（normal distribution），又称高斯分布，是一个广泛应用的概率分布模式，常见于数学、物理、医学、工程等领域。1733 年 Moivre 首次提出正态分布的概念，之后 Gauss 将其应用于天文领域。正态分布具有集中性、对称性，集中性表现为高峰位于曲线的正中央，对称性表现为数值以高峰为中心左右对称，如图 4-18。正态分布的概率密度函数为：

$$f(x) = \frac{1}{\sqrt{2\pi}\sigma} \exp\left[-\frac{1}{2\sigma^2}(x-\mu)^2\right]$$

式中 μ 为正态随机变量 x 的均值，σ^2 为正态随机变量 x 的方差。

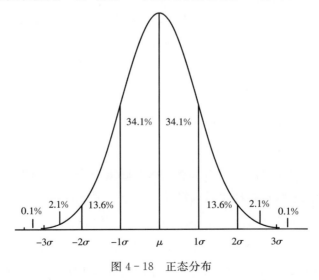

图 4-18　正态分布

2. 对数正态分布

对数正态分布（logarithmic normal distribution）是指随机变量的对数服从正态分布的概率分布，如图 4 - 19。对数正态分布的概率密度函数为：

$$f(x) = \frac{1}{x\sqrt{2\pi}\sigma}\exp\left[-\frac{1}{2\sigma^2}(\ln x - \mu)^2\right]$$

式中 μ 为对数正态随机变量 x 的均值，σ^2 为对数正态随机变量 x 的方差。

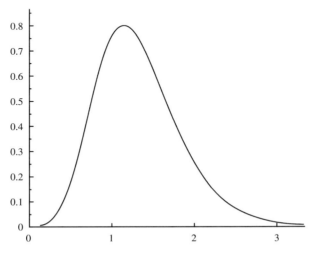

图 4 - 19　对数正态分布

3. 指数分布

在概率论和统计学中，指数分布（exponential distribution）表现为一种连续概率分布，如图 4 - 20。指数分布的概率密度函数为：

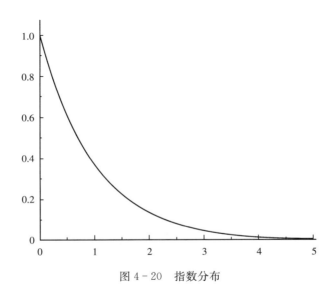

图 4 - 20　指数分布

$$f\ (x) = \begin{cases} \lambda e^{-\lambda x}, & x \geqslant 0 \\ 0, & x < 0 \end{cases}$$

式中 λ 是分布的一个参数。

利用以上各种拟合假设分布（正态分布、指数分布、对数分布）的公式，结合人工鱼礁各个指标的误差结果，判断出误差要素在 3 种假设分布下的服从情况，并且计算出相应的参数值，结果如表 4 - 2 所示。

表 4 - 2　假设分布参数

投礁海域	误差指标	正态分布			指数分布		对数正态分布		
		P	μ	σ	P	λ	P	μ	σ
海湾 1	重心位置	0.530	0.659	0.322	0.053	1.484	0.033	/	/
	外围面积	0.052	0.419	0.393	0.258	2.289	0.068	0.556	1.318
	重叠面积	0.481	0.417	0.212	0.046	/	0.016	/	/
	礁体数量	0.299	0.099	0.117	0.085	9.663	0.065	0.288	2.761
	礁体间距	0.152	0.776	0.237	0.003	/	0.000	/	/
	总体误差	0.150	0.415	0.166	0.006	/	0.199	0.416	0.174
海湾 2	重心位置	0.665	0.611	0.330	0.079	1.604	0.101	0.614	0.352
	外围面积	0.052	0.419	0.393	0.258	2.289	0.068	0.556	1.318
	重叠面积	0.575	0.389	0.221	0.071	2.493	0.040	/	/
	礁体数量	0.299	0.099	0.117	0.085	9.663	0.065	0.288	2.761
	礁体间距	0.152	0.776	0.237	0.003	/	0.000	/	/
	总体误差	0.153	0.401	0.159	0.005	/	0.190	0.402	0.166
岛礁海域	重心位置	0.005	/	/	0.000	/	0.000	/	/
	外围面积	0.177	0.261	0.336	0.303	3.634	0.500	0.419	1.833
	重叠面积	0.000	/	/	0.000	/	0.000	/	/
	礁体数量	0.002	/	/	0.000	/	0.000	/	/
	礁体间距	0.261	0.497	0.339	0.248	1.910	0.000	/	/
	总体误差	0.259	0.565	0.093	/	/	0.174	0.567	0.101
开阔海域	重心位置	0.001	/	/	0.000	/	0.000	/	/
	外围面积	0.546	0.249	0.198	0.317	3.882	0.002	/	/
	重叠面积	0.010	/	/	0.027	/	0.000	/	/
	礁体数量	0.003	/	/	0.000	/	0.000	/	/
	礁体间距	0.415	0.672	0.332	0.003	λ	0.005	/	/
	总体误差	0.238	0.439	0.150	0.002	/	0.000	/	/

由表 4-2 可知，海湾型人工鱼礁投放误差的各个指标都满足正态分布，外围面积误差和礁体数量误差能同时符合 3 种分布情况，礁体间距误差只满足正态概率分布；岛礁海域人工鱼礁投放误差的结果与开阔海域的误差结果类似，重心位置误差、重叠面积误差、礁体数量误差不符合任何概率分布类型，其他误差指标都满足正态分布，甚至存在满足多种假设分布的情况，如外围面积能同时服从正态分布和指数分布。在不同投礁海域，外围面积误差能够同时服从正态概率分布和指数概率分布，礁体间距误差和总体误差均能满足正态分布情况。综上所述，误差指标整体上基本服从正态分布，同一投礁海域的误差指标可能服从多种合理的拟合分布，不同投礁海域的误差指标具有类似的分布规律，不同的误差指标拟合分布的情况也有可能相同。

4. 误差分布拟合效果分析

不同假设分布得到的误差拟合的精确度不同，为了定量比较各种假设分布的拟合结果，确定最合适的统计分布，定义两个拟合指标：拟合标准差和相关系数。

（1）拟合标准差（ξ）

$$\xi = \sqrt{\frac{\sum_{i=1}^{n}(x_i - \widetilde{x}_i)^2}{n-1}}$$

式中 $i=1, 2, \cdots, n$。其中，n 为频率分布直方图的分组数，x_i 为第 i 个分组中实测频率值，$\widetilde{x}_i$ 为第 i 个分组中拟合的概率值。

（2）相关系数（r）

$$r = \frac{\sum_{i=1}^{n}(x_i - x_m)(\widetilde{x}_i - \widetilde{x}_m)}{\left[\sum_{i=1}^{n}(x_i - x_m)^2 \sum_{i=1}^{n}(\widetilde{x}_i - \widetilde{x}_m)^2\right]^{\frac{1}{2}}}$$

式中 $i=1, 2, \cdots, n$。其中，n 为频率分布直方图的分组数，x_i 为第 i 个分组中实测频率值，x_m 为实测频率的均值，$\widetilde{x}_i$ 为第 i 个分组中拟合的概率值，$\widetilde{x}_m$ 为拟合概率的均值。

实测的频率值与拟合的概率值越接近，两者之间差异越小，线性关系越好，则说明假设分布拟合越好，即相关系数越大越好，而拟合标准差越小越好。由于不同假设分布拟合的精确度不同，在确定最合适的统计分布时，需要根据相关系数和拟合标准差这两个指标确定投放误差最终的分布模式。因此，判别出人工鱼礁投放误差的概率分布的拟合结果，如表 4-3 所示。

表 4-3　拟合检验分析

投礁海域	误差指标	正态分布		指数分布		对数正态分布	
		ξ	r	ξ	r	ξ	r
海湾 1	重心位置	0.068	0.368	0.075	0.017	/	/
	外围面积	0.068	0.270	0.063	0.304	0.072	0.092
	重叠面积	0.080	0.307	/	/	/	/

（续）

投礁海域	误差指标	正态分布		指数分布		对数正态分布	
		ξ	r	ξ	r	ξ	r
海湾1	礁体数量	0.063	0.743	0.093	0.569	0.097	0.462
	礁体间距	0.056	0.363	/	/	/	/
	总体误差	0.057	0.397	/	/	0.024	0.590
海湾2	重心位置	0.063	0.497	0.068	0.303	0.074	0.067
	外围面积	0.068	0.270	0.063	0.304	0.072	0.140
	重叠面积	0.073	0.273	0.079	0.087	/	/
	礁体数量	0.071	0.743	0.093	0.569	0.098	0.462
	礁体间距	0.064	0.363	/	/	/	/
	总体误差	0.050	0.679	/	/	0.083	0.273
岛礁海域	重心位置	/	/	/	/	/	/
	外围面积	0.082	0.279	0.071	0.543	0.082	0.457
	重叠面积	/	/	/	/	/	/
	礁体数量	/	/	/	/	/	/
	礁体间距	0.060	0.460	0.062	0.162	/	/
	总体误差	0.047	0.856	/	/	0.102	0.131
开阔海域	重心位置	/	/	/	/	/	/
	外围面积	0.066	0.440	0.069	0.414	/	/
	重叠面积	/	/	/	/	/	/
	礁体数量	/	/	/	/	/	/
	礁体间距	0.060	0.750	/	/	/	/
	总体误差	0.056	0.550	/	/	/	/

海湾人工鱼礁投放误差重心位置误差这一指标服从正态分布，重叠面积误差、个体数量误差以及礁体间距误差分布情况相较于指数分布和对数正态分布而言更符合正态分布，而外围面积服从参数（$\lambda=2.289$）的指数分布，在两种分配情况下，依据主成分分析法得到的海湾总体误差分别符合参数（$\mu=0.416$，$\sigma=0.174$）的对数正态分布和参数（$\mu=0.401$，$\sigma=0.159$）的正态分布，岛礁海域人工鱼礁投放的外围面积误差服从参数（$\lambda=3.634$）的指数分布，而礁体间距误差和总体误差服从正态分布。开阔海域人工鱼礁投放误差的外围面积误差、礁体间距误差和总体误差相对于指数分布和对数正态分布更满足正态分布情况。在重心位置误差、重叠区域误差、个体数量误差以及礁体间距误差这4个指标中，不同区域人工鱼礁投放误差服从的分布情况相同，而外围面积误差和总体

误差在不同区域分布模式存在差异，没有统一的分布情况。

（三）人工鱼礁投放误差的分布范围

测量数据的误差总是分布在一定的范围内，这一范围即为测量数据的误差限，或称为极限误差。由此，将极限误差的思想引入到人工鱼礁中，得出人工鱼礁投放误差的分布范围。

在测量平差中，如果误差服从正态分布，则误差分布范围为 3 倍的标准偏差。根据统计学原理，正态分布中参数 μ 就是随机变量 X 的数学期望，而 σ^2 就是它的方差，随机变量 x 出现在给定区间（$\mu-\kappa\sigma$，$\mu+\kappa\sigma$）内的概率（κ 为正数）为

$$P(\mu-\kappa\sigma < X < \mu+\kappa\sigma) = \int_{\mu-\kappa\sigma}^{\mu+\kappa\sigma} f(x)\mathrm{d}x = \frac{1}{\sqrt{2\pi}\sigma}\int_{\mu-\kappa\sigma}^{\mu+\kappa\sigma} \exp\left\{-\frac{1}{2\sigma^2}(x-\mu)^2\right\}\mathrm{d}x$$

由上式可得

$$\left.\begin{array}{l} P(\mu-\sigma < X < \mu+\sigma) \approx 68.3\% \\ P(\mu-2\sigma < X < \mu+2\sigma) \approx 95.5\% \\ P(\mu-3\sigma < X < \mu+3\sigma) \approx 99.7\% \end{array}\right\}$$

根据公式可知，当误差服从正态分布时，误差分布在 3 倍的标准偏差范围内的概率为 99.7%，而超过 3 倍的标准偏差的概率为 0.3%，概率接近为零，可视为不可能事件。公式右端的概率称为置信概率，（$\mu-\kappa\sigma$，$\mu+\kappa\sigma$）为此置信概率下的置信区间，$\mu-\kappa\sigma$ 为置信区间的下界（U_1），$\mu+\kappa\sigma$ 为置信区间的上界（U_2）。由此，当已知误差的分布规律时，给定置信概率，便可计算出置信区间，即误差分布的范围。

人工鱼礁误差分布范围如表 4-4 所示，重心位置误差、重叠面积误差以及礁体数量误差在不同区域的极限误差相同，误差分布范围分别为 [0，1]、[0，1]、[0，0.451]，而其他误差要素在不同区域得到的极限误差略有差异。总体上，外围面积误差分布在 [0，1] 之间，礁体间距误差和总体误差的分布范围分别为 [0，1] 和 [0，0.890]。

表 4-4　误差分布范围

误差指标	投礁海域							
	海湾 1		海湾 2		岛礁海域		开阔海域	
	U1	U2	U1	U2	U1	U2	U1	U2
重心位置	0.000	1.000	0.000	1.000	/	/	/	/
外围面积	0.000	0.999	0.000	1.000	0.000	0.999	0.000	0.843
重叠面积	0.000	1.000	0.000	1.000	/	/	/	/
礁体数量	0.000	0.451	0.000	0.451	/	/	/	/
礁体间距	0.064	1.000	0.064	1.000	0.000	1.000	0.000	1.000
总体误差	0.077	0.890	0.000	0.877	0.285	0.845	0.000	0.889

五、人工鱼礁工程质量等级划分

实际海域投放人工鱼礁时，由于不利海况的干扰、投放技术的限制以及其他人为等因素影响，导致投放后人工鱼礁的真实分布状态与设计方案之间不可避免地存在误差。在众多造成投放误差的因素中，投放技术成为第一要素；但也不排除在人工鱼礁投放过程中会出现一些随意投放的现象，导致人工鱼礁无法产生相应的效应以实现预期的建设目标。为此对人工鱼礁投放的误差进行分析，评价投放质量，从而可以采取针对性的措施改善人工鱼礁投放技术，最大限度地实现人工鱼礁的建设目标。

事实上，各个海域人工鱼礁投放的误差往往都不一样，此时对所有海域都采用"好"或者"差"来评价人工鱼礁投放技术的优劣就显得极为不合适。由于实际操作中无法确定投放误差的大小并评估投放技术的好坏程度，针对不同海域的投放情况，就可以在得到人工鱼礁投放误差分布规律的基础上对投放误差进行分级，通过不同的等级确定投放技术的优劣程度。对现场海域实测数据的分析发现，人工鱼礁投放误差在不同海域分布存在一定的规律，并不是无序的，投放的误差往往分布在某一特定范围内。人工鱼礁误差分布的规律实际上是一种连续的概率分布，分布范围是一个连续的区间，如何对这一连续的区间进行划分，从而确定不同等级的评价程度，这正是人工鱼礁进行等级划分需要解决的问题。

连续属性离散化就是利用各种方法，通过选取适当的分割点，将整个连续属性值域区间划分为若干个离散的小区间，且用不同的整数值代表每个区间的属性值。目前，国内外已有许多连续属性离散化方法：等宽离散化方法 EWD (Equal width discretization)、等频离散化方法 EFD (Equal frequency discretization)、近似等频离散化方法 AEFD (Approximate equal frequency discretization)、模糊聚类法、极大熵法等方法来实现连续属性离散化。等宽离散化方法和等频离散化方法这两种方法容易实现，但是没有考虑数据的分布特性，数据分布不均匀，将会导致得到的分割点不准确，而且这两种离散化方法对噪声敏感。近似等频离散化方法与前两种方法类似，没有考虑数据的分布特性，因此，得到的划分点不够准确。模糊聚类法通过数据的空间分布及相互关系进行离散化，损失了属性的先验知识。极大熵法弥补了等宽离散化过程中信息损失的缺陷，但是也存在多个问题，样本容量的大小和区间个数将会影响离散化的结果。

在如何合理地将人工鱼礁投放误差划分为不同等级这一问题上，我们将等宽离散化方法与类依赖度离散化方法相结合，利用等宽离散化方法将投放误差进行初始划分，通过类依赖度离散化方法计算类与属性之间的共有信息及联合熵，并由此得出类与属性之间的依赖冗余度，调整区间的边界，由此确定最合适的边界位置，对投放误差的等级进行合理划分。

（一）投放误差等级划分

1. 连续属性离散化算法

一般来说，数据的属性分为连续型和离散型两种，连续型属性的值分布在连续的区间中，而离散型属性的值为语言或者离散值。目前，数据的属性常常是连续型的，而已有的数据处理方法主要针对的是离散型的数据，想要对连续型的数据进行处理和分析，这就需要将连续型数据进行转换，使之成为能被应用的形式。连续属性离散化就是利用各种方法，通过选取适当的分割点，将整个连续属性值域区间划分为若干个离散的小区间，且用不同的整数值代表每个区间的属性值。

类依赖度离散化算法通过统计学量化类与属性之间共有信息以及联合熵，以"类-属性依赖度"作为离散化的准则进行离散化处理，而等宽离散化方法易于实现。因此将等宽离散化方法与类依赖度离散化方法结合，划分人工鱼礁误差区间。

（1）**数据表示和定义** 假设人工鱼礁投放误差所有数据集合 M 中，每个误差值属于 S 个投礁海域中的一类 c_s，每个误差指标具有 n 个属性，A_1，$\cdots$，A_j，$\cdots$，A_n，任一个属性 A_j 的值域记为：

$$\mathrm{domain}(A_j) = \{v_{jk} \mid k = 1,2,\cdots,k_j\}$$

其中 v_{jk} 可以是数字，符号或者两者都是。

定义 1：$[a, b]$ 为人工鱼礁投放误差某一误差因素 A_j 的值域，$a \leqslant v_{jk} \leqslant b$。误差因素 A_j 的一个划分定义为：

$$T_j : \{[e_0,e_1],[e_1,e_2],\cdots,[e_{Lj-1},e_{Lj}],\}$$

其中 $e_0 = a$，代表值的下界，即误差的最小值，$e_{Lj} = b$，代表值的上界，即误差的最大值，$e_{i-1} < e_i$，$i = 1$，2，$\cdots$，L_j，L_j 表示划分的区间个数。

定义 2：根据定义 1 中划分的结果，区间划分结果 T_j 的边界集定义为：

$$B_j = \{e_0,e_1,\cdots,e_{Lj}\}$$

设 Q_j 表示如下一个概率集

$$Q_j : \{q_{sr} \mid s = 1,2,\cdots,S, r = 1,2\cdots,L_j\}$$

其中 $q_{sr} = \sum_{v_{jk}=e_r-1}^{e_r} O_{sk}$，$O_{sk}$ 为投放海域为 c_s，投放误差 A_j 的取值落在区间 $[e_{r-1}, e_r]$ 范围内所有误差出现的个数。

（2）**离散化准则** 离散化准则采用类-属性依赖度这一概念，通过计算类变量和连续型属性之间最大的依赖度进行连续型数据的离散化过程。根据任意一个区间 L_j 以及中间结果边界集合 B_j 可以生成一个二维矩阵，如表 4-5 所示，每个 q_{sr} 表示属于投放海域为 c_s 投放误差 A_j 取值落在区间 $[e_{r-1}, e_r]$ 范围内所有样本的个数，这样观测到的某一误差因素 A_j 值就分别落在 L_j 个区间中，我们用 $A_j \in e_r$ 表示 A_j 的实际值 v_{jk} 落在边界为 $[e_{r-1}$，

e_r] 的区间中。

表 4-5　人工鱼礁投放误差的类-属性

		误差边界					合计
		$[e_0，e_1]$	$\cdots$	$[e_{r-1}，e_r]$	$\cdots$	$[e_{L_j-1}，e_{L_j}]$	
	c_1	q_{11}	$\cdots$	q_{1r}	$\cdots$	q_{1L_j}	q_{1+}
	$\vdots$		$\vdots$		$\vdots$		$\vdots$
投礁海域	c_i	q_{i1}	$\cdots$	q_{ir}	$\cdots$	q_{iL_j}	q_{i+}
	$\vdots$		$\vdots$		$\vdots$		$\vdots$
	c_s	q_{s1}	$\cdots$	q_{sr}	$\cdots$	q_{sL_j}	q_{s+}
合计		q_{+1}	$\cdots$	q_{+r}	$\cdots$	q_{+L_j}	M

因此，经过区间划分后，误差的取值就由原先的连续的区间分为若干个离散值，所以我们可以很容易计算出属于投放海域为 c_s 投放误差 A_j 取值落在区间 $[e_{r-1}，e_r]$ 中的概率：

$$P(C=c_s，A_j \in e_r)=P_{sr}=\frac{q_{sr}}{M}$$

类似的，还可以得到边缘概率，如下：

$$P(C=c_s)=P_{s+}=\frac{q_{s+}}{M}$$

$$P(A_j \in e_r)=P_{+r}=\frac{q_{+r}}{M}$$

式中 P_{s+} 表示投放海域为 c_s 的所有误差的概率，q_{s+} 表示投放海域为 c_s 的所有误差的个数，P_{+r} 表示所有海域误差值落在区间 $[e_{r-1}，e_r]$ 中的概率，q_{+r} 表示所有海域误差值落在区间 $[e_{r-1}，e_r]$ 中的个数。

误差 A_j 的类变量和属性区间边界之间的 CA（class-attribute）共有信息计算公式如下：

$$I(C：A_j)=\sum C\sum A_j P_{sr}\lg\frac{P_{sr}}{P_{s+}\cdot P_{+r}}$$

式中 P_{sr} 表示误差属于投放海域为 c_s 误差 A_j 为 v_{jk} 的概率，并且 $e_{r-1}\leqslant v_{jk}\leqslant e_r$，$P_{+r}$ 便是 $A_j \in e_r$ 的边缘概率。因此，$I（C：A_j）$ 表示连续型属性根据离散过程得到的概率计算出的共有信息。

为了使误差 A_j 在进行离散化后得到最优的划分结果，这就希望在离散化过程中类-属性相关关系达到最大值。事实上，在没有进行离散化之前 CA 共有信息是最大的，随着区间个数的增加，CA 共有信息值降低，所以仅仅将 $I（C：A_j）$ 作为离散化的准则并不合适。

设 T_j：$\{[e_0，e_1]，[e_1，e_2]，\cdots，[e_{L_j-1}，e_{L_j}]，\}$ 为投放误差 A_j 的任一划分，投放海

域和投放误差之间的联合熵定义为 $H(C,A_j)$[91]，计算公式如下：

$$H(C,A_j) = -\sum C\sum A_j P_{sr}\lg P_{sr}$$

由此，可以计算出依赖冗余度：

$$R_{CA_j} = \frac{I(C:A_j)}{H(C,A_j)}$$

很明显，$R_{CA_j}\geqslant 0$，因为 $I(C:A_j)\geqslant 0$ 并且 $H(C,A_j)\geqslant 0$，事实上，$0\leqslant R_{CA_j}\leqslant 1$，当 C 和 A_j 完全相关时，$R_{CA_j}=1$，当 C 和 A_j 完全独立时，$R_{CA_j}=0$。

（3）区间划分的离散化算法　根据上述公式，R_{CA_j} 值的大小取决于 $I(C:A_j)$ 和 $H(C,A_j)$，而这两个值的大小取决于 P_{sr}、P_{s+} 和 P_{+r} 值，当划分的区间不同时，误差的分布情况也不同，因而，得到的 P_{sr}、P_{s+} 和 P_{+r} 值也存在差异，R_{CA_j} 的值也会随之变化。当给定划分区间的个数时，如何合理地划分区间，得到合适的区间边界，使 R_{CA_j} 的值最大。类相关离散化算法就是通过对原始区间边界值进行不断调整，使 R_{CA_j} 逐渐增大，最后达到最大值。具体算法过程如下：对投放误差的分布范围利用等宽离散化方法进行初始区间划分 $[e_0,e_1^0]$，$[e_1^0,e_2^0]$，$\cdots$，$[e_{L_j-1}^0,e_{L_j}]$，由此得到初始边界点集 $\{e_0,e_1^0,e_2^0,\cdots,e_{L_j-1}^0,e_{L_j}\}$，计算得出 R_{CA_j} 初始值，记为 $R_{CA_j}^0$，然后在 $[e_0,e_2^0]$ 计算使 R_{CA_j} 值达到最大的 e_1 值，此时 R_{CA_j} 的值记为 $R_{CA_j}^1$，固定 e_1 值并记为 e_1^*，此时划分的误差区间则改为 $[e_0,e_1^*]$，$[e_1^*,e_2^0]$，$\cdots$，$[e_{L_j-1}^0,e_{L_j}]$。以 $R_{CA_j}^1$ 为起点，在 $[e_1^*,e_3^0]$ 计算使 R_{CA_j} 值达到最大的 e_2 值，此时 R_{CA_j} 的值记为 $R_{CA_j}^2$，固定 e_2 值并记为 e_2^*，此时划分的误差区间则改为 $[e_0,e_1^*]$，$[e_1^*,e_2^*]$，$\cdots$，$[e_{L_j-1}^0,e_{L_j}]$，以此迭代进行，直到在 $[e_{L_j-2}^*,e_{L_j}]$ 内搜索到 $e_{L_j-1}^*$ 得到 R_{CA_j} 的最大值。

2. 投放误差等级划分

为更好地解释该方法的适应性，本节将其应用于人工鱼礁投放误差的相关分析，选用了海湾、岛礁海域和开阔海域三种不同海域人工鱼礁投放数据。根据对投礁海域误差的分布规律分析得出，重心位置误差、重叠面积误差以及个体数量误差在不同区域误差分布范围分别为 $[0,1]$、$[0,1]$、$[0,0.451]$，而其他误差在不同区域得到的极限误差略有差异，总体上，外围面积误差分布范围为 $[0,1]$，礁体间距误差和总体误差的分布范围分别为 $[0,1]$ 和 $[0,0.890]$。

鉴于投礁海域共有 97 个误差样本数据，并且反映不同地域的数据共分成 4 种（海湾 1、海湾 2、岛礁海域和开阔海域），对于评价等级的个数，根据 Wong 等（1992）提出最合适的区间数目是能够使信息损失达到最小，如果类的个数是 S，最大的区间个数不应该超过 $M/(N\times S)$ M，是样本总数，N 一般取 3。因此，实际人工鱼礁投放误差区间个数最多为 $97/(3\times 4)=8$。根据经验以及实际情况，较大的区间个数会削弱类和属性之间的相关性，造成信息冗余。因此，较大的区间个数并不合适，区间划分过细意义不大，而且还会增加对样本数据个数的要求。然而，当评价个数过少时，亦不易区分对象之间的差异程度。已有研究指出，评价等级的个数一般在 4～9 之间，因而这里将区间个数定为 5。

根据区间个数以及区间划分的等宽离散化方法，首先将不同海域的人工鱼礁投放误差的数据分布在 5 个区间，以礁体间距误差的划分结果为例，根据等宽离散化方法得到的划分结果如表 4-6 所示，由此计算的 $R_{CA_j}=0.051\,61$。

表 4-6　初始区间和相应的频率矩阵

投礁海域	礁体间距投放误差					
	[0, 0.2]	[0.2, 0.4]	[0.4, 0.6]	[0.6, 0.8]	[0.8, 1.0]	合计
海湾 1	1	1	3	3	16	24
海湾 2	1	1	3	3	16	24
岛礁海域	6	3	1	4	5	19
开阔海域	5	0	6	6	13	30
合计	13	5	13	16	50	97

经过类依赖度离散化算法对边界进行调整后，得到表 4-7，此时，$R_{CA_j}=0.081\,01$。与礁体间距误差的计算方法类似，重心位置偏离误差原先的边界值由 {0, 0.2, 0.4, 0.6, 0.8, 1.0} 调整为 {0, 0.113, 0.375, 0.572, 0.775, 1.0}，初始的 R_{CA_j} 由 0.081 178 调整为 0.085 711；外围面积误差原先的边界值由 {0, 0.2, 0.4, 0.6, 1.0} 调整为 {0, 0.208, 0.450, 0.607, 0.697, 1.0}，初始的 R_{CA_j} 由 0.0759 46 调整为 0.076 057；重叠面积误差原先的边界值由 {0, 0.2, 0.4, 0.6, 0.8, 1.0} 调整为 {0, 0.138, 0.225, 0.597, 0.700, 1.0}，初始的 R_{CA_j} 由 0.067 195 调整为 0.162 24；礁体数量误差原先的边界值由 {0, 0.090, 0.180, 0.270, 0.360, 0.451} 调整为 {0, 0.013, 0.029, 0.045, 0.200, 0.451}，初始的 R_{CA_j} 由 0.028 435 调整为 0.066 794；总体误差原先的边界值由 {0, 0.178, 0.356, 0.534, 0.712, 0.890} 调整为 {0, 0.148, 0.263, 0.450, 0.657, 0.890}，初始的 R_{CA_j} 由 0.044 673 调整为 0.128 448。

表 4-7　最终区间和相应的频率矩阵

投礁海域	礁体间距投放误差					
	[0, 0.132]	[0.132, 0.306]	[0.306, 0.438]	[0.438, 0.625]	[0.625, 1.0]	合计
海湾 1	0	1	3	1	19	24
海湾 2	0	1	3	1	19	24
岛礁海域	2	7	0	1	9	19
开阔海域	4	1	0	6	19	30
合计	6	10	6	9	66	97

由于人工鱼礁的投放误差分布在某一特定范围内，对投放技术的评价不应该是模糊的，因而用属于各等级的程度来表示人工鱼礁投放情况。根据上述计算结果，对人工鱼礁投放误差进行分级，共分为五个等级，Ⅰ～Ⅴ分别代表了"好、较好、中等、差、极差"，以礁体间距误差为例，其划分标准见表4-8。

表4-8　等级划分标准

等级	名称	误差区间
Ⅰ级	好	[0, 0.132]
Ⅱ级	较好	[0.132, 0.306]
Ⅲ级	中等	[0.306, 0.438]
Ⅳ级	差	[0.438, 0.625]
Ⅴ级	极差	[0.625, 1.0]

3. 等级划分的百分制转换

从前面等级划分的结果可以看出，当不同投礁海域投放误差结果不同但又处于同一个等级区间时，得出的投放技术等级结果是相同的。在评价要求较低时，这种评价结果可以被接受，但是当需要区分出这两个投放海域投放技术的差异程度时，等级制的评价方式仍存在较大的不太合理性。等级制评价方法对投放误差的敏感程度较低，评价结果比较模糊，由于评价上仅采用五个等级的标准，无法具体明确投放结果的好坏程度。而百分制区分评价对象差异的能力强，能够区分投放技术优劣的细微差别，不同的评价对象之间具有可比性，更利于管理者准确地了解人工鱼礁投放施工结果的优劣程度。当需要更加精确的投放施工结果时，百分制评价结果更合适。因此，必须制订等级制与百分制之间的转换方法，以便满足不同的评价要求。通过对投放误差的分析，制作了等级制结果与百分制结果的对应关系，具体计算方法公式如下：

$$P_i = P_{i-1} + 100 \cdot \frac{(x - e_{i-1}) \cdot 20\%}{e_i - e_{i-1}}$$

式中 i 为误差的等级，P_i 为误差的百分制评价结果，P_{i-1} 为误差上一个等级的百分制结果，e_i 为误差该等级的上界值，e_{i-1} 为误差该等级的下界值。

如果得出投放误差的结果为等级制的形式，则可以根据表和公式等级与百分制的对应关系，转换成相应的百分制结果。

（二）投放误差评价

根据离散化方法将各个误差要素的实际值转化为指标评价值后，就可以根据指标评价值对人工鱼礁投放技术进行评价，如表4-9所示，根据以上等级划分的结果得到投礁海域每个误差因素投放技术的优劣程度。

表 4-9　误差评价结果

投礁海域	重心位置		外围面积		重叠面积		礁体数量		礁体间距		总体误差	
	等级制	百分制	等级制	百分制	等级制	百分制	等级制	百分制	等级制	百分制	等级制	百分制
海湾 1	IV	68.57%	II	37.42%	III	50.30%	IV	66.99%	V	88.04%	III	56.20%
海湾 2	IV	63.84%	II	37.42%	III	48.79%	IV	66.99%	V	88.04%	III	54.75%
岛礁海域	V	97.50%	II	24.37%	IV	60.69%	II	38.75%	IV	66.30%	IV	71.13%
开阔海域	IV	67.25%	II	23.39%	III	50.78%	III	53.59%	V	82.48%	III	58.80%

在重心位置误差、重叠面积误差以及总体误差这三个方面，海湾和开阔海域的投放误差要小于岛礁海域，海湾和岛礁海域的投放等级相同；而在礁体数量误差和礁体间距误差方面，岛礁海域的投放误差最小，投放等级分别为 II 级（38.75% 投放误差）和 IV 级（66.30% 投放误差），投放技术最好；在外围面积方面，不同海域的投放误差在等级制的评价方法下评价结果相同，没有优劣差异，而根据百分制的评价结果，开阔海域的投放误差为 23.39%，小于其他海域的投放等级；海湾 1 和海湾 2 在不同的误差方面得到相同的评价等级，采用百分制的评价方法，评价的结果与前者比较差异不大，有些误差指标的评价值甚至相同，表明不管对同一投礁海域的单位鱼礁如何划分，鱼礁投放误差评价结果类似。对于海湾水域和开阔海域，礁体间距的投放结果最差（等级制结果为 V，而百分制的结果都在 80% 以上），说明在这两个投礁海域礁体之间分布比较零散。在所有的误差指标中，外围面积误差投放等级在不同的投礁海域都是最高的（等级制结果为 II，百分制结果都低于 40%），投放的效果最好。

以上得出的总体误差是依据主成分分析法，主要是利用数据提供的信息确定各个指标的影响程度。当数据发生变化时，各个指标得到的权重值可能随之发生变化，再者使用客观赋权法得出的权重可能与评价者的主观认识存在差异，甚至完全相反，且人工鱼礁投放具有不同的建设目的，而在评价具有不同建设目的的人工鱼礁时，不应采用相同的标准，每个海域人工鱼礁每个误差指标对评价工程投放优劣发挥的作用和影响程度存在差异，评价者在考虑人工鱼礁建设目的时对各个指标的重要程度也不同，因而需要根据实际情况人为对各指标进行重要性判断，最终确定指标权重。

1. 指标权重的确定

（1）层次分析法原理　层次分析法（Analytical hierarchy process，AHP）是一种多准则决策方法，该方法将定性和定量分析相结合，通过主观意识将指标进行两两比较，建立判断矩阵，求解矩阵的特征根即指标权重向量，最后进行一致性检验。

①指标之间两两比较，构造判断矩阵。根据评价者的主观意识，确定评价指标之间

的重要程度。

②计算各指标的权数。根据构造的判断矩阵求解各指标权数，由于判断矩阵的最大特征根即为各指标的权数，因此，计算指标权数的问题就转变为计算最大特征根的问题。采用方根法计算最大特征根，进而求解指标权数。计算步骤如下：

计算判断矩阵的行积 M_i：

$$M_i = \prod_{j=1}^{n} b_{ij} (i = 1,2,\cdots,n)$$

求各行 M_i 的 n 次方根：

$$w_i' = M_i^{1/n}$$

对 w_i' 进行归一化：

$$w_i = \frac{w_i'}{\sum_{j=1}^{n} w_j'}$$

③进行一致性检验。一致性检验的目的就是为了确保主观意识在构造判断矩阵时，符合逻辑一致性，不出现矛盾现象。具体过程如下：

计算矩阵最大特征根 $\lambda_{\max}$。

计算一致性指标 CI（Consistency index）：

$$CI = \frac{\lambda_{\max} - n}{n - 1}$$

查表获得随机一致性比率 RI。

计算一致性比率 CR：

$$CR = \frac{CI}{RI}$$

唯有当 $CR < 0.10$ 时，才认为主观意识给出的判断矩阵符合要求，满足逻辑一致性，能够使用得到的权数，否则需要调整判断矩阵。

（2）**误差指标赋权** 参照层次分析法原理，对人工鱼礁投放误差评价体系中的误差指标进行权重确定。根据鱼礁建设的目的以及工作经验分别对鱼礁各个误差指标赋予不同的分值，构造投放误差的判断矩阵。重心反映单位鱼礁主要分布的位置，单位鱼礁重心位置的偏差容易导致礁区整体布局的改变，误差的大小对建设效果产生的影响较为明显，因此，在考虑误差因素的权重时，重心位置误差这一要素赋予最大的权重。重叠面积误差反映了实际情况与设计方案之间的吻合程度，将重叠面积设置为第二考虑的因素，重叠面积误差的权重次于重心位置误差。外围面积和礁体数量体现单位鱼礁的规模，而礁体间距反映鱼礁个体之间分布的紧密程度，外围面积造成的误差反映了建设规模的改变，出现鱼礁之间分布较离散或者礁体之间距离缩小，但这两种情况与重叠面积误差和礁体间距误差存在某种程度的吻合，因此，将外围面积误差赋予最小的权重值。人工鱼礁投放误差评价指标判断矩阵如表 4-10 所示。

表 4-10　误差指标判断矩阵

误差指标	重心位置	外围面积	重叠面积	礁体数量	礁体间距
重心位置	1	9	3	7	5
外围面积	1/9	1	1/7	1/5	1/3
重叠面积	1/3	7	1	5	3
礁体数量	1/7	5	1/5	1	3
礁体间距	1/5	3	1/3	1/3	1

由于判断矩阵是根据评价者主观意识确定指标之间的重要性，往往容易出现逻辑不一致的现象，尤其在指标个数较多时，容易产生矛盾，因此需要评价者依据经验保持逻辑一致性。因此，使用其余特征根的负平均值 CI 作为一致性检验的指标，衡量判断矩阵偏离完全一致性的程度，CI 值越小说明判断矩阵的一致性越好，值越大，表明偏离程度越大；反之，偏离程度越小。由表 4-6 中的判断矩阵得出，$\lambda_{\max}=5.429\,914$，$CI=0.107\,479$，$CR=0.095\,963<0.1$，各指标权重为 $W=\{0.514,0.033,0.266,0.110,0.076\}$，满足一致性检验的要求，但是 CI 值较大，因此对判断矩阵进行调整，重新对人工鱼礁各个误差因素赋予不同的权重值，以改善一致性结果。判断矩阵调整的结果如表 4-11 所示。

表 4-11　判断矩阵调整

		判断矩阵				W	CI	CR
原始矩阵	1.00	9.00	3.00	7.00	5.00	[0.514, 0.033, 0.266, 0.110, 0.076]	0.107 5	0.096 0
	0.11	1.00	0.14	0.20	0.33			
	0.33	7.00	1.00	5.00	3.00			
	0.14	5.00	0.20	1.00	3.00			
	0.20	5.00	0.33	0.33	1.00			
改进矩阵 1	1.00	9.00	7.00	5.00	3.00	[0.510, 0.033, 0.064, 0.130, 0.264]	0.059 3	0.052 9
	0.11	1.00	0.33	0.20	0.14			
	0.14	3.00	1.00	0.33	0.20			
	0.20	5.00	3.00	1.00	0.33			
	0.33	7.00	5.00	3.00	1.00			
改进矩阵 2	1.00	9.00	5.00	3.00	7.00	[0.510, 0.033, 0.130, 0.264, 0.064]	0.059 3	0.052 9
	0.11	1.00	0.20	0.14	0.33			
	0.20	5.00	1.00	0.33	3.00			
	0.33	7.00	3.00	1.00	5.00			
	0.14	3.00	0.33	0.20	1.00			

（续）

	判断矩阵					W	CI	CR
	1.00	7.00	5.00	3.00	3.00			
	0.14	1.00	0.33	0.20	0.20			
改进矩阵3	0.20	3.00	1.00	0.33	0.33	[0.466, 0.042, 0.086, 0.203, 0.203]	0.031 6	0.028 2
	0.33	5.00	3.00	1.00	1.00			
	0.33	5.00	3.00	1.00	1.00			

经过对原始判断矩阵进行调整，在不改变重心位置误差和外围面积误差重要性等级的前提下，调整个体数量误差、重叠面积误差和礁体间距误差这三个误差要素的重要性等级，调整的结果如表4-11中的改进矩阵1和改进矩阵2，判断矩阵偏离程度减小，一致性得到改善。原始判断矩阵、改进矩阵1和改进矩阵2中，各个误差要素的重要性程度都是不一样的，而实际情况却并非总是如此。在评价人工鱼礁投放技术优劣时，某些误差因素之间的重要程度并没有太大的差异，即可能存在同等重要的情况。因此对以上的情况进行调整，得到改进矩阵3。在改进矩阵3中，重心位置误差和外围面积误差的重要性等级不变，赋予礁体间距和个体数量相同的重要等级。由改进矩阵3得出，$CI=0.031\ 6$，$CR=0.028\ 2<0.1$，各指标权重为 $W=\{0.466,\ 0.042,\ 0.086,\ 0.203,\ 0.203\}$。四种情况下的判断矩阵，改进矩阵3（$CI=0.031\ 6$，$CR=0.028\ 2$）偏离程度最小，一致性最好，因而以改进矩阵3的权重作为最终各个误差因素的重要性等级结果。

层次分析法赋权是一种在不知道各个指标具体的影响程度时，通过已有信息求权的方法，权重值的大小是根据判断矩阵得出，不同的判断矩阵得出不同的权重值，因此，只知道指标的重要性排序情况，当给出的判断矩阵不同时，权重存在不唯一性。指标的权重值有时事先已经确定，需要根据不同的评价对象，确定各个指标的重要程度，面对这种情况时，层次分析法就不太适用。例如，给定各指标的权重为 $W=\{0.35,\ 0.25,\ 0.2,\ 0.15,\ 0.05\}$，根据以上分析，重心位置误差赋予最重的权重值，因而，重心位置误差在给定权重的情况下，权重的值为0.35，其他误差指标分别为外围面积误差（0.05）、重叠面积误差（0.25）、礁体间距误差（0.2）、个体数量误差（0.15）。

2. 投放误差评价

综合评价的最终目的就是要将误差要素的多个指标加以综合得到一个综合数值，然后对综合数值进行比较分析，对人工鱼礁投放技术进行整体性评价。综合数值是通过合适的方法将各误差指标的评价值进行综合处理得到的。目前，主要通过加法、乘法、加乘混合、模型综合等合成方法进行数值综合，以加法合成为例，根据主观赋权法得出的各误差因素的权重以及各误差值，最终确定投礁海域投放误差主观赋权下的总体误差。

计算公式如下所示：

$$E = \sum\nolimits_{i=1}^{n} w_i \in_i$$

式中 E 为投放的总体误差，w_i 为指标 i 的权重值，$\in_i$ 为相应的误差值，n 为指标的个数。

根据以上方法，经过对不同海域总体误差的分布规律研究发现，总体误差基本上都能服从正态分布情况，根据第一种主观赋权方法，海湾 1 的总体误差能够服从两种分布情况，如表 4-12。

表 4-12　总体误差假设分布

总体误差	投礁海域	正态分布			指数分布		对数正态分布		
		P	μ	σ	P	λ	P	μ	σ
主观赋权 1	海湾 1	0.711	0.538	0.204	0.013	/	0.095	0.539	0.216
	海湾 2	0.448	0.513	0.204	0.009	/	0.028	/	/
	岛礁海域	0.614	0.622	0.088	0.004	/	0.022	/	/
	开阔海域	0.141	0.492	0.193	0.007	/	0.001	/	/
主观赋权 2	海湾 1	0.123	0.525 731	0.197 621	0.001	/	0.046	/	/
	海湾 2	0.053	0.501 925	0.195 69	0.004	/	0.024	/	/
	岛礁海域	0.15	0.606 9	0.092 807	0.001	/	0.053	0.607 46	0.098 179
	开阔海域	0.01	/	/	0.001	/	0.001	/	/

经过拟合检验后，海湾 1 的总体误差由于对数正态分布的拟合标准差（0.074）大于正态分布的拟合标准差（0.052），而相关系数（0.280）小于正态分布的相关系数（0.434），相较于对数正态分布而言，总体误差更符合参数（$\mu=0.538$，$\sigma=0.204$）的正态分布，如表 4-13 所示；根据第二种主观赋权法方法，各个投礁海域的总体误差基本上服从正态分布，岛礁海域的总体误差服从正态分布和对数正态分布两种分布模式；在主观赋权中，总体误差在任何投礁海域都不满足指数分布情况。

表 4-13　总体误差拟合分析

总体误差	投礁海域	正态分布		指数分布		对数正态分布	
		ζ	r	ζ	r	ζ	r
主观赋权 1	海湾 1	0.052	0.434	/	/	0.074	0.280
	海湾 2	0.061	0.385	/	/	/	/
	岛礁海域	0.056	0.740	/	/	/	/
	开阔海域	0.065	0.357	/	/	/	/

(续)

总体误差	投礁海域	正态分布		指数分布		对数正态分布	
		ζ	r	ζ	r	ζ	r
主观赋权 2	海湾 1	0.043	0.532	/	/	/	/
	海湾 2	0.049	0.491	/	/	/	/
	岛礁海域	0.079	0.604	/	/	0.109	0.117
	开阔海域	/	/	/	/	/	/

　　人工鱼礁投放的总体误差分布范围，如表 4-14 所示，除了岛礁海域的总体误差分布在 [0.328，0.887]，而其他海域的总体误差都分布在 [0，1]，因此，总体上主观赋权下的总体误差分布在 [0，1] 之间。使用以上方法对主观赋权得到的总体误差分布范围进行离散化处理，并由此确定总体误差的评价等级。通过对连续误差范围离散化后，误差区间原先的边界值由 {0，0.2，0.4，0.6，0.8，1.0} 调整为 {0，0.157，0.443，0.488，0.703，1.0}，初始的 R_{CA} 由 0.040 996 调整为 0.078 508。

表 4-14　总体误差分布范围

总体误差	投礁海域	误差范围	
		$U1$	$U2$
主观赋权 1	海湾 1	0.000	1.000
	海湾 2	0.000	1.000
	岛礁海域	0.357	0.887
	开阔海域	0.000	1.000
主观赋权 2	海湾 1	0.000	1.000
	海湾 2	0.000	1.000
	岛礁海域	0.328	0.885
	开阔海域	0.000	1.000

　　根据以上划分出的总体误差的等级，在两种不同的赋权方法下，划分出的总体误差评价等级存在差异。表 4-15 显示，客观赋权法得到的总体误差等级区间的边界值要小于同等级的主观赋权法得到的值。例如，在 Ⅰ 级标准中，客观赋权下的总体误差等级的边界值为 0.148，而主观赋权下的总体误差等级的边界值为 0.157。

表 4-15 总体误差评价结果

等级	名称	总体误差（客观赋权）	总体误差（主观赋权）
Ⅰ级	好	[0, 0.148]	[0, 0.157]
Ⅱ级	较好	[0.148, 0.263]	[0.157, 0.443]
Ⅲ级	中等	[0.263, 0.450]	[0.443, 0.488]
Ⅳ级	差	[0.450, 0.657]	[0.488, 0.703]
Ⅴ级	极差	[0.657, 1.0]	[0.703, 1.0]

通过对人工鱼礁投放误差在两种赋权方法下得到的总体误差分析得出，海湾水域总体误差利用客观赋权法得到的投放等级结果优于主观赋权法得到的等级结果，而岛礁海域和开阔海域的总体误差在两种赋权方法下得到的等级结果相同，如表 4-16 所示。在观测的三种不同海域中，人工鱼礁投放技术最差的为岛礁海域（客观赋权结果为Ⅳ，主观赋权结果为Ⅳ），开阔海域得出的等级结果最小，投放偏离程度都在 60% 以下，投放技术与其他两个海域相比最优。

表 4-16 评价结果比较

总体误差	海湾 1		海湾 2		岛礁海域		开阔海域	
	等级制	百分制	等级制	百分制	等级制	百分制	等级制	百分制
客观赋权法	Ⅲ	56.20%	Ⅲ	54.75%	Ⅳ	71.13%	Ⅲ	58.80%
主观赋权法 1	Ⅳ	65.83%	Ⅳ	63.43%	Ⅳ	72.99%	Ⅲ	58.85%
主观赋权法 2	Ⅳ	63.51%	Ⅳ	61.29%	Ⅳ	71.06%	Ⅲ	58.69%

（三）评价方法的灵敏度分析

通常使用灵敏度来衡量系统的输出结果对输入参数的灵敏程度，即当输入参数发生变化时，输出结果是否发生相应的变换或者变化多少（结果的稳定程度）。因此，在利用以上评价方法评价时，需要确定某一误差指标发生变化后会对最后总体评价结果产生怎样的影响。这里对以上提出的评价方法进行灵敏度分析，通过改变某一投礁海域五个误差指标的值，得出相应的评价结果，分析评价方法的稳定情况。灵敏度分析主要有离散法、变分法、回归法以及概率法等。采用概率法进行评价方法的灵敏度分析，引入相关系数（R）概念，计算公式如下：

$$R = \frac{\sum_{i=1}^{n}(x_i - \bar{x})(y_i - \bar{y})}{\left[\sum_{i=1}^{n}(x_i - \bar{x})^2 \sum_{i=1}^{n}(y_i - \bar{y})^2\right]^{\frac{1}{2}}}$$

式中 $i=1$，2，…，n。其中，n 为单位鱼礁个数，x_i 为第 i 个单位鱼礁实测结果得出的百分制的评价值，$\bar{x}$ 为实测评价结果的均值，y_i 为第 i 个单位鱼礁误差值修改后的百分制评价值，$\bar{y}$ 为修改后的百分制评价结果的均值。相关系数值的大小揭示了误差指标对评价结果的灵敏度。相关系数越大，说明评价方法对评价指标越敏感，即指标对评价结果影响越大。由此，改变投礁海域某一单位鱼礁的各个误差指标值，确定评价结果的变化程度。

将各个指标的投放误差值扩大 1 倍，得出投礁海域总体误差评价结果的变化程度，确定评价方法的灵敏度，结果如表 4-17 所示。在没有改变误差值的情况下，投礁海域总体误差的等级为Ⅳ级，投放误差的百分制结果为 71.13%，对各个误差指标的值进行改变后，投放等级仍为Ⅳ级，没有发生相应的改变，但是百分制评价的结果产生了变化。每一个误差指标在增大 1 倍的误差值后，得出的总体误差百分制评价都有了相应的提高，每一个指标的变动得到的总体误差的变动情况略有差异。在五个误差指标中礁体间距误差值的变动对整体评价的结果影响最大，百分制的结果由原先的 71.13% 变为 71.95%，相应的相关系数值最小（0.917），说明评价方法对礁体间距这一误差指标敏感。在所有的指标中，外围面积的改变，导致总体误差的评价值由原先的 71.13% 变为 71.41%，变化程度最小，相应的相关系数值也最大（0.990）。

表 4-17　灵敏度分析

误差指标	原先评价值		改变后评价值		相关系数（R）
	等级制	百分制	等级制	百分制	
重心位置	Ⅳ	71.13%	Ⅳ	71.87%	0.928
外围面积	Ⅳ	71.13%	Ⅳ	71.41%	0.990
重叠面积	Ⅳ	71.13%	Ⅳ	71.76%	0.944
礁体数量	Ⅳ	71.13%	Ⅳ	71.78%	0.930
礁体间距	Ⅳ	71.13%	Ⅳ	71.95%	0.917

人工鱼礁在养护和增殖渔业资源、修复和改善生物栖息地、维护和促进海洋生态系统健康等方面的作用无疑是积极有效的。人工鱼礁建设包括礁体设计、礁址选择、鱼礁投放以及管理和维护等多个方面，是一个复杂的系统工程，每个方面都影响着人工鱼礁效果的实现，其中人工鱼礁投放是人工鱼礁建设的重要环节。在人工鱼礁的实际投放过程中，其分布情况并未与设计方案完全一致，存在不同程度的偏差。因此，对投放误差进行定量计算，对投放技术进行准确的评估，以便制定有效的控制和管理策略，使投放误差处于可控状态，保证人工鱼礁投放的准确性，促使人工鱼礁建设效

应最大化。科学评价人工鱼礁投放施工技术，构建合理的评价标准和体系已经成为目前亟待深入研究的问题。针对以上问题，本节对人工鱼礁投放的误差进行了分析，并对投放误差划分不同的等级，建立了人工鱼礁投放误差指标体系和评价标准。主要有如下几个方面：

首先，运用3种空间聚类方法，对人工鱼礁的实际分布状态进行了空间聚类，是对人工鱼礁分布规律探讨的一个新的尝试。利用基于划分的算法、基于层次的算法以及基于约束的算法，对实际的人工鱼礁进行聚类分析，从面积、礁体数量、重心、礁体间距4个方面考虑，约束聚类在礁体数量和面积两方面优于其他两种聚类方法，而层次聚类在重心和礁体间距两方面误差值最小，聚类效果较好。综合考虑4个因素，基于约束聚类的算法总体较好，精度最高，最能反映实际人工鱼礁集聚模式。

其次，通过对不同海域投放误差的概率分布的分析得出：误差指标整体上基本服从正态分布，同一投礁海域的误差指标可能服从多种合理的拟合分布，不同投礁海域的误差指标具有类似的分布规律，不同的误差指标拟合分布的情况也有可能相同。误差指标在服从多种拟合分布时，各种分布的拟合精确度不同，同一个误差指标在不同的投礁区域分布模式可能存在差异，没有统一的分布情况。重心位置误差、重叠面积误差以及个体数量误差在不同区域极限误差相同，误差分布范围分别为 [0，1]、 [0，1]、 [0，0.451]，而其他误差要素在不同区域得到的极限误差略有差异，总体上，外围面积误差分布在 [0，1] 之间，礁体间距误差和总体误差的分布范围分别为 [0，1]，[0，0.890]。

最后，在得到人工鱼礁误差分布范围的基础上，利用离散化方法对投放误差的区间进行划分，得到合适的区间边界。对划分出的区间进行分级，共分为五个等级，Ⅰ～Ⅴ分别代表了"好、较好、中等、差、极差"。根据以上划分出的总体误差的等级，在两种不同的赋权方法下，依据等级制的结果，海湾水域总体误差利用客观赋权法得到的投放等级结果优于主观赋权法得到的等级结果，而岛礁海域和开阔海域的总体误差在两种赋权方法下得到的等级结果相同。而在观测的三种不同海域中，人工鱼礁投放技术最差的为岛礁海域（客观赋权结果为Ⅳ，主观赋权结果为Ⅳ），开阔海域得出的等级结果最小，投放偏离程度都在60%以下，投放技术与其他两个海域相比最优。

第二节　　人工鱼礁海域生态调控规模评价

人工鱼礁是人为在水中设置的构造物，它为鱼类等水生生物栖息、生长、繁育提供必要、安全的场所，营造一个适宜鱼类生长的环境，从而达到保护增殖渔业资源的目的。在大的时间尺度上，海域的物理过程能深刻影响其中的化学过程和生物过程。人工鱼礁区的天然物理环境是鱼礁实现预设功能的基础，决定着礁址选择和礁区水动力过程。水动力过程包括波浪、潮流、海流等与礁体的相互作用，一方面直接影响着鱼礁的流场效应，另一方面又影响到礁体的物理稳定性。此外，流场效应影响海域的营养盐和初级生产力水平，显著影响鱼礁的生物诱集和增殖功能，礁体本身的设计及其配置也是影响鱼礁生物诱集和增殖功能的主要因素。投放人工鱼礁的目的在于通过生境营造、对天然海域的生态进行调控，从而起到养护和增殖渔业资源的目的。因此，如何使鱼礁的生物诱集和增殖效应等生态调控规模最大化，如何延长鱼礁的生态稳定期是人工鱼礁工程建设追求的重要目标。

一、人工鱼礁的生态调控过程与机理

20 世纪 60 年代以来，人工鱼礁建设在国外取得了长足发展，并获得了良好的生态、经济和社会效益，证明人工鱼礁是改变近海生态环境和增养殖水产资源的一种有效手段。20 世纪末开始，我国沿海各省（直辖市）也陆续开展了规模化的人工鱼礁建设。国内外大量的人工鱼礁基础研究和鱼礁建设实践表明，人工鱼礁在具有一定建设规模的海域通过其底质重构和流场效应，对海域的物理环境和生态过程产生积极的影响，并最终在浮游生物群落和渔业资源生物群落等不同的水平上得以反映，图 4-21 所示以渔业资源增殖

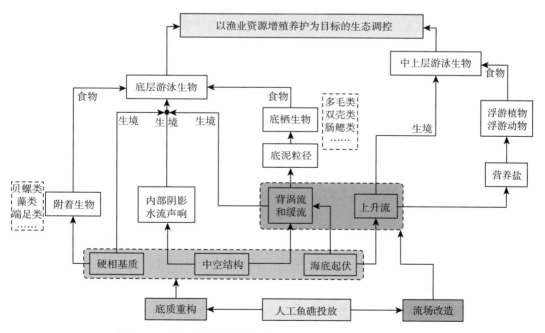

图 4-21 人工鱼礁海域渔业资源增殖养护生态调控路径示意

养护为目标的人工鱼礁海域生态调控路径。了解人工鱼礁投放后对海域环境与生态的作用过程与作用强度（规模大小）等，对于通过建设人工鱼礁（如礁区选址、礁体设计及其配置方案等）来实现对海域生态的调控，并进一步提高鱼礁区海域的渔业资源量的目标具有非常重要的指导意义。

（一）礁体的物理稳定性

礁体的稳定性是实现人工鱼礁海域生态调控的最基本要求，鱼礁拟投放区的底质条件是鱼礁稳定性的决定因素之一，主要与底质的成分、粒径度和密度有关。如果把鱼礁设置在一个底质松软的海域，强流或大浪导致的冲刷可能会很快将鱼礁掩埋。鱼礁的稳定性在很大程度上依赖于鱼礁周围的物理环境以及流-底质-礁体系统内的相互作用。在流速较大的沿岸海域投放了大型鱼礁后，礁体的迎流面附近会产生下降流，在下降流到达海底时就会在礁体前部产生一个马蹄形漩涡，这个漩涡会造成礁体底部沉积物的冲刷和再悬浮，再悬浮的沉积物一部分会被输送到上层水体中，并重新开始下沉，另一部分则被输送到礁体背流面的缓流区。这一过程周而复始地进行，最后可导致礁体不稳甚至掩埋，因此要采取特别的措施减少礁体附近的冲刷。

Kim 等（1995）对浅水区鱼礁在波浪作用下的局地冲刷和下陷进行了实验研究，他们认为鱼礁的形状对局地流有显著影响，从而也决定了局地冲刷程度。另外，底层流的扰动使鱼礁底部与底质的接触面积减少，造成了鱼礁的不稳定和下陷。吴子岳等（2003）针对连云港投放礁体海域的波流状况、水深等设计了十字型礁体，并根据波流动力学理论计算了此礁体受到的最大作用力。钟术求等（2006）针对浙江省台州大陈海域的波流状况、水深等设计了钢制四方台型礁体，并对礁体的稳定性进行了研究，根据波流动力学理论对礁体在实际投放海域中所受到的最大作用力、抗漂移系数以及抗倾覆系数等进行了计算。Shao 和 Chen（1992）对位于台湾省北部万里海岸的 100 座煤灰材料鱼礁进行了长达 4 年以上的监测，这一海区水深普遍在 10 m 左右，且最大潮流速达到了 1.5 m/s，但除了台风过境时外，大多数的礁体都相当稳定。

鱼礁材料的质地和组成也能影响到鱼礁的性能，混凝土、钢铁、废旧船舶、橡胶、木材甚至煤灰粉都曾被用作鱼礁的材料。礁体材料本身要有一定的寿命，根据国外的经验，人工鱼礁的礁体寿命应达 20 年以上。鱼礁材料和海水发生化学反应所产生的腐化，往往导致鱼礁材料的不稳定。例如，常因为钢铁等材质的腐蚀而导致鱼礁解体，或者因为鱼礁部件连接部位处的螺母和螺钉被腐蚀而导致解体。最近，韩国在钢制鱼礁建造中采用了铝合金流电两极方式进行防腐蚀焊接，据测算可使鱼礁寿命延长至 60～70 年，并且因为在同体积鱼礁中钢制鱼礁的重量较轻，适合松软的底质，不易下陷和倾覆，稳定性能好，几乎可以发挥半永久性的人工鱼礁功能。

当鱼礁投放触底时的冲击力过大时，礁体可能受到结构性损坏。Huang（1994）对人工鱼礁投放时的冲击力进行了实验室研究和理论模型研究，结果显示，底质为岩石时，鱼礁所受到的冲击力是鱼礁自重的 9.7 倍，而沙质海底时冲击力仅为鱼礁自重的 3.7 倍。

（二）鱼礁区的物理环境

人工鱼礁区的物理环境在空间上包括大尺度环境和小尺度环境。鱼礁周围的大尺度环境可包括整个大陆架或整个河口区，大尺度环境决定着礁区附近小尺度环境的动力机制，特定海域的大尺度环境和小尺度环境一般都存在着明显的季节变化。大尺度环境或称远场环境，指发生在礁区附近的大尺度环流、潮流、波浪规律、密度流（包括海岸和河口锋）以及沉积动力过程等，空间尺度在几十到几百千米。小尺度环境或称近场环境指紧邻礁体水域的物理特性，如局地流场和波浪、水温、盐度以及悬浮物和底沉积质的特性等。在时间上，人工鱼礁区物理环境又可分为天然物理环境和鱼礁投放后的物理环境。

礁体的投放改变了礁区的流场和底质等物理环境，礁区的化学和生物条件也随之受到影响。礁体的投放会导致沉积底质的侵蚀和再悬浮，那么必然的，营养盐也将通过再悬浮和扩散过程而释放到上层水体里，并可能引起浮游生物的增加和水质的改善。因此，鱼礁区天然物理环境的优劣是决定鱼礁建设效果的重要基础。

Tian（1996）对台湾省老鼠屿沿岸海区的五个预选礁区进行了综合性的人工鱼礁区选址研究，内容包括海底地形、地貌、底质特性以及海况；调查中使用了旁扫声呐、回声测深仪、GPS、重力岩心提取器、ADCP（多普勒流速剖面仪）、ROV（水下机器人）和地质测试仪等先进的仪器设备。虞聪达等（2004）根据 2002 年 6—7 月在舟山渔场朱家尖外侧开展人工鱼礁投放海域本底调查所获的海洋生物和海洋水文环境资料及以往有关文献中对该海域的调查资料，对朱家尖外侧拟投人工鱼礁海域的海水理化因子和海洋生物种类组成、数量分布和群落结构特征做了较详细的分析研究，以评估该海域是否适于投放人工鱼礁。

（三）鱼礁的流场效应

在人工鱼礁和礁区天然物理环境的相互作用下，鱼礁投放后的新环境深刻影响鱼礁功能。除碎浪带外，沿岸海域里水体的垂向运动相对水平运动来说可以往往忽略，但如果在流路上投放一个大型鱼礁体，就可以生成很强的局部上升流，其量值可以与水平流相当。上升流能把底层的沉积物和营养盐向上层水体输送，加快营养物质循环速度，提高海域的基础饵料水平，使礁区成为鱼类的聚集地。因此，人工鱼礁增殖渔业资源的生态效应主要是通过人工鱼礁的流场效应来实现的。

人工鱼礁和主轴流（优势流）的相互作用往往在礁体下游形成一个充满漩涡的背涡

流区。有研究表明，当礁体厚度或宽度与鱼礁周围流速的乘积超过 $100cm^2/s$ 时，旋涡将从礁体上脱落，某些鱼类将被吸引到礁后的背涡流区中。礁体高度为水深的 10％时，绕流范围即可达到水柱的 80％～100％，这将为很多鱼类提供庇护场所、索饵场、繁殖场、栖息地或暂栖地，从而使人工鱼礁具有诱集鱼类的作用。背涡流区因其相对静止的环境而为某些鱼类提供庇护，在此处往往可观察到明显的底质和营养盐的沉积。弄清海域的优势流以后，就能设计一定的鱼礁体以产生预期尺度的背涡流区。另外，背涡流区外的高绕流区还能吸引其他的趋流性鱼种来栖息。

人工鱼礁区的主流方向随时间的变化越大，那么利用鱼礁排列方向来提高鱼礁性能就会越困难。在沿岸海域，潮汐、风应力以及波浪都可以产生不同周期的流，无论是定义这个"流"为平均值还是取潮流、波生流或季节环流的最大值都不是特别妥当。因此，需要更多更深入的研究来分析流-礁系统的相互影响，比如采用数值模式和水槽实验相结合的方法等。虞聪达等（2004）采用数值研究的方法，以人工船礁水动力学特征及优化组合方式为主要内容，探讨了人工船礁的不同组合及其规模大小对于形成上升流与背涡流的效果、促进海水的上下混合与交换的影响，并在此基础上建立了人工船礁铺设方式的优选模式。这一优选模式可为人工船礁水槽实验和现场铺设提供理论。

根据国外学者的研究，鱼礁作用下的二维湍流场范围如图 4-22 所示。在鱼礁的阻流作用下，鱼礁下游的流场根据绕动程度可分为三个区域：绕流区、过渡区和未受扰动区。通透性礁体和非通透性礁体所产生的绕流区长度比（x/h）和高度比（y/h）均不同，通透性礁体的高度比小于 1，长度比小于 4；而非通透性礁体的高度比一般要大于 1 而略小于 2，而长度比可大 14 左右。礁体内部及附近、绕流区、过渡区和未受扰动区能诱集不同种类的鱼类，这有助于提高礁区的渔业资源多样性。国内学者潘灵芝等（2005）也曾做过类似研究。

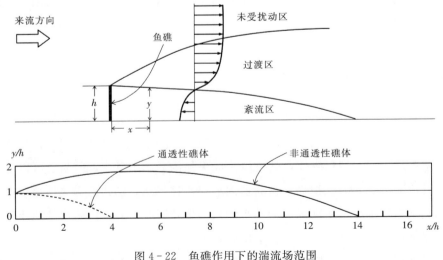

图 4-22　鱼礁作用下的湍流场范围

（四）生物诱集和增殖效应

具有一定结构设计和配置的人工鱼礁投放后，礁区流场的改变提高了营养盐和初级生产力水平，并具有一定的流场效应和生态效应。人工鱼礁的生态效应主要体现在对渔业资源的诱集和增殖效果上。目前，学术界仍存在着有关人工鱼礁是仅仅诱集鱼类还是能够增殖鱼类的争论，但许多研究者认为，人工鱼礁应该兼具这两种功能。不同人工鱼礁的这两种功能的强弱取决于很多因素，包括礁区的物理环境、礁体结构和配置方案、鱼礁材料等。

如前所述，人工鱼礁诱集和增殖渔业资源的生态效应主要是通过人工鱼礁的流场效应来实现的。目前的研究一般都集中在潮流主流轴和稳定海流作用下的流场效应，而关于波浪作用的研究较少。Ozasa 等（1995）对日本海域的 24 个鱼礁区进行了波浪与鱼类关系的调查，建立了以下的相互关系：①波浪高度与鱼礁所诱集生物的多样性及生物量；②波浪高度与主要诱集鱼种；③所诱集生物量与鱼礁的构造、形状、材料与主流向和主要波向；④所诱集的各生物种类之间的关系。

鱼礁设计和建造中需要根据鱼礁投放目的以及投放区域的生物资源状况确定礁体的结构和配置方式，包括礁体的开口、表面积、形状、高度、朝向、投放密度、渔获方式等，这些因素决定了人工鱼礁增殖和诱集鱼类的效果。吴静等（2004）研究了牙鲆（*Paralichthys olivaceus*）对 6 种不同结构的立方体模型礁的行为反应，并对模型礁的诱集效果进行了比较。Lindberg 和 Seaman（1991）从 1989 年到 1990 年对位于东墨西哥湾的鱼礁区进行了监测，监测的主要内容是不同配置单位鱼礁的鱼类种群丰度及其多样性，这个鱼礁区由 6 座混凝土管道构成的鱼礁群组成，沿着佛罗里达海岸的 12 m 等深线绵延了 30 km；每月一次的潜水观测发现，大多数鱼种在礁体配置越密集的区域资源量越大。

不同人工鱼礁材料的生态效应也不同，钢制鱼礁是近年来顺应鱼礁深海化和大型化的趋势，国外大力发展的鱼礁类型。一些研究表明，钢材释放出浮游植物所必需的铁离子，容易使海洋生物附着。对钢材、混凝土和 PVC 三种不同材质的鱼礁，有韩国学者从 1999 年到 2001 年进行了连续 3 年的比较研究，结果表明钢制鱼礁的底栖生物附着率比另外两种材料均高出 1/3 左右，PVC 材料鱼礁的附着率比混凝土礁略高 5%。Shao 和 Chen（1992）对位于台湾省北部万里海岸的 100 座煤灰材料鱼礁监测结果还发现，这些鱼礁对鱼类的诱集效果以及底栖生物附着率与附近的混凝土材料鱼礁大致相同。Kjeilen 等（1995）在北海对由废弃石油平台改造的人工鱼礁进行了 5 年的监测，研究内容包括鱼礁完整性、重金属浓度、浮游生物和底栖生物群落、底质、渔业资源密度及鱼类行为学。张虎等（2005）对连云港海州湾的混凝土礁和船礁的渔业资源养护情况进行了投礁前后各 3 次调查，结果表明，人工鱼礁投放后鱼礁区生物多样性指数和丰度均有所增加；鱼礁区 CPUE 比投礁前增加 1 倍左右，鱼礁区比对照区的 CPUE 要高许多，优势资源种类也有一定的变化。

二、鱼礁群生态调控范围的实测方法

人工鱼礁区是在海洋中建设的"牧场"，首先要通过人工鱼礁投放和海藻移植等手段，营造一个适合海洋生物生长与繁殖的生境，再由所诱集和天然增殖的生物与人工增殖放流的生物一起形成一个人工渔场。以人工鱼礁为基本建设手段的海洋牧场，其增养殖的鱼类的质量可与野生鱼类相媲美，且比水产养殖的鱼类品质高得多。在海洋捕捞产量接近饱和的时代，人们更多地把目标投向了海水增养殖业，大力发展沿海海洋牧场成为共识；海洋牧场的发展模式已为国外的成功实践所证明，这为我国通过投放人工鱼礁和增殖放流幼鱼来建设海洋牧场提供了宝贵的经验。

人工鱼礁区建设必须考虑当地渔业结构、资源状况、海洋环境条件、已有基础和航运交通等多种要素，其中，规划海域的水动力条件是一个重要的因素。要发挥海洋牧场区所投人工鱼礁的流场效应，规划海域要有一定的流速。若流速过小，可能导致过大的沉积以及礁体附着生物的窒息；若流速过大，易引起海底的冲淤，造成鱼礁的倾覆、移位和掩埋，影响网箱等增养殖或暂养设施的有效容积和安全，造成增殖鱼类过多的体能消耗。因此，人工鱼礁区选址不宜在流速过大的海域，鱼礁投放海域的底层流速一般以不超过 0.8 m/s 为宜。

人工鱼礁投放后，需要对投放海域进行长期监测。人工鱼礁的监测不是最终目的，我们应该利用通过监测所获得的资料确定人工鱼礁投放后的成效，获得相应的经验和教训为今后建造和投放的人工鱼礁提供参考。然而，海水的运动非常复杂，水深、波浪等因素会对投放海域中的人工鱼礁产生影响，投放人工鱼礁的海域流速和流向多变，难以通过使用流速仪获取该海域流场来了解人工鱼礁的养护范围。传统的人工鱼礁生态养护范围测定方法又存在一定缺陷，不能满足实际测算需要。例如，早期用来采集人工鱼礁投放后现场流场数据的水槽或风洞实验中的模型比例和流体介质的差异会影响测算结果；在海洋中投放示踪剂指示流动不但可能会产生污染，而且该方法成本较高、实测困难。本节以象山港人工鱼礁区为例，介绍一种以表底层水温差异作为指标来表征大规模的人工鱼礁群的生态调控范围的实测方法。

象山港人工鱼礁区位于象山港海洋牧场区内，其核心区界于 121.58—121.60°E，29.50—29.51°N 之间，共投放台面框架型鱼礁 1 000 个，圆角六边形（ST50 型）鱼礁 15 个，总空方数达 13 550 m³。该海域属于非正规半日潮海区，受往复流作用，海底地势平坦，水深差异以及海底坡度均非常小，平均水深为 10～15 m。4—11 月，表层水温比底层高，且在上均匀层下面存在着梯度层。

人工鱼礁具有一定的使用寿命，鱼礁在投放多年后会出现结构解体、倾覆、下陷甚至被掩埋，礁体的物理稳定性决定了其生态稳定性。利用水声学摄像仪器 DIDSON，确定人工鱼礁的所处位置及核心区域的边界，给出核心区边界的准确经纬度坐标，点 A～G 所围成的矩形区域为人工鱼礁群核心区的范围。沿着水流方向在人工鱼礁可能影响到的范围内均匀布置了 4 个站点，点 st1～st4 分别表示鱼礁的核心区内外布设的 4 个观测站点，如图 4-23 所示。

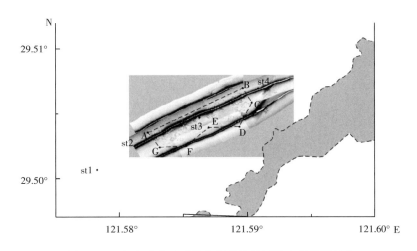

图 4-23　象山港礁区礁体实际投放范围及水温监测站点

使用多条简易温度链组成阵列采集三维水体温度数据。简易温度链是用于海水温度测量的自动化仪器，由主浮子、小沉子、2 个小浮子、3 只温度记录仪和主沉子构成，如图 4-24 所示。温度记录仪为 UTBI-001 TidbiT V2 型温度记录仪，量程范围 -20～70 ℃，精度为 ±0.2 ℃，分别率为 0.02 ℃。

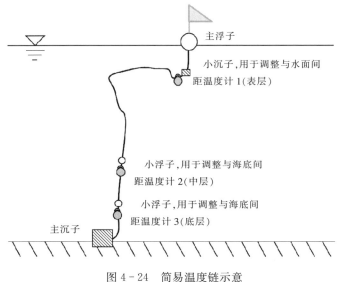

图 4-24　简易温度链示意

在人工鱼礁区可能影响范围内，进行多站点的 CTD 垂向剖面实测。图 4-25 为剖面实测所得 st4 站点温度随深度变化曲线图。根据剖面的水温分布规律，将温度记录仪的垂向布置个数设定为 3 个，分别用来获取表层、中层和底层的水温数据。

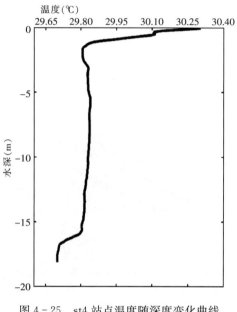

图 4-25　st4 站点温度随深度变化曲线

设置简易温度链采样开始时间为 2012 年 7 月 25 日 14 时，设置采样频率为每 10 s 记录一次水温数据。于采样开始前将各简易温度链投放到各个站点进行多个站点同步的连续时间序列的观测。于 2012 年 7 月 26 日 8 时左右陆续回收简易温度链，并带回实验室读取温度数据。设计一个频率为 24Hz 的 6 阶低通滤波器，对水温数据进行滤波处理，得到相对稳定的温度时间序列，如彩图 30 所示。

海洋数值模式 ECOM-si（estuarine coastal ocean model-semi-implicit）用于评估宁波象山港海洋牧场规划海域的水动力条件，应用该模式模拟得到 2012 年 7 月 25 日 14 时至 2012 年 7 月 26 日 8 时 st3 站点的流速与流向。

根据 st1、st2、st3 和 st4 站点的观测数据，得到了 4 个站点的表层、中层和底层三个水层的海水温度随潮流流速变化、表中层温差和表底层温差的时间序列，如彩图 31 所示。

观测期内先后经历落潮、涨潮和落潮三个过程。落潮阶段海域的平均流速明显大于涨潮阶段的平均流速。水温的变化速率与流速存在明显的关系，流速越大；水温的变化速率越大；流速越小，水温的变化速率约小。除 st2 和 st3 站点的落停阶段外，表层、中层和底层水温温差的大小与流速大小存在明显的关系，流速越大，温差趋于减小；流速越小，温差趋于增大。

显然，水温的变化受昼夜变化的影响很小。落潮阶段海域的平均水温明显大于涨潮阶段的平均水温，显然是由于港顶水深小于口门处且相对封闭，夏季港顶的水温明显高于港中部和口门处。各个站点的最大水温都出现在第一个落潮过程中。水温的变化与潮汐存在明显的关系，落潮过程中，水温呈现逐渐增大的趋势；涨潮过程中，水温呈现逐渐减小的趋势。落潮时，处于礁区及其下游的两个站点 st3、st4 的表底温差明显比处于上游的站点 st1、st2 的表底层温差小。在转为涨潮后，位于上游的两个站点 st4 表底层温差明显较大，而位于礁区及下游的表底温差较小。大温差发生的时刻往往都在流向转变时刻的上游区域，而礁区及下游侧的站点，表中底温差明显减小，表明了礁体存在促进了表底层海水的混合，图 4-25 所示的表层温跃层消失，此小温差海域的范围可视作人工鱼礁的生态调控的范围。

三、鱼礁海域生态调控规模测算数值模型

近几十年来，海洋数值模式得到快速发展，利用数值模型模拟海洋中的潮汐潮流运动和海洋环流成为海洋动力学研究领域的一个主要手段，SEAMAN 就曾建议把海洋数值模式预报流场作为人工鱼礁区规划和管理的重要手段。

以象山港人工鱼礁区为例，选用在国内外应用广泛、成熟的海洋数值模式 ECOM-si（Estuarine Coastal Ocean Model-semi-implicit），研究评估人工鱼礁区规划海域（白石山-中央山-铜山西北侧）的水动力条件，并耦合一个欧拉示踪剂模块和拉格朗日质点追踪模块，研究了人工鱼礁区规划海域水体中溶解质和颗粒物（浮游植物和有机碎屑等）在象山港内礁区附近的滞留时间，进而探索由于礁体投放所引起上升流导致的营养盐浓度增高和浮游生物量增加等生态调控的规模。

数值模型计算网格如图 4-26 所示，网格总数约 2.5 万个，网格具有良好的正交性和光滑性；开边界处最大网格尺度约 3 km，象山港内，尤其是人工鱼礁规划区附近网格加密至最小尺度 50～100 m。模式采用了红胜海塘合拢后的最新岸线和水深资料，水深一般为 10～20 m，因此垂向分为 11 个 σ 层、取层间厚度相同，均为 0.1。象山港滩地众多，滩地在涨落潮过程中淹没和露出，使得水域面积发生变化从而影响流场的变化。针对象山港海域的这一特点，采用干湿网格判别法在 Ecom-si 模型中实现潮滩边界的移动。

模式外海开边界采用 M2、S2、N2、K2、K1、O1、P1、Q1 以及 3 个主要浅水分潮 M4、MS4、M6 共 11 个主要分潮驱动。

由于流场分布的平面不均匀性和全潮时间上的非恒定性，不同时刻投放的质点其运动轨迹是不一样的。拉格朗日质点追踪模型的非线性微分方程为：

$$\frac{\mathrm{d}\vec{x}}{\mathrm{d}t} = \vec{v}(\vec{x}(t), t)$$

式中 $\vec{x}$ 表示的是 t 时刻的瞬时位置，$\vec{v}$ 是质点在瞬时位置 $\vec{x}$ 时的瞬时速度。

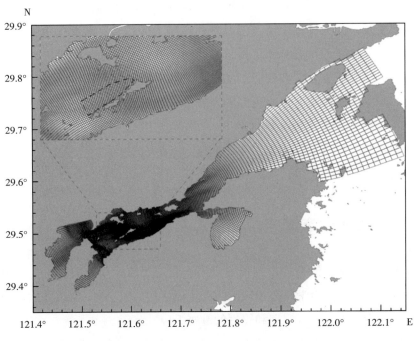

图 4-26　象山港海域数值模式网格（左下小图虚线范围为人工鱼礁规划区）

上式的求解可以通过多种方法来实现，其中一种方法是采用龙格库塔法解微分方程。上述微分方程可转化为离散形式：

$$\vec{x}(t) = \vec{x}(t_n) + \int_{t_n}^{t} \vec{v}(\vec{x}(t), \tau) \mathrm{d}\tau$$

式中 $t=t_n$ 时，$\vec{x}_n = \vec{x}(t_n)$，当 t 发生变化即 $t=t_{n+1}=t_n+\Delta t$ 时，$\vec{x}$ 也发生转变，到达新位置 $\vec{x}_{n+1}=\vec{x}(t_{n+1})$。同理，模块可扩展为三维。本案例所用质点追踪模块中采用 4 阶龙格库塔法求解上述方程，所用拉格朗日质点追踪模块已在大亚湾等海湾水交换能力等研究中得到了应用。

在人工鱼礁规划区水体滞留程度测试数值实验中，整个人工鱼礁规划区海域每批投放质点 1 547 个，质点间距 50 m。为避免质点初始位置和释放初期潮流大小对测试结果的影响，分别在小潮和大潮期间释放质点，12 h 内每隔 2 h 释放一批，共计 7 批、10 829 个。设置流场不受冷启动初始条件影响时，即流场开始计算 5 d 以后，质点的运动开始计算。设定 121.72°E（BC1）和 121.86°E（BC2）两处的南北向边界为质点离开象山港进入外海的标志，并设定以位于人工鱼礁规划区核心位置附近的 st2 站点为圆心、周边 5 km 和 10 km 两个范围用于判定质点是否远离人工鱼礁核心区的标志，如彩图 32 所示。

象山港海域的潮汐属非正规半日浅海潮，港内的潮流运动受多股水流和地形的影响，潮波从几个水道传入，因位相和振幅差异，在不同地点和不同深度，受到的各个水道分叉的作用有强弱之分和先后之别，合成后的流速流向较为复杂，同时会产生流场旋转方向上的差异。

象山港人工鱼礁区附近基本以岛屿和岸线方向的往复流为主，这一特征为 3 个站点的流速流向观测结果所证实；流场验证的结果表明，数值模型对于流速的大小的模拟优于流向，落潮期间的模拟略优于涨潮。象山港海域的涨潮历时长于落潮历时，且港内具有浅水分潮的共振现象。由于流速观测中同步进行的风力风向观测不够精确，且由于岛礁附近地形的复杂性，各个港汊的水流交汇使流态更为复杂，正交曲线网格模型在岸线拟合上也有待改进，数值模拟结果和观测结果在流速流向的量值和相位有一定偏差。总体上，验证结果较好，表明模式可用于象山港海洋牧场海域的水动力场和生态学等方面的应用研究。

四、象山港人工鱼礁区的生态调控范围

象山港人工鱼礁区附近的涨急和落急流场特征如图 4 - 27 所示，涨潮流向为 220°～230°，落潮流向为 70°～80°，基本为往复流态势。小潮期间最大流速基本小于 1 m/s，大潮期间最大流速则大于 1 m/s，表层最大流速可达 1.6 m/s 以上，实测最大流速可达 1.8 m/s。半月周期内，人工鱼礁核心区的表层最大流速基本小于 1.2 m/s，底层最大流速小于 0.6 m/s，仅北侧海图水深大于 10 m 处的小块区域表层流速略大于 1.2 m/s，底层流速大于 0.6 m/s，见彩图 33。因此，象山港人工鱼礁规划区的底层流速基本符合 0.8 m/s的最高流速限制。

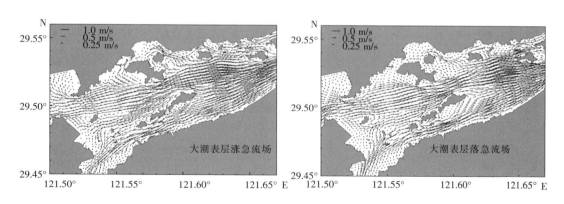

图 4 - 27　规划区附近海域大潮表层涨急（左）和落急（右）流场

我国现阶段人工鱼礁建设的目的之一是养护渔业资源，形成生态系统局部可控的人工渔场。作为象山港海洋牧场建设的工程主体，在该区域投放人工鱼礁，以及建设人工藻场都是为了改善海域的生态环境，使其具有养护渔业资源的功能。人工鱼礁投放后海

域初级生产力提高，浮游生物、生物碎屑、鱼卵、仔稚鱼和海藻孢子等可视作质点的颗粒物的量也将相应增加。象山港作为半封闭海湾在水体滞留（包括所悬浮颗粒物）方面具有先天的优势，因此，海湾内的海洋牧场在增殖渔业资源的可控性方面要强于开阔海域。

通过建立耦合于流场模型的拉格朗日质点追踪模型，数值模拟了海洋牧场区浮游生物和仔稚鱼卵等颗粒物质在象山港内及人工鱼礁规划区核心区附近的存留时间。如前所述，核心区内以 50 m 为水平间隔均匀分布质点，且从水体中层释放，为避免起算时间的影响，每间隔 2 h 分 6 批次释放，共计 10 829 个质点。

示踪剂数值模型研究结果如彩图 34 所示，图中 6 个红点为单位鱼礁处的示踪剂释放点，可明确指示人工鱼礁（海洋牧场）区的影响范围。在 6 个单位鱼礁的底层释放浓度为 1.0 示踪剂，连续释放 5d 后，底层示踪剂浓度为 0.5 的等值线可作为海洋牧场核心区的影响范围，浓度为 0.1 的范围为海洋牧场区辐射区影响范围。大潮流速大于小潮，因此影响范围也略大于小潮。本结果对于浮筏式藻类增殖礁和浮式聚鱼结构的空间布置具有重要指导意义。类似地，无论是大潮期间还是小潮期间释放的质点，在释放 5d 后，其分布区仍基本位于海洋牧场核心区附近。30d 后，海洋牧场区至湾底的质点密度较高，海洋牧场区至湾口的质点密度明显较西侧区域稀疏，体现了封闭湾底的反射作用以及湾口的稀释作用。

为分析大小潮水动力条件差异的影响，做两组数值实验，分别从小潮日和大潮日开始释放质点。结果表明，大小潮起算时间的差异对象山港人工鱼礁和海洋牧场海域水交换（颗粒物停留）时间的影响不大。大潮与小潮释放质点的时间相差 10d，而无论大小潮的实验，质点流出西侧 BC1 的百分比呈现半个朔望月周期的起伏波动。因此，大潮起算水交换率与小潮起算水交换率呈现有规律的交替增减，两者最大可达 2%～3% 的差异。由于象山港是呈东西走向的狭长海湾，中间线长度达 60 km，为往复潮流且港底流速小于港口，位于港区中部牧场海域的质点无法在一次落潮过程中流出象山港口，颗粒物质的存留时间长，有利于海域增养殖生产的开展。西侧的 BC1 与东侧的 BC2 两个边界相距约 20 km，质点释放 30d 后，仅有 5% 左右的质点位于 BC1 东侧，而 60d 后，位于 BC2 东侧的质点处在 3% 以下。60d 后，位于 BC1 东侧的质点也仅有 10% 左右，也就是说 90% 左右的颗粒物质在象山港狭湾（主港区 BC1 西侧）内的存留时间大于 2 个月，如图 4-28 所示。

以人工鱼礁核心区 st2 为圆心的周边 5 km 和 10 km 范围为判定依据时，质点释放后的前 10d，5 km 范围内大小潮情形有较大差异，之后差异均较小。说明质点起始释放时间对结果同样影响不大。前 30d，离开人工鱼礁核心区的质点比例增长较快，离开核心区 5 km 范围内的质点在 30d 后达到 60% 左右，而离开核心区 10 km 范围内的质点在 30d 后达到 20% 左右。1 个月后，随着质点分布趋于均匀，10% 左右的质点离开狭湾，到达 BC1 东侧；一部分质点位于湾底的铁港和黄墩港内；位于核心区 5 km 范围内的质点稳定在 30%～40%，位于核心区 10 km 范围内的质点则稳定在 80% 左右，如图 4-29 所示。

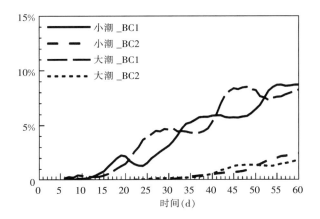

图 4-28　质点位于 BC1 和 BC2 东侧的百分比

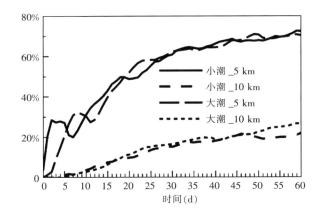

图 4-29　质点位于 5 km 和 10 km 范围外的百分比

　　质点水平分布则显示，无论是大潮期间还是小潮期间释放的质点，在释放 5d 后，其分布区仍基本位于人工鱼礁核心区附近，如图 4-30 所示。30d 后，海洋牧场（人工鱼礁）区至湾底的质点密度较高，海洋牧场区至湾口的质点密度明显较西侧区域稀疏，体现了封闭湾底的反射作用以及湾口的稀释作用。

　　象山港人工鱼礁规划区的底层流速虽然基本符合小于 0.8 m/s 的最高流速限制，但综合考虑规划区附近的水深条件，建议将人工鱼礁投放区设定在规划区西北侧海图水深 6～10 m 的范围内，这样既可使鱼礁区保持一定的航行安全水深，减小波浪的冲击破坏，又能避开水深大于 10 m 处的强流，使表底层最大流速分别限制在 1.2 m/s 和 0.6 m/s 以下。海洋牧场区内的鱼礁区东南侧水深较浅处可进行网箱或筏式养殖，以及设置鱼类驯化暂养设施等。

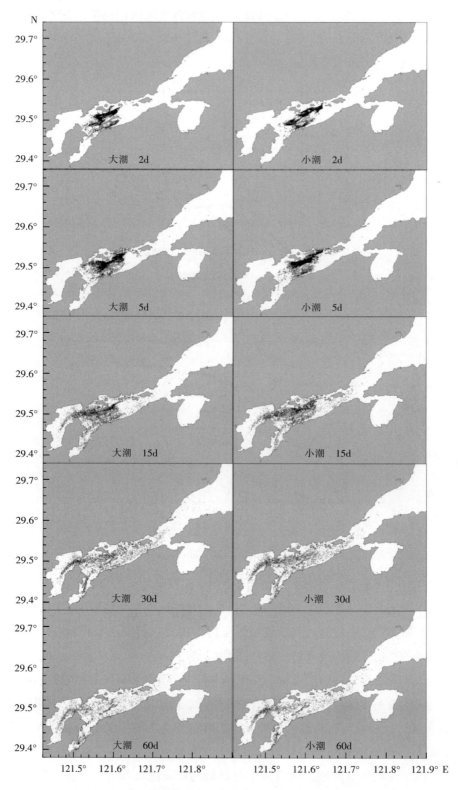

图 4-30　大、小潮期间分批释放的质点随时间变化的平面分布

象山港狭湾外的牛鼻水道至佛渡水道是一个潮流较强的潮通道。董礼先等（1999）采用二维对流-扩散模型数值模拟保守示踪物质的结果表明，90%水交换周期仅为5d左右。象山港狭湾内水交换周期较长，湾顶处90%的置换周期约为80d；狭湾口外5 km至湾内15 km处是水交换速度变化最为激烈的区段，狭湾口附近90%的湾内水被置换掉只需15d，而口内15 km处则需65d之久；两处相距仅20 km，而90%水交换周期相差50d，随着水交换的进行，原湾内水体被外海水置换的速度越来越慢。湾顶处，湾内水由5%被置换到25%被置换需10d，而85%到90%被置换需要10d以上。保守示踪物质对流-扩散模型除了考虑水体的平流外，还受强烈的湍流扩散的影响，而质点追踪模型模拟颗粒物输运时仅考虑所在网格点流速对质点整体的输运作用，不考虑类似高浓度保守示踪物质团与周围水体的混合稀释作用。因此，本案例以质点出湾为标志的水体更新率要远小于董礼先等（1999）保守示踪物质模型的计算结果，但质点水平分布随时间变化的规律与董礼先等（1999）的上述结果一致。此外，鉴于浮游生物的生命周期、仔稚鱼的生长期以及海藻孢子附着期等较少大于2个月，因此，此处仅模拟了质点释放后60d内的情形。

象山港人工鱼礁的海域生态调控仅重点考虑了潮流场的作用，未考虑季节性风场、温盐效应等方面对海洋牧场区水动力条件、水体（含溶解态营养盐）和颗粒物（含浮游生物、仔稚幼鱼和有机碎屑等）调控范围的影响，这些都有待在今后的研究中进一步深入。

第三节　基于调查工具的鱼礁资源增殖评价

人工鱼礁投放后的一定时期内，在礁区内部和周边会形成一个高丰度和生物量的临时性生物群落。当这个群落里中的一些个体选择人工鱼礁生境作为完成其某一生活史阶段（摄食、幼体庇护和生长、产卵等）或者整个生命史的栖息环境时，人工鱼礁的生物资源增殖效应就得到了相应的发挥。一些甲壳类会选择鱼礁区复杂的中空结构作为栖息和躲避敌害的场所，鱼类则受其吸引将其作为替代的饵料场；某些趋礁（也称感礁）和恋礁（也称触礁）型鱼类则长久栖息在鱼礁结构的表面或中空区，完成摄食和生长等生活史。要评价这些岩礁性鱼类的增殖效应，不可避免会遇到很多困难；首先，很难将礁体内外的生物都采集到；其次，对采集到的生物很难确定其是否长久生活在礁区内部。此外，某些洄游性鱼类会阶段性地在人工鱼礁区生活，这些物种对鱼礁生境的依赖性到底有多大，也难以评价。即便如此，人工鱼礁的增殖效果评价是其建设过程中非常重要的一环，国内目前主要流行网捕法来获取样本进行评价，但不同采样方法得到的样本所反映出来的效果，对于诸如趋礁型或恋礁型等各类生物往往是不一样的，采样不当有时可能体现不出来，因此造成了对于人工鱼礁增殖效果如何众说纷纭莫衷一是，甚至有学者只认可人工鱼礁具有诱集效果、而怀疑具有增殖效果。本节内容结合嵊泗马鞍列岛海域人工鱼礁区的钓捕试验、投礁前后的拖网渔获纵向比较，以及投礁数年后的刺网渔获横向比较这三个案例进行分析，以形成人工鱼礁资源增殖效应的全面认识。

一、基于钓捕的生物资源增殖效果评价

人工鱼礁作为一种类似岩礁的栖息地，可以吸引一定数量的趋礁、恋礁性鱼类栖居于此，也就是通常定义的Ⅰ型鱼类。针对这些种类的评价，国外大多采用潜水观察法进行聚集模式和群聚动态的调查研究，少部分应用刺网作为采样工具。对于我国长江口-东海近岸的人工鱼礁，大部分海区能见度较低，限制了水下观察法的应用，而普遍采用了带有一定破坏性的渔具调查手段。其中能评估礁区资源状况的最简单的方式，就是进行钓捕试验。以往的资源调查均采用拖网和刺网进行，需要长期的监测数据，其所反映的增殖效果很难在短时间内反映出来，一定程度上降低了其社会认可度上的效应。因此开展鱼礁投放后最为直接的钓捕试验，并且以该海域的定居种等恋礁型鱼类为对象，可以更全面地评价渔业资源的增殖效果，同时扩大社会影响，提升宣传力度，使以人工鱼礁增殖资源为主的生态型渔业的发展深入人心，为后续的人工鱼礁建设提供直接依据，亦可为休闲游钓渔业拓展新的发展平台。

（一）钓捕的准备工作

1. 钓捕时间的选择

钓捕的日期一般适宜选择在夏、秋季，最好在休渔期间进行，以最大化地降低其他捕捞的干扰。在海况允许的条件下（一般海面风力6级以下，阵风7级以下，浪高低于2 m，无中到大雨，皆可考虑出行），日期的确定最好结合当地的潮汐状况，并根据主要钓捕对象选择具体日期。如以恋礁型鱼类褐菖鲉（*Sebastiscus marmoratus*）和趋礁型鱼类黑鲷（*Acanthopagrus schlegeli*）等为钓捕对象，则宜选择在小潮汛期间进行，如要钓捕趋礁型鱼类花鲈和恋礁型鱼类条石鲷等种类，可以考虑大潮汛，但以安全计，仍建议选择小潮汛出行。

2. 钓捕区域的设置

为了对鱼礁的增殖效应有更直观的比较，钓捕试验应同时在鱼礁区和周边天然岩礁区及天然泥地区进行。使用小船走锚进行鱼礁定位，定位完成后，大小船抛锚，直接在礁区上方自由垂钓，如图4-31所示。而在对照区垂钓则极为容易确定位置，根据鱼礁投放实际分布图，在礁区至少500 m外的岩礁和泥地区进行垂钓。

图 4-31　钓捕试验所采用的船只

为了钓捕试验的完整性，需同时安排多艘船只参与。根据项目的性质和参与人员组成情况，一般至少需安排 5 艘船只同步进行，其中一艘为指挥调度船，不参与直接的钓捕活动。

3. 钓具和钓饵的选择

根据钓捕对象，可采用单一钓具，亦可采用多钓具的组合试验。单一钓具一般使用专业海竿，伸展长度 2~6 m 皆可，需有转轮。组合钓捕法有 3 种，即手钓、竿钓和延绳钓。钓钩根据钓捕对象，一般使用 6~7 号钩即可；如要尝试钓捕大型鲈，可使用路亚，带 12~15 号钩。饵料由特制饵料和常规饵料组成，特制饵料由专业钓手自行配制或市场采购，往往根据钓捕对象的不同，会有不同的钓饵，如磷虾、沙蚕、黑鲷专用料等。常规饵料为新鲜杂鱼和常见虾类，很容易从市场购得，一般为非专业钓手所使用。钓具和饵料如图 4-32 所示。

图 4-32　钓具和饵料

4. 钓捕人员组成

因钓捕是需要经验和技术的评价方法，在条件许可的前提下，最好邀请数名海钓爱好者和当地渔民参与，不考虑各参与人员之间的水平差异，采用相同饵料和钓具，以保证钓捕数据的可比性。

5. 钓捕渔获处理

钓捕所得渔获统一汇总至调度船，由科研人员对不同区域、不同钓具和不同试钓人员的渔获进行分开处理，一般需进行简单的分类、取照和体长体重测量，并计下总渔获量，包括尾数和重量。

6. 钓捕数据的评价指标选择

为对钓捕渔获结果进行量化，同时比较客观地对鱼礁区渔业资源状况进行系统评价，可以采用以下参数进行结果统计。

CPUE：各种钓捕方式单位时间单位钩数所捕到鱼的数量或重量（个/h）。

$$CPUE = \frac{n}{NT} \text{ 或 } CPUE = \frac{W}{NT}$$

式中 n 为某种鱼的个体数，N 为钓捕人数，T 为钓捕时间，W 为某种鱼的重量。

（二）评价实践——东库山人工鱼礁区钓捕试验结果

2006 年 7 月 5 日，嵊泗县海洋与渔业局组织当地海钓协会与地方渔民共计 25 人在东库山人工鱼礁区（122°39′—122°40′E，30°47.50′—30°48.50′N）进行了人工鱼礁投放 1 年后的钓捕试验。

1. 钓捕渔获种类组成和渔获量

鱼礁区现场钓捕的渔获种类数为 7 种，种类组成见表 4-18。

表 4-18　渔获组成及其对应的钓捕人员和方式

种名	拉丁名	钓捕人员	钓捕方式
褐菖鲉	*Sebastiscus marmoratus*	专业和非专业	手钓，竿钓，延绳钓
星康吉鳗	*Conger myriaster*	专业和非专业	手钓，竿钓，延绳钓
黑鲷	*Acanthopagrus schlegeli*	专业	竿钓
皮氏叫姑鱼	*Johnius belengerii*	专业	竿钓，延绳钓
短蛸	*Octopus ocellatus*	专业和非专业	竿钓
日本鲭	*Scomber japonicus*	专业和非专业	手钓和竿钓
大泷六线鱼	*Hexagrammos otakii*	专业	竿钓

从表中可以看出，钓捕渔获物主要为岩礁性种类，即褐菖鲉、星康吉鳗、黑鲷和大泷六线鱼等。此外，还有软体类（如短蛸），鲐鲹鱼类（如日本鲭）以及石首鱼科鱼类（如皮氏叫姑鱼）。其中黑鲷，皮氏叫姑鱼和大泷六线鱼均为专业钓手所钓获，这说明这些种类的食性比较特殊，在钓捕时需要采用特制饵料。从渔获种类和钓捕方式的关系来看，效果最好的是竿钓，其次是手钓，而延绳钓相对较差。试验中延绳钓共放了 3 副，每副总长 50 m 左右，装钩总数为 75~100 枚，实际装饵数为 30~50 钩。从渔获效果来看，

其效率明显低于其他两种钓捕方式。

在东库山人工鱼礁区共钓获各种鱼类共计 675 尾，重 30.38 kg，如表 4 - 19 所示。

表 4 - 19　钓捕试验渔获生物量组成情况

时间段	种类	个体数（尾）			重量（g）		
		专业	非专业	总计	专业	非专业	总计
上午 9：20—10：20	褐菖鲉	251	36	287	9 420	1 820	11 240
	星康吉鳗	4	0	4	837	0	837
	短蛸	1	0	1	102	0	102
	日本鲭	0	1	1	0	24	24
下午 12：30—15：00	褐菖鲉	191	166	357	6 785	6 310	13 095
	星康吉鳗	1	3	4	106	372	478
	黑鲷	9	0	9	3 484	0	3 484
	皮氏叫姑鱼	7	1	8	822	102	924
	大泷六线鱼	1	0	1	105	0	105
	短蛸	0	1	1	0	48	48
	日本鲭	2	0	2	45	0	45
总计		467	208	675	21 706	8 676	30 382

绝大部分渔获物为褐菖鲉，其个体数量和重量分别为 644 尾和 24 335 g；其次是黑鲷，数量和重量分别为 9 尾和 3 484 g；再次为星康吉鳗，分别为 8 尾和 1 315 g，而其他种类相对要少得多。在所得渔获物中，专业钓手所钓获的个体数和重量分别为 467 尾和 21 706 g，而非专业钓手相应的为 208 尾和 8 676 g，前者的渔获量要比后者高出 1 倍多。可见钓捕时钓手的选择很大程度上决定了总渔获量的多少，而且也决定了钓捕种类数的多少。

为了更直观地看出各个种类在渔获中的比例，从而对鱼礁区地岩礁性鱼类组成结构有个初步的认识，对所有渔获从数量和重量两个方面进行了百分比统计，如表 4 - 20 所示，结果表明，褐菖鲉的数量占总尾数的 95.4%，其次是黑鲷，为 1.3%，再次是星康吉鳗和皮氏叫姑鱼，皆为 1.2%，而短蛸、日本鲭和大泷六线鱼加起来也只占总渔获尾数的 0.8%。从渔获重量上来看，褐菖鲉最多，占总重的 80.1%，其次是黑鲷，占 11.5%，再次是星康吉鳗，占 4.3%，皮氏叫姑鱼占 3.0%，剩下的短蛸、日本鲭和大泷六线鱼共计占 1%。从两个方面的百分比统计可以明显看出，褐菖鲉是礁区的绝对优势种，而该种类是当地岛礁海域最常见的定居种鱼类，可见人工鱼礁作为岛礁基架的延伸和岩石强化部分，已经成为了该种类的重要栖息地。

表 4-20　各个渔获种类生物量百分比统计

种名	数量统计		重量统计	
	总尾数（尾）	百分比（%）	总重量（g）	百分比（%）
褐菖鲉	644	95.4	24 335	80.1
星康吉鳗	8	1.2	1 315	4.3
黑鲷	9	1.3	3 484	11.5
皮氏叫姑鱼	8	1.2	924	3.0
短蛸	2	0.3	150	0.5
日本鲭	3	0.4	69	0.2
大泷六线鱼	1	0.1	105	0.3
总计	675	100	30 382	100

2. 单位捕捞努力量渔获量（CPUE）

各鱼种在涨落潮两个阶段的 CPUE 统计结果如表 4-21 所示。从专业钓捕和非专业钓捕的比较来看，各个种类的平均 CPUE 仍然以褐菖鲉为最大，其值为专业钓捕的 1 237.4 g/（h·n）和非专业钓捕的 235.15 g/（h·n），两者相差近 4 倍；其次是黑鲷，专业钓捕的平均 CPUE 为 696.8 g/（h·n），而非专业钓捕值为 0；皮氏叫姑鱼的平均单位捕捞努力量渔获量分别为 164.4 g/（h·n）和 20.4 g/（h·n），两者相差 7 倍；星康吉鳗的对应数值分别为 42.1 g/（h·n）和 24.8 g/（h·n），相差不到 1 倍；剩下的种类数值都比较小。涨潮和退潮都钓捕到的种类其对应的 CPUE 一般在退潮时段值较大，而涨潮时段要小；而且涨潮阶段钓捕到的种类数显然要多于退潮。造成这种差别，一方面是由于涨潮时段钓捕时间长，另一方面也说明涨落潮的不同阶段，礁区的种类组成也是有一定差别的。

表 4-21　各个种类钓捕试验 CPUE［g/（h·n）］统计

种名	专业钓捕			非专业钓捕		
	退潮	涨潮	平均	退潮	涨潮	平均
星康吉鳗	41.8	42.4	42.1	0	49.6	24.8
黑鲷	0	1 393.6	696.8	0	0	0
皮氏叫姑鱼	0	328.8	164.4	0	40.8	20.4
短蛸	102	0	51	0	19.2	9.6
日本鲭	0	18	9	24	0	12
大泷六线鱼	0	42	21	0	0	0
褐菖鲉	1 570	904.7	1 237.4	260	210.3	235.15

从现场钓捕情况和对渔获的统计结果方面来看，钓捕试验效果良好，一定程度上证明了东库山人工鱼礁建设工程取得了良好成效。鱼礁的投放对岩礁性鱼类尤其是以褐菖鲉为代表的当地定居种产生了很好的增殖效果，该种类的钓捕 CPUE 要大出非人工鱼礁海域许多倍。黑鲷和星康吉鳗以及短蛸等种类，以前在鱼礁水域的这个时间段不多见，这次也钓捕到了相当多的尾数和生物量。采用钓捕方式对东库山人工鱼礁的增殖效果进行直观评价，既收集了大量的定性数据，也获取了许多宝贵的定量数据，这些数据可以很好地说明鱼礁对资源的增殖效果；从人员选配，作业方式的组合以及潮水涨落不同阶段的选择进行的全面系统的钓捕试验，为将来科学地设计人工鱼礁钓捕试验方案提供了基本完整的实践参考依据。从钓捕试验的结果来看，嵊泗人工鱼礁工程已经发挥出积极的资源增殖效果，当地管理部门可以考虑对礁区实行封闭式管理，引进休闲海钓，推动当地以海洋为特色的旅游业的发展。

二、基于拖网的生物资源增殖效果评价

钓捕法可以较好地反映礁区内部 I 型鱼类的组成情况，但在多数情况下，该方法很难对 II 和 III 型鱼类进行全面评估，为此要充分了解鱼礁投放后的综合养护效果，需要使用诸如拖网之类的其他网具。在采集种类的代表性上，拖网仍然是目前各种破坏性网具中最具优势的，但其最大的局限在于无法进入礁区内部采样。为了尽可能全面获取鱼礁投放后的资源结构，我们采用投礁前后的纵向对比作为切入点，投礁后的效果主要通过拖网对礁区边缘 20 m 以内的样品予以呈现。

(一) 评价方法

1. 评价区域概括

选择东库山人工鱼礁区作为目标生境，西偏北的西绿华南侧和东南侧的黄礁区作为对照区。2004 年东库山鱼礁投放之前进行了渔业资源的本底调查，2005 年按季度进行了 4 次跟踪调查，具体时间见表 4 - 22。

表 4 - 22　鱼礁投放后的跟踪调查信息

调查航次	一	二	三	四
调查月份	3	5	8	11
调查日期	3 月 18—19 日	5 月 26—27 日	8 月 16—17 日	11 月 26—27 日
潮水类型	大潮	大潮	小潮	大潮

鱼礁区在东库山南面，覆盖面积约为 4 km²，对照区在绿华山南面，调查设定面积为

$6\ km^2$，两地具有相似的温深盐和潮流以及生物组成特征，而黄礁区的调查是作为二期工程的本底调查。

2. 采样渔具和船只

调查渔具主要采用当地流行的小型单囊网板底拖网，渔民口述加上调查时的实测，得到拖网的基本参数见表 4－23。另外，还同时配备了一部分刺网和延绳钓。

表 4－23　拖网基本参数

类型	网具全长	网口周径	曳纲长	叉纲长	网板类型	网袖目大	网囊目大
单囊网板底拖	25 m	13 m	200 m	6 m	V 形钢质	32 mm	20 mm

调查船租用当地的小型拖网船——嵊渔 2215 号，除 2 名调查人员外，还配备 2 名渔民协助采样。调查船具体参数见下表 4－24。

表 4－24　调查船基本参数

船质	型长	型宽	满载吃水	吨位	马力	航速	拖速
木质	20 m	3.5 m	1.2 m	28t	29.8 kW	8～11nt	2.5～4nt

3. 渔获处理和评价指标选择

调查所得渔获全部取样，根据环境温度分别选择 5% 甲醛溶液和冰冻两种方法保存渔获，带回实验室进行较为全面的生物学测量。根据所测结果，将从以下几个方面进行统计分析：一是鱼礁投放前后的渔业资源生物量的相对变化率；二是鱼礁投放前后经济种类的变化以及礁区和对照区的区别；三是鱼礁投放前后渔业生物多样性的变化，包括对照区的情况。其中，多样性结果采用常用的 Margalef 丰富度指数 D，Shannon-Wienver 多样性指数 H' 和 Pielou 均匀度指数 J'。

（二）评价结果

1. 渔业资源相对生物量的前后变化

以本底调查所得鱼礁区和对照区的生物量为基准，2005 年各次调查的生物量转化成相同马力、相同拖速和作业时间条件下的可比量，通过将其与本底数据进行对比，得到如图 4－33 所示结果，图中"一"为资源量减少率。

由图可知，2005 年鱼礁区前两个季度资源量没有投礁前多，而进入后两个季度，鱼礁区资源量增长非常大。总体上，鱼礁区的资源量曾现增长趋势，而对照区进入 3 月以后，相对本底的资源量，其相对变化一直呈现下降趋势，这种变化趋势反映出鱼礁投放后的生态效果，即鱼礁吸引了许多生物进入，从而形成鱼礁区较对照区更高的生物量。

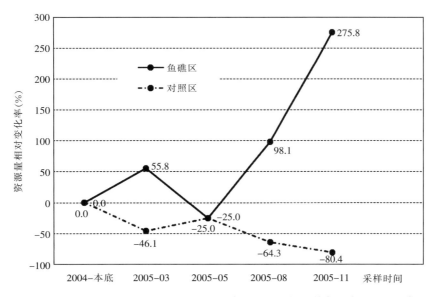

图 4-33　鱼礁投放后鱼礁区和对照区的资源量相对投礁前各对应区的变化率

2. 投礁前后的渔业资源多样性变化

　　鱼礁的投放相当于在荒芜的海底提供人工的栖息场所，从而保护日渐萎缩的渔业资源和生物环境。采用 3 个多样性指数对各次调查（包括本底）的数据进行了统计，结果如图 4-34 所示。

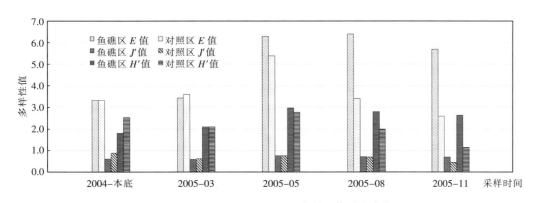

图 4-34　鱼礁区和对照区的多样性值季节变化

　　从图中可以看出，鱼礁投放前的本底调查时，鱼礁区和对照区的渔业资源丰富度 E 相差不大，但对照区要稍微好些，而 Shannon-Wienver 多样性指数 H' 和 Pielou 均匀度指数 J' 却比对照区小很多，这说明鱼礁区的资源状况和对照区差不多，但从生态和群落结构上来看，鱼礁区的状况要差很多。投礁后 2005 年 3 月第一次调查结果表明，鱼礁区和对照区的资源丰度都有所上升，而鱼礁区的多样性指数 H' 和 J' 仍然小于对照区，但差距缩小了。进入 5 月，鱼礁区资源丰度骤增至 6.20，虽然同期对照区的丰度也增加到 5.29，但相比之下，鱼礁区增长更多，而 H' 和 J' 已经超过对照区。进入 8 月夏季和 11 月秋季，同样 3 个多样性指数，鱼礁区的值比同期对照区的要大许多，如 11 月调查的丰度值，礁区是对照区的 2 倍多，而 H' 和 J' 几乎是对照的 2 倍。综合投礁后的 4 次调查渔业资源生物多样性变化情况可以看出，不考虑季节对生物量的影响，鱼礁区的群落结构比对照区复杂，生态状况比对照区好，多样性增加了很多。可见，两个区域的差别变化相当明显，这种结果和鱼礁的投放显然有很大关系。

3. 投礁前后经济种类组成变化

人工鱼礁的建设一方面是为了保护海洋生物栖息地，通过人工栖息地生态系统改善小范围内的环境，从而为海洋生物提供良好的生境；另一方面，鱼礁的投放也是为了增殖渔业资源，在达到一定生态效益的同时实现一定的经济效益目标。

通过调查，确定了鱼礁投放前后各主要经济种的组成和变化，具体见表 4 - 25。

表 4 - 25　鱼礁投放前后礁区和对照区经济种类组成统计

调查时间	经济种类组成	
	鱼礁区	对照区
2004 年本底	小黄鱼，皮氏叫姑鱼，褐菖鲉，龙头鱼，焦氏舌鳎，葛氏长臂虾，哈氏仿对虾，中华管鞭虾，鹰爪虾，三疣梭子蟹，日本蟳，口虾蛄	棘头梅童鱼，小黄鱼，海鳗，皮氏叫姑鱼，龙头鱼，焦氏舌鳎，葛氏长臂虾，哈氏仿对虾，中华管鞭虾，鹰爪虾，日本蟳，口虾蛄
2005 年 3 月	焦氏舌鳎，宽体舌鳎，鮸，褐菖鲉，棘头梅童鱼，龙头鱼，葛氏长臂虾，背腹褐虾，细巧仿对虾，日本蟳，口虾蛄	棘头梅童鱼，焦氏舌鳎，凤鲚，鮸，小黄鱼，龙头鱼，葛氏长臂虾，背腹褐虾，细螯虾，鹰爪虾，日本蟳，口虾蛄
2005 年 5 月	皮氏叫姑鱼，海鳗，褐菖鲉，焦氏舌鳎，龙头鱼，小黄鱼，星康吉鳗，银鲳，绿鳍马面鲀，棘头梅童鱼，凤鲚，刀鲚，中华管鞭虾，鹰爪虾，哈氏仿对虾，中国对虾，赤虾，葛氏长臂虾，细巧仿对虾，日本蟳，日本枪乌贼，长蛸，口虾蛄	皮氏叫姑鱼，海鳗，褐菖鲉，焦氏舌鳎，小黄鱼，中华管鞭虾，中国对虾，日本蟳，口虾蛄，日本枪乌贼，长蛸
2005 年 8 月	白姑鱼，小黄鱼，皮氏叫姑鱼，焦氏舌鳎，星康吉鳗，带鱼，蓝圆鲹，三线矶鲈，龙头鱼，褐菖鲉，刺鲳，鳗，六指马鲅，横带髭鲷，日本对虾，鹰爪虾，中华管鞭虾，葛氏长臂虾，细巧仿对虾，三疣梭子蟹，日本蟳，短蛸，长蛸，日本枪乌贼，口虾蛄	焦氏舌鳎，龙头鱼，褐菖鲉，小黄鱼，白姑鱼，日本对虾，鹰爪虾，日本蟳，口虾蛄

从表中可以看出，鱼礁投放前，两地的种类组成非常相似。随着鱼礁的投放，对照区的经济种类数变幅不大，鱼礁区却发生了很大的变化，即种类数增加。鱼礁区增加的经济种类中有部分是趋礁性的，如星康吉鳗（*Conger myriaster*）、绿鳍马面鲀（*Navodon modestus*）、三线矶鲈（*Parapristipoma trilineatus*）、刺鲳（*Psenopsis anomala*）、横带髭鲷（*Hapalogenys mucronatus*）等以及各种虾类，这很好地说明了鱼礁对岩礁性鱼类的聚集效果。

根据当地的实际渔业对象，同时考虑各个种类的生物量比例，我们统计了每个月份的经济种，种类数情况见表4-26。

表4-26　鱼礁投放前后鱼礁区和对照区的经济种类数量统计

单位：个

调查区域	2004年本底	2005年3月	2005年5月	2005年8月	2005年11月
鱼礁区	12	14	23	25	21
对照区	12	12	11	9	9

表4-26所示结果看，本底调查鱼礁区和对照区的经济种类数相同，即在投放鱼礁前，这两个区的环境情况基本一致，因此经济种的种类数相差无几。而投礁后2个月，鱼礁区的经济种类数就增加到14种，对照区保持12种不变。进入5月及夏秋季，鱼礁区的经济种类数越发比对照区多，到8月达到高峰，多出13种，是对照区的2倍多。这些都表明，鱼礁的投放吸引了许多经济种进入其中，从而形成了如此大的种类数量差别。

从渔业资源生物量、渔业资源种类组成的多样性和经济种组成3个方面的统计和分析，可以得出以下结论：

①鱼礁投放初期，鱼礁区的生物量仍然少于对照区，这一方面和调查方法有关，同时也说明一些鱼礁对资源生物的聚集作用是有一个缓冲期的，即有一个过渡期，一旦生物适应了人工鱼礁环境，鱼礁区的资源量和生物群落便开始与对照区发生变化。

②进入夏秋季，鱼礁区的资源量大大高出对照区的同期资源量，表明对照区捕捞压力的存在以及破坏了的海底生境限制了其生物量的增加，而鱼礁正好发挥了限制捕捞和提供生境的作用，因此，资源量明显增加。

③鱼礁投放的生态效应不是短期里可以体现的，从调查数据可以看出，在鱼礁投放近半年后，才表现出鱼礁区和对照区生物群落多样性的较大差别，总体上，进入夏秋季，这种现象更为明显，但不管怎样，鱼礁聚集生物，改善局部区域群落结构和生物多样性的作用还是显而易见的。

④嵊泗鱼礁建设的经济效益已经开始发挥，11月的调查就发现鱼礁上方有许多当地个体渔民在作业，而对照区却毫无人迹；同时调查数据也表明，鱼礁区的生物量不仅仅增加了许多，而且经济种类也增加到相当的数量，因此吸引了众多当地渔民的进入作业；如果鱼礁区引进休闲渔业，其经济效益将得到更大发挥。

三、基于刺网的资源增殖效果横向比较

使用钓捕方法来评价鱼礁区的资源增殖效果会显得简单直观，但能覆盖的种类非常有限，而拖网则很难进入鱼礁区内部，亦不能全面评价鱼礁区对Ⅱ和Ⅲ型生物的影响情况。如果海域能见度差，无法进行人工水下观测调查，那么最适宜的评价方法就是利用

适应性较强、覆盖度较广的多网目组合刺网进行采样。在前述两种评价方法实践的基础上，我们再对刺网调查结果进行详细分析，从而可以看出各种方法在评价人工鱼礁资源增殖效应方面的独特优势。下面以鱼礁区内部和周边 200 m 范围内的鱼类和大型无脊椎动物为研究对象，通过对其投礁前后及相对自然生境的资源结构的改变，分析人工鱼礁对这两大类生物的增殖效果。

（一）多网目组合刺网评价方法概述

1. 评价区域背景和评价方法

人工鱼礁海域分上三横山和下三横山两个区，总面积约为 1.36 km^2，其中人工鱼礁建设已于 2008 年 4—5 月完成，共投放鱼礁 342 个，形成礁区面积约 0.54 km^2。该区位于舟山嵊泗县马鞍列岛西部，水质肥沃、温盐适中、饵料丰富，是海洋动植物的优良栖息地。

2007 年 5 月和 9 月对上三横东半岛离岸 100～300 m、约 1.2×10^5 m^2 的拟建礁区域进行了鱼类和大型无脊椎动物的拖网本底调查，并于 2009 年 3 月、5 月和 7 月在距离礁群 200 m 以内区域进行了 3 次跟踪调查，调查同步设置了 1～2 个对照区，拖网详细参数见表 4-27。2009 年 1—8 月，利用多网目组合刺网在下三横山鱼礁内部及对照海域进行逐月采样，刺网参数见表 4-28。作业时，目大 2a=25 mm 规格网每 4 片组成 1 张，总长度为 60 m，而其他网目规格各 1 片连成 1 张，总长度为 120 m，与岸基平行放置。每种规格的网片的总有效"拦截"面积皆为 72 m^2。租用地方渔船作为工作船，每次拖网和刺网采样的同时完成水深、温盐、流态等环境参数的采集。

表 4-27　采样拖网规格

网具 类型	网具 全长（m）	网口 周径（m）	曳纲长 （m）	叉纲长 （m）	网板 类型	网身目大 （mm）	网囊目大 （mm）
单囊网板底拖	25	13	200	6	V 型钢质	32	20

表 4-28　采样刺网规格

内网衣目大 （mm）	外网衣目大 （mm）	网衣缩节高 （m）	网衣缩节长 （m）	内网衣水平 缩节系数	试验网作业全长（m）
25	210	1.2	15	0.40～0.45	15×4=60
50	330	2.4	30	0.45～0.50	
60	330	2.4	30	0.45～0.50	50～80 mm 规格网衣各一片连成一顶，总长为：30×4=120mm
70	330	2.4	30	0.45～0.50	
80	330	2.4	30	0.45～0.50	

2. 采样区域和站点布局

环境和生物数据的采集主要分两大区，即三横山人工鱼礁区和对照区，如彩图35所示。人工鱼礁区既包括礁群外边界线以内的区域，也包含离礁体不超过200 m的影响区域；将礁群边界线内部区域作为A区，而离礁群不超过200 m的区域作为B区。对照区的选择遵循环境相似原则，即光照、底质、水深、地形和流态等参数相似。礁体投放海域皆为粉沙质黏土底质，为此将拖网对照区选择在互不影响、底质相同且其他环境类似的鳗头山东面。下三横排礁区使用刺网采样，并选择环境参数相似的鳗头山泥地和岩礁为对照区，人工鱼礁区和对照区的直线距离约为5.7 km。

3. 样品处理和数据统计分析

调查所获样品采用冰鲜保存，胃含物用5‰甲醛溶液保存，除部分样品带回实验室外，其余的都在当地完成生物学测量，实验参数按《海洋生物生态调查技术规程》标准测量。采用CPUE（刺网为某站点每24 h的渔获重量；拖网为各站点每小时、每平方千米的渔获重量）、种类丰富度D、经济种类数变化、Whilm多样性指数H'四个指标进行数据解析。所有数据使用Excel 2007和SPSS 15.0统计软件处理和统计分析，不同站点间指数均值采用独立样本t检验，显著性水平为$\alpha=0.05$。

（二）评价结果

1. 下三横山人工鱼礁A区和对照区的鱼类和大型无脊椎动物资源状况

CPUE结果如图4-35所示，三种区域月间平均CPUE为鳗头山岩礁区（6 101.4±4 823.9）g/d＞A区（3 485.7±2 195.2）g/d＞鳗头山泥底区（2 873.9±3 832.6）g/d。

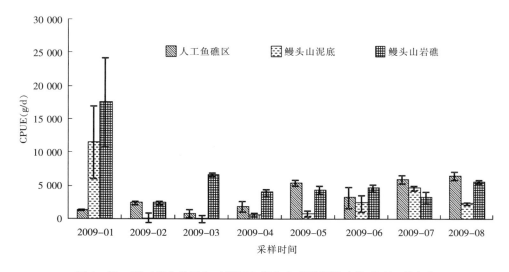

图4-35 下三横鱼礁区和对照区鱼类和大型无脊椎动物CPUE月变化

从 1—8 月份的整体情况来看，岩礁区的月均相对资源密度是最高的，其次是 A 区，再次是泥底区；从两种生境的比较上来看，岩礁区月均 CPUE 虽然高出 A 区 75%，但两者的月均差异并不显著（$P=0.19>0.05$）；同样 A 区和泥底区的月均 CPUE 亦无显著差异（$P=0.70>0.05$），但泥底区与岩礁区的月均 CPUE 却有着显著差异（$P=0.008<0.05$），岩礁区的资源密度大大高于泥底区。2009 年 1 月份岩礁区和泥底区的 CPUE 明显高于 A 区且大过其他各个月份的值；原因是 1 月份岩礁区和泥底区捕获的黄鮟鱇（*Lophius litulon*）数量多，该种类个体较大，最重达 3 kg，因此造成各生境间均值的较大差异。比较 2—8 月份各个生境的 CPUE 差异，A 区和泥底区的月均 CPUE 确有显著差异（$P=0.01<0.05$）。从 5 月份开始，A 区的资源密度明显升高，逐渐赶上并超过岩礁区；7 和 8 月份 A 区资源状况好于天然岩礁，原因是 A 区捕获到了比岩礁区更多的洄游性鳀科鱼类［代表种为赤鼻棱鳀（*Thryssa kammalensis*）和中颌棱鳀（*Thryssa mystax*）］。除 1 月份外，鱼礁区的相对资源状况一直比泥底区好，显示出人工鱼礁良好的鱼类和大型无脊椎动物诱集效应。

三个区域种类丰富度均值分别为 A 区（$3.976±1.06$）＞鳗头山岩礁区（$3.382±0.66$）＞鳗头山泥底区（$2.482±1.03$）。从 8 个月份的平均效果上看，A 区的种类丰富度最高，其次是岩礁区，再次是泥底区，见图 4-36。其中 A 区的月均种类丰富度显著高于泥底区（$P=0.01<0.05$），但和岩礁区相比差异并不显著（$P=0.20>0.05$）。泥底区和岩礁区的种类丰富度亦存在较大差异，但没有 A 区和泥底区间显著（$0.05<P=0.06<0.1$）。1 月份 A 区的 CPUE 虽然比其他两个区域低，但种类丰富度却高于两者，这显示出人工鱼礁具有吸引更多种类的优势的功效。除第 5、8 月份外，其他月份 A 区的种类丰富度皆高于泥底区和岩礁；8 月份 A 区种类丰富度降低，并非由于其种类数的减少，

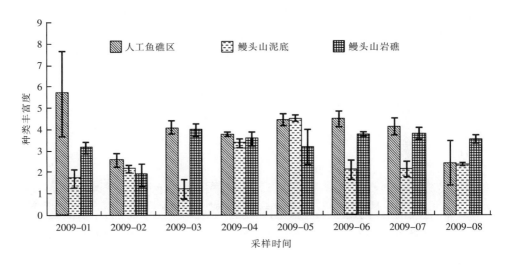

图 4-36 下三横鱼礁区和对照区鱼类和大型无脊椎动物种类丰富度月变化

而是受个体小但数量多的赤鼻棱鳀（*Thryssa kammalensis*）和个体大但数量少的短蛸（*Octopus ocellatus*）的影响，使得种类组成均匀度下降。

三个区域月均经济种数如图 4-37 所示，A 区 11 种、泥底区 5 种、岩礁区 9 种。2、4 月两月 A 区和岩礁区的经济种数量相同，3 月却比后者少了 4 种，其他月份其经济种类数都高于泥底区和岩礁区。总体上 A 区的经济种类数量明显多于泥底区，平均高出 6 种（$P=0.001<0.05$），岩礁区也显著多于泥底区（$P=0.000\,1<0.05$）；而 A 区和岩礁区两种生境的经济种类数月均差异并不明显（$P=0.18>0.05$）。可见，具备了泥地和岩礁两种生境特征的人工鱼礁区养育着更多的经济种类，在资源养护和增殖上发挥了积极的作用。

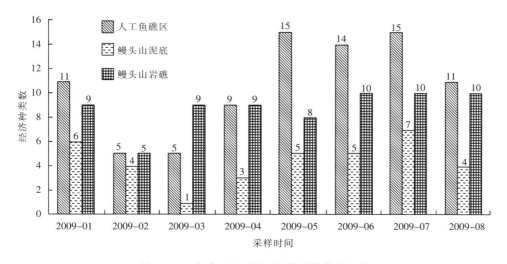

图 4-37　鱼礁区和对照区经济种类数月变化

各生境的多样性平均值如图 4-38 所示，A 区（3.118 ± 0.52）＞鳗头山岩礁区

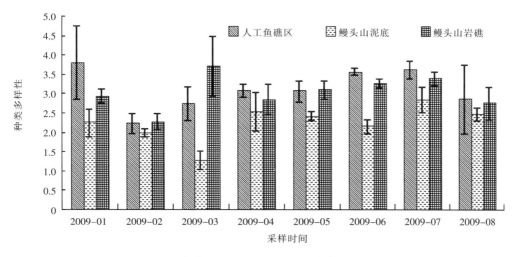

图 4-38　鱼礁区和对照区 Whilm 种类多样性月变化

（3.031±0.44）＞鳗头山泥底区（2.242±0.47）。多样性水平 A 区和岩礁区非常相似，差异不显著（$P=0.64＞0.05$），且两者的平均水平显著高于泥底区，前者平均高出泥底区 39.2%（$P=0.002＜0.05$），后者平均高出 35.1%（$P=0.017＜0.05$）。可见，A 区的鱼类和大型无脊椎动物多样性水平已经在原有泥地生境的基础上提高了许多，且逐渐趋同于岩礁区，人工鱼礁恰似岩礁的延伸部分。结果说明，人工鱼礁在保护和维持局部海域生物多样性上具有积极作用。

2. 上三横山人工鱼礁 B 区和对照区的鱼类和大型无脊椎动物资源状况

调查获得的平均资源密度 CPUE 结果如图 4-39 所示，投礁前 B 区和对照区的平均资源密度较为接近，分别为（433.28±25.77）g/（h·km²）和（467.20±27.23）g/（h·km²），无显著差异（$P=0.33＞0.05$）；投礁后 1 年，B 区相对资源密度显著提高，是礁体投放前同期水平的 2.05 倍（$P=0.04＜0.05$）；投礁后 B 区的 CPUE 均值为（932.33±194.96）g/（h·km²），对照区为（464.28±165.31）g/（h·km²），相差约 1 倍，两者之间差异显著（$P=0.035＜0.05$）。而对照区的 CPUE 在投礁前后呈现小幅振荡，2009 年与 2007 年同期的状况比较，除略有增加外，基本在同一水平上，变化极不显著（$P=0.98＞0.05$）。由此表明，鱼礁投放后原有区域的资源状况得以提升，同时也显著高于对照水域，人工鱼礁建设在增加鱼类和大型无脊椎动物的资源量方面已表现出良好效果。

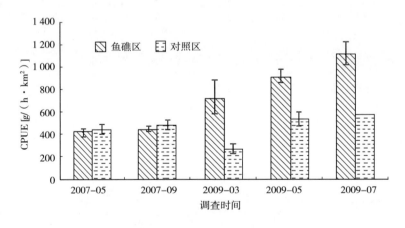

图 4-39　鱼礁区和对照区各调查月份 CPUE 变化

图 4-40 所示：鱼礁投放前后，B 区的种类丰富度发生了较大变化。礁体投放 1 年后，B 区种类丰富度的整体水平为 3.62±0.34，而投礁前为 2.89±0.37 以下，其平均水平高出投礁前的 25.3%，但投礁前后的差异并不显著（$P=0.16＞0.05$）；B 区投礁后丰富度水平高出同期对照区 31.1%，两者存在显著差异（$P=0.04＜0.05$）；而对照区以投礁时间为尺度，其前后差异并不大（$P=0.55＞0.05$）。

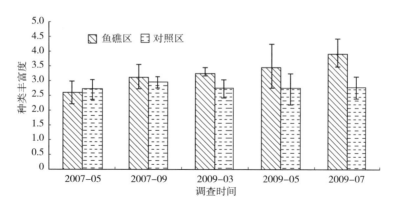

图 4-40　鱼礁区和对照区种类丰富度变化

将各次调查所得经济种类数单独列出，结果如图 4-41 所示。投礁后，B 区的经济种类数呈现增长趋势，最高达到 7 月份的 17 种；而同期对照区维持在 12 种左右。B 区投礁前后的种类数发生了显著变化（$P=0.04<0.05$）；对照区投礁前后的种类数变化很小，相对人工鱼礁区而言，变化不显著（$P=0.39>0.05$）；投礁前 B 区和对照区的经济种类数较为一致，差异不明显（$P=0.50>0.05$）；投礁后 B 区经济种类数的平均水平要高出对照区，但尚不显著（$0.05<P=0.06<0.1$）。

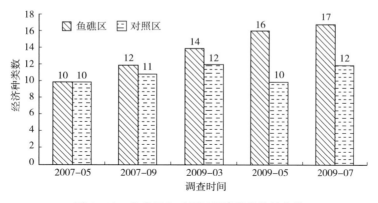

图 4-41　鱼礁区和对照区经济种类数量变化

多样性结果如图 4-42 所示，B 区和对照区的种类多样性指数在投礁前差异很小（$P=0.84>0.05$）；鱼礁投放 1 年后，B 区的多样性指数值随调查月份线性增加，相对投礁前，其平均多样性水平有较大提高，但尚未达到显著水平（$0.05<P=0.094<0.1$）；投礁后对照区的多样性水平要低于同期的 B 区，两者存在较大差异，但仍不显著（$0.05<P=0.055<0.1$）；对照区在投礁前后的多样性水平维持了自然水域的稳定状态，变化不明显（$P=0.91>0.05$）。上述结果表明：相对投礁前鱼礁周围区域的鱼类和大型无脊椎动物组成结构发生了一定的变化，多样性水平得以提升，从而为其资源增殖奠定了必要的生物多样性基础。

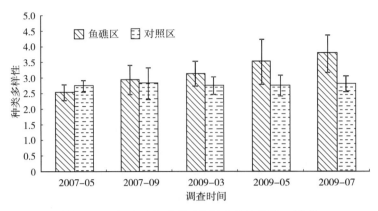

图 4-42　鱼礁区和对照区种类多样性指数 H' 变化

（三）增殖机理分析

人工鱼礁资源增殖就是利用鱼礁改善局部环境和重建栖息地的功能，在提高初级生产力的同时，为多种生物资源尤其是趋礁种类提供良好的生境，从而达到保护和增加资源种群生物量的养护目的。已有学者报道了人工鱼礁的资源增殖机理，李冠成（2007）从鱼的索饵本能，生殖、逃避本能以及多数鱼种不同程度的趋礁性三个方面归纳了前人对人工鱼礁渔业资源增殖的机理的研究结果。段玉彤等（2007）认为，利用人工鱼礁的环境功能，可以从提高生产力和提供新栖息地两个方面解释其资源增殖原理。杨吝等（2005）则认为生物聚集于鱼礁，除其趋性和本能之外，还与环境中的饵料、流态、阴影、音响等诸多因素有关。综合上述理论，可以认为人工鱼礁资源增殖主要体现在生物区系和理化环境两方面，其中后者是形成新生物区系的前提。

在已有的理论基础上，结合近年来东海区多处人工鱼礁的建设和大量科研实践，我们对人工鱼礁增殖机理进行了梳理，如图 4-43 所示。由此可将人工鱼礁增殖机理解释为水生生物利用以鱼礁为媒介而形成的特殊理化环境的生态过程，是小尺度物理空间在人为干扰下所形成的生境多样化反演出来的独特的生物群聚模式。

采用CPUE、种类丰富度、经济种类数和种类多样性4个指标进行人工鱼礁鱼类和大型无脊椎动物增殖效果的探讨。用CPUE解释资源量的变化，种类丰富度解释各区域鱼类和大型无脊椎动物种类数的变化，经济种类数反映渔业价值的变化，而多样性反映群落结构的变化。其中前3个反映鱼类和大型无脊椎动物量的积累过程，属于量变指标；多样性则指示了鱼类和大型无脊椎动物组成结构上的变化，属于质变指标。资源密度增加、种类丰富度提高或经济种类数增加并不意味着多样性的提高，反过来，物种多样性的提高必定是由种类丰富度和资源密度增加所引起的。在B区，相对投礁前和对照区，虽然CPUE和经济种类数都显著增加，且种类丰富度也显著高于对照区，但期间的多样性水平并无显著提高，显然量变指标的积累未达到特定程度。各指数在资源增殖效果评估方面的总体情况如表4-29。

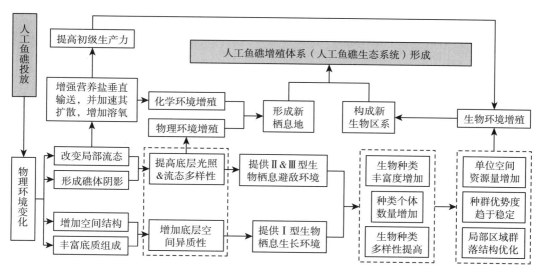

图 4-43　人工鱼礁资源增殖体系结构图

表 4-29　各指标在检验增殖效果上的统计结果汇总

人工鱼礁区域	两种区域间比较	指标			
		资源密度	丰富度	经济种	多样性
A区	人工鱼礁区-泥底区	*	*	* *	* *
	人工鱼礁区-岩礁区	n. s.	n. s.	n. s.	n. s.
	泥底区-岩礁区	* *	*	* *	*
B区	投礁前礁区-投礁前对照区	n. s.	n. s.	n. s.	n. s.
	投礁前礁区-投礁后礁区	*	n. s.	*	*
	投礁前对照区-投礁后对照区	n. s.	n. s.	n. s.	n. s.
	投礁后礁区-投礁后对照区	*	*	*	*

注：＊＝差异显著，＊＊＝差异极显著，n. s.＝差异不显著。

国内外相关学者在探讨人工鱼礁生物聚集和资源增殖问题时，一般选择：①丰度（单位面积的种类个体数）、种类丰富度指数；②α多样性指数，如 Shannon-Wienver 多样性指数、Whilm 多样性指数和 Pielou 均匀度指数；③β多样性指数，如 Jaccard 相似性系数；④相对资源密度 CPUE 等参数进行分析。也有学者针对鱼礁区的经济种专门研究其丰度指数和 CPUE 以解释资源密度变化，诸多指数中使用最频繁的是种类丰富度指数和多样性指数。

上述指标都是从生物生态学上定义的，并未结合环境参数。因此，全面考虑鱼礁增殖效果，还应增加理化环境指标。选用1—8月份人工鱼礁A区及对照区环境调查的溶氧（DO）和叶绿素 a（Chl-a）2个指标加以补充，见图4-44。由图可以看出，3—5月A区的DO高于对照区域，3—8月的Chl-a也都好于对照区。这正是鱼礁局部范围内发挥环境增殖作用的体现，也是生物增殖的原动力所在。

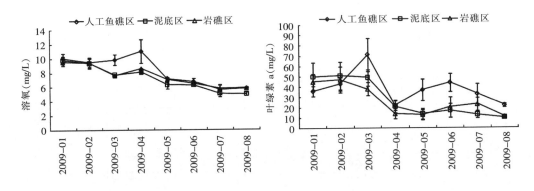

图4-44　三种生境间溶氧（左）和叶绿素 a（右）的月变化

选择生物指标时必须考虑所采用的调查方法。人工鱼礁鱼类和大型无脊椎动物增殖效果调查方法很多，归纳起来主要分为破坏性方法和非破坏性方法两大类，它们又可细分为30多种方式。鉴于现场环境条件的限制，我们采用了刺网和拖网两种破坏性采样方式。由于作业方式的不同，其样品中鱼类和大型无脊椎动物种类组成有较大差异是在所难免的，所以对A、B两区分别进行分析。A区的种类主要以Ⅰ、Ⅱ型为主，而B区以Ⅲ型种类为主。Ⅰ型种是身体的某部位或大部分需接触鱼礁的贴礁种类，如褐菖鲉（Sebastiscus marmoratus）、大泷六线鱼（Hexagrammos otakii）和褐牙鲆（Paralichthya olivaceus）等；Ⅱ型种是身体不接触鱼礁，但在鱼礁周围游泳和海底栖息的趋礁种类，如真鲷（Pagrosomus major）和黄姑鱼（Nibea albiflora）等；Ⅲ型种是在礁体表面以外的中上层空间活动，且通常对礁体并不做出明显反映的洄游种类，如日本鳀（Engraulis japonicus）和赤鼻棱鳀（Thryssa kammalensis）等。基于拖网和刺网的分区采样结果，已能较为全面地反映人工鱼礁的投放对各类型鱼类和大型无脊椎动物的增殖效果。

人工鱼礁A区综合了原有泥地生境和天然岩礁生境的功能，各指标月均值皆优于泥底区；人工鱼礁内部的鱼类和大型无脊椎动物资源结构（包括资源密度、种类丰富度、多样性等）与岩礁区非常相似，某些月份的资源密度和种类丰富度甚至高于岩礁区，人工鱼礁区已经形成了由岛礁延伸出来但又优于岛礁生境的人工栖息地。

在人工鱼礁B区，投礁后无论是相对投礁前还是对照区，其鱼类和大型无脊椎动物的资源量和多样性都有显著提高；种类丰富度水平虽增加不显著，但仍表现出积极的效果；人工鱼礁的投放已经在其周边形成一个优于自然海域的鱼类和大型无脊椎动物生物群落，发挥了良好的鱼类和大型无脊椎动物诱集和增殖效果。

三横山人工鱼礁区已经从资源量、经济种类数、种类丰富度和种类多样性 4 个层面上显示出人工鱼礁良好的鱼类和大型无脊椎动物增殖效应和栖息地改造功能，采用刺网调查可以较好地反应人工鱼礁资源增殖效果。

四、基于水声学方法的鱼礁海域资源评估

人工鱼礁投放引起海域渔业资源变化的多样性，对其资源调查方法逐渐增多且向更加准确高效方向发展。目前对人工鱼礁区资源调查方法主要分为 3 种：一是在鱼礁区利用网具获得渔获物，通过投礁前后的渔获数量对比来评价鱼礁区的渔业资源量是否有所增长；二是通过人工潜水的方法观察，用最直接的肉眼观察的方式来判断礁的生物量及环境是否有所改善；三是通过声学手段来对鱼礁区的渔业资源量进行调查，以调查结果来判断礁区资源量的变动。这 3 种方法具有不同的优缺点，其中网具调查法效率低，对网具具有一定选择性，受人工鱼礁底质特征影响，调查时无法利用底拖网对资源情况进行直观了解；潜水调查法虽然结果较准确，但成本较高，而且只适用于环境较好的礁区海域；声学调查法效率较高，而且对礁区的生物资源量不会造成破坏，正在被越来越多的调查研究者所使用。

渔业资源的声学评估是 30 多年来逐渐发展完善起来的海洋生物资源调查与评估方法，具有快捷、数据连续、取样率大且不以破坏生物资源为代价等优点，为世界渔业发达国家所广泛采用。该方法于 1981 年引入我国并逐渐兴起，目前已成功地应用于黄海、东海、南海鱼类资源调查中，成为我国海洋渔业资源监测与调查的重要方法之一。声学方式除应用于外海调查外，近年来也有尝试在近岸、海洋牧场、养殖区以及内陆水体渔业资源调查案例中应用，但其效果还有待于进一步检验。

（一）调查概况

2016 年 12 月和 2017 年 5 月，在对嵊泗县东库山和三横山海域开展渔业资源拖网调查的基础上，同步使用声学探测方法进行了走航探测，通过比较人工鱼礁区和邻近天然岩礁海域的声学信号，分析渔业资源的丰度密度与空间分布特征，以期为更多的人工鱼礁海域资源增殖效果评估提供依据。

1. 调查设备与原理

水声学调查利用当地渔船装载 BioSonics 公司的 DT-X 型回声探测仪系统，仪器工作频率为 430kHz，波束角为 7.0°，采用垂直探测方式。换能器固定于船侧水下 1 m，以减少船只走航过程中海水表层气泡噪声对数据采集产生的影响。发射脉冲宽度 0.4 ms，脉冲发射频率为 15Hz，后向体积散射强度数据采集阈值为 −130dB。使用 Garmin Oregon

45 型 GPS 对位置信息进行实时观测，并通过 Garmin GPS 17x HVS 对采集数据同步保存，声学数据与 GPS 数据同步保存在连接收发装置的电脑上，走航船速为2.5～3.5 m/s。声学数据分析使用 Echoview 渔业声学数据处理软件，剔除评估种类以外的背景噪声信号，其中包括海表噪声、浮游生物噪声、机器扰动噪声及海底多重回波噪声等。

按照多种类海洋渔业资源声学评估方法的原理和程序，对鱼类进行资源量评估，声学处理积分分配以拖网渔获物数据为准。调查区内每种鱼类资源丰度密度为 $\rho_j = C_j * \dfrac{NASC}{4\pi\bar{\sigma}}$，式中 C_j 为分析水域内给定鱼种 j 在总生物量中所占数量百分比，$NASC$（$m^2 \cdot n\ mile^2$，nautical area scattering coefficient）为站点断面处参与积分值分配生物种类的总积分值，$\bar{\sigma}$ 为分析水域内所有生物种类的平均声学截面（m^2，backscattering cross-section），其中 $\bar{\sigma} = \sum_{j=1}^{n} (C_j \times 10^{\frac{TS}{10}})$，式中 n 为分析水域内所有鱼体种类；TS_j 为分析水域内给定鱼种 j 的目标强度（dB），目标强度可表示为 $TS_j = 20\lg l_j + b_{20}$，$l_j$ 为第 j 种鱼体的平均体长（cm），b_{20} 为第 j 种鱼体的目标强度参数（dB）。计算走航断面上资源丰度密度及其分布，进而评估海域内渔业资源量。

2. 调查区域与站点布局

东库山和三横山人工鱼礁海域总面积为 252 km^2，海域水深范围变化较大，海域内岛屿众多。声学走航采用平行断面与绕岛环形两种方式结合，以确保海域内资源调查的准确性与全面性，具体走航路线如图 4-45 所示。通过声学走航调查，分别获得冬季（2016

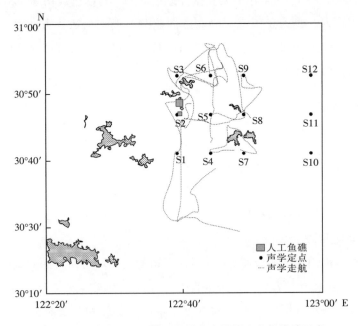

图 4-45　东库山和三横山海域水声学调查走航线路示意

年 12 月）和春季（2017 年 3 月）人工鱼礁区与天然岩礁区之间的渔业资源分布状态与空间特征。另外，在调查范围内设置 9 个代表站位 S1～S9，其中 S2 为人工鱼礁区，其余为天然岩礁区。同时对它们进行相应的拖网取样以配合声学资源评估，各站位拖网时间为30 min，平均拖速约 1.3 m/s，拖网全长 30 m，网口垂直高度 2 m、水平宽度 5 m。

（二）结果与分析

1. 鱼类资源丰度密度

2016 年 12 月和 2017 年 3 月两次调查获得的鱼类平均丰度密度分别为每平方千米 $1.34×10^4$ 尾和 $1.21×10^4$ 尾，其中 2016 年 12 月鱼礁区鱼类平均丰度密度为每平方千米 1.79 尾，岩礁区为每平方千米 1.28 尾；2017 年 3 月两区平均值分别为 0.6 尾和 1.29 尾，即人工鱼礁区冬季的鱼类丰度密度明显高于春季，且显著高于天然岩礁区；春季鱼礁区鱼类丰度密度显著低于天然岩礁区，但天然岩礁区的丰度密度季节间无差别。由此说明，相对于春季而言，冬季人工鱼礁区具有一定的集鱼效果，并且显著强于天然岩礁区。

将人工鱼礁区的鱼类丰度密度以站位形式表现如图 4 - 46 所示，整个走航海域内资源丰度密度分布不均匀。12 月冬季，东库山和三横山周围（S2、S3、S5 和 S6）的丰度密度显著高于其海域，而 3 月春季则出现相反趋势。

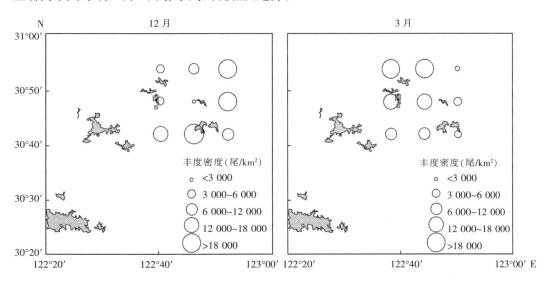

图 4 - 46　基于水声学调查的鱼类资源丰度密度水平空间分布

2. 鱼类丰度密度的深度分布特点

将调查海域按垂直方向分为表层（2～10 m）、中层（10 m 至海底上 10 m）和底层（海底上 10 m 至海底）3 个水层，对不同水层的鱼类回波进行积分，获得调查海域表、中、底层的渔业资源丰度密度，如表 4 - 30 所示。该海域鱼类平均丰度密度呈现为底层＞中层＞表层，其中最大值出现在冬季鱼礁区底层，并显著高于同时间其他水层和不同时间相同水层，证明人工鱼礁在冬季对渔业资源的养护与增殖作用主要在底层产生。但在春季，人工鱼礁作用并不显著，资源数量反而不及天然岩礁；同步拖网调查数据显示，该海域冬季出现了绝对优势种龙头鱼，占底栖生物总量的 50%，而龙头鱼每年 3—4 月份向外海短期洄游，其生活习性可能是导致春季人工鱼礁区资源生物量减少的原因之一。

表 4-30　水声学调查的各水层鱼类资源丰度密度信息

单位：10^4 尾/km^2

时间	水层	鱼礁区	岩礁区
	表层	0.291	0.221
2016 年 12 月	中层	0.392	0.401
	底层	1.113	0.650
	表层	0.022	0.154
2017 年 5 月	中层	0.221	0.436
	底层	0.351	0.700

走航海域临近岛礁，采用声学调查方法获得了人工鱼礁及邻近海域的渔业资源丰度分布特征，说明声学方法对人工鱼礁海域的资源增殖评估具有一定的适用性。但人工鱼礁的中空结构特征，会诱集恋礁型鱼类进入其中，而相对较弱的鱼类声学回波常被礁体较强的回波所覆盖，因此声学调查对人工鱼礁内部鱼类的识别较为困难，评估结果也往往较实际普遍偏低。另外，不同季节鱼类在礁区的生存模式也会造成鱼礁区的鱼类评估差异。尽管如此，参照人工鱼礁海域声学走航断面图（图 4-47），可以明显判断出海域

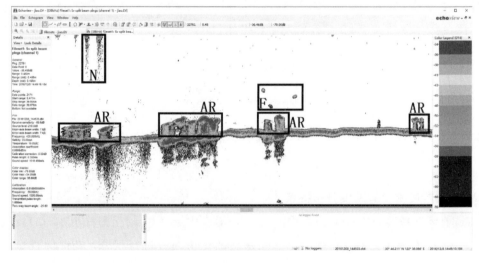

图 4-47　东库山和三横山人工鱼礁海域声学调查断面

N. 海表噪声　F. 鱼类　AR. 人工鱼礁

内的人工鱼礁礁体，快速区分礁体与水体中鱼类的回波信号，从而实现评估人工鱼礁区鱼类养护和增殖效果的目的。

第四节　人工鱼礁空间影响范围的综合评价

如何有效评价鱼礁的空间影响范围，从而更全面合理地展现鱼礁区生物资源空间格局，是人工鱼礁生态效应评价的重要方面。前一节主要利用单一评价方法研究人工鱼礁的资源增殖效应，但在空间格局上，考虑到从鱼礁核心区到周边的底质、地形等存在巨大差异，单一网具或声学评价往往难以全面覆盖，因此需要对各种采样方法进行组合应用，以综合评价人工鱼礁的空间影响能力。

在人工鱼礁生境形成前期，生物群落演替并没有发展到高级稳定阶段，往往以产生对各类型生物的诱集效应为主。一些底栖生物会选择在礁体表面或中空结构中栖息与躲避敌害，游泳生物会在鱼礁附近徘徊逗留。在礁体表面的附着生物群落形成之前，人工鱼礁的效应主要是利用新的物理场（底质＋流场）对这些底栖生物和游泳生物产生诱集效应，以吸引其移居在人工生境。这种诱集效应往往具有特定的空间范围。日本学者认为人工鱼礁的水平影响范围可达 1 km 以上，而在大洋区其水平影响距离则会成倍增加。在长江口软相泥地为主、平均能见度较低的环境中投放人工鱼礁，其水平影响范围到底如何，国内早先并没有专门研究过。人工鱼礁的空间影响范围一方面取决于鱼礁规模，另一方面与流场紧密相关，而生物层面上的行为响应必然受其中某一种因素所主导。本节围绕人工鱼礁诱集效应的空间范围评价对综合采样法的应用进行详细介绍。

一、人工鱼礁对鱼类的影响范围评价方法选择

人工鱼礁投放后直至栖息环境相对稳定之前依然会对周边的各种生物产生诱集效应，这种效应可以持续很长时间，少则数月，多则数年。在人工生境利用自身的环境效应产生新生产力之前，其生态功能主要体现在诱集各类生物进入新栖息地以增加不同生物生命史的需求供给，从而在局部海域丰富栖息地格局，强化栖息地功能，使新迁居种在生长发育、摄食产卵和躲避敌害等需求方面得到更多的满足。当这些生物个体出现在新的栖息地时，如何评价其组成、多样性和密度分布情况，是了解人工鱼礁诱集效应的重要方面。以下内容将围绕利用综合采样法（不同采样原理的网具结合采样）对岛礁海域人工鱼礁建设初期诱集效应的影响范围进行探讨。

在人工鱼礁诱集效应的评价方法上，国外的研究者主要选择无破坏性的潜水观察法进行研究。在能见度允许的条件下，该方法具有环保、不破坏环境和生物群落、结果直观可靠等优点。训练有素的科研人员能从定性和定量两个方面全面掌握鱼礁周围出现的生物。但在国内，尤其在长江口近外海域的河口和近岸区域，很难有这样的海况允许潜水观察。因此，国内一般都采用破坏性的抽样调查法确定人工鱼礁建设初期的生物诱集效应。

在实际评价过程中，鱼礁区出现的生物类型多样，分布空间不同，采用单一网具往往很难对所有物种进行较全面的覆盖。为此，我们尝试采用综合采样法，即底层拖网＋流刺网＋笼网三网合一的采样方式，以最大化地了解鱼礁区及其影响范围的生物诱集状况。

在海洋生物样本采集方面，无论采用何方法应用于何种生境，都必须面对一个不可避免的问题，即没有任何单一采样网具可以一次性采集到一定时间内出现在特定区域的所有生物个体或种类，这是由生物本身复杂的生态类型及网具自身的选择性共同决定的。虽然如此，我们可以尝试将多种采集工具同步应用，以最大化地采集到特定区域的鱼类和大型无脊椎动物样本。

任何一种采样工具都有其优缺点，如何将各种工具的优点整合起来，是我们进行人工鱼礁诱集效应影响范围研究的新尝试。那么，对于我国近海渔业资源调查中最广泛使用、频率最高的拖网和刺网，它们在采样过程中的优缺点有哪些呢？

拖网是一种选择性较低的调查网具，这也是被用来开展渔业资源评估的常规采样工具的主要原因。拖网作业具有机动灵活、适应性强、采样对象广泛的优点，使用拖网采样可以获得较为全面的生物组成信息；而且拖网采样的范围也比较广，在几米到几十米的水深中都可分层采样。虽然如此，拖网采样也有其明显缺点，拖网需要在平坦的海底才能正常作业，不适合在凹凸不平或有岩礁的地方采样。另外，拖网作为典型的破坏性网具，容易对鱼类资源本身造成巨大的伤害，所经之地，亦对环境和底质造成难以修复的损伤。针对其不易在岩礁环境中采样的缺陷，我们在调查中对采样拖网进行了改进。将原用于拖虾的桁杆变细变短至 3～5 m，网具缩短至 5～10 m，网囊底部加装防摩擦防卡位柔性铁链，使之能在复杂的岩礁带完成采样，图 4-48 所示。该方法已经多次应用于嵊泗岛礁海域人工鱼礁区的鱼类和大型无脊椎动物调查，效果良好。

刺网也是一种非常普遍的作业网具，在科研调查方面也已经被广泛利用，尤其是内陆湖泊河流等小尺度生境的资源调查上，几乎是其他网具不可替代的。刺网装配简单、操作灵活、适用性强。具体而言，刺网可设置在底质类型多样和海况复杂的环境中，如沿岸暴波区和珊瑚礁及岩礁区等，同时也可以在不同的水层设置。另一方面，刺网的渔获和捕捞力量（如网目的目数）具有潜在饱和度，即渔获量不可能与作业时间持续成正比，当渔获达到一定值时，渔获率就会相对下降，这种情况在拖曳类渔具中并不明显。然而，刺网在采样过程中也存在不可忽略的缺陷：一是，渔获效率较低，单一网目的刺网选择性过大；二是，网具易受损，渔获质量随设置时间增加下降明显；三是，刺网采样用于渔业资源评估会造成较大的偏差。这种偏差与取样误差并不相同，偏差表示资源估计与实际存在着一个大小和方向一致性的差异，而采样的随机误差则是一个精确性的测度，因此可能会因捕获到的中型鱼类数量占总体数量比例较大而高估中型鱼类的生物量；因小个体和大个体鱼类的逃逸而低估小个体和大个体鱼类的生物量。因此分析刺网渔获物数据时，需对采样偏差进行修正。此外，刺网在采样过程中受小环境变化的影响比较大，使捕获效率的波动幅度变大，如透明度越低，则渔获效率越高。针对刺网的上述缺陷，我们自行设计装配了一套多网目组合刺网，如图 4-49 所示，具体参数见表 4-31。

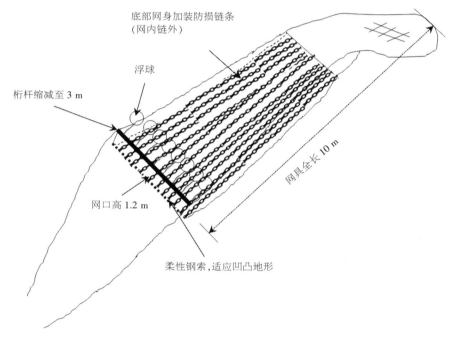

图 4-48 改进型桁杆虾拖网示意

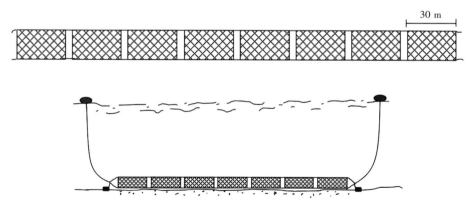

图 4-49 多网目组合刺网水下设置示意

表 4-31 多网目三重组合刺网规格

内网衣目大 (mm)	外网衣目大 (mm)	单片网衣缩节高 (m)	单片网衣缩节长 (m)	内网衣水平缩节系数	网具作业全长 (m)
20	210	2.2	30	0.4～0.45	
25	210	2.2	30	0.4～0.45	20～43 mm 网片随机连成一顶，共 120 m
34	210	2.2	30	0.4～0.45	
43	210	2.2	30	0.4～0.45	
50	330	2.2	30	0.45～0.5	
60	330	2.2	30	0.45～0.5	50～80 mm 网片随机连成一顶，共 120 m
70	330	2.2	30	0.45～0.5	
80	330	2.2	30	0.45～0.5	

二、鱼礁空间影响范围的评价实践

（一）评价区域的选择和方法构建

为保证人工鱼礁诱集效应评价的可比性，我们选择嵊泗马鞍列岛三横山鱼礁区和东库山鱼礁区作为试验区（图 4-50）。从 2007 年以来先后在东库山南、下三横西、上三横东北和东南以及下三横西南的各个水域投放了大量人工鱼礁。调查时，鱼礁投放已经过了 1～6 年

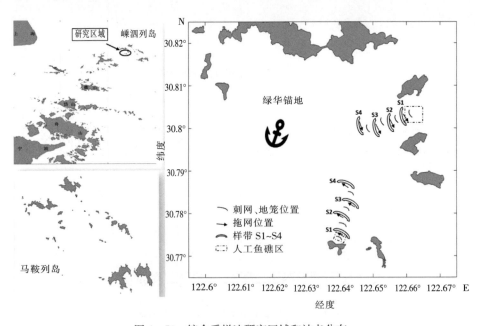

图 4-50 综合采样法研究区域和站点分布

不等时间，平均达到 2 年。为尽可能降低调查对人工鱼礁投放后所形成的资源格局的干扰，每年的采样频次控制在 1 次。2014 年 8 月 16—21 日对三横山和东库山人工鱼礁区进行了多网目组合刺网、桁杆虾拖网和地笼网 3 种采样网具的同步调查。自鱼礁核心区向外每隔 200 m 的距离设置 1 个样带，共 4 个样带 S1～S4。在鱼礁核心区设置刺网和地笼网的第一个站位，然后用鱼探仪定位鱼礁位置后，在紧邻鱼礁边缘设置拖网的第一个站位，并将其划分为 S1 样带，依次设置其余站点（表 4 - 32），每种网具皆设置 4 个站位。考虑到鱼礁规模的限制和采样方式的破坏能力，放弃在同一采样季节设置平行站点的做法。

表 4 - 32　各站点与鱼礁核心区的距离

样带	采样方式	
	拖网	刺网/地笼网
S1	0～200 m	0 m
S2	200 m	0～200 m
S3	400 m	200～400 m
S4	600 m	400～600 m

（二）评价指标选择

1. 资源密度和优势种

采用 CPUE（刺网、地笼网均为某采样样带 24 h 的渔获尾数和渔获重量；拖网为各样带每小时每平方千米的渔获尾数和渔获重量）计算 3 种采样网具的资源密度，单位为尾/d。

采用相对重要性指数 IRI 来分析各采样网具在各站位的优势种：$IRI = (i/f) \cdot [(N_i/N) + (W_i/W)]$；$N$ 和 W 为多有站位的尾数和生物量，N_i 和 W_i 为 i 种的数量和生物量，f 为调查总站位次数，将 IRI 指数大于 5 的物种定义为优势种。

2. 群落丰富度指数和多样性指数

采用 Margalef 种类丰富度指数（D）、Shannon-Wiener 多样性指数（H'）等指标来分析人工鱼礁区的生物群落结构：

$$D = (S-1)/\ln N$$

$$H' = -\sum_{i=1}^{s}\left(\frac{n_i}{N}\right)\lg\left(\frac{n_i}{N}\right)$$

式中 D 为物种丰富度指数；S 为种类数；N 为总尾数；n_i/N 为第 i 种渔获在群落中所占的数量比例。

3. 种类相似性指数

采用种类相似性指数 S_i 来计算 3 种采样网具相互之间的相似性，以分析其之间的共性和差异程度，具体公式如下：

$$S_i = (c + d)/(a + b - c - d)$$

式中 a、b 分别为其中任意一种网具的样品种类数；c 为任意两种网具的共有种类数；d 为三种网具共有种类数。

（三）综合采样整体效果评价

试验区域共采获鱼类和大型无脊椎动物 87 种，其中鱼类 39 种，隶属 12 目 22 科 34 属；节肢动物类 28 种，隶属 2 目 12 科 20 属；软体动物类 16 种，隶属 6 目 11 科 12 属；棘皮动物类 4 种，隶属 4 目 4 科 4 属。三横山鱼礁区由内至外各站点的渔获种类数依次为 40、29、31、20 种；东库山鱼礁区则为 39、45、35、24 种。由此可见，距离鱼礁区更近的站点明显拥有更高的种类丰富度，该调查区域内资源量大致呈现由内至外依次递减的趋势，说明鱼礁的投放起到了良好的诱集效果，也说明了鱼礁区的诱集作用存在梯度变化的辐射效应。

对三种采样网具的渔获种类进行大类统计，三横山和东库山两个鱼礁区的渔获种类组成以鱼类和节肢类为主，其次是软体类，棘皮类最少。刺网采集到渔获种类共 47 种，其中鱼类 24 种，节肢类 13 种，软体类 8 种，棘皮类 2 种；地笼网采集到渔获种类共 36 种，其中鱼类 14 种，节肢类 15 种，软体类 7 种；拖网共采集到渔获种类 64 种，其中鱼类 24 种，节肢类 25 种，软体类 11 种，棘皮类 4 种。

对各采样方法渔获数据进行种类相似性指数计算，发现刺网和地笼网的相似性指数为 0.23，拖网和地笼网的种类相似性指数为 0.4，刺网和拖网的种类相似性指数为 0.18。拖网和地笼网之间的种类相似性指数较高，其他两个种类相似性指数均较低。刺网、拖网、地笼网和综合采样方法（三种网具渔获结果合并）之间的种类相似性指数分别为 0.53、0.61、0.38，单种采样方法与综合采样方法的相似度分析显示拖网最接近鱼礁区总种类组成分布，其次是刺网，地笼网最低。调查结果显示刺网的渔获多为鱼类，拖网渔获多以节肢类和软体动物类为主，地笼网渔获组成则较为平均。显然，在采样过程中，三种采样方法各有其长处，并相辅相成。

（四）综合采样法在东库山人工鱼礁诱集效果评价上的应用

1. 刺网采样结果

（1）种类组成　在试验过程中共采获鱼类和大型无脊椎动物 23 种，如表 4-33 所示，其中鱼类 14 种、节肢动物类 6 种、软体动物类 2 种、棘皮动物类 1 种；渔获种类在样带 S1 至 S4 内的分布分别为 12、7、6、13 种。东库山人工鱼礁区刺网资源调查结果情况较为复杂，S1 和 S4 样带的渔获种类数量较多，相互之间差别并不大，而在 S2 和 S3 样带处采获最少的渔获种类数量，并且与其余三个样带内渔获结果相差较大。由此可见，单一地采用刺网渔具作为采样工具，无法反映出在人工鱼礁水平方向上的诱集效果。

表 4-33　东库山鱼礁区刺网采样各站点渔获种类组成

种名	样带			
	S1	S2	S3	S4
鱼类 Fish				
小黄鱼 *Larimichthys polyactis*	12^G	99^G	53^G	92^G
皮氏叫姑鱼 *Johnius belengerii*	17^G	32^G	6^G	10^G
鮸 *Argyrosomus miiuy*			1^G	
黄姑鱼 *Nibea albiflora*		1^G		
宽体舌鳎 *Cynoglossus robutus*		4^G	2^G	4^G
蓝点马鲛 *Scomberomorus niphonius*	2^G			
焦氏舌鳎 *Cynoglossus joyneri*	5^G	10^G	3^G	21^G
日本鳀 *Engraulis japonicus*	5^G			
赤鼻棱鳀 *Thryssa kammalensis*	7^G	21^G		1^G
海鳗 *Muraenesox cinereus*	4^G	1^G		1^G
龙头鱼 *Harpodon nehereus*			1^G	1^G
六指马鲅 *Polynemus sextarius*	1^G			
青鳞小沙丁鱼 *Sardinella zunasi*	1^G			
黄鲫 *Setipinna taty*				1^G
节肢类 Arthropod				
哈氏仿对虾 *Parapenaeopsis hardwickii*	1^G			
中华管鞭虾 *Solenocera crassicornis*				2^G
口虾蛄 *Oratosquilla oratoria*				2^G
日本蟳 *Charybdis japonica*				2^G
三疣梭子蟹 *Portunus trituberculatus*	2^G			
绵蟹 *Dromia dehaani*				
软体类 Mollusca				
脉红螺 *Parthenope tuberculosus*				1^G
短蛸 *Octopus ocellatus*	2^G			
棘皮类 Echinodermata				
马粪海胆 *Hemicentrotus pulcherrimus*				1^G

注：上角 G 表示采用刺网渔具作为采样工具。

此外，通过刺网的渔获组成分析可知，刺网的渔获对象主要为鱼类，节肢类次之，软体动物类和棘皮动物类的渔获种类数则较少。对所有的渔获种类进行统计计算后得到鱼类占东库山刺网总渔获种类数的 60.9%，节肢类占总种类数的 26.1%，软体动物类和棘皮动物类则分别占 8.7%和 4.3%，说明刺网采样的渔获对象集中，以鱼类为主。

（2）丰度及生物量　各采样站点渔获丰度方面，S2 和 S4 的渔获尾数最多，S1 的渔获尾数最低（图 4-51），造成这种分布趋势的主要原因是 S2、S3、S4 站点分别采获小黄鱼 99、53、92 尾，远高于 S1 站点的 12 尾。各采样站点渔获生物量方面，S2 站点采集到的生物量为最高（4.3 kg），S1 和 S3 站点的生物量相近，S4 站点尽管渔获尾数仅次于最高的 S2 站点，但是其生物量为 4 个采样站点中最低（2.1 kg），约为 S2 站点的一半。这说明 S4 站点的鱼类个体较小，而 S1 站点的鱼类个体较大。采样结果显示渔获丰度在水平方向上的变化趋势较为复杂，并无明显变化趋势。东库山鱼礁核心区诱集的生物个体数量并非最高，而是在鱼礁区边缘地带出现峰值。渔获生物量结果说明人工鱼礁区的采样站点 S1、鱼礁区边缘 S2 和较为靠近鱼礁区的 S3 站点有较高的生物量，反映了东库山人工鱼礁区良好的建设效果。此外，在调查过程中，发现当地渔民在三横山鱼礁区和东库山鱼礁区的作业量和作业时长远高于其他海域，主要作业方式是刺网和地笼网等，这也一定程度反映了人工鱼礁区诱集的鱼类数量其实并不稳定，很可能是高强度作业的结果。

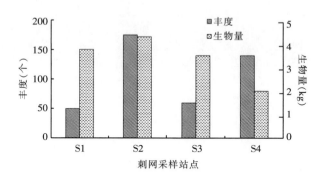

图 4-51　东库山鱼礁区刺网各采样站点丰度和生物量

2. 地笼网采样结果

（1）种类组成　采用地笼网共采获鱼类和大型无脊椎动物 29 种（表 4-34），其中鱼类 6 种、节肢动物类 15 种、软体动物类 7 种、棘皮动物类 1 种；渔获种类在样带 S1 至 S4 内的分布分别为 13、15、8、6 种。比较分析东库山人工鱼礁区地笼网资源调查结果，发现渔获种类数 S1 和 S2 站点较高，在水平方向上大致呈现自鱼礁区向外依次递减的趋势，在人工鱼礁区最外部的 S4 站点种类数最低，并且与其余三个样带内渔获结果相差较大。从地笼网的渔获分析结果可以看出，东库山的人工鱼礁区建设已经形成了良好的聚鱼效果，并且形成了一定的辐射范围，离鱼礁核心区越近，资源量越丰富。

表 4-34　东库山鱼礁区地笼网采样各站点渔获种类组成

种名	样带			
	S1	S2	S3	S4
鱼类 Fish				
皮氏叫姑鱼 *Johnius belengerii*				1^c
黄姑鱼 *Nibea albiflora*		2^c	1^c	
焦氏舌鳎 *Cynoglossus joyneri*	3^c			
六丝矛尾虾虎鱼 *Chaeturichthys hexanema*	1^c	2^c		
龙头鱼 *Harpodon nehereus*	4^c	1^c		
尖吻蛇鳗 *Anguis sinito*			1^c	
节肢类 Arthropod				
鞭腕虾 *Hippolysmata vittata*			1^c	
细巧仿对虾 *Parapenaeopsis tenella*	2^c	3^c		1^c
哈氏仿对虾 *Parapenaeopsis hardwickii*	2^c	3^c		
葛氏长臂虾 *Palaemon gravieri*	2^c			
中华管鞭虾 *Solenocera crassicornis*	4^c	2^c		
鲜明鼓虾 *Alpheus distinguendus*	1^c			
刀额仿对虾 *Parapenaeopsis acultrirostris*	10^c	15^c	1^c	
口虾蛄 *Oratosquilla oratoria*	3^c	1^c		
日本蟳 *Charybdis japonica*		1^c		5^c
双斑蟳 *Charybdis bimaculata*		2^c		
锈斑蟳 *Charybdis feriatus*		1^c		
纤手梭子蟹 *Portunus gracilimanus*				1^c
馒头蟹 *Calappa* sp.				1^c
水母虾 *Jellyfish squilla*			1^c	
日本鼓虾 *Alpheus japonicus*		1^c		
软体类 Mollusca				
脉红螺 *Parthenope tuberculosus*				1^c
侧鳃 *Euselenops luniceps*		1^c		
西格织纹螺 *Nassarius siquinjorensis*		1^c	1^c	

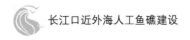

(续)

种名	样带			
	S1	S2	S3	S4
日本枪乌贼 *Loligo japonica*	1[c]			
长蛸 *Polypus variabilis*	1[c]		1[c]	
短蛸 *Octopus ocellatus*		5[c]		
海笔 *Pennatula phosphorea*	1[c]			
棘皮类 Echinodermata				
马粪海胆 *Hemicentrotus pulcherrimus*			1[c]	

注：上角 C 表示采用地笼网渔具作为采样工具。

从东库山人工鱼礁区地笼网的渔获结果还可发现，地笼网的渔获对象主要为节肢类，鱼类和软体动物类的种类数量相当，棘皮动物类的渔获种类数最低，仅为 1 种。对所有的渔获种类进行统计计算后得到节肢类占东库山地笼网总渔获种类数的 51.7%，超过了总体的一半；鱼类和软体动物类分别占总种类数的 20.7% 和 24.1%。

（2）丰度及生物量　各采样带渔获丰度方面，S2 拥有最高的渔获数量，其次是 S1，两者之间相差不大；S3 和 S4 的渔获尾数相当，但是 S3 和 S4 两个站点的渔获尾数明显低于 S1 和 S2（图 4-52）。可见鱼礁区及其边缘的资源量要高于礁区外，这种高值在几百米外就不再维持。各采样站点渔获生物量方面，S2 站点采集到最高的生物量，为 1.02 kg，是 S4 站点的 3 倍有余，S1 和 S3 站点的生物量相同，S4 站点生物量最低，为 0.31 kg。渔获生物量结果显示，人工鱼礁区的采样站点 S1、鱼礁区边缘 S2 和较为靠近鱼礁区的 S3 站点有较高的生物量，说明了人工鱼礁区建设效果的同时，也可以从中大致得出人工鱼礁诱集效应有效辐射范围为 S2～S3 样带。从站点的具体位置来看，实际的距离为鱼礁核心区外 200～300 m，各种生物的丰度就下降到和其他远礁区一致。

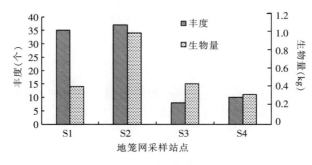

图 4-52　东库山鱼礁区地笼网各采样站点丰度和生物量

3. 拖网采样结果

（1）种类组成 采用拖网共收集鱼类和大型无脊椎动物 56 种（表 4-35），其中鱼类 20 种，节肢动物类 24 种，软体动物类 9 种，棘皮动物类 3 种；渔获种类在样带 S1 至 S4 内的分布分别为 23、32、23、10 种。渔获种类数在 S2 站点处最高，再次是 S1 和 S3 站点，这两个站点的鱼获种类数相同，最低的是 S4 站点，并且与其余三个样带内渔获结果相差较大。在水平方向上只能看出鱼礁区及其边缘海域的资源量要远丰富于鱼礁区外。

表 4-35 东库山鱼礁区拖网采样各站点渔获种类组成

种名	样带			
	S1	S2	S3	S4
鱼类 Fish				
黄姑鱼 *Nibea albiflora*		11^T	1^T	
宽体舌鳎 *Cynoglossus robutus*				1^T
焦氏舌鳎 *Cynoglossus joyneri*	1^T	2^T		1^T
六丝矛尾虾虎鱼 *Chaeturichthys hexanema*		4^T	5^T	
小头栉孔虾虎鱼 *Tenotrypau chenmicrocephalus*		2^T		
褐菖鲉 *Sebastiscus marmoratus*	14^T	43^T	18^T	
虻鲉 *Erisphex pottii*			1^T	
鲬 *Platycephalus indicus*		1^T		
横带髭鲷 *Hapalogenys mucronatus*		1^T		
黑鲷 *Acanthopagrus schlegeli*		1^T		
丝背细鳞鲀 *Stephanolepis cirrhifer*		2^T		
六指马鲅 *Polynemus sextarius*		1^T	7^T	
木叶鲽 *Pleuronichthys cornutus*	2^T			
鳄鲬 *Cociella crocodilus*	1^T			
天竺鲷 *Apogon* spp.			1^T	
长吻红舌鳎 *Cynoglossus lighti*		2^T		
短吻三线舌鳎 *Cynoglossus abbreviatus*	1^T			
斑鳍鲉 *Scorpaena neglecta*		2^T		
三齿躄鱼 *Antennarius striatus*	1^T	2^T		
白姑鱼 *Argyrosomus argentatus*		3^T	2^T	
节肢类 Arthropod				
鞭腕虾 *Hippolysmata vittata*	1^T			

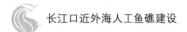

（续）

种名	样带			
	S1	S2	S3	S4
日本对虾 *Penaeus japonicus*			3^T	
鹰爪虾 *Trachypenaeuscurvirostris*		3^T		
细巧仿对虾 *Parapenaeopsis tenella*	244^T			
哈氏仿对虾 *Parapenaeopsis hardwickii*	50^T			
葛氏长臂虾 *Palaemon gravieri*	546^T	147^T		1^T
中华管鞭虾 *Solenocera crassicornis*	20^T	3^T		
鲜明鼓虾 *Alpheus distinguendus*			1^T	
刀额仿对虾 *Parapenaeopsis acultrirostris*		5^T	3^T	10^T
口虾蛄 *Oratosquilla oratoria*	7^T	3^T	5^T	
日本蟳 *Charybdis japonica*	42^T	4^T		
双斑蟳 *Charybdis bimaculata*	148^T	4^T	5^T	
锈斑蟳 *Charybdis feriatus*		1^T		
三疣梭子蟹 *Portunus trituberculatus*	149^T			
纤手梭子蟹 *Portunus gracilimanus*		4^T	1^T	
锐齿蟳 *Charybdis acuta*			1^T	
日本关公蟹 *Dorippe japonica*	5^T			
细点圆趾蟹 *Ovalipes punctatus*	1^T			
绵蟹 *Dromia dehaani*	1^T	1^T		
强壮菱蟹 *Parthenope validus*				1^T
双脚互敬蟹 *Hyastenus diacanthus*			1^T	
水母虾 *Jellyfish squilla*	4^T	2^T		
长枪船形虾 *Varius navicula*		4^T		
日本鼓虾 *Alpheus japonicus*	2^T			
软体类 Mollusca				
甲虫螺 *Cantharus cecillei*			1^T	
假奈拟塔螺 *Turricula nelliae*				1^T
脉红螺 *Parthenope tuberculosus*		2^T	2^T	
侧鳃 *Euselenops luniceps*			1^T	1^T
中华牡蛎 *ostrea gigas thunberg*	2^T	1^T	2^T	
短蛸 *Octopus ocellatus*		4^T		

（续）

种名	样带			
	S1	S2	S3	S4
细角螺 *Hemifusus termatamus*		1^T	1^T	
爪哇拟塔螺 *Turricula javana*	1^T			
桂山厚丛柳珊瑚 *Hicksonella princeps*		1^T	1^T	1^T
棘皮类 Echinodermata				
马粪海胆 *Hemicentrotus pulcherrimus*	17^T	42^T	46^T	23^T
高骨沙鸡子 *Phyllophorus hypsipygra*				5^T
多棘海盘车 *Asterias amurensis*			2^T	

注：上角 T 表示采用拖网渔具作为采样工具。

从东库山人工鱼礁区拖网的渔获结果还可发现，拖网的渔获对象主要为节肢类，鱼类次之，其次是软体动物类，棘皮动物的渔获种类数依然最低。对所有的渔获种类进行统计计算后得到节肢类占东库山拖网总渔获种类数的 42.9%，鱼类和软体动物类分别占总种类数的 35.7% 和 16.1%，其余为棘皮动物。由此可见，在评价东库山人工鱼礁区鱼类和大型无脊椎动物的群落结构方面，拖网的渔获分析结果显示相对于单一的刺网或者地笼网而言，拖网采样可以得到更为全面及准确的资源信息。

（2）丰度及生物量　使用拖网采样时，各样带渔获丰度方面，S1 拥有最高的渔获尾数，其次是 S2，并且两者之间相差巨大，S1 站点的渔获数量为 1 259 尾，为 S2 的 4 倍有余；S3 的渔获尾数高于 S4，类似于地笼网的采样结果，S3 和 S4 两个站点的渔获尾数要远低于 S1 和 S2，在水平方向上完全呈现自鱼礁区由内向外依次递减的趋势（图 4-53），较好地反映了人工鱼礁区的辐射功能。各采样站点渔获生物量方面，S2 站点采集到最高的生物量，为 3.56 kg，是 S4 站点的 7 倍有余，S1 和 S3 站点的生物量相当，S4 站点生物量最低，仅为 0.5 kg。针对 S1 站点渔获尾数远高于 S2，而 S1 的渔获生物量却远低于

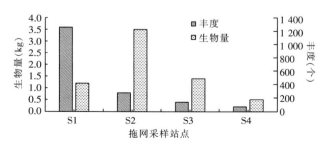

图 4-53　东库山鱼礁区拖网各采样站点丰度和生物量

S2 的现象，这是由于拖网在 S1 站点采获大量节肢类（如细巧仿对虾 244 尾，葛氏长臂虾 546 尾等），而在 S2 采获大量鱼类生物所造成的。通过拖网渔获尾数和生物量的分析，从中得出人工鱼礁区有效的辐射范围大致处于 S2～S3 采样样带之间，根据站点具体位置，实际的距离为鱼礁核心区外 200～300 m。

4. 渔获优势种相对多度

三种网具采样获得的东库山鱼礁区的优势种和相对多度结果如表 4‑36 所示。刺网数据显示，东库山人工鱼礁区内有 3 种优势种，且均为鱼类，出现频率较高的有皮氏叫姑鱼、小黄鱼；作为优势种，皮氏叫姑鱼出现在 S1 和 S2 站点，小黄鱼频率更高，是 S2、S3、S4 三个站点的优势种，且小黄鱼在 S4 站点达到刺网渔获的最高相对多度，为 30.3%。地笼网采获样品较少，因此地笼网的优势种较少且比较单一，共采获刀额仿对虾和日本蟳两种优势种，其中刀额仿对虾是 S1 和 S2 两个站点的共有优势种，S3 站点因渔获太少，所以无法计算其相对重要性指数。拖网采获的优势种相比于前两种网具要更加多样，共有 5 种优势种，其中鱼类 1 种、节肢类 3 种、棘皮动物类 1 种；葛氏长臂虾分别为 S1 和 S2 两个样带的优势种，尤其在 S1 样带达到了 38.9% 的最高相对优势多度，为拖网渔获中相对重要性指数最高的物种。

东库山鱼礁区在 S2、S3 样带中的优势种均出现了趋礁性极强的褐菖鲉，说明了人工鱼礁区的良好建设效果。根据各采样样带与鱼礁核心区的距离，可以发现距鱼礁核心区 200～300 m 的范围间仍有褐菖鲉这样趋礁性极强的物种作为优势种存在，因此东库山鱼礁区的有效辐射范围是鱼礁区外 200～300 m。

表 4‑36 东库山综合采样法各样带渔获优势种组成及相对多度

采样站点	东库山礁区		
	刺网	地笼网	拖网
S1	皮氏叫姑鱼（7.6%）	刀额仿对虾（10.3%）	葛氏长臂虾（38.9%） 三疣梭子蟹（25.5%） 细巧仿对虾（20.6%）
S2	小黄鱼（26.6%） 皮氏叫姑鱼（19.1%）	刀额仿对虾（15.8%）	褐菖鲉（8.5%） 葛氏长臂虾（10.9%） 马粪海胆（7.8%）
S3	小黄鱼（18.8%）	—	褐菖鲉（5.3%） 马粪海胆（9.7%）
S4	小黄鱼（30.3%） 焦氏舌鳎（8.3%）	日本蟳（51.3%）	—

5. 群落多样性指数值的空间差异

三种采样方法在各样带对应的丰富度和多样性值如表 4-37 所示,在东库山鱼礁区刺网采样在 S1 站点有最大的丰富度和多样性,其余依次是 S2、S4 和 S3 样带;地笼网各站点的丰富度指数呈现出与刺网不同的变化趋势,在 S2 站点处最高,其次是 S1 站点和 S3 站点,S4 站点最低,而地笼网的多样性指数在 S1 站点最高,呈现由内向外依次递减的趋势;拖网的丰富度指数在 S2 站点最高,其余依次为 S3、S1 和 S4,多样性指数为 S3>S2>S1>S4。对三种采样方式的丰富度指数和群落多样性数值进行比较,东库山鱼礁区拖网的丰富度指数>地笼网>刺网,但三种采样方式在多样性指数方面的比较相对复杂。例如,拖网的多样性指数在 S1、S2、S3 样带内分别为 1.71、1.81、1.95,呈现距离鱼礁核心区越远,多样性指数反而逐渐增高的现象。由于东库山鱼礁区投礁的时间较早,因此可能在 S2~S3 样带范围内形成了生态过渡带,导致该区域内聚集了更多的资源量,从而调查样带中出现了高生物量、高多样性的现象。分析结果表明,不同的采样方式对资源多样性的评估能力不一样。从整体上来看,人工鱼礁区核心区域的群落多样性指数高于远离礁区的区域,在其有效辐射范围内生物群落组成更复杂,多样性更高,群落结构也更稳定。

表 4-37　三种采样方法在东库山鱼礁区各站点的群落多样性指数值

| 样带 | 东库山礁区 | | | | | |
| | 丰富度 | | | 多样性 | | |
	刺网	地笼网	拖网	刺网	地笼网	拖网
S1	2.54	3.85	3.08	1.81	1.98	1.71
S2	2.32	4.04	5.33	1.32	1.86	1.81
S3	1.66	3.37	4.67	0.77	1.33	1.95
S4	2.13	2.17	2.36	1.29	1.03	1.28

6. 不同采样网具间种类组成相似性

三种采样网具共采获鱼类和大型无脊椎动物 73 种,其中刺网采获 25 种、地笼网采获 29 种、拖网采获 56 种,如图 4-54 所示。刺网和地笼网都采获到的共同种 12 个,刺网和拖网的共同种 15 个,地笼网和拖网的共同种类 21 个。刺网、拖网和地笼网三种网具都采获到的共同种为 10 种,包括 2 种鱼类、3 种软体动物类、4 种节肢动物和 1 种棘皮动物;其中 2 种鱼类分别为黄姑鱼(*Nibea albiflora*)和焦氏舌鳎(*Cynoglossus joyneri*),软体动物类分别为脉红螺(*Rapana venosa*)、侧鳃(*Pleurobranchaea novaezealandiae*)和短蛸(*Octopus ocellatus*);节肢动物类为日本蟳(*Charybdis japoni-*

ca）、口虾蛄（*Oratosquilla oratoria*）、中华管鞭虾（*Solenocera crassicornis*）和哈氏仿对虾（*Parapenaeopsis hardwickii*），棘皮动物类为马粪海胆（*Hemicentrotus pulcherrimus*）。

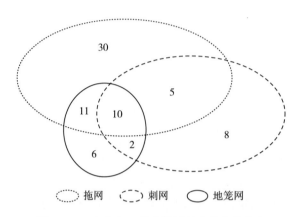

图 4-54　东库山三种采样网具渔获种类分布

对不同采样方式获得的样品进行种类相似性指数计算，刺网和地笼网的相似性指数为 0.29，拖网和地笼网的种类相似性指数为 0.22，刺网和拖网的种类相似性指数为 0.36。拖网和刺网之间的种类相似性指数相对较高，其次为刺网和地笼网，种类相似性指数最低的为拖网和地笼网。刺网、拖网、地笼网和综合采样方法（三种网具渔获结果合并）之间的种类相似性指数分别为 0.34、0.75、0.39，单种采样方法与综合采样方法的相似度分析显示拖网最接近鱼礁区总种类组成分布，刺网和地笼网相近。可见，在采样过程中，三种采样方法各有其长处，并相辅相成。

（五）综合采样法在三横山人工鱼礁诱集效果评价上的应用

1. 刺网采样结果

（1）种类组成　三横山鱼礁区采用刺网共采获鱼类和大型无脊椎动物 37 种（表 4-38），其中鱼类 19 种、节肢动物类 10 种、软体动物类 7 种、棘皮动物类 1 种；渔获种类在样带 S1～S4 之间的分布分别为 26、16、14、4 种。三横山人工鱼礁区刺网调查结果表明，S1 样带的渔获种类数量最多，并且远高于其他 3 个采样站点，其次是 S2 站点，再次是 S3 样带，但是这两个采样站点的渔获种类数相差不大，在 S4 处采获最少的渔获种类数量，仅为 4 种。可见，三横山人工鱼礁的投放已经在其周边形成了诱集生物种类数的差异，鱼礁核心区 S1 样带的鱼获种类数远高于距离鱼礁区最远的 S4 礁外站点，并且可以发现随着采样站点与人工鱼礁区之间距离增大，渔获种类数会随之减少。

表 4 - 38　三横山鱼礁区刺网采样各样带渔获种类组成

种名	样带			
	S1	S2	S3	S4
鱼类 Fish				
小黄鱼 *Larimichthys polyactis*	25^G	44^G	15^G	2^G
皮氏叫姑鱼 *Johnius belengerii*	42^G	59^G	7^G	4^G
鮸 *Argyrosomus miiuy*	3^G	1^G	1^G	
黄姑鱼 *Nibea albiflora*	1^G			
棘头梅童鱼 *Collichthys lucida*	2^G			
焦氏舌鳎 *Cynolossus joyneri*				5^G
日本鳀 *Engraulis japonicus*		1^G		
赤鼻棱鳀 *Thryssa kammalensis*	16^G	2^G		
褐菖鲉 *Sebastiscus marmoratus*	15^G	11^G		
海鳗 *Muraenesox cinereus*	11^G	5^G	1^G	1^G
真鲷 *Pagrosomus major*	1^G			
六指马鲅 *Polynemus sextarius*	1^G	1^G		
斑鰶 *Konosirus punctatus*	2^G			
鳓 *Ilisha elongata*	4^G			
黄鲫 *Setipinna taty*			1^G	
竹筴鱼 *Trachurus japonicus*	1^G			
长吻红舌鳎 *Cynoglossus lighti*	3^G	3^G	41^G	
短吻三线舌鳎 *Cynoglossus abbreviatus*	3^G			
大黄鱼 *Pseudosciaena. crocea*	1^G	1^G		
节肢类 Arthropod				
日本对虾 *Penaeus japonicus*	1^G			
细巧仿对虾 *Parapenaeopsis tenella*			1^G	
口虾蛄 *Oratosquilla oratoria*			6^G	
日本蟳 *Charybdis japonica*	8^G	1^G		
三疣梭子蟹 *Portunus trituberculatus*			9^G	
红星梭子蟹 *Portunus sanguinolentus*			1^G	
细点圆趾蟹 *Ovalipes punctatus*			1^G	
四齿矶蟹 *Pugettia quadridens*	8^G			
强壮菱蟹 *Parthenope validus*	5^G			
双脚互敬蟹 *Hyastenus diacanthus*	3^G			

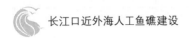

（续）

种名	样带			
	S1	S2	S3	S4
软体类 Mollusca				
甲虫螺 *Cantharus cecillei*		3^G		
脉红螺 *Parthenope tuberculosus*	1^G		1^G	
纺锤螺 *Fusinus longicauda*	1^G		1^G	
短蛸 *Octopus ocellatus*	2^G	1^G		
细角螺 *Hemifusus termatamus*		1^G		
亚洲棘螺 *Chicoreus asianus*	2^G			
管角螺 *Hemifusus tuba*		2^G		
棘皮类 Echinodermata				
马粪海胆 *Hemicentrotus pulcherrimus*	4^G	8^G	22^G	

注：上角 G 表示采用刺网渔具作为采样工具。

与东库山鱼礁区类似，三横山礁区刺网的渔获对象依然以鱼类为主，节肢类次之，软体动物类较少，而棘皮动物类仅为 1 种（与东库山刺网采集到的棘皮动物类相同，均为马粪海胆 *Hemicentrotus pulcherrimus*）。对所有的渔获种类进行统计分析后得到，鱼类占东库山刺网总渔获种类数的 51.4%，节肢类占 27.0%，软体动物类和棘皮动物类则分别占 18.9% 和 0.03%，可见刺网采样的渔获对象以鱼类为主。

（2）丰度及生物量 各样带渔获丰度和生物量如图 4-55 所示，S1 站点的渔获尾数最多，其余站点渔获尾数由高到低依次为 S2、S3、S4。各采样站点渔获生物量 S1 站点最高，为 12.88 kg，其次是 S2 站点生物量为 9.04 kg，第三是 S3 站点，S4 站点的渔获生物量为 4 个采样站点中最低，仅 1.1 kg，与其余三个站点相差明显。渔获丰度和生物量的

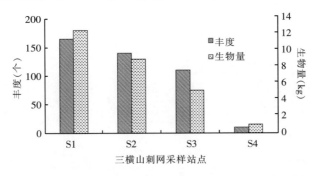

图 4-55 三横山鱼礁区刺网各采样样带渔获丰度和生物量

采样结果均显示，刺网在三横山人工鱼礁区水平方向上的变化趋势为由内向外依次递减，可见鱼礁的存在改变了周边生物的丰度分布模式，更多的生物个体出现在礁区中心附近，形成鱼礁外围一定区域的生物丰度低值区。

2. 地笼网采样结果

（1）种类组成　地笼网调查共采获鱼类和大型无脊椎动物 21 种，见表 4 - 39，其中鱼类 10 种、节肢动物类 8 种、软体动物类 2 种、棘皮动物类 1 种；渔获种类在样带 S1 至 S4 内的分布分别为 14、5、8、4 种。比较分析三横山人工鱼礁区的地笼网调查结果，可看出 S1 站点渔获种类数最高，其次为 S3 站点，在人工鱼礁区最外部的 S4 站点种类数最低。三横山人工鱼礁区的地笼网采样相较于东库山礁区而言，渔获种类数要少一些，这可能与投放的鱼礁规模较小有关。

表 4 - 39　三横山鱼礁区地笼网采样各站点渔获种类组成

种名	样带			
	S1	S2	S3	S4
鱼类 Fish				
小黄鱼 *Larimichthys polyactis*		2[c]		
皮氏叫姑鱼 *Johnius belengerii*	4[c]	2[c]	1[c]	
六丝矛尾虾虎鱼 *Chaeturichthys hexanema*	1[c]		1[c]	
褐菖鲉 *Sebastiscus marmoratus*		1[c]	6[c]	
海鳗 *Muraenesox cinereus*		1[c]	1[c]	2[c]
龙头鱼 *Harpodon nehereus*	1[c]			
丝背细鳞鲀 *Stephanolepis cirrhifer*				7[c]
六指马鲅 *Polynemus sextarius*	1[c]			
木叶鲽 *Pleuronichthys cornutus*				2[c]
长吻红舌鳎 *Cynoglossus lighti*	3[c]			
节肢类 Arthropod				
细巧仿对虾 *Parapenaeopsis tenella*	21[c]			
哈氏仿对虾 *Parapenaeopsis hardwickii*	9[c]			
葛氏长臂虾 *Palaemon gravieri*	12[c]		1[c]	
中华管鞭虾 *Solenocera crassicornis*	7[c]			

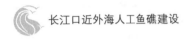

（续）

种名	样带			
	S1	S2	S3	S4
口虾蛄 *Oratosquilla oratoria*	3^C			
日本蟳 *Charybdis japonica*			2^C	1^C
双斑蟳 *Charybdis bimaculata*	2^C		3^T	
三疣梭子蟹 *Portunus trituberculatus*	2^C			
软体类 Mollusca				
长蛸 *Polypus variabilis*	2^C		1^C	
短蛸 *Octopus ocellatus*		1^C		
棘皮类 Echinodermata				
马粪海胆 *Hemicentrotus pulcherrimus*	1^C			

注：上角 C 表示采用地笼网渔具作为采样工具。

　　此外，相比东库山人工鱼礁区，三横山鱼礁区地笼网的主要渔获对象变成了鱼类，其次是节肢类动物类，软体动物仅为 2 种，棘皮动物仍只有马粪海胆这一种。对所有的渔获种类进行统计分析后得到鱼类占东库山地笼网总渔获种类数的 47.6%，节肢动物类占 38.1%。综合东库山渔礁区的地笼网资源状况，地笼网对鱼类、节肢类和软体动物类均有一定程度的采集能力。

　　（2）丰度及生物量　各样带渔获丰度上，S1 的渔获数量最高，且远高于其余 3 个样带；其次是 S4，最低的是 S2 和 S3，两者的渔获尾数相当，如图 4 - 56 所示。各采样站点渔获生物量方面，S1、S3 和 S4 采样站点同时采集到较高且相近的生物量，分别为 0.87、0.88 和 0.8 kg，S2 站点渔获生物量最低，为其他 3 个站点的 1/2，但总体上各样带间的差异并不显著。相比东库山人工鱼礁区，三横山鱼礁区的建成年限要短得多，调查时的鱼礁投放时间不足 2 年，而东库山已经达到 6 年。虽然从生物量上未能显现出鱼礁的诱集优势，但从丰度上已经可以判断出来，聚集在核心礁区附近的生物个体数量是最多的，可见鱼礁建设虽然时间不长，但其核心区吸引其他生物的诱集效应依然十分明显。

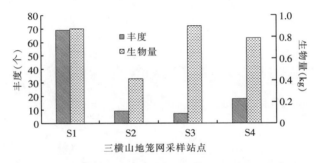

图 4 - 56　三横山鱼礁区地笼网各采样站点丰度和生物量

3. 拖网采样结果

（1）种类组成　拖网调查共采获鱼类和大型无脊椎动物 31 种，如表 4 - 40，其中鱼类 10 种、节肢动物类 16 种、软体动物类 2 种、棘皮动物类 3 种；渔获种类在样带 S1 至 S4 内的分布分别为 22、15、17、15 种。比较分析三横山人工鱼礁区拖网资源调查结果可发现，渔获种类数在 S1 站点处最高，并且与其余三个样带内渔获结果相差较大，远高于 S2、S3、S4 站点，这 3 个站点的渔获种类数相差均不明显，即在水平方向上三横山人工鱼礁核心区的生物资源量要明显高于鱼礁区外侧。

表 4 - 40　三横山拖网采样各站点渔获种类组成

种名	样带			
	S1	S2	S3	S4
鱼类 Fish				
黄姑鱼 *Nibea albiflora*	18^T		5^T	
焦氏舌鳎 *Cynoglossus joyneri*	8^T	2^T	22^T	2^T
红狼牙虾虎鱼 *Odontamblyopus rubicundus*			9^T	
六丝矛尾虾虎鱼 *Chaeturichthys hexanema*	3^T		4^T	
小头栉孔虾虎鱼 *Tenotrypau chenmicrocephalus*	4^T	2^T		5^T
中华栉孔虾虎鱼 *Ctenotrypauchen chinensis*	2^T			
虻鲉 *Erisphex pottii*				1^T
龙头鱼 *Harpodon nehereus*	2^T			
长吻红舌鳎 *Cynoglossus lighti*				1^T
白姑鱼 *Argyrosomus argentatus*		19^T	1^T	
节肢类 Arthropod				
日本对虾 *Penaeus japonicus*		1^T	1^T	
鹰爪虾 *Trachysalambria curvirostris*	2^T			
细巧仿对虾 *Parapenaeopsis tenella*	28^T	37^T	14^T	8^T
哈氏仿对虾 *Parapenaeopsis hardwickii*	2^T	6^T	2^T	2^T
葛氏长臂虾 *Palaemon gravieri*	42^T	6^T		3^T
中华管鞭虾 *Solenocera crassicornis*	48^T	24^T	2^T	1^T
鲜明鼓虾 *Alpheus distinguendus*			1^T	
刀额仿对虾 *Parapenaeopsis acultrirostris*	38^T	64^T	23^T	43^T
口虾蛄 *Oratosquilla oratoria*	5^T	4^T	10^T	3^T
日本蟳 *Charybdis japonica*	1^T	2^T		1^T

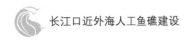

（续）

种名	样带			
	S1	S2	S3	S4
双斑蟳 *Charybdis bimaculata*			3^T	
三疣梭子蟹 *Portunus trituberculatus*	1^T		1^T	
矛形梭子蟹 *Portunus hastatoides*	1^T			1^T
周氏新对虾 *Metapenaeus joyneri*	1^T			1^T
水母虾 *Jellyfish squilla*	2^T			
日本鼓虾 *Alpheus japonicus*	2^T	3^T	1^T	
软体类 Mollusca				
西格织纹螺 *Nassarius siquinjorensis*				1^T
长蛸 *Polypus variabilis*		1^T		
棘皮类 Echinodermata				
马粪海胆 *Hemicentrotus pulcherrimus*	1^T	12^T	9^T	9^T
紫海胆 *Anthocidaris crassispina*	4^T			
高骨沙鸡子 *Phyllophorus hypsipygra*	5^T	2^T	1^T	

注：上角 T 表示采用拖网渔具作为采样工具。

与东库山鱼礁区的拖网渔获结果相同，三横山鱼礁区的拖网种类数虽然整体上减少了，但不同大类的分布格局依旧没有改变。拖网的优势渔获对象依旧为节肢类，且占总渔获种类数的比例提高到了 51.6%，其次是鱼类的比例 32.3%，再次是棘皮动物类，软体动物类的渔获种类数最低。纵观这 3 种网具的采样效果，只有拖网可以采集到多种棘皮动物，而刺网和地笼网在两个鱼礁区所有的采样站点都只采集到马粪海胆。结合东库山鱼礁区的渔获数据，可以看出 3 种网具在评价人工鱼礁区鱼类和大型无脊椎动物的群落结构的效果上，如采用单一网具评价时，优势由大到小为拖网＞刺网＞地笼网，但用拖网来阐释鱼礁区所有相关鱼类和大型无脊椎动物时，仍会出现较大的缺漏。

（2）丰度及生物量　各样带渔获生物量以 S2 的 1.35 kg 为最高，其次是 S1 和 S3，这两个站点生物量相近，生物量最低的站点依旧为 S4，如图 4-57 所示。在渔获丰度方面，最高的 S1 站点渔获 220 尾，其余由高到低分别为 S2、S3 和 S4。与东库山鱼礁区的拖网渔获结果相同，三横山鱼礁区的拖网渔获的丰度数据在水平方向上也完全呈现自鱼礁区由内向外依次递减的趋势，较好地反映了人工鱼礁区诱集效应的水平辐射功能。通过拖网渔获尾数和生物量的分析，可以得出三横山人工鱼礁区的有效的辐射范围大概处于 S2 样带外侧，实际的距离为离鱼礁区 200 m 多一点。

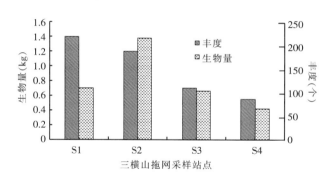

图 4-57 三横山拖网各采样站点丰度和生物量

4. 渔获优势种相对多度

三种渔具在三横山人工鱼礁区的渔获优势种和相对多度结果如表 4-41 所示。刺网采集到优势种 5 种，均为鱼类，其中褐菖鲉、皮氏叫姑鱼在 S1 和 S2 样带处皆有优势地位，小黄鱼则在 S2 和 S3 样带大量出现，S4 样带渔获量较少，无明显优势种，皮氏叫姑鱼作为 S1 和 S2 两个站点的优势种，均有最高的相对多度，分别为 22.5% 和 29.8%。地笼网的采获样品数较少，优势种组成单一，仅在 S2 和 S3 两个样带各采获一种优势种，分别为短吻红舌鳎和褐菖鲉，S1 和 S4 站点均未采集到明显的优势种。拖网共采获 3 种优势种，包括鱼类 1 种和节肢类 2 种，其中焦氏舌鳎为 S1 和 S3 两个样带的共有优势种，刀额仿对虾为 S2 和 S4 样带的共同优势种。

表 4-41 三横山各样带的渔获优势种组成及其相对多度

采样站点	三横山礁区		
	刺网	地笼网	拖网
S1	皮氏叫姑鱼（22.5%） 海鳗（13.3%） 褐菖鲉（5.8%）	—	焦氏舌鳎（12.1%） 中华管鞭虾（11.3%）
S2	皮氏叫姑鱼（29.8%） 小黄鱼（12.3%） 褐菖鲉（9.0%）	长吻红舌鳎（20.8%）	刀额仿对虾（18.4%）
S3	长吻红舌鳎（15.8%） 小黄鱼（8.9%）	褐菖鲉（13.7%）	焦氏舌鳎（15.6%）
S4	—	—	刀额仿对虾（11.8%）

三横山鱼礁区的 S1、S2 和 S3 样带中均出现了趋礁性极强的褐菖鲉，说明了人工鱼礁区的良好建设效果。根据各采样样带与鱼礁核心区的距离，可以发现距鱼礁核心区 200~300 m 的范围间仍有褐菖鲉这样趋礁性极强的物种作为优势种存在，因此可推测三横山鱼礁区的有效辐射范围达到鱼礁区外 200~300 m 的距离。

5. 群落多样性指数值的空间差异

利用三种采样方法在各样带得到了对应的种类丰富度和多样性值,如表4-42所示。使用刺网时,在三横山鱼礁区S1样带出现最大的丰富度和多样性值,其余从大到小依次是S2、S3和S4样带;刺网渔获呈现了自鱼礁区由内至外丰富度和多样性依次递减的变化趋势,表明鱼礁投放后产生的集鱼效果是以鱼礁区为中心向外逐渐降低的规律。使用地笼网采样,得到各站点的丰富度指数和多样性指数变化趋势较为相近,均在S1站点处有最高的丰富度指数和多样性指数数值,其次为S2和S3站点,这两个站点的数值非常接近,最低的为S4站点,且远低于S1~S3站点。可见,采用地笼网也能体现出鱼礁区诱集生物丰度和多样性从中心向外逐渐降低的规律。基于拖网的丰富度和多样性指数亦在S1样带出现最大值。对三种采样方式的丰富度指数和群落多样性数值进行比较可知,三横山鱼礁区刺网有最高的丰富度和多样性指数数值,其次为拖网,地笼网最低。分析结果表明,不同的采样方式对生物资源多样性的评估能力不一样,从整体上来看,人工鱼礁区核心区域的群落多样性指数高于远离礁区的区域,在其有效辐射范围内生物群落组成更复杂,多样性更高,群落结构也更稳定。

表4-42 三种网具采样在三横山鱼礁区各站点的群落多样性指数

样带	三横山礁区					
	丰富度			多样性		
	刺网	地笼网	拖网	刺网	地笼网	拖网
S1	4.89	3.07	3.89	2.36	1.89	2.15
S2	3.02	2.09	2.68	1.58	1.18	1.86
S3	2.78	2.34	3.41	1.69	1.17	2.09
S4	1.21	1.21	3.12	0.94	0.84	1.56

6. 不同采样网具间种类组成相似性

在三横山人工鱼礁区诱集效应的综合采样法比较的试验中,三种网具共采获鱼类和大型无脊椎动物62种,其中刺网采获37种、地笼网采获22种、拖网采获32种。刺网和地笼网共同种12种,刺网和拖网共同种9种,地笼网和拖网共有种14种,如图4-58所示。刺网、拖网和地笼网三种网具采获的共同种为6种,包括鱼类1种、节肢动物4种和棘皮动物1种,其中鱼类为短吻红舌鳎(*Cynoglossus abbreviatus*),节肢动物类为日本蟳(*Charybdis japonica*)、口虾蛄(*Oratosquilla oratoria*)、三疣梭子蟹和细巧仿对虾(*Parapenaeopsis tenella*),棘皮类为马粪海胆(*Hemicentrotus pulcherrimus*)。

种类组成相似性方面,刺网和地笼网的相似性指数为0.26,拖网和地笼网的种类相似性指数为0.37,刺网和拖网的种类相似性指数为0.15。拖网和地笼网之间的种类相似性指数相对较高,其次为刺网和地笼网,种类相似性指数最低的为拖网和刺网。刺网、拖网、地笼网和综合采样方法（三种网具渔获结果合并）之间的种类相似性指数分别为0.60、0.50、0.34，单种采样方法与综合采样方法的相似度分析显示，刺网采样结果在解释鱼礁区种类组成情况时是覆盖率最高的。

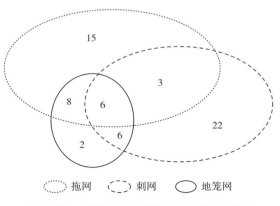

图4-58　三横山三种采样网具渔获种类分布

三、综合采样法的适用性分析

以上通过两个典型鱼礁区的试验，获取了不同采样方法在评价人工鱼礁诱集效应方面的详细信息，主要的规律可以总结如下，刺网、地笼网和拖网皆能反映出人工鱼礁生境诱集效应的辐射规律，在硬质底（沙石泥混合生境，以东库山人工鱼礁为代表）区域投放人工鱼礁，在经过至少5年后进行评估时，如采用单一网具进行评价，宜用改装后的拖网，但如果关注的是游泳生物，则最适宜的工具是多网目组合三重刺网；而在软相泥地（粉沙质软泥生境，以上三横人工鱼礁区为代表）进行鱼礁诱集效应评价时，适宜用刺网，如果重点关注底栖甲壳类，则推荐使用改装后的拖网进行采样。虽然如此，但各种网具也都呈现出一些独特的效应。

1. 不同采样方法获得的人工鱼礁区鱼类和大型无脊椎动物组成信息也往往不同

不同的采样方法在采样过程中各有其不同的采样效果，在渔获种类组成和优势种组成等方面均有体现。渔获种类相似性指数的结果揭示了3种采样方式相互之间并没有很高的相似性，尤其刺网和拖网之间的相似性指数极低，仅为0.18。刺网主要采样对象为鱼类，拖网的主要采样对象为节肢类，其次为鱼类，而地笼网的渔获种类组成则相对较为均匀，如图4-59所示。

我们把人工鱼礁区内的鱼类细分为5类：Ⅰ为需要接触刺激的鱼类；Ⅱ为定座型鱼类；Ⅲ为几乎不接触固形体但需要固形体在身边的鱼类；Ⅳ为通常不需要固形体在身旁，但若有固形体在身旁能以此定位的鱼类；Ⅴ为完全不需要固形体存在，但有时需要定位于海洋表层固形体的鱼类。调查中，Ⅰ型鱼类如海鳗（*Muraenesox cinereus*）、星康吉鳗

（*Conger myriaster*）等，Ⅱ型鱼类如褐菖鲉（*Sebastiscus marmoratus*）等，Ⅲ型鱼类如真鲷（*Pagrosomus major*）、黑鲷（*Acanthopagrus schlegeli*）等鲷科鱼类，Ⅳ型鱼类如竹笋鱼（*Trachurus japonicus*）、蓝点马鲛（*Scomberomorus niphonius*），均广泛分布于各站点中。对比各采样方式所得渔获组成发现，刺网因其较强的选择性而较适合采集Ⅰ型和Ⅱ型鱼类，拖网较适用于调查Ⅲ、Ⅳ、Ⅴ型鱼类。当采样条件比较复杂，无法综合采样时，三种渔具分别作为调查方法的适宜程度为拖网＞刺网＞地笼网。值得一提的是，地笼网与综合采样方法的相似度只有 0.38，明显低于其他两种渔具，因此仅使用地笼网作为采样渔具进行鱼礁区调查具有非常大的缺陷，很难反映礁区生物群落结构的真实组成状况，不宜单独使用。

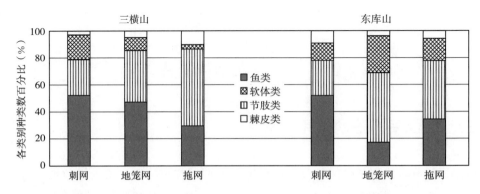

图 4-59　三种采样方法在三横山（左）和东库山（右）的渔获种类数百分比

优势种是具有控制群落和反应群落特征的物种，根据所得优势种的结果分析，鱼类的优势种构成以岩礁性鱼类（褐菖鲉）和石首鱼科种类（小黄鱼、皮氏叫姑鱼等）为主。其中，刺网的优势种组成均为鱼类，地笼网主要为鱼类和节肢类，只有拖网的优势种构成囊括了鱼类、节肢类和软体类。三种采样方式所得渔获仅有一个共有的优势种，即褐菖鲉。由于人工鱼礁的投放，褐菖鲉这种趋礁性极强的鱼类大量聚集于人工鱼礁区及其周围，因此在三种采样方式的渔获中均占有较大比重。为完整、准确地反映东库山和三横山人工鱼礁区的资源状况，需使用刺网、拖网并辅以渔获组成较为平均的地笼网这三种网具进行综合采样。

试验研究结果与国外人工鱼礁区的研究结果相似的是，人工鱼礁的核心区域渔获种类数量的确高于鱼礁区外的站点，但是渔获种类组成与离鱼礁区的距离远近之间并无显著关系，这可能与试验礁区处于岛礁海域内部，潮流和波浪等水动力环境较复杂有关。

2. 不同采样方法在评价不同间距上鱼类和大型无脊椎动物的诱集度时会有一定差异

天然生境投放鱼礁后，形成物种更多、空间结构更复杂和更稳定的人工生境，理论上可以提供更多的小生境，从而提高该区域的生物多样性。国外的一些研究也在一定程度上印证了这些结论，如 Molly 等人（2015）对澳大利亚悉尼附近的一个近海人工鱼礁区的丰度和多样性进行调查研究，发现自鱼礁核心区向外，丰度和多样性指数均呈现依次减小的趋势，试验研究也反映了类似的规律。比较不同采样方法对各个采样间距上物种多样性的反映能力，发现地笼网相较其他两种方式多样性指数较小，但更为稳定，在两个鱼礁区内的变化趋势一致，变动幅度平缓，均为沿着鱼礁核心区向外，多样性依次减小；拖网的多样性指数略大于刺网，且这两种采样方式的多样性指数均在鱼礁核心区 S1 样带内最高。

为探明不同采样方式在水平方向上多样性的反映能力，以 x 轴表征各采样方式在各采样带内的多样性指数，y 轴表征各采样方式，z 轴表征多样性指数数值进行分析，如图 4-60 所示。因不同采样方式的作业原理不同（刺网、地笼网为被动网具，拖网为主动网具），在水平方向上拖网的多样性指数变化幅度大于刺网和地笼网。不同采样方式对多样性指数的反映能力方面，拖网的反映能力优于刺网和地笼网，而三种网具的组合采样方式最佳，具体为 GTC>CT>GT>T>GC>G>C（刺+拖+地笼>地笼+拖>刺+拖>拖>刺+地笼>刺>地笼）。考虑到拖网不宜在岩相海底包括鱼礁区内部采样，若要完整、准确地反映不同采样方法在鱼礁区水平方向上的多样性，三种网具的综合采样效果是最优的。

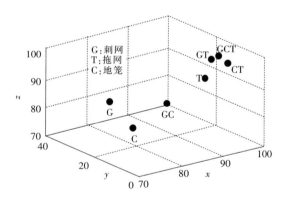

图 4-60　不同采样方式在各采样距离上呈现的多样性关系

在应用综合采样法时，通过两个礁区的采样对比试验，结合渔获物种类组成、资源量、优势种、群落多样性指数、种类相似性指数等指标进行详细分析，得到以下结论：

第一，人工鱼礁区的鱼类和大型无脊椎动物的种类数、丰度、丰富度、多样性等指标均要高于鱼礁区外，如鱼礁区内部样带 S1 和鱼礁区边缘样带 S2 往往能达到各指标值的极大值，鱼礁的投放对当地鱼类和大型无脊椎动物的诱集效果都颇为显著。

第二，综合采样法具有单一网具不可替代的解释力度。对三种采样网具的种类相似度分析得到，刺网和拖网的相似度指数最低，仅为 0.18，拖网和地笼网的种类相似度最高，达到 0.4，刺网和地笼网的种类相似度为 0.23；三种网具两两间的渔获组成相似性皆达到中等相似水平，故采样过程中都有各自不可替代的作用。分别计算单种网具与三种网具组合的种类相似度指数，拖网得到的种类相似性指数最高，达到 0.61，表明拖网采样在人工鱼礁区的重要性，是单种采样网具中渔获信息相对完整的采样方式。在不同采样方式在水平方向上多样性的反映能力方面，三种网具组合采样的方式最优，单一地笼网采样结果的反映能力最差。若考虑到采样效率和节约成本的因素，拖网与地笼网结合的方式或拖网与刺网结合的采样方式均是合适的选择。

第三，鱼礁区的诱集效果存在一个明显的辐射带，种类丰度、多样性和资源量皆呈现自鱼礁核心区向外逐渐减小的趋势。不同采样方式在水平方向上的各站点优势种的分析结果表明，刺网采样在三横山鱼礁区 S1 和 S2 站点有趋礁性强的代表性物种褐菖鲉，地笼网在 S3 站点也采获优势种褐菖鲉，因此三横山鱼礁区的有效辐射范围为礁区外 200～300 m；东库山鱼礁区采样，拖网在 S2 和 S3 站点采获到优势种，因此东库山鱼礁区的有效辐射范围达到鱼礁区外 200～300 m。

综上所述，单独使用某一网具评估人工鱼礁区的资源结构和群落状况往往难以客观反映现场海域的真实情况。三种方法综合使用，取长补短，才能最大化地获取种类组成和多样性信息，增强调查结果的科学参考价值。

人工鱼礁区对鱼类和大型无脊椎动物有明显的诱集效果，可以改善近海水域生态环境，使海洋生态系统生产力得以恢复和提高，是近海渔业资源修复和养护的重要手段。因此，人工鱼礁的规模与其有效辐射范围的研究十分有必要。上述研究结果作为国内首次相关试验数据，可结合侧扫声呐如 C3D 等仪器对鱼礁区规模（投放空方数、体积、覆盖面积等要素）的探测数据，为将来深入研究鱼礁规模与有效辐射范围间的定量关系打下基础。

第五节　人工鱼礁区鱼类群落格局评价

人工鱼礁投放后首先显现出来的生物效应是对各种鱼类和大型无脊椎动物的诱集效果。如前所述，当这些生物聚集在鱼礁周边时，就自然形成了区别于原有生境或者周边其他岩礁生境的生物群落格局。这种新的群落格局也是人工生境进行生态演替的表现形式，在演替的不同阶段，呈现的格局往往也不一样。除了有计划投放的人工鱼礁，长江口近外海域还有许多其他人工设施，如贻贝养殖、网箱养殖、散装减载平台，以及码头设施和各种防护堤坝等。这些人工构造物的存在也一样对周边的生物产生诱集效应，并随着时间的推移，形成不同类型的生物群落。人工生境对自然生物群落的影响到底有哪些，在局部海域其调控生物群落的功能体现在哪些方面等问题，将从如下几个方面进行介绍。

一、人工鱼礁和人工生境

鱼类群聚与生境间的关系成为近年来非常重要的研究内容，其中大部分将注意力集中在河口区域的各种生境，如水深较浅的泻湖和峡湾、海草床、红树林、珊瑚礁和大型海藻场，以及岩礁、沙地和泥地生境等。由于破坏性的捕捞作业和过度的养殖业发展，以及沿岸涉海工程等人类活动的不断加剧，使得原本脆弱的近岸天然生境面临着极大的环境压力，这些压力的持续存在已经且必将继续导致沿岸天然栖息地的退化和破碎化，乃至破坏和彻底丧失，并从根本上改变生境中原有的生物群落结构，尤其是与人类生活息息相关的鱼类，这些变化所带来的影响将直接反映到当地渔民的生活乃至区域渔业发展的过程中。在这样的背景下，全面了解鱼类群落及其所依赖的栖息地之间的关系就显得极为重要。为了减缓上述人类活动对自然生境的破坏，在渔业管理上已逐渐融入资源增殖放流和海洋牧场建设等措施，这些基于生态系统的渔业管理方式正在世界各地新兴起来。在我国，国家层面上已经制定了修复沿岸渔业、振兴海洋的中长期规划，其中一个重要的着力点就是大力发展海洋牧场。此外，近十年来犹如世界各地的沿海国家一样，人工鱼礁建设也在我国得到了蓬勃发展。

人工构造物的出现会在一定程度上改变原有生境的地貌，在海洋中亦如此，而且可能引起不同尺度的生境破碎。但是，生境破碎程度也会随着人工材料的不同而表现出不同的形式。多数情况下，人工结构物都以环境友好型的材料为主，而且进行了各种开孔设计以避免彻底隔绝人工物设置区域和其他底质区的关联，因此除了改变局部海底物理面貌之外，并不会造成环境污染和天然栖息地的永久丧失。类似于人工鱼礁和养殖设施的结构物能增加不同水层的栖息地复杂性，从而在一定区域形成适宜各种生物栖息或躲避捕食者的小生境，带来更为丰富的生物区系，并最终形成新的鱼类群落结构。海洋构造物（包括人工和天然的）通常能吸引并聚集各种鱼类，如人工鱼礁、海岸防护堤和各类码头，石油和天然气钻井平台和各种养殖设施（如贻贝养殖筏和网箱）等人工结构物，是人类有意或无意地设置在海洋环境中的各种人造附属物的统称。很多研究者都将其注意力集中在人工生境的诱集效应上，他们认为各种人工构筑物充其量就是集鱼装置（FADs，fish aggregation devices）。而有些学者则发现，人工结构物的存在确实能够增加趋礁鱼类的种群量，从而提高其生物量，有利于增加局部区域的鱼类产出。

纵观各类研究，当中一个最大的问题就是绝大多数的学者将其注意力集中在一种人工生境上，这往往会使研究结果随着站点或区域的变化发生很大的变化，而使之缺乏一定的普遍性，降低了其对相关研究的借鉴意义。目前在特定区域对3种以上的人工生境进行比较研究的个例还非常少。投放的人造物能起到模仿天然岩礁生境功能，拓展该生境面积的作用，在一定程度上可以看成沿岸的替代生境。因此，我们认为有必要对各种人工生境中的鱼类和周边天然底质生境的鱼类群落进行比较，同时探究各种环境因子的变化及其对两类生境中鱼类区系的影响。

如今，筏式和网箱养殖业在越来越多的沿岸国家发展起来，如新西兰、加拿大，西欧和中国的贻贝筏式养殖，西欧、东南亚国家及我国的网箱养鱼。众多学者对这些养殖设施中出现的独特的鱼类群聚现象进行了报道，从而引起了许多人对这些养殖结构物的生态功能及影响自然渔业系统的机制问题的关注。

本节我们以典型研究案例为基础，通过评估不同人工生境对天然栖息地的影响，对各生境中（尤其是人工鱼礁和养殖设施）鱼类群落的形成及变化机制进行比较分析。选择的试验海域在马鞍列岛特别保护区内，该海域分布了大量的贻贝养殖和网箱设施，同时包含 2005—2006 年以及 2008 年所建成的两个人工鱼礁区系统，这些人工构造物皆设置在岛礁附近或岛屿之间的天然泥地生境中，所处区域的各环境因子非常相似，具有良好的对比性，为本节相关内容的研究提供了很好的平台。通过比较人工生境在塑造局部区域鱼类群落中的作用和差异，以期查清人工生境对天然生境的可能影响及对维持海域鱼类多样性的潜在作用，充实人工生境生态学研究内容。

二、马鞍列岛海域的人工和天然生境

马鞍列岛西部位于长江口外沿，是传统的国际货运船舶锚地，也是近岸优良的散装减载平台所在地。该区域的潮下带主要分布着两种类型的底质，即岩礁和粉沙质软泥。整个区域仅有不到 1% 的区域被岩礁所覆盖，绝大多数开阔水域分布着中值粒径在 0.03～0.1 mm 的软泥和沙泥底质。该海域曾是历史上重要的渔场，至今仍然支撑着当地的刺网和虾拖网渔业。这归功于钱塘江、长江径流、黄海冷水团以及台湾暖流的交汇影响，带来了丰富的营养物质，为各种区系的海洋生态提供了良好的生长环境，使得当地成为生产力非常高的水域。除此之外，该海域还是中华鲟、江豚等珍稀濒危物种的重要栖息地，对这些物种的保护起着不可忽视的作用。

20 世纪 80 年代，该岛礁海域的鱼类资源仍较为丰富，进入 90 年代后，一度针对性地捕捞各种趋礁鱼类，致使 2000 年以后当地的野生石斑鱼和鲷科鱼类的数量锐减，有的近乎绝迹。为此，当地政府积极实施新世纪渔业发展战略，努力调整渔业产业结构，大力发展海水养殖业；同时在马鞍列岛设立海洋特别保护区，禁止各类破坏性极强的渔具作业，保护岩礁资源和各种珍稀生物的栖息地。在 2000—2008 年期间，该海域共发展形成了六大区块的贻贝养殖区，共计 1.8 km² 的养殖面积；2002—2004 年间，在马鞍列岛西部海域还设置了 140 个网箱，形成 16 000 m² 的养殖面积；2005 年至 2006 年年初，在东库山和求子山之间共投放钢筋混凝土人工鱼礁 554 个（礁体尺寸 3 m×3 m×3 m），形成 3.3 km² 的礁区面积；2008 年又在南部的三横山周围再次投放 342 个人工鱼礁，形成核心礁区面积 0.55 km²、辐射面积 2.7 km²，最终构成了极为丰富的多元生境格局，如图 4-61 所示。

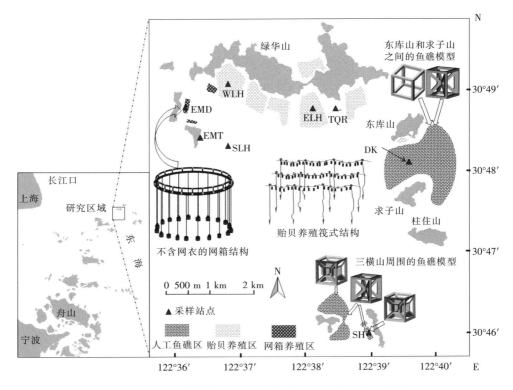

图 4-61　马鞍列岛西部三种人工生境的分布和采样站点布置

为了检验这些人工构筑物的设置对当地鱼类群聚的影响，共选择了 8 个代表性站点来比较人工生境和天然生境间的鱼类组成差异。其中三横山［SH，平均水深=（12.3±0.5）m］和东库山［DK，平均水深=（15.3±1.3）m］为人工鱼礁（AR）采样点，分别位于研究区域的东南部和东部；东绿华［ELH，平均水深=（10.1±0.3）m］和西绿华［WLH，平均水深=（7.7±0.3）m］为贻贝养殖生境（MF）采样点，分别位于研究区域的东北和西北部；第三种人工生境为网箱养殖（CA）区，只在绿华岛的西南部的鳗局岛东［EMD，平均水深=（10.1±0.2）m］选取了一个采样点，这是因为网箱养殖分布较为分散，不够集中，只有一处可以全部容纳我们的采样网具。除人工生境之外，还设置了 2 种天然生境作为对照，其中鳗头山东［EMT，平均水深=（6.3±0.4）m］和铜钱礁［TQR，平均水深=（6.2±0.1）m］为岩礁（RR）采样点；绿华南［SLH，平均水深=（9.7±0.7）m］为软相泥地（SB）采样点。为了保证这些采样站点的可比性，我们充分考虑了当地环境的变化特征，除了水深和底质外，所有站点的水文水质条件几乎都在一个水平上随时间发生周期性变化。另外，文中所述的 3 种人工生境皆指人工构造物设置于泥地中的情况。

三、岛礁海域复合生境鱼类群落研究方法

如前所述，在岩礁、鱼礁等底质多样和地形复杂的区域，主动性网具（如拖网和地拉网）无法有效获取所有的生物种类样本，尤其在人工鱼礁、贻贝养殖和网箱养殖区，为此我们在所有生境皆采用统一的多网目组合三重刺网进行鱼类样本的采集，即为了保证所采集的鱼类区系具有代表性，在各种大网目的基础上，增加了 4 种规格的小网目网片，同时将单片网衣全部改成三重刺网。实践表明，多网目组合三重刺网是岛礁多种底质条件下鱼类组成的有效调查工具。

调查一共准备了 4 组网，每天完成其中 4 个站点的样品采集。每组网由 2 道网目尺寸不同的刺网组成，而每道刺网又由 4 种网目尺寸不同的网片所组成；将 8 种网目中尺寸较大的 4 种随机连成一道，另外相对较小的 4 种网目的网片则随机连成第二道，2 道网连成 1 组后，在两端沉子的作用下，以沉底的方式放置于各个生境内，见图 4 - 62。每个月在每个站点区域只放网一次，这是考虑到刺网对趋礁性鱼类和当地土著种有着极大的破坏率，如果短期内连续采样，必然会对后续的调查造成影响，从而使结果较难体现鱼类群落时间尺度上的变化规律。

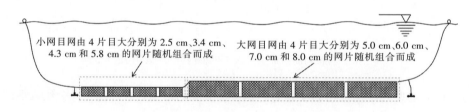

图 4 - 62　多网目组合三重刺网连接方式和放置示意

选择每月下旬连续两日内完成研究区域内 8 个站点的鱼类样品采集。租用当地船只作为调查船，并请当地经验丰富的渔民进行刺网的现场放置。其中 2009 年 1—8 月份采用的组合刺网为两顶平行放置的定置式三重刺网（网高 1.2 m、目大 2a＝25 mm 的网片 4 张连成一顶，其他目大 2a＝50～80 mm 的网片各 1 张连成 1 顶）；9—12 月份同样采用两张组合刺网（网高 1.5 m、目大 2a＝25～58 mm 的网片 4 张连成 1 顶，2a＝50～80 mm 的网片组合与前 8 个月一致）。所有网片的下边都固定在海底，放置水深随站点的变化而不同，在 4～20 m 范围内。考虑到前 8 个月为各种鱼类的主要繁殖期及幼鱼的生长期，组合网设计中增加了 25 mm 规格网片的数目，以保证幼小鱼类的采样效率；从 9 月份开始，鱼群中小个体鱼类比例逐渐减少，故用 34、43 和 58 mm 规格网各 1 片代替原先的 3 片 25 mm 网片，同时相应增加网片的缩节高度，从而提高中小型和中型个体鱼类的采样效率。刺网在各生境的放置时间为 24 h 左右，覆盖了白昼和黑夜两个时间段。

对组合刺网的所有渔获进行取样，种类鉴别至分类学最低阶元，并于当天完成对所有鱼类个体（残体除外）的体长、体重、性别、性腺成熟度、摄食等级和胃含物组成等生物学测量。对非当龄鱼类个体进行年龄鉴别，从每个体长组中随机选取其中的 5 条（如果不到 5 尾则全部选取）进行年龄鉴定。

在完成鱼类样品采集的同时，采用多功能水质参数仪（型号 AQQ1186）进行水温、盐度、溶氧、叶绿素 a、水深、浊度等环境因子的测量，透明度采用标准的半透明度盘；查询潮汐表，获取潮差数据，以此代表当日潮流的平均状况，以考察潮汐对鱼类群落的影响。

鱼类丰度和生物量数据分别转化成单位时间的渔获尾数和渔获重量（某些月份中少数站点的采样时间并非严格的 24 h，故需标准化，单位分别为每小时尾数和每小时克数），分别用 APUE 和 BPUE 表示，用这两个相对渔获率指数来比较各类生境中的相对栖息密度。

采用 Margalef 种类丰富度指数 D 和 Whilm 种类多样性指数 H'' 来比较 5 种生境间的鱼类组成多样性水平。各指数公式如下：

$$D = \frac{S-1}{\ln(N)} \text{ 和 } H'' = -\sum_{i=1}^{S} (\frac{w_i}{W}) \ln(\frac{w_i}{W}) = -\sum_{i=1}^{S} (P_i) \ln(P_i)$$

式中 S 为每种生境采集的鱼类总种类数；N 为对应的总个体数；$P_i = w_i / W$，即第 i 种鱼类的渔获重量 w_i 与该生境所有鱼类的总重量 W 的比值。

考虑到某些鱼类不同生长阶段的个体对各种生境的偏好程度不一致，如果采用基于丰度数据的 Shannon-Wiener 指数，则很难表现出现实环境下的个体组成差异，故选择 Whilm 指数。如褐菖鲉的幼鱼（体长<2cm）大多喜欢躲藏在各种藻体内和缝隙中，因此较集中于潮间带和外侧等漂流藻（包括表层的铜藻和底层的裙带菜等）密集水域，而成年个体则多见于在各种岩礁和硬质海底区域。

基于 2009 年每个月的水温实测数据，我们将当年的 1—3 月份划为冬季、4—6 月份划为春季、7—9 月份划为夏季、10—12 月份划为冬季。对鱼类数量、丰度渔获率和生物量渔获率以及多样性指数进行时间尺度上的季节变化分析；采用两因素方差分析（two-way ANOVA）检验上述各生物学指标在 5 种生境和 4 个季度间的差异和变化情况，采用单因素方差分析（one-way ANOVA：post hoc Tukey-HSD test）进行相同季节不同生境中各指标的差异检验。

同样基于鱼类不同生活史阶段对生境的利用选择也不同的实际情况，我们在使用非度量多维排序（nMDS）进行 8 个站点 5 种生境中鱼类群落组成分析时，采用了生物量数据作为计算 Bray-Curtis 相似性矩阵的原始变量。使用相似性分析（ANOSIM）对不同生境间和不同底质类型中的鱼类群落组成进行了差异性比较。利用 Spearman rank correlation 方法对鱼类群落组成和环境因子间的关系进行逐一分析，其显著性水平采用置换法进行相关性分析（RELATE）。置换方法的好处在于可以避免样本量不足而无法体现的分布假设。这种方法被用来定义最适宜的环境因子，从而更好地解释鱼类群落。数据分析前，将所有稀有种去除，并对生物量数据进行平方根转化。所有的多元分析都在 PRIMER （package v5）软件中完成。所有的统计差异显著性水平皆为 5%。

四、人工生境对局部海域鱼类群落格局的影响

1. 种类组成

通过对 2009 年 12 个月份共计 96 网次样本的调查分析，在 8 个站点 5 种生境中共采集鱼类 66 种，隶属 3 纲、12 目、38 科和 53 属。人工鱼礁、网箱养殖和贻贝养殖这 3 种人工生境中采集到的鱼类种类数分别为 48、31 和 33 种，岩礁和泥地 2 种天然生境采集到的鱼类数则分别为 46 和 24 种。

从站点间比较来看，两个人工鱼礁区站点的鱼类分类学组成方面，无论科还是属，都要比其他生境（或站点）的分类学组成丰富（表 4-43），显示出更为复杂的鱼类区系。

表 4-43　全年调查各个站点鱼类总种类数、丰度、生物量以及分类组成

类别	三横山 (SH)	东库山 (DK)	绿华东 (ELH)	绿华西 (WLH)	鳗局岛东 (EMD)	鳗头山东 (EMT)	铜钱礁 (TQR)	绿华南 (SLH)	合计 (Total)
种类数	42	34	24	24	31	32	32	24	66
丰度（种）	1 090	1 529	566	576	552	290	421	411	5 435
生物量（g）	37 115.3	50 262.1	24 218.1	21 585.1	29 110.6	28 289.7	24 798.7	26 324.1	241 703.7
分类数：目/科/属	9/27/36	8/23/32	7/16/23	8/16/23	6/20/27	7/19/27	7/20/28	7/15/20	12/38/53

以"各分类阶元的种类数×站点"建立矩阵，依次计算 BC 相似性系数值，分类阶元包括科、属和种三个层次依次排列。AR、CA 和 RR 三种生境间的分类学组成相似性达到了 65.3%，其中鱼礁生境两站点的相似性达到 75.9%，是所有相同类型生境间最高的，如图 4-63 所示。三个泥地生境站点的总体相似性为 54.8%，其中两个 MF 站点的相似

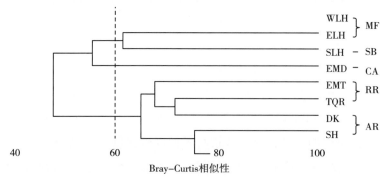

图 4-63　各类生境 8 个站点鱼类组成的分类学聚类分析

MF 表示贻贝养殖生境；SB 表示软相泥地生境；CA 表示网箱养殖生境；

RR 表示岩礁生境；AR 表示人工鱼礁生境

性为 62.2%，尚未达到硬相生境的总体水平。从总目、科、属三个层次的聚类分析还可以明显看出，不同生境的鱼类组成都存在一定差别，5 种生境间的差别要明显大于相同生境站点间的差异。聚类结果较好地从鱼类分类学组成上区分了 5 种生境的鱼类区系差异，从一个方面显示了鱼类对生境利用的选择性随种类区系的不同而不同。

使用相同的网具和相同的作业时间，在各站点采集到鱼类数量却呈现较大的差异。全年采获鱼类数量最多的站点为 AR 生境的 DK，其次也是 AR 生境的 SH，两者分别为 1 529 尾和 1 090 尾，而其他站点（或生境）全年采集到的鱼类数量仅仅是 AR 生境的一半或更少，其中 RR 生境的 EMT 站点全年仅采获 290 尾。从每种鱼在各个站点的出现率和捕获量来看，底部有人工混凝土构筑物的 AR 和 CA 生境对褐菖鲉（*Sebastiscus marmoratus*）、大泷六线鱼（*Hexagrammos otakii*）、黄姑鱼（*Nibea albiflora*）和鲬（*Platycephalus indicus*）的诱集效果要明显高过其他站点的对应生境，其中鲬（*Platycephalus indicus*）更趋向于在 AR 生境出现，见表 4 - 44，相比天然 RR 生境，这些种类似乎更喜欢出现在硬相底质的人工生境中。赤鼻棱鳀、康氏小公鱼、鳗和小黄鱼等也显示出对 AR 生境的明显偏好程度。此外，蓝圆鲹和鳗鲇等也表现出对 AR 生境的一定偏好性，但仅在其中的一个站点出现高丰度或高出现率。其他人工生境中，只有皮氏叫姑鱼显示出对 MF 生境的偏好性。可见，人工生境中，人工鱼礁区无论对趋礁性土著种还是集群性洄游种，其诱集效应都是最强的，其次是网箱养殖生境，而贻贝养殖生境则属于和前面两种生境明显不同的种类组成区系，对皮氏叫姑鱼的分布产生重要影响。

表 4 - 44 各类生境的种类组成、全年总丰度和出现频率统计

种类	人工生境站点				天然生境站点			
	三横山 （SH）	东库山 （DK）	绿华东 （ELH）	绿华西 （WLH）	鳗局岛东 （EMD）	鳗头山东 （EMT）	铜钱礁 （TQR）	绿华南 （SLH）
地方性种类								
褐菖鲉 *Sebastiscus marmoratus*	138/100	144/100	20/41.7	27/58.3	194/100	68/100	97/91.7	1/8.3
班头六线鱼 *Hexagrammos agrammus*	1/8.3	3/25		2/8.3	9/41.7	4/33.3	4/25	
大泷六线鱼 *Hexagrammos otakii*	30/83.3	38/91.7			35/75	16/58.3	4/25	
鲬 *Platycephalus indicus*	35/50	61/66.7	5/16.7		6/16.7	2/8.3	5/25	13/58.3
褐牙鲆 *Paralichthys olivaceus*	5/33.3	19/58.3	1/8.3		2/16.7	11/33.3	6/25	
日本拟条鳎 *Zebrias japonica*	1/8.3	2/16.7			1/8.3		2/16.7	
短吻舌鳎 *Cynoglossus abbreviates*	7/16.7			1/8.3		1/8.3		2/8.3
焦氏舌鳎 *Cynoglossus joyneri*	1/8.3	5/8.3	2/16.7				1/8.3	3/16.7
拉氏狼牙虾虎鱼 *Odontamblyopus rubicundus*	1/8.3		1/8.3					

（续）

种类	人工生境站点				天然生境站点			
	三横山 (SH)	东库山 (DK)	绿华东 (ELH)	绿华西 (WLH)	鳗局岛东 (EMD)	鳗头山东 (EMT)	铜钱礁 (TQR)	绿华南 (SLH)
六丝钝尾虾虎鱼 *Amblychaeturichthys hexanema*		1/8.3	3/8.3		6/8.3			7/16.7
黄姑鱼 *Nibea albiflora*	35/58.3	36/66.7	22/50	6/41.7	39/58.3	24/58.3	23/66.7	29/41.7
皮氏叫姑鱼 *Johnius belengerii*	19/58.3	25/33.3	186/100	116/91.7	54/58.3	20/33.3	19/41.7	62/75
鮸 *Miichthys miiuy*	13/25	49/41.7	17/25	63/8.3	41/16.7	5/33.3	7/16.7	
海鳗 *Muraenesox cinereus*	1/8.3	3/25	3/16.7	3/16.7		1/8.3		9/41.7
孔鳐 *Raja porosa*	2/8.3							
黑鲷 *Acanthopagrus schlegeli*		1/8.3			1/8.3	8/41.7	13/41.7	
黄鳍棘鲷 *Acanthopagrus latus*	1/8.3							
平鲷 *Rhabdosargus sarba*	2/16.7				2/8.3	4/16.7	5/25	
真鲷 *Pagrus major*	2/16.7	9/25			3/8.3	1/8.3	1/8.3	
中国花鲈 *Lateolabrax maculates*		4/25		2/16.7	2/16.7	13/33.3	4/33.3	
细刺鱼 *Microcanthus strigatus*	5/8.3				2/16.7			
条石鲷 *Oplegnathus fasciatus*					1/8.3	2/8.3	2/8.3	1/8.3
三线矶鲈 *Parapristipoma trilineatum*				1/8.3	1/8.3	1/8.3	3/25	
龙头鱼 *Harpadon nehereus*	2/16.7	2/16.7	1/8.3	1/8.3	3/25	1/8.3		
季节性种类								
半线天竺鲷 *Apogon semilineatus*	6/16.7	3/25			4/25	1/8.3	1/8.3	
蓝圆鲹 *Decapterus maruadsi*	60/16.7	14/25	7/16.7	5/16.7	6/16.7	11/16.7	24/16.7	27/8.3
刺鲳 *Psenopsis anomala*	1/8.3	1/8.3						
朴蝴蝶鱼 *Chaetodon modestus*	3/8.3	1/8.3				1/8.3		
花尾鹰䲢 *Goniistius zonatus*	3/8.3				2/8.3	6/8.3	1/8.3	
斑鰶 *Clupanodon punctatus*			14/16.7					
青鳞小沙丁鱼 *Harengula thrissina*	1/8.3	1/8.3	11/16.7					1/8.5
赤鼻棱鳀 *Thryssa kammalensis*	501/41.7	693/33.3	201/25	254/25	106/33.3	73/33.3	129/33.3	199/33.3
刀鲚 *Coilia ectenes*	3/16.7	2/8.3				1/8.3		
黄鲫 *Setipinna tay*	2/8.3				1/8.3	1/8.3		
康氏小公鱼 *Anchoviella commersonii*	46/16.7	100/25	7/16.7	2/16.7	1/8.3		4/16.7	2/8.3
鳀 *Engraulis japonicus*	22/25	119/25	8/16.7	6/8.3	1/8.3	1/8.3	12/16.7	1/8.3
中颌棱鳀 *Thrissa mystax*	23/16.7	4/25	2/8.3	2/16.7	3/16.7	1/8.3	2/8.3	11/16.7

（续）

种类	人工生境站点				天然生境站点			
	三横山 （SH）	东库山 （DK）	绿华东 （ELH）	绿华西 （WLH）	鳗局岛东 （EMD）	鳗头山东 （EMT）	铜钱礁 （TQR）	绿华南 （SLH）
日本舒 Sphyraena japonica	1/8.3							
黄鮟鱇 Lophius litulon				2/8.3				6/16.7
丝背细鳞鲀 Stephanolepis cirrhifer	2/16.7	2/16.7			6/25	4/8.3	7/25	
鳗鲇 Plotosus anguillaris	6/25	66/25					10/25	1/8.3
四指马鲅 Eleutheronema tetradactylum	2/8.3	5/16.7			1/8.3	1/8.3		2/8.3
棘头梅童鱼 Collichthys lucidus			1/8.3					
白姑鱼 Argyrosomus argentatus	3/8.3				1/8.3			
大黄鱼 Larimichthys crocea	4/25			2/16.7				1/8.3
小黄鱼 Larimichthys polyactis	92/58.3	95/41.7	44/75	36/66.7	17/8.3	4/16.7	15/33.3	17/33.3
日本黄姑鱼 Nibea japonica				39/8.3		1/8.3	11/8.3	
蓝点马鲛 Scomberomorus niphonius		5/8.3						2/16.7
日本鲭 Scomber japonicas		10/16.7						
银鲳 Pampus argenteus	3/16.7	5/16.7	2/8.3					
横纹东方鲀 Takifugu oblongus				1/8.3			3/8.3	
列牙鲗 Pelates quadrilineatus			2/8.3	1/8.3			2/8.3	
带鱼 Trichiurus haumela	1/8.3		5/16.7	2/8.3				
绿鳍鱼 Chelidonichthys kumu	3/8.3							2/8.3
偶见或稀有种								
黄鳍马面鲀 Navodon modestus				1/8.3	1/8.3			
素尾鹰鯯 Goniistius quadricornis							1/8.3	
鰳 Ilisha elongata				1/8.3				1/8.3
窄体舌鳎 Cynoglossus gracilis								1/8.3
海鲢 Elops saurus			1/8.3					
斑石鲷 Oplegnathus punctatus							1/8.3	
横带髭鲷 Hapalogenys mucronatus							1/8.3	
赤点石斑鱼 Epinephelus akaara							1/8.3	
多鳞鱚 Sillago sihama							1/8.3	
少鳞鱚 Sillago japonica		1/8.3						
日本下鱵 Hyporhamphus sajori							1/8.3	
星点东方鲀 Takifugu niphobles	1/8.3							
共 66 种	1 090	1 529	566	576	552	290	421	411

为了更好地理解鱼类在时间尺度上对不同生境的利用强度，我们对其中的6种常见优势种（即赤鼻棱鳀、黄姑鱼、小黄鱼、皮氏叫姑鱼、褐菖鲉和鲬，其数量占鱼类总丰度的72.8%）进行了各个月份的优势度排序，结果如图4-64所示。

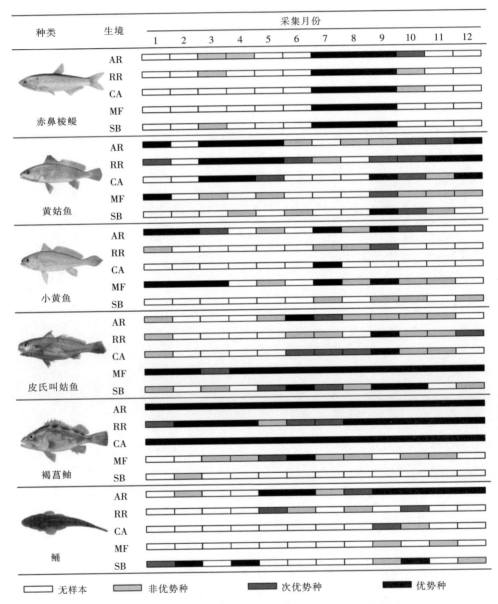

图4-64　6种常见优势种对5种生境的时间利用模式

AR表示人工鱼礁生境；RR表示岩礁生境；CA表示网箱养殖生境

MF表示贻贝养殖生境；SB表示软相泥地生境

中上层鱼类赤鼻棱鳀集中出现在7—9月份的各个生境，其他月份中在AR生境的出现率和优势度也较其他生境高。3—5月份黄姑鱼成鱼大量出现在AR、RR和CA等硬相礁型环境，而很少在软相MF和SB生境中出现，到了秋冬季很多当龄幼鱼也成群出现在硬相生境中。小黄鱼对 5 种生境的时间尺度利用也表现出明显的阶段性，1—3 月份的冬季以较多的数量出现在 AR 和 MF 两种人工生境中；进入夏季的 7—9 月份，大量当龄幼鱼出现在 AR、CA 和 MF 生境中，而其他天然生境的出现率和数量皆不及这 3 种人工生境。皮氏叫姑鱼则明显趋向于在 MF 生境中出现，在没有表层养殖筏的 AR、CA、RR 和 SB 生境中，该鱼只在 6—10 月份的某些或个别月份被大量采获，而 MF 生境全年都能具有较高的渔获率。褐菖鲉是当地岩礁生境的特征种，是该生境的常年优势种；但在春末夏初的几个月，其优势度出现下降，而同期的 AR 和 CA 生境一直表现出较高的渔获密度。鲬是一种偏向于在沙泥底质生活的底层鱼类，在天然泥地生境，其较高的捕获率出现在冬季和秋季的少数月份；而在 AR 生境，春季、夏季的少数月份和整个秋季都有很高的捕获量，显示出该鱼对 AR 生境的明显偏好性。

2. 渔获率和多样性

种类数、多样性和渔获率皆表现出极为显著的季节变化，其中种类数和多样性也同样表现出生境间的极显著差异，如表 4 - 45。渔获率中的 APUE 亦有显著的生境间差异，而 BPUE 在不同站点间的差异则相对要小得多。

表 4 - 45　种类数、多样性和相对渔获率的两因素方差分析

统计源	自由度	种类数		种类多样性		APUE		BPUE	
		MS	F	MS	F	MS	F	MS	F
季节	3	224.135	35.195**	2.850	23.237**	266.528	19.817**	116 142.587	10.399**
生境	4	58.893	9.248**	1.147	9.356**	34.042	2.531*	12 794.731	1.146^{NS}
季节×生境	12	8.213	1.290^{NS}	0.119	0.968^{NS}	17.067	1.269^{NS}	14 488.206	1.297^{NS}
误差	76	6.368		0.123		13.450		11 168.269	

注：MS 和 F 都是方差分析的参数值，MS 指均方，F 指 F 统计量。

春夏季 AR 生境（站点 SH 分别为 11±1.5 和 13±2.5，站点 DK 分别为 11.3±2.2 和 16±1.7）的种类数要显著高于同期的 SB 生境（春季为 5.0±2.1，夏季为 7.3±2.9），如图 4 - 65。两个 AR 站点秋季的 Margalef 种类丰富度（秋季 SH：$D=$ mean$\pm$SE $=$ 2.393±0.24 和 DK：2.295±0.56）也要显著高于站点 WLH（$D=1.711\pm0.36$）、ELH（$D=1.585\pm0.49$）以及 EMD（$D=1.756\pm0.86$），如图 4 - 66。夏季和冬季天然岩礁生境站点 TQR 的种类丰富度是最高的，但只有夏季呈现出显著高于除 AR 生境站点之外的其他站点。其他多数季节虽然 AR 生境的平均种类数和丰富度尚未达到显著高于其他生境的水平，但总体上呈现比其他人工或天然生境更为丰富的种类丰富度特征。CA 站点 EMD 在各个季节的种类数和丰富度都在 AR 站点和 RR 生境的 TQR 站点的水平之下，但差异并不显著。MF 生境两站点采集的鱼类数量和丰富度和天然 SB 生境较为接近，各个季节皆无显著差异，都表现出较低的种类丰富度特点。

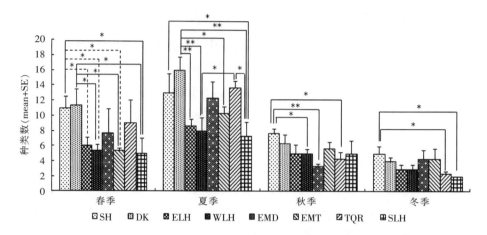

图 4-65　各类生境 8 个站点的鱼类种类数季节变化（均值±标准误差）

* 表示两站点间存在显著差异，$^*P<0.05$ 和 $^{**}P<0.01$

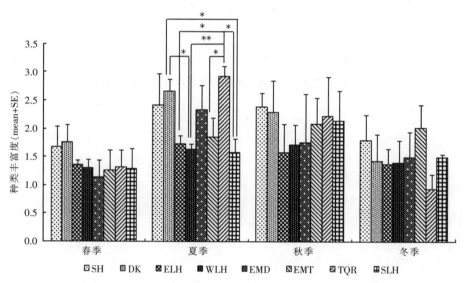

图 4-66　各类生境 8 个站点的种类丰富度季节变化（均值±标准误差）

* 表示两站点间存在显著差异，$^*P<0.05$；$^{**}P<0.01$

除了秋季，其他季节 AR 站点的 APUE 平均值都要高于其他生境的站点，但只有春夏季的 DK（春季显著高于 MF 生境站点 WLH 和 SB 生境站点 SLH；夏季显著高于 RR 生境的 EMT 站点）和冬季的 SH（显著高于除 DK 站点外的其他生境各站点）达到显著性水平，如图 4-67 所示。8 个站点的 BPUE 在各个季度的变化规律和 APUE 类似，春季分布有混凝土礁体的 SH [mean±SE＝（132.94±57.07）g/h]、DK [mean±SE＝（121.16±33.08）g/h] 和 EMD [mean±SE＝（152.42±68.52）g/h] 三个站点的 BPUE 显著高于 MF 生境的一个站点 WLH [BPUE＝（21.08±4.91）g/h]，如图 4-68 所示。BPUE 的最高值出现在夏季的 DK 站点 [（418.05±129.25）g/h]，显著高于站点 EMT（92.05±43.26 g/h）和 SLH [（157.84±57.05）g/h]，虽然均值也都高于其他站点，但皆未达到显著水平。秋季 8 个站点间皆无显著的 BPUE 差异，冬季最高值出现在 SB 生境的 SLH 站点，这主要是由于黄鮟鱇、黑鲷和黄姑鱼等成鱼频繁出现在该生境的缘故。此外，虽然 EMT 站点的 BPUE 值皆高于除 SLH 以外的其他站点，但都未达到显著水平，只有 AR 生境的生物量渔获率显著高于 MF 生境的 ELH 站点和 CA 生境的 EMD 站点。

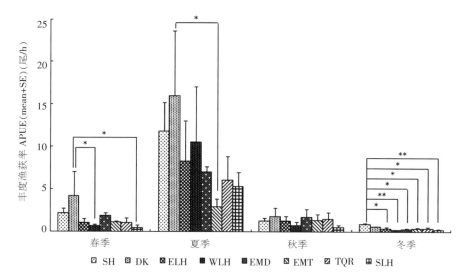

图 4-67　各类生境 8 个站点的丰度渔获率季节变化（均值±标准误差）

* 表示两站点间存在显著差异，* $P<0.05$；** $P<0.01$

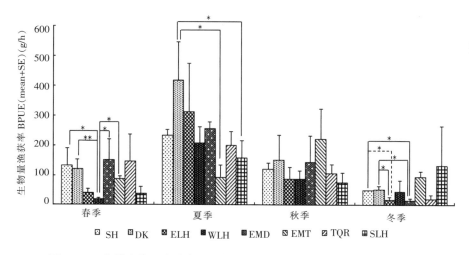

图 4-68　各类生境 8 个站点的生物量渔获率季节变化（均值±标准误差）

* 表示两站点间存在显著差异，* $P<0.05$；** $P<0.01$

　　两个 AR 站点的所有季节都出现了鱼类多样性（春季 SH＝1.5±0.2，DK＝1.631± 0.21；夏季 SH＝1.923±0.34，DK＝2.028±0.11；秋季 SH＝1.606±0.16，DK＝1.538± 0.18；冬季 SH＝1.085±0.22，DK＝1.242±0.11）显著高于其他站点的情况，如图 4-69 所示，其他人工生境中，只有 CA 生境的 EMD 站点夏季的多样性（H''＝1.807±0.12）显著高于

MF 生境站点 WLH（$H''=1.217\pm0.08$）。那些没有礁石或混凝土礁体分布的软相泥地区域，如 WLH、ELH 和 SLH 三个站点，其鱼类多向性水平相对其他天然或人工生境都是最低的。

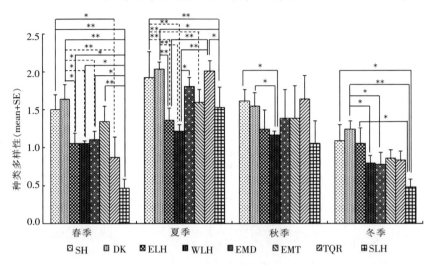

图 4-69　各类生境 8 个站点的种类多样性季节变化（均值±标准误差）

* 表示两站点间存在显著差异，* $P<0.05$；** $P<0.01$

3. 鱼类群落格局和年龄结构

对 8 个站点 5 种生境中的鱼类群落进行季节性和全年的 nMDS 分析，可以看出，所有站点被明显分成两种鱼类群落组成模式，即软相生境（MF 和 SB）鱼类群落和硬相生境（AR、RR 和 CA）鱼类群落，如图 4-70 和图 4-71 所示。经相关性检验发现，这两种群落格局的差异都是极为显著的，如表 4-46。当去掉所有趋礁性鱼类的数据后再进行排序时，发现这两种类型生境的鱼类群落组成则极为相似，并无显著差异。

进一步地，基于主成分分析法 PCA 的种类和站点双重排序可以看出，趋礁性鱼类褐菖鲉、大泷六线鱼、黑鲷、褐牙鲆和黄姑鱼对塑造硬相礁型环境中的鱼类群落（包括 AR、RR 和 CA）起着主要的贡献，总贡献率达到了 57.8%，如图 4-70 所示，并参见表 4-44。而皮氏叫姑鱼、黄鲛鳙、带鱼和三线矶鲈等更多地出现在软相 MF 和 SB 生境中，从而形成了区别于其他硬相生境的鱼类群落组成格局。

相关性分析还表明，春、夏和秋季的 AR 和 CA 生境鱼类群落与天然 RR 生境的鱼类群落存在显著差异，而冬季的差异不明显，如表 4-46。虽然 MF 和 SB 生境的鱼类丰度和生物量都普遍较低，但群落组成上仍然显示出显著的四季差异。这主要是由于皮氏叫姑鱼、鳀和康氏小公鱼等中上层鱼类更趋向于在贻贝场的底部和筏式设施周围出现。同时由于养殖设施的特殊结构的物理作用，养殖区内形成了利于各种岩礁性种类幼鱼阶段躲避敌害的生存环境，当把这些幼鱼去除后进行排序，发现夏季两种生境间的鱼类群落组成反而没有显著差异，秋季也失去了显著的差异性。这些结果表明，贻贝养殖生境不仅为皮氏叫姑鱼等鱼类提供了良好的周年栖息场所，也为褐菖鲉等趋礁种类

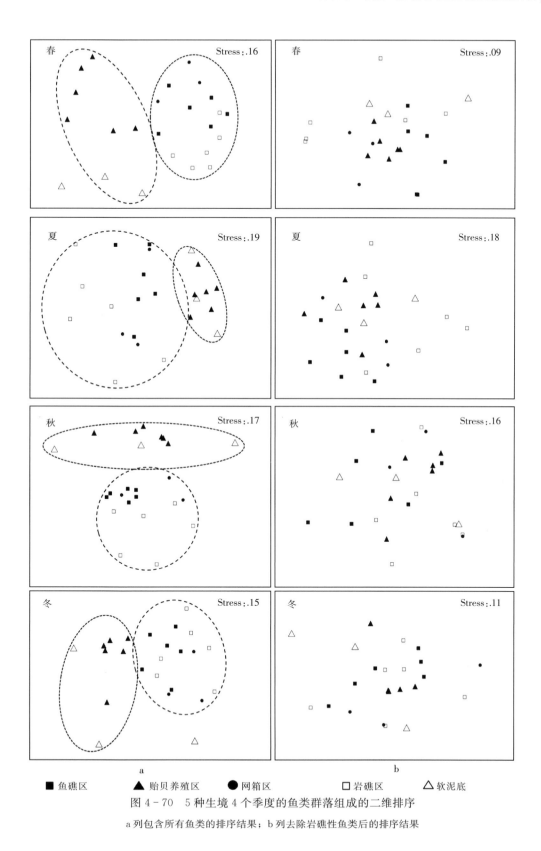

■ 鱼礁区　　　▲ 贻贝养殖区　　　● 网箱区　　　□ 岩礁区　　　△ 软泥底

图 4-70　5 种生境 4 个季度的鱼类群落组成的二维排序

a 列包含所有鱼类的排序结果；b 列去除岩礁性鱼类后的排序结果

提供了季节性的庇护和育成所，从而形成了与周边泥地不同的鱼类群落组成。

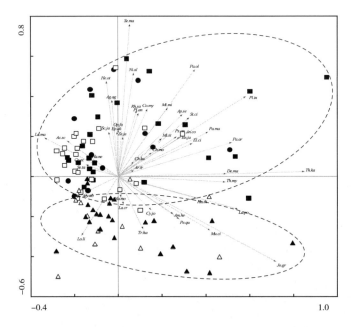

图 4-71　基于主成分分析法的鱼类组成和站点分布双重排序

■＝鱼礁生境；□＝岩礁生境；●＝网箱养殖生境；▲＝贻贝养殖生境；△＝泥地生境

种类缩写中前两位为拉丁文种名的前两个字母，而后两位为属名的前两个字母（参见表 4-44）

表 4-46　不同季节硬相生境和软相生境间群落组成的相似性分析

季度	含趋礁性鱼类			不含趋礁性鱼类		
	A-B	D-E	C-F	A-B	D-E	C-F
春季	0.279*	0.741*	0.801**	0.168 NS	0.463*	0.006 NS
夏季	0.447*	0.494*	0.476**	0.431*	0.025 NS	0.041 NS
秋季	0.417*	0.361*	0.588**	0.036 NS	0.241 NS	−0.027 NS
冬季	0.121 NS	0.679*	0.604**	−0.091 NS	0.639*	−0.021 NS

注：A＝底部投放鱼礁的人工生境（人工鱼礁和网箱养殖）；B＝天然岩礁生境；C＝A＋B；D＝泥地生境；E＝贻贝养殖生境；F＝D＋E。NS＝差异不显著。

对各个站点全年 12 个月份的鱼类个体进行年龄组成分析，可以发现，在 AR、CA 和 RR 生境采集到的大于 2 龄的鱼类个体数要多于软相生境的 MF 和 SB，而其中的 CA 生境 2 龄以上的鱼类个体数则更为丰富，如图 4-71，显示出网箱养殖区更为复杂的鱼类种群的年龄结构，CA 生境中 3 龄和 4 龄的鱼类多数为褐菖鲉，也有少数的大泷六线鱼，高龄鱼类组成结构复杂性仅次于 CA 生境的是两个 RR 生境的站点 EMT 和 TQR。而 AR 生境相对而言要比前两种生境的结构简单。AR 生境的年龄结构和天然 RR 生境的较为相似，都表现出较低的 3、4 龄鱼类丰度。而在泥地和贻贝养殖生境采获的大于 2 龄的鱼类个体数则更少。从图 4-72 还可以看出，无论是哪种生境，从全年平均数来看，当龄鱼的个体

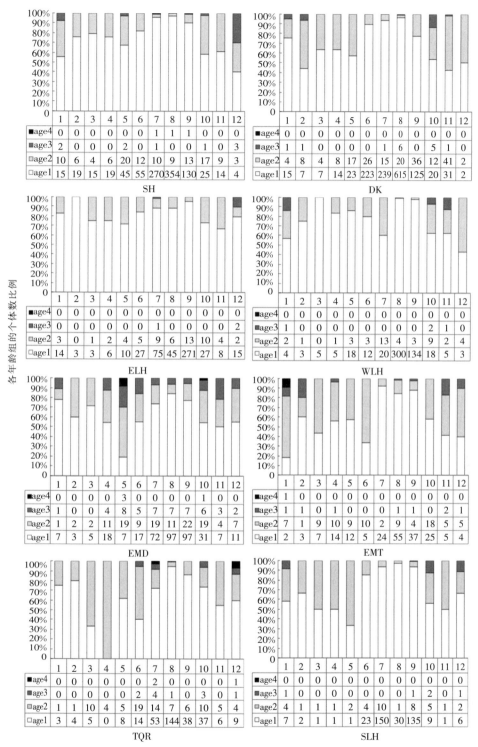

图 4 - 72　各生境站点 4 个年龄组的鱼类比例和数量组成

age1＝1 龄鱼，age2＝2 龄鱼，age3＝3 龄鱼，age4＝4 龄鱼

1 龄鱼＝0⁺，2 龄鱼＝1⁺，3 龄鱼＝2⁺，4 龄鱼＝3⁺

数都占了一半以上，其中两个贻贝养殖生境的当龄鱼类全年百分比均值为 ELH 的（80.5±2.4）%和（77.4±8.9）%，比起鱼礁［SH＝（72.2±5.1）%；DK＝（65.8±7.1）%］、网箱［EMD＝（57.9±6.3）%］、岩礁［EMT＝（52.9±8.7）%；TQR＝（55.7±10.1）%］和泥地［SLH＝（65.2±7.1）%］生境，皆要大得多，显示出各种幼鱼对贻贝养殖生境的偏好程度。

4. 鱼类群落和环境因子的 BIOENV 分析

对温度（T）、盐度（S）、溶氧（DO）、叶绿素 a（Chl-a）、透明度（Tr）、浊度（Tu）、潮差（TR）和水深（D）8 个环境因子与鱼类群落组成的相关性进行分析，结果如表 4-47 所示。

表 4-47 鱼类群落组成和各个环境因子间的斯皮尔曼相关分析

人工鱼礁（AR）		贻贝养殖（MF）		网箱养殖（CA）		岩礁（RR）		泥地（SB）	
ρ	环境因子	ρ	环境因子	ρ	环境因子	ρ	环境因子	ρ	环境因子
0.42**	T	0.42**	DO	0.41*	DO	0.32**	DO	0.25*	DO
0.36**	Tr	0.34**	T	0.36*	T	0.31**	S	0.23*	T
0.35**	DO	0.16*	Tr	0.35*	Tr	0.23*	T	0.14^NS	D
0.31**	Chl-a	0.14^NS	Tu	0.19^NS	Tu	0.15^NS	Tu	0.06^NS	Tr
0.24*	Tu	0.11^NS	TR	0.11^NS	Chl-a	0.09^NS	Chl-a	−0.01^NS	Chl-a
0.07^NS	S	0.09^NS	S	0.06^NS	D	0.04^NS	Tr	−0.07^NS	Tu
0.05^NS	TR	0.02^NS	Chl-a	−0.06^NS	S	−0.05^NS	TR	−0.11^NS	TR
0.02^NS	D	−0.12*	D	−0.08^NS	TR	−0.07^NS	D	−0.26*	S

注：ρ 表示斯皮尔曼相关系数值。NS 表示差异不显著。

在 AR 生境中，T、Tr、DO、Chl-a 和 Tu 都和鱼类群落组成呈显著正相关，而 S、TR 和 D 呈微弱的正相关，且相关性不显著。在 MF 生境中，DO、T 和 Tr 因子对其中的鱼类群落影响最大，且相关性显著，Tu、TR、S 和 Chl-a 则显示出与贻贝生境较小的不显著正相关，而 D 则与此生境的鱼类群落组成显著负相关。CA 生境中，DO、T 和 Tr 表现出了与鱼类群落的显著正相关，Tu、Chl-a 和 D 呈一定的正相关，S 和 TR 呈一定的负相关，后 5 个环境因子对鱼类的影响性都不大，不存在显著关系。RR 生境中，DO、S 和 T 因子显著影响着生境中的鱼类群落组成，而 Tu、Chl-a 和 Tr 有一定的正相关，但关系尚不显著，TR 和 D 与鱼类群落呈现负相关，亦不显著。SB 生境中，只有溶氧和温度与其中的鱼类组成呈显著正相关，D 和 Tr 有一定的正相关性，但尚不显著，而其他 4 个因子皆表现出负相关性，其中的 S 因子与 SB 的鱼类群落组成呈显著负相关。岩礁生境中多数环境因子皆成为有利于鱼类群落发展的影响因子，而在栖息地结构简单的泥地生境，只有两个因子，即溶氧和温度对鱼类群落的组成和变化起显著作用。其他生境则介于 AR 和 SB 之间。此外，由于大量混凝土礁体的存在，溶氧不再是原有生境中的最大影响因子，取而代之的是温度，而其他 4 种生境中，溶氧仍然是最大的影响因子，其次才是温度或盐度。网箱养殖生境中虽然也分布了大量的混凝土构件，但是由于养殖活动的存在，大量饵料的影响使其中的鱼类仍然表现出对溶氧的强烈需求。

五、鱼礁等人工生境调控局部海域鱼类群落格局的机制

1. 人工和天然生境间鱼类组成、丰度和多样性的差异及原因

同样设置在泥地生境中的人工鱼礁、贻贝养殖和网箱养殖结构物对鱼类区系的影响效果并不相同，各人工生境对其种类组成、种类丰度和鱼类多样性的季节变化有着不同程度的影响力。Masuda 等（2010）对同一海区的三种不同类型的人工鱼礁附近的鱼类区系进行了比较研究，发现鱼类的密度和丰富度在多数采样年份皆表现出显著的差异，可见不同物理结构的人工构造物对鱼类组成和分布的影响是不同的。Walker 等（2002）曾比较了混凝土礁体和工程碎石对鱼类组成和变化的影响，结果发现这两种生境类型中的鱼类数量和丰富度皆表现出显著的季节变化，但是这些构造物间的差异却并不明显，这在一定程度上是由于所比较的构筑物的物理结构都较为相似，从而表现出一致的鱼类诱集效应。上述研究一定程度上显示了不同类型人工鱼礁的不同生态功能，但是已有的研究很少有将人工鱼礁与其他物理结构差异很大的人工生境进行比较，如贻贝养殖和网箱养殖生境，这给我们提炼出具有可比性的结论造成一定的难度。众多研究表明，海洋中的构造物能吸引特定的水生动物而使之成为其固定的栖所，或者为洄游性鱼类提供暂时性的摄食、避敌、产卵和育成所。我们认为，人工构造物的设置，随着时间的推移，迟早会被特定的生物所利用，最终在这些物体周边形成一个相对稳定的小生态。

在多数季节，两个人工鱼礁站点的鱼类区系、数量和多样性皆显著高于周边泥地生境的鱼类组成，其次是贻贝养殖生境，而与网箱养殖和天然岩礁生境较为相似。但是除了泥地外，相对于其他的人工和天然生境，这种鱼类组成差异在大多数季节并没有显著的差异。可以看出，AR 生境中栖息和聚集着更多的鱼类数量，形成了更为丰富的鱼类区系和群落多样性，从而增加局部水域的鱼类资源量。一些类似的研究亦表明，人工鱼礁的投放具有丰富鱼类区系和提高鱼类多样性方面的潜在功能。而那些设计不科学、投放不合理的鱼礁对周边的鱼类区系所表现出的积极效果是非常有限的。Polovina（1994）和 Bortone 等（1994）在其相应的研究中指出，人工鱼礁的投放增加了单位海域的资源承载量和养护能力，从而一定程度上提高了趋礁生物的生物量，这与本试验研究的结果基本吻合。

虽然贻贝养殖设施和网箱筏式构件皆设置在泥地生境中，但是两种生境中的优势鱼

类组成并不相同。MF 生境的鱼类区系和泥地生境极为相似，除了皮氏叫姑鱼的出现率和密度高于泥地生境，以及褐菖鲉等趋礁性鱼类幼体阶段对 MF 生境的利用外，两生境间在种类数、相对密度、丰富度和多样性方面皆无显著差异。而同样由养殖设施组成的 CA 生境，其种类组成却与岩礁和人工鱼礁生境较为类似。这得益于养殖底部用于稳定网箱的水泥柱的大量存在，吸引了众多岩礁性种类，从而使该生境中的优势种转变为褐菖鲉等趋礁性鱼类。人工结构物的材料组成和空间分布的差异很可能是造成 CA 生境和人工鱼礁生境间鱼类组成差异的主要原因之一。网箱养殖区的残饵也有可能是吸引大量野生趋礁性鱼类进入该生境的原因，这些种类可能并不直接利用这些残饵，而是摄食被这些残饵所诱集过来的虾蟹类等活饵。那些对人工或天然礁体有着直接反应并将其作为其一生或阶段性的栖息地的鱼类称为趋礁性鱼类。结合上述各个可能影响因素，也可以看出 CA 和 AR 生境鱼类组成相比其他生境，有着更大的相似度的内在原因。

研究表明，栖息地物理结构复杂度的增加有利于提高鱼类多样性和丰富度。Ambrose 和 Swarbrick（1989）对人工鱼礁和天然岩礁生境中的鱼类群聚进行了比较研究，结果发现 AR 生境底层鱼类的数量和密度都高于 RR 生境，但是统计学上并没有发现两种生境间种类丰富度、多样性和数量上的显著差异。因此，对鱼类多样性的提高应该是相对原有生境而言，同时参考所模拟的天然生境区系情况，从而得出合理解释。根据诱集假设，MF 和 CA 生境中的鱼类多样性应该随着养殖设施的投放而提高，然而我们的研究表明，相对原有的泥地生境而言，这两种人工生境中的鱼类多样性水平并没有显著高于泥地生境。相关生境的其他研究也对类似现象作了报道。而一些研究则发现，随着网箱的出现和养殖活动的进行，养殖设施周围聚集了比原先更为丰富的野生鱼类种类数和密度。我们认为，该研究结果一定程度上受采样方法的局限性所影响。养殖设施在空间上的三维特征和 AR 生境有很大的差异。大多数的养殖设施都悬浮在水体的上层，而我们的采样网均为沉底式的。在较深的水域，中上层鱼类对底层空间的访问概率减少，从而使我们的采样结果在反应中上层鱼类区系上显得极为不足。另外，利用这些悬浮式生境的鱼类多数为各种鱼类的幼体，这些个体很难用采样网捕获，只有当其成长至一定规格后才会出现在刺网渔获物中，从而进一步影响了采样的效果。比如，我们在现场调查过程中，经常在贻贝养殖区观察到成群的鲻和小黄鱼幼鱼，在网箱养殖上层水体亦能在网箱周边观察到成群的幼鱼，这些鱼类都很难被采获。其中的鲻，除了透明度较低的冬季外，其他季节几乎难以捕获，这很可能与其敏锐的视力和其他感知能力有关。如果将这些中上层幼鱼和成鱼考虑进去，则 MF 和 CA 中的鱼类多样性水平势必会显著高于周围的泥地生境。

2. 人工生境中鱼类群落结构和年龄结构的变化和差异

通过投放人工鱼礁进行栖息地修复的一个关键目的就是在特定区域丰富鱼类组成，优化群落结构，尤其是将目标种的种群量维持在一个更好的水平上。考虑到海洋生态系统的一些变化过程具有难以预测的特点，我们应该在可能改变自然鱼类群落的行为实施之前，进行充分考量，从而做出谨慎选择。因此，我们可以在充分维持原有动物区系和生境功能的基础上，提高栖息地复杂性，从而有针对性地增加特定资源种群的生物量。水域的各种人工构筑物，包括混凝土礁体、筏式养殖构件和网箱构件，并非对原有生境的简单替代，而是在保持原有底质的基础上，增加了新的结构物。这些结构物中，人工鱼礁通过中空设计避免了对局部栖息造成的片段和破碎化影响，当礁体投放后，底部陷入软泥中，从而利用四个支架支撑鱼礁，原有底质区域的损失度降至最低。而网箱养殖底部固定用的水泥沉坠，由于其个体较小（直径 40cm 左右，高度 60cm 左右），分散布设在养殖水体底部，对原有底质区域的破坏程度亦相当有限。而贻贝养殖则以打桩的形式固定上层主体，其底部构件对原有底质动物区系的影响可以基本忽略。相反，那些实心的礁体，包括工程碎石等，当大量投放后，会在局部水域形成一个隔离带，彻底改变原有底质类型，从而一定程度上造成了栖息地的破坏。站在人类的立场上，希望能获取更多的目标资源，但对自然界而言，这是靠牺牲许多动物的天然栖息地为代价的极具威胁性的行为。虽然，这种栖息地的改变总体上不会降低生物多样性和生物的栖息密度，同时对周边的其他生物区系的影响也较有限，但考虑到水域功能改变的长期影响，我们在进行栖息地改造时，还是应充分了解人工栖息地与自然环境下的鱼类群落的影响模式，从而科学指导实践，实现人与自然的和谐共存。

分析和比较各个生境的鱼类群落组成，可以发现，在人工鱼礁投放后的水域和网箱养殖区域已经形成了类似天然岩礁生境的鱼类群落，而人工贻贝养殖生境的鱼类区系依然维持着和泥地生境较大的相信性。由于 AR、RR 和 CA 生境中皆以底层趋礁性鱼类为优势种，而 MF 和 SB 生境都以近底层的石首鱼科鱼类，如皮氏叫姑鱼和小黄鱼的周年或季节性存在为主要特征，使之形成了两种底质类型的鱼类群落，即硬相岩礁鱼类群落和软相泥地鱼类群落，反映了自然海域在没有设置任何人工物前的鱼类群落特征。其他的相关岩礁也表明在岛礁海域投放人工鱼礁后的群落改变，如 Ambrose 和 Swarbrick（1989）的研究中就指出人工鱼礁生境中的鱼类群聚和天然岩礁生境极为相似。如果去除趋礁性鱼类，则所有生境间的鱼类群落在不同季节皆显示出单一的群落模式，即以石首鱼科和中上层洄游性鱼类为优势种的鱼类群落结构。该结果显示，趋礁鱼类是促成研究海域鱼类群落格局形成和变化的关键因素。早期的研究也指出，人工鱼礁的投放其实就是模拟天然岩礁生境的功能，增加趋礁性鱼类的种群量。这也一定程度上揭示了 AR 和 CA 生境鱼类群落模式和 RR 生境较为一致的根本原因。因此，从该角度上讲，研究结果支持 AR 生境增殖当地鱼类种群资源量、改变鱼类群落结构的假设。

从种类丰度、生物量和多样性等多个角度都未曾显示出 CA 和 RR 生境鱼类组成的显著差异，但是检验各个生境每个月份鱼类的年龄结构时，我们发现，其间及其他生境间皆表现出了不同年龄组鱼类数量组成的差异。研究发现，网箱养殖生境中采集到的年龄大于 2 龄的鱼类个体数大多数月份都要显著高于其他各个生境的站点，CA 生境中的鱼类存活率要远远高于其他人工或天然生境。这些高龄鱼类个体大多数为褐菖鲉和大泷六线鱼，同时也是地方渔业中的两个重要经济种类。Ogawa（1973）认为设计合理的人工鱼礁或"海底森林"，可以增加某些幼鱼的存活率、生长率和摄食效率，从而增加某些趋礁鱼类的生物量。这也从一方面解释了 CA 生境养护岩礁种类，并增殖其种群资源量的生物学机制。我们认为网箱养殖区非常低的人为捕捞干扰和养殖投饵所形成的优良饵料环境是形成这种更为复杂的年龄结构的外在原因。这种年龄结构并没有在人工鱼礁和贻贝养殖生境中观察到，除了采样方式的影响外，一定程度是由于人为捕捞的干扰所造成的。网箱养殖区自 2003 年建立以来，一直不曾有任何网具的捕捞活动干扰，而贻贝养殖和人工鱼礁生境中，一些延绳钓、蟹笼和刺网作业仍然可行，甚至各种笼网也大量分布在这些人工生境周围，造成的一定程度的捕捞干扰，使得高年龄个体数量少得多。

3. 环境因子对人工生境中鱼类群落组成的影响

通常一个稳定的环境中，其鱼类群落结构也维持相对的稳态，而一旦生境中出现了生物或非生物环境的改变，则往往会引起鱼类群聚的变化。这就需要我们对这种生物与环境间的关系进行分析，从而更好地从不同时空尺度上加深对自然状态下鱼类群落结构组成和变化的认识。

上述结果表明，在塑造 AR 生境鱼类群聚的各种环境因子中，稳定因子是最为重要的一个，而其他生境则皆以溶氧为首要环境因子。这说明 AR 生境中的鱼类群落存在显著的季节或月变化。某些学者对近岸栖息地的研究中也发现这个结果。透明度在岩礁生境中成为仅次于温度的重要影响因子，这表明 AR 生境中的鱼类群落组成随透明度的变化而呈现显著的变化。这很可能与 AR 生境的深度限制有关，鱼礁生境底部区域的能见度全年多数时间都在 0.5 m 以下，一些月份仅仅只有 10cm 左右，这使得鱼类很难发现饵料生物或敌害生物，而随着透明度的增加，底层水体的能见度也随着增加，从而出现了更多的竞争和捕食行为。溶氧在除 AR 生境以外的其他四种生境中，皆表现出首要的影响力。而在 AR 生境其与鱼类群落组成的相关性仅排在第三位。这表明，溶氧不再是限制 AR 生境中鱼类群聚的首要环境因子，很可能是由于各种礁体构造物的存在，在局部海底形成的紊流、湍流和上升流等增加了表底层水体混合，从而增加了底层局部水体的溶氧量。海水的混合有利于溶氧量的增加，从而使该生境的溶氧不再是限制鱼类群落的首要因子。盐度因子仅在 RR 生境中表现出与鱼类群落组成的显著相关性，这表明岩礁生境中的鱼类主要受海域种所控制，而非河口种类。目前，针对鱼礁投放对小尺度的环境改变方面的研究仍然缺乏。通过比较 8 个环境因子对鱼类群落组成的影响，相比其他人工或天然生境，我们亦可得出鱼类更趋向于在 AR 生境聚集的结论。

通过对马鞍列岛西部 5 种生境的鱼类区系组成、密度差异、多样性变化、群落结构特征、年龄结构组成及鱼类群落对环境因子的响应关系等多方面的周年比较，可以看出人工生境在局部水域营造了比原有泥地生境更为丰富的鱼类区系，同时对一些重要的土著种而言，更多的栖息环境可供选择，成为其种群资源得以局部增殖的直接原因。加之洄游性种类对天然和人工生境不同强度的阶段性利用，共同塑造了海域两种典型的鱼类群落模式，即硬相岩礁鱼类群落和软相泥地鱼类群落。此外，由于一些养殖设施的存在，将人为捕捞等负面干扰的影响降至最低，使该类型生境中的土著鱼类可以生长到更大的年龄段，从而形成比周边更为复杂的鱼类群落年龄结构。由于海域物理结构的改变，人工鱼礁的投放改变了传统环境因子对自然鱼类群落的影响模式和强度，结合鱼礁生境种类丰度增加、多样性提高的实际情况，可以看出合理投放的人工鱼礁优化了环境因子对鱼类群落的调控功能，使群落发展朝着更高的系统水平前进。我们的结论是，人工生境能在不同时间和空间范围内影响天然鱼类群落的格局，增加部分趋礁性鱼类的种群资源量，对保护和维持鱼类资源和鱼类生物多样性起着积极的生态调控作用。

第六节 人工鱼礁社会效益评价

人工鱼礁作为改善生物栖息地、养护渔业资源的一项基本措施，其生态效益及由此带来的经济效益和社会效益广受关注。许多学者从环境因子和生物要素等的变化角度对人工鱼礁的生态效益给予了科学论证；同时，也开展了人工鱼礁经济效益和社会效益的调查研究。根据 2011 年统计资料，山东省 16 个人工鱼礁示范区（总面积近 12 km²）建设 3 年后，经济效益显著，海珍品产量增加 900 多 t，鱼类增加 600t，产值近 1.5 亿元，纯利润 8 700 多万元；广东澳头东升村渔民通过建设人工鱼礁发展渔家乐等海上休闲旅游业，年均收入比过去提高了 30％以上。

人工鱼礁建设与海洋渔业产业结构调整、滨海休闲旅游业发展相结合，可吸纳众多转产转业渔民，带动相关产业的发展，有效地延长产业链、拓宽产业领域，带来可观的社会效益。主要体现在：①鱼礁区持续产出的优质天然海产品和鱼礁的环境（改善或景观）功能，不断满足人民对优质安全水产品和优美水域生态环境的需求，进一步提高了人类物质和精神生活水平；②人工鱼礁的制造、运输等逐渐形成新的鱼礁产业，鱼礁区的增殖放流提高了地方海水育苗的产出规模；③人工鱼礁投放限制了底拖网等破坏性渔具作业，大大推进了海钓等休闲旅游以及相应的餐饮服务等第三产业的发展，增加了就业机会和渔民收入，维护了渔区的稳定等。因此，建设人工鱼礁既能保护海洋生态环境、增殖渔业资源，又能促进渔业增效和渔民增收，实现生态效益、经济效益和社会效益三者的同步协调发展。

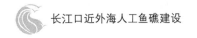
一、人工鱼礁社会效益的内涵

国内外许多学者对社会效益的概念做过阐释，其中代表性的有：① Vanderpool（1987）认为，社会效益是指一项新工程项目或新政策对现存社会结构、社会关系和社会体制的影响程度；②董福忠（1995）认为，社会效益是指人们对所从事的社会活动或人们的社会行为所引起的社会效果，社会效益评价可以从社会政治、国防、稳定、就业、福利、文化、道德、精神以及自然、环境、生态和资源等方面进行评价；③国家计划委员会投资研究所、建设部标准定额研究所社会评价课题组（1997）认为，社会效益是指建设项目对于实现人类发展目标（包括促进人类文明进步、社会经济发展和环境保护）所做的贡献与影响；④白现军（2005）认为，所谓社会效益是指人们的社会实践活动对社会发展所起的积极作用或产生的有益成果；⑤颜伦琴（2007）认为，社会效益是指某一件事情、某一种行为或某一项工程的发生所能提供的公益性服务的效益，具体表现在改善环境、提供就业机会、促进精神文明的建设、协调区域发展、繁荣经济和增加财政收入、方便人们生活、提高人们生活质量等。

人工鱼礁的社会效益应该是指鱼礁项目对社会整体利益和社会全面发展的适应程度与影响结果，这里包括促进人类文明进步、社会经济发展和环境保护等多个方面的作用和效果。显然，不同类型和建设目标的鱼礁项目所包含的社会效益内容也大不相同。

1. 增殖渔获型鱼礁

此类型鱼礁的投资和经营主体不同其社会效益有较大不同。

私人或私营公司建造的鱼礁的建设目标大多是获取经济效益，其社会效益考虑较少。该类型鱼礁客观上会带来的社会效益有提供就业机会、提升科研水平、提高公众资源保护意识、繁荣地方经济、提高生活质量等，如辽宁、山东等地建设的部分海珍品增殖礁。

政府或政府签约的企业建造经营的鱼礁，如广东省的准生态公益型鱼礁等。该类型鱼礁的社会效益主要为修复和改善渔业生物栖息环境、提高附近渔民收入、改善渔民生产环境的舒适程度、提供就业机会、繁荣地方经济、提升科研水平、提高公众资源保护意识、促进旅游业、维护渔区稳定等。

2. 休闲游钓型鱼礁

主要由私人企业建造经营，有时由政府和企业共同出资建造而由私人企业来经营管理的鱼礁。该类型鱼礁的社会效益主要为促进旅游业、繁荣地方经济、提高公众资源保护意识、修复和改善渔业生物栖息环境、提升科研水平、提供就业机会、维护渔区稳定等。

3. 资源保护型鱼礁

此类型基本上都是由政府出资建造经营且实行封闭化管理的鱼礁，如广东省的生态公益型鱼礁。此类型鱼礁的社会效益主要为配合国家转产转业政策降低捕捞强度恢复渔业资源、修复和改善渔业生态环境、提升科研水平、提高公众资源保护意识等。

由上述各类型人工鱼礁所包含的社会效益内容可以看出，修复和改善海洋生态环境是其应有之义，并且也为其重要作用之一，其效果可用人工鱼礁的资源环境价值来表示。

二、社会效益评价理论

社会效益评价应在可持续发展理论指导下，运用诸如价值理论、机会成本理论和消费者剩余理论等相关的经济学理论对其进行分析。

（一）可持续发展理论

人类对自然资源无度利用，造成资源的衰竭与生存环境的极度恶化。人类社会如何发展？选取什么样的模式发展？成为人类思考的重要问题。20 世纪中期西方工业化使人类生存环境日趋恶化，欧美学者开始对传统价值观进行反思并发表了相关著作。如 1962 年蕾切尔·卡逊（Rachel Carson）发表了《寂静的春天》，1972 年杜博斯和沃德发表了《只有一个地球》等，由此形成了可持续发展理论的萌芽。1980 年《世界自然保护大纲》首次明确提出了可持续发展的思想与观念。1983 年联合国成立了世界环境与发展委员会（WCED）。1987 年 WCED 发表了《我们共同的未来》，对可持续发展的定义做了明确的阐释，即可持续发展是"既满足当代人的需要，又不对后代人满足其需要的能力构成危害的发展"。联合国第 42 届大会将经济可持续发展观作为经济学与生态学原则，被认为是经济可持续发展，尤其是渔业可持续发展的基础。1992 年世界环境与发展大会通过了《21 世纪议程》，并成立了两个与可持续发展密切相关的组织，即联合国可持续发展委员会和世界可持续发展工商理事会。迄今为止，全球已有 200 个国家与地区制定了本国或地区的 21 世纪议程。许多国家成立了可持续发展组织或机构，开展了一些大型国际合作项目，如国际长期生态研究网络（ILTER）和全球陆地观测系统（GTOS）等。

关于渔业可持续发展，国内外学者也有相关的研究，并对其含义做了较深入的分析。陈新军（2001）认为，渔业资源的可持续利用是指渔业资源既能满足当代人的需要，又不对满足后代人需要的能力构成危害。它是一种经济-自然-社会复合系统的持续性，集中表现在经济持续性、生态持续性和社会持续性三方面。经济持续性是指在保持渔业资源数量与质量及其所提供服务的前提下，使渔业经济发展的利益达到最大的限度；生态持续性是指发展不超过渔业生态环境系统的更新能力，从而确保渔业资源及开发利用程度间的平衡；社会持续性的核心是指渔业资源在当代人之间以及当代与后代之间公平合理的分配。人工鱼礁作为修复海洋生态栖息环境、养护渔业资源的人工设施，已经被世界大多数沿海国家建造投放。我国沿海省份针对近海传统渔业资源接近枯竭，海洋栖息地严重恶化的态势，开展了资源保护型和生态公益型鱼礁的建设。这些人工鱼礁以养护渔业资源、修复海洋栖息地和促进渔业可持续发展为目标，因此对人工鱼礁尤其公益型鱼礁社会效益的评价研究，必须以可持续发展理论为指导才能得出科学的结论。

（二）价值理论

人工鱼礁具有改善海洋生态环境、修复渔业资源的作用，其资源环境价值是其社会效果的重要组成部分。那么，如何来衡量人工鱼礁的资源环境价值呢？从经济学的角度，目前资源环境定价的价值理论主要包括劳动价值论、效用价值论、边际理论、生态价值论和存在价值论等，它们从不同角度阐述了生态环境和自然资源的价值。

劳动价值论认为，没有人类劳动凝结的自然资源没有价值，但可以有价格表现。但是，许多学者认为，自然资源和生态环境价值无法运用传统的马克思劳动价值论来解决。

效用价值论是从人类对物品效用的主观评价或物品满足人类需求的能力角度来解释价值及其形成过程的，效用价值理论很容易解释生态环境与自然资源具有价值的观点，物质性效用、内在的使用价值和外在的有限性或稀缺性，都构成了可以对自然资源进行定价的条件。

边际理论认为，某一物品必须满足既有效用又有稀缺性的条件才有价值，效用与稀缺性相结合构成边际效用，由边际效用决定的价值在理论上称之为"价值"。以奥地利维塞尔为代表的价值论学派认为边际效用定律是价值的一般规律，当需求保持不变时供给越大，边际效用和价值就越小；反之，边际效用和价值就越大。物质的稀缺性与效用的结合，是边际效用与价值形成的必要条件和充分条件。

生态价值论认为，人类是在环境系统的支撑下，通过对环境系统功能的开发和利用求得生存与发展。从环境角度看，生态系统与资源系统都是环境系统。环境系统的价值包括有形的资源价值和无形的生态价值；前者较易量化和货币化，后者存在于社会效益与生态服务功能之中。因此，生态价值是指环境价值中无形的比较虚的功能性的服务价值，生态价值可通过人类支付意愿调查等方法估算。

劳动价值论与效用价值论都认为只有具有使用价值的物品才有价值，而人工鱼礁的提高科研水平、保护生物多样性和提供基因资源等具有非使用价值。如果忽视了这种价值的计算，就会在人工鱼礁社会效益评价中导致严重的失误，进而影响以后的鱼礁建设和管理决策。随着人类文明的进步和社会经济发展水平的提高，人类不但关注自身的生存发展，而且更加注重对生态环境和自然资源价值的认识。由过去纯经济意义的价值取向，逐渐深入到社会、文化、伦理与生态环境等各个价值层面，从而形成了对非使用价值的支付意愿。因此对鱼礁工程的非使用价值进行评价需要以生态价值论作为理论基础。

（三）消费者剩余理论

消费者剩余理论是微观经济学中的重要理论。西方经济学认为，价值是人们对事物的认识、态度、观念与信仰，是人的主观思想对客观事物认识的结果，因此价值是公众的态度、爱好和行为的反映。支付意愿（WTP）是表达人们对事物的爱好的有效指标，是指人们为获取一种商品或一次机会或一种效用或一种享受而自愿支出的货币；它被认为是人们行为价值表达的自动指示器，是一切商品价值表达的唯一合理指标，由消费者实际支出值和消费者剩余组成，即商品（或效用或服务）的价值＝消费者支付意愿＝消费者实际支出值＋消费者剩余，那么消费者剩余＝商品（或效用或服务）的价值－消费者实际支出值。因此，①若消费者剩余可以忽略，则消费者的实际支出等于支付意愿，并且可用消费者对商品的费用支出作为商品的价值，即可以用商品的价格表示商品价值；②当商品价格为 0 时，消费者实际支出值为 0，消费者剩余等于消费者自愿支付的价格（即商品或效用或服务的价值），这适合于不收费的游憩景点和没有市场价格（或市场价格很低）的空气清洁、水质纯净、景观美丽等环境商品的价值评估，例如当前我国浙江省部分休闲游钓型和资源保护型鱼礁。

生态环境与自然资源价值可通过计算消费者自愿支付的价格求得，消费者自愿支付的价格是消费者剩余与消费者实际支出之和。消费者剩余可由计算需求曲线求得，如图 4-73 所示，消费者剩余即为价格以上需求曲线以下的部分。图中 P_2Q_2 为需求曲线，表示消费者购买商品（或效用或服务）的价格与数量；以 M 点为例，OP_2MQ_1 为消费者自愿支付价格，竖线阴影部分 OP_1MQ_1 为消费者以价格 P_1 购买 Q_1 的实际支出费用，横线阴影部分 P_1P_2M 为消费者剩余。由需求曲线可求得消费者剩余，再加上消费者实际支出，即可得到消费者自愿支出，我们可以运用此方法求取人工鱼礁项目的游憩价值。

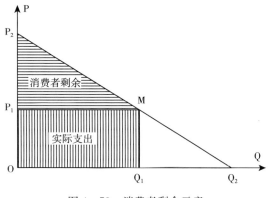

图 4-73 消费者剩余示意

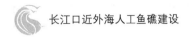

（四）机会成本理论

机会成本（opportunity cost）是微观经济学中的重要概念之一。由于人工鱼礁的资源稀缺性，鱼礁区的休闲游钓者从事游钓行为的选择，制约了他从事其他行为的能力。那么其他行为所能带来的收益（即为选择该项行为所舍弃的收益）就是该选择的机会成本。经济学家罗纳德·科斯（Ronald Coase）将机会成本的定义为"任何一种行为的成本都包括行为主体如不接受特定的决策而可能获得的收益"，即某项决策失去的不作该决策而可能取得的最大收益。需要说明两点：①机会成本并不是实际货币的支出，仅是一种观念上的支出，但可以用货币来表示；②当一种资源有多种用途时，机会成本是可能放弃的最大收益。以人工鱼礁项目为例，某鱼礁在多种用途的选择之下，作为改善生态环境养护资源的收益最低，甚至收益为 0。

以广东省的生态公益型鱼礁为例，此类型人工鱼礁主要用作改善生态环境养护资源，这意味着放弃了很多收益更高的其他用途（如作为游钓场收费等），即机会成本很大。正是由于这种机会成本的存在，"理性经济人"尤其某些私营企业选择了效益更大的使用方式，即建造渔获型鱼礁，虽然利用人工鱼礁的集鱼效果，增加了短期经济效益，但是长期来看可能更加剧了近海渔业资源的衰退。原因是人工鱼礁具有明显的集鱼效果，可使区域外的鱼类和大型海洋动物也云集于鱼礁体周围，若不加保护使之繁育扩大种群，那么鱼礁区渔业产量的提高是以其他海域资源的下降为代价的。

由于海洋渔业资源在保障国家粮食安全，提高人们物质生活水平方面具有越来越重要的作用，如果人工鱼礁的作用不是用来增殖养护渔业资源，那么海洋渔业产业将不可能实现可持续发展，因此短期收益也将难以弥补损失。况且有的渔业资源种类再生能力很弱，一旦被人类利用过度而枯竭，则很难恢复。例如浙江舟山渔场的大黄鱼资源已经接近枯竭，甚至整个捕捞季节都难见野生大黄鱼的踪迹，养殖大黄鱼的价值是难与野生大黄鱼相提并论的。因此，渔获型鱼礁的建设一定要谨慎，鱼礁的监管措施必须完备。

机会成本理论是游憩价值评估的理论基础，因为游憩价值评估时，旅行费用的计算除了实际货币支出以外，还须计算时间成本。时间成本需用时间的机会成本来测算，而不能以货币直接度量。时间的机会成本是指该时间段内从事其他行为的最大收益，在游憩价值评估实践中，常以该时间段的工资收入作为时间的机会成本。

三、社会效益评价方法

国内外的研究表明，人工鱼礁具有改善生态环境、养护渔业资源和提高生物多样性的功能。如何定量评价上述功能所带来的社会效益，是鱼礁效果评价研究的重要组成部分。表征人工鱼礁上述功能的指标很多，其中鱼礁海域的游憩价值是其上述功能的价值的重要体现。所谓游憩是指人们利用休闲时间自由选择在鱼礁海域环境中进行的、以恢复体力和获得愉悦感受为主要目的的所有活动（如垂钓、观光等）的总和。人工鱼礁工程的游憩价值是指因鱼礁投放所产生的该海域游憩价值的增加值。

旅行费用法简称 TCM（travel cost method），亦称旅行成本分析法，作为评估非市场商品（如未明码标价的自然景观或环境资源等）价值的主要方法，已经被国内外广泛应用于休闲娱乐场所、风景名胜区、国家公园、森林和湿地等兼有娱乐及其他用途的地方的价值评估，并且该方法也在不断改进和完善。旅行费用法从发展历程看主要有分区旅行费用法、个人旅行费用法、高级个人旅行费用法和旅行费用区间分析法 4 种模型。

1. 分区旅行费用法

分区旅行费用法简称 ZTCM（zonal travel cost method），是最早的旅行费用法模型，由 Clawson 和 Knetsch 于 1966 年初次建立，后来许多学者不断完善用以评估自然资源的游憩价值。ZTCM 模型的特点是评估理论较成熟，参与分析的数据都是区域一级的（假设同一区域的游客偏好相同、旅行费用相等等），能较好地反映区域的社会经济结构，但评估成本较大。ZTCM 模型的应用一般可分为 6 个步骤：

（1）问卷调查和样本选择　调查问卷需要根据回归模型所需的变量来设计，ZTCM 的自变量为社会经济条件与旅行费用等，因变量为各分区的出游率。因此，问卷内容一般包括分区的年游客数量、每个游客的职业、收入和各项旅行费用等，然后按照景点的客源范围及总游客数量确定样本大小。样本量可以根据 Scheaffer 抽样公式 $N'=N/[(N-1)\delta^2+1]$ 确定，式中 N' 为样本数，N 为年游客数，δ 为抽样误差。在调查问卷分析中，空白问卷、数据离奇问卷和前后矛盾问卷一般均应视为无效问卷并予以剔除。

（2）对客源地进行分区　ZTCM 按照行政区划对游客进行分区，在样本数据足够多的情况下，理想的分区结果是将游客划分为 20~30 个行政区域。

（3）计算各分区到景点的出游率和区域平均旅行费用　出游率 $Q_i=V_i/P_i$，式中 V_i 是 i 分区到目标景点的年游客数量，P_i 是 i 分区的年末总人口数。旅行费用主要包括食宿费、交通费用、门票费用与时间成本等费用。

（4）建立回归模型　以出游率为因变量，以旅行费用、旅游替代向量和社会经济向量为自变量建立回归函数，函数可以用 $Q_i=f(TC_{ij}, SUB_i, SOC_i)$ 形式表示，式中 Q_i 表示各分区的出游率，TC_{ij} 表示 i 分区到景点 j 的平均旅行费用，SUB_i 表示旅游替代向量，SOC_i 是社会经济向量。回归函数一般为线性函数、指数函数等，选择拟合效果最好的函数作为估算模型。

（5）确定各分区的游憩需求曲线与消费者剩余　依据回归模型求得需求曲线，再由需求曲线求取各分区的消费者剩余，消费者剩余根据价格以上需求曲线以下部分面积的积分来求取。

（6）计算总消费者剩余和总支付意愿 由各分区消费者剩余求和得到总消费者剩余，总消费者剩余与总旅行费用求和可得总支付意愿，即旅游景点的游憩价值。$TTV = \sum CS(i) + \sum C(i) \cdot V(i)$，式中 $C(i)$ 为 i 分区游客的旅行费用，$V(i)$ 为 i 分区到旅游景点的年游客数量，$CS(i)$ 为 i 分区的消费者剩余，TTV 为旅游景点的游憩价值。

2. 个人旅行费用法

个人旅行费用法简称 ITCM（individual travel cost method），是 1970 年代创立的一种新的旅行费用模型 TCM。ITCM 与 ZTCM 有所不同，该模型用于回归的数据是以个人或家庭样本作为估算基础。Brown 和 Nawas 于 1973 年提出为避免 ZTCM 假设条件造成的误差，提高对游憩价值估计的有效性，应该在个人样本的基础上进行估算。此后，许多学者在这一思路启发下进行研究，从而形成了 ITCM，并逐渐成为 TCM 的主要评估模型之一。ITCM 的特点是以个人或家庭样本为估算基础，考虑了数据的内在变化，而不是依靠对区域数据的聚合，因此在统计上更有效，并且应用较少的调查数据即可求解出旅行函数，节约了调查成本与计算成本，但存在诸如样本出现截尾、零访问样本丢失等计量问题，应用的前提条件为旅行次数必须具备足够的离散性。ITCM 模型的应用一般可分为 4 个步骤：

（1）问卷调查和样本选择 问卷设计内容包括特定时间内游客到目标景点的旅游次数、旅行费用和社会经济数据（如物价水平与收入水平等），ITCM 的样本量可由 Scheaffer 抽样公式计算。值得注意的是，选用 ITCM 评估前，需要考虑目标景点的重游率，因为 ITCM 对旅游次数有较高要求，即旅游次数必须离散。如果目标景点的重游率低，那么游客的旅游次数也较低，所以运用 ITCM 难以进行有效评估。在调查问卷分析中，空白问卷、数据离奇问卷一般均应作为无效问卷予以剔除。

（2）计算各游客的旅行费用 根据问卷调查结果，将各个游客交通费、餐饮费、住宿费、旅游门票费、购物费、摄影、录像等所有支出费用，以及因旅游期间不能工作而产生的机会成本等，进行相加计算可得旅行费用。

（3）建立回归模型 以特定时间内 i 个体到 j 旅游地的旅游次数作为因变量，以旅行费用、旅游替代向量及社会经济向量等为自变量，建立 ITCM 模型，模型可以采用指数、线性和自变量为对数多种方式拟合回归。ITCM 的回归函数形式为 $V_{ij} = f(TC_{ij}, SUB_i, SOC_i)$，式中 V_{ij} 表示特定时间内 i 个体到 j 旅游地的旅游次数，TC_{ij} 表示 i 个体到 j 旅游地进行一次旅游的旅行费用，SUB_i 表示 i 个体的旅游替代向量，SOC_i 是 i 旅游者社会经济向量。

（4）计算消费者剩余与总支付意愿 根据拟合效果确定回归函数进而求解需求曲线，由消费者需求曲线计算人均消费者剩余，并按照旅游景点的年游客数量估算总消费者剩余和总支付意愿，最后计算求得景点游憩价值。

3. 高级个人旅行费用法

TCM 研究一般通过现场问卷调查的方式来收集样本，这样收集到的信息在被用于

ITCM 的分析时出现了一些问题。这是因为现场问卷调查所获样本具有如下特点：①非负整数性，因变量（一定时期内到某旅游地的旅行次数）只能是一个非负整数；②零截断性，只有那些至少去过一次的游客可能被包含于样本中，而那些一次都没去过的游客的信息没有被考虑；③内生分层性，即到作为研究目标的旅游地频率越高的游客越有可能被收集到样本内。

上述问题在 ITCM 应用时逐渐凸现出来，因此，截断模型、离散模型以及截断离散模型等高级的计量经济模型被国外学者引入作为解决之道，随之应运而生的那些模型被称为高级个人旅行费用法简称 ATCM（advanced ITCM）。Creel 和 Loomis 最早在 1990 年进行该方面研究，介绍了两种常用的截断离散模型，即截断泊松模型（truncated poisson model）和截断负二项模型（truncated negative binomial model）；与传统模型的估算结果进行比较，两个截断离散变量模型的估算结果很接近，但要远远小于其他模型的估算结果。Liston-Heyes 和 Heyes 在 1999 的研究结果也得到了相似的结论。

4. 旅行费用区间分析法

旅行费用区间分析法简称 TCIA（travel cost interval analysis），是在传统旅行费用法的基础上，对分区方式进行改进的一种评估方法。该方法以旅行费用划分区间并计算每个费用区间游客的出游意愿，以对应的费用区间为自变量，以每个区间游客的旅游需求为因变量构建回归模型，从而求解需求曲线并估算消费者剩余和总支付意愿。其基本假设是每个游客均为"理性经济人"，即每个人均会追求收益最大化或者成本最小化，因此，旅行费用较高的游客愿意以较低的旅行费用进行旅游。例如，旅行费用在 $[100\sim+\infty]$ 区间的游客都会愿意以 $[0\sim100]$ 区间的费用进行旅游，因此在 $[0\sim100]$ 的费用区间内全部游客均愿意参加旅游，那么此区间的旅游需求为 100%；同理可计算每个旅游费用区间内游客数量和单个游客的旅游需求，从而建立单个游客旅游需求和旅行费用区间的数学函数关系式。根据所建函数关系式推导需求曲线，计算单个游客的消费者剩余，进而求得总支付意愿和总消费者剩余。TCIA 的应用一般可分为 5 个步骤。

（1）问卷调查和样本选择　根据旅行费用分区，旅行费用应包括交通费用、游乐费、门票费、食宿费、时间机会成本与其他相关费用，样本大小由 Scheaffer 公式计算确定。样本搜集后须剔除无效样本，以保证旅行费用样本数据的真实性。

（2）计算旅行费用并划分区间　计算每个游客的总旅行费用，并按照由小到大的顺序排列，选择合适的分隔区间。区间数量可据实际情况而定，一般以 20 个以上为宜。

（3）计算每个区间的旅游需求量与旅游需求率　按照旅行费用分区后，统计每个区间的实际游客数量，按"理性经济人"假设计算每个区间的旅游需求量和旅游需求率。

（4）建立回归模型　以旅行费用区间、社会经济向量等为自变量，旅游需求率为因变量，建立回归模型，模型形式为 $Q_{ij}=f(TC_{ij}, SUB_i, SOC_i)$，式中 Q_{ij} 表示特定时间内 i 个体到 j 旅游地的旅游需求率，TC_{ij} 表示 i 个体到 j 旅游地旅游一次的旅行费用，

SUB_i 表示 i 个体的旅游替代向量，SOC_i 是 i 旅游者社会经济向量。

（5）计算消费者剩余与总支付意愿　通过线性、对数、指数等多种方式建立回归模型，根据拟合效果确定回归模型求解需求曲线，由需求曲线计算人均消费者剩余，并按照研究景点的年游客数量估算总消费者剩余和总支付意愿，最后求得旅游景点游憩价值。

四、人工鱼礁工程游憩价值评价

人工鱼礁工程的游憩价值是指因鱼礁投放所产生的该海域游憩价值的增加值，主要受游客游憩兴趣的影响。据调查，游客游憩兴趣主要由鱼礁区的鱼类种类、数量、个体规格和礁区景观等因素决定。不同的鱼礁结构、设置方式和生境特征与鱼礁区的鱼类等生物资源结构及其捕捞利用方式（可视为景观）等有一定的关联性，从而影响游客游憩兴趣，进而决定着鱼礁工程游憩价值的高低。因此，人工鱼礁工程游憩价值在一定程度上可以反映鱼礁结构和设置方式的优劣，进而反映鱼礁生态改善效果的好坏，但关于鱼礁工程游憩价值的研究并未见公开报道。

旅行费用法 TCM 是估算游憩价值的主要方法之一，近年来国内学者也将此方法用于森林、旅游风景区和自然保护区的环境旅游价值的估算。人工鱼礁海域具有休闲娱乐场所和旅游风景区的特征，故可以运用旅行费用法估算鱼礁工程的游憩价值。我们根据社会调研资料，对浙江嵊泗鱼礁工程的游憩价值进行估算，希冀对鱼礁工程建设效果评价的理论与方法研究有所裨益，为有关的渔业行政主管部门和鱼礁监管单位的相关决策提供理论依据。

（一）评价方法体系构建

1. 数据来源

数据主要来源于 2008 年 8 月 6—10 日在浙江嵊泗县辖区内的马鞍列岛、客运码头和旅行社的调研资料。其中游客取样采用现场随机抽样访问方法，为提高调查的科学性和合理性，调查采用当面询问并解释、当面回答的方式，随机调查 33 人。调查内容：①游客基本情况，包括来源省市、教育程度、职业和收入等；②旅游基本情况，包括旅行费用、到嵊泗的旅游次数、旅游目的地等。据嵊泗旅行社统计，2008 年 8 月份在人工鱼礁区的游钓人数约 900 人，调查样本约占月游客总数的 3.67%。另据鱼礁监管单位浙江海盛养殖公司的资料，2008 年在鱼礁区游客约 7 500 人，调查样本约占年游客总数的 0.44%。

2. 游憩价值的估算

风景资源的游憩价值包括消费者支出和消费者剩余两部分，人工鱼礁工程的游憩价值属风景资源的游憩价值范畴。因此，鱼礁工程游憩价值也包括消费者支出和消费者剩余两部分。消费者支出是指游客旅行总费用的实际支出，包括交通、食宿和游钓费等服务费，还有旅行时间花费和其他附属费用。消费者剩余是指游客愿意为某项服务或某件商品支付的费用与实际支付的费用之间的差额。

（1）估算模型　运用旅行费用法 TCM 估算鱼礁工程的游憩价值，TCM 法包括分区旅行费用法 ZTCM、个人旅行费用法 ITCM、高级个人旅行费用法 ATCM 和旅行费用区间分析法 TCIA 这 4 种模型。其中，ZTCM 模型假设来自同一地区的游客的旅行费用相等而忽视了同一地区游客旅行费用的差别，这与浙江嵊泗鱼礁海域调查的实际情况不符；ITCM 和 ATCM 模型虽然突出了游客个体消费差异，但要求因变量（旅游次数）有一个比较显著的变化范围，以保证得到有效的估计，但嵊泗人工鱼礁海域的样本数据"因变量离散不足"，不能满足这一要求；而 TCIA 模型根据调查计算的游客旅行费用来划分游客的集合，这样不仅使每个集合中的游客具有相等或相近的旅行费用，也可克服因变量离散不足的缺陷，因而被采用于本案例。

TCIA 模型的具体计算方法如下：①费用区间划分：设调查的游客总样本数为 N，按旅行费用将游客分配在 $n+1$ 个区间，即 $[C_0，C_1]$，$[C_1，C_2]$，…，$[C_i，C_{i+1}]$，…，$[C_{n-1}，C_n]$，$[C_n，+\infty]$；②费用区间旅游需求及概率的计算：每个区间的游客数分别为 N_0，N_1，…，N_i，…，N_n，$N=\sum N_i$（$0 \leqslant i \leqslant n$）。第 i 个费用区间的每个游客都愿意在旅行费用等于 C_i 时进行一次旅游；显然在旅行费用等于 C_i 时愿意进行本次旅游的游客数目不仅仅是 N_i，还包括那些愿意支付更高费用的游客，因此在旅行费用为 C_i 时样本游客的旅游需求 $M_i=\sum N_j$（$i \leqslant j \leqslant n$）；取 $P_i=M_i/N$，表示在旅行费用为 C_i 时这 N 个游客中愿意进行旅游的比例；假设这 N 个游客具有相同的旅游需求，于是可以认为在旅行费用为 C_i 时每一个游客进行一次旅游的概率等于 P_i；③游客个人意愿需求曲线的拟合：令 $Q_i=P_i$，定义 Q_i 是每个游客在价格为 C_i 时的意愿旅游需求（暗含的假设是游客的意愿旅游需求小于 1 并且无限可分），对 C_i 和 Q_i 进行函数拟合得到游客个人的意愿需求曲线，利用该曲线即可以进行所需的评估。

对游客的需求函数的模拟目前主要使用三种形式的计量经济模型，即线性回归（$Q_i=\beta_0+\beta_1 C_i$）、被解释变量取自然对数的半对数回归（$\ln Q_i=\beta_0+\beta_1 C_i$）、所有变量都取自然对数的全对数回归（$\ln Q_i=\beta_0+\beta_1 \ln C_i$）。

（2）消费者剩余估算　在进行消费者剩余的估算时，上述三种估计方程以半对数模型方程的显著性和变量的显著性为最好，但是，半对数模型方程对于远距离花费高的游客更为合理，因为这部分游客很可能有较高的收入，空闲时间多且负担得起高昂的旅费。如果把浙江嵊泗附近的游客（这部分游客主要来自嵊泗列岛、上海市等距离嵊泗鱼礁海域较近且重游率高的地区）做同样处理，则旅游价值很可能被估计过高。鉴于此，我们提出分组旅行费用区间分析计算方法，即将全部样本游客分为两组，A 组为旅行费用低于 500 元的游客，B 组为旅行费用高于 500 元的游客。通过调查发现，A 组游客均来自浙江嵊泗列岛和上海市，选择嵊泗鱼礁海域作为旅游游钓观光地，主要因其距离短、旅行费用低廉，可当日或次日返回，不影响正常工作，并且该海域岩礁型鱼类较多，游钓时有成就感，达到了休假日放松心情、陶冶情操的目的，该组游客重游率高。B组游客绝大多数第一次到嵊泗鱼礁海域游钓，且重游率极低。因此在消费者剩余的计算中，我们对 B 组游客使用半对数模型方程，即 B 组游客的消费者剩余 $CS_i = N_i \int_{C_i}^{\infty} e^{\beta_0 + \beta_1} C \, dC$，则 B 组游客的总消费者剩余为：

$$CS_{total} = \sum_{i=0}^{n} CS_i = \sum_{i=0}^{n} N_i \int_{C_i}^{\infty} e^{\beta_0 + \beta_1} C \, dC \tag{1}$$

A 组游客需求曲线取线性模型方程，即 A 组游客的消费者剩余 $CS_i = N_i \int_{C_i}^{-\beta_0/\beta_1} (\beta_0 + \beta_1 C) \, dC$，则 A 组游客的总消费者剩余为：

$$CS_{total} = \sum_{i=0}^{n} CS_i = \sum_{i=0}^{n} N_i \int_{C_i}^{-\beta_0/\beta_1} (\beta_0 + \beta_1 C) \, dC \tag{2}$$

（3）消费者支出估算　消费者支出即游客旅行费用的计算是游憩价值估算的重要一环，消费者支出计算公式为：

$$C = \{ [DC + EC + (k \times 2 \times D \times Y/30)] / (u+1) \} + k \times (N-1) \times Y/30 \tag{3}$$

式中 DC 为游客的旅游费用，包括交通费、餐饮费、住宿费、游钓费等；EC 为其他花费，包括购物费、摄影、录像花费；k 为时间机会成本系数；D 为游客从出发地到达嵊泗的天数；Y 为游客个人月收入；N 为游客在嵊泗的过夜数；u 为游客本次旅游除嵊泗外，到其他旅游地的数目。

公式（3）应用于本案例时做如下说明：①在对时间变量的处理上，认为游客可以在旅游时间和收入之间进行自由替代，即旅游时间的价值可用机会工资成本替代，不同的研究者对机会工资成本有不同的取法，这里取工资率的 40% 作为时间机会成本系数。②浙江嵊泗鱼礁海域位于浙江省，浙江省旅游资源非常丰富，因此到嵊泗鱼礁海域的外地长距离游客通常具有多个目的地，对于具有这一特点的游客采用最简单的处理办法，即将公共的旅行费用按旅游地数目均分。

3. 游憩价值的修正系数

人工鱼礁工程游憩价值也是鱼礁生态系统服务价值的组成部分，其高低与社会发展阶段具有密切的联系。在不同社会发展阶段，人们对生态环境的舒适性服务的需求和对生态环境重视的程度会有所不同，从而影响着生态系统服务价值的实现程度和鱼礁工程的游憩价值。为了较准确地反映现阶段人们对人工鱼礁工程游憩价值的支付意愿，我们采用社会发展阶段系数进行修正。社会发展阶段系数的计算方法为：

$$l = \frac{1}{1 + e^{-(t'-x)}} \tag{4}$$

式中 l 为生态环境价值发展阶段系数，t' 为恩格尔系数的倒数，x 为横坐标位移数。

根据不同经济发展水平下人们对生态系统服务价值认识发生变化的趋势，确定人们在哪个阶段对生态系统服务价值的重视程度迅速提高，对环境的关注发生跃迁。即在恩格尔系数为 $m\%\sim n\%$（$m>n$）阶段，发展阶段系数的变化值 $[\Delta l_{n\%\sim m\%}=\dfrac{1}{1+e^{-(\frac{1}{n\%}-x)}}-\dfrac{1}{1+e^{-(\frac{1}{m\%}-x)}}]$ 取得极大值，据此可确立位移 x，再据公式估算发展阶段系数。根据嵊泗人工鱼礁海域的实际情况，这里 x 值取 8/3。

（二）结果与分析

1. 游客社会特征

游客的社会特征包括年龄、文化程度、职业、收入和偏好等。对获取的感知映象、行为动机与决策、实际行为进行分析，在目的地的时空分布格局研究中有决定性意义。

旅游主体的空间结构即客源地特征，主要表现为来嵊泗鱼礁海域的游钓游客以来自嵊泗列岛和上海市为主，大约占游客总数的 72.7%，旅游者家庭月收入（与个人月收入相比，家庭月收入更能综合反映对游客出游率的影响）特征表现为月收入在 5 000~7 000元之间比重最大，占 57.5%，基本体现了嵊泗和上海市普通家庭的收入水平。游客年龄特征表现为 35~44 岁游客比重最大，约占 64%；24 岁以下的消费者多为学生或刚工作的低收入人群，且尚无积蓄，大部分除做短程旅行外，无力承担长途费用。在文化程度方面，大学程度的游客比重最大，约占 49%。通过调研发现，游客文化程度越高，出游距离通常越远，越愿意参加亲海型观光和游钓休闲；而教育程度低的低收入游客，一般选择近距离出游景点，很少参加长途或高消费的旅游活动。游客性别特征表现为男性显著偏高，占 90.9%，这可能与海上休闲游钓的特点有关。

2. 游憩价值

（1）旅行费用区间处理　根据旅行费用区间分析法 TCIA 对旅行费用进行区间处理，并求出在各区间旅行费用时样本游客的旅游需求 M_i、样本游客中愿意旅游的比例 P_i 及每个游客的意愿旅游需求 Q_i，如表 4-48 所示。

由表可知，当旅行费用在 250 元时，样本游客愿意到嵊泗鱼礁海域休闲游钓的比例为90.91%；当旅行费用升至 500 元时，样本游客愿意休闲游钓的比例直降为 42.42%；当旅行费用升至 1 000 元时，则该比例降为 12.12%；当旅行费用达到 1 500 元时，样本游客愿意休闲游钓比例则仅有 3.03%。旅行费用与样本游客愿意旅游比例之间的变化关系，反映了嵊泗人工鱼礁海域提供的旅游风景品质和旅游服务质量。经调查分析得知，当鱼礁海域旅游费用在 250 元及以下时，游钓人员绝大多数是浙江嵊泗鱼礁海域周边嵊泗列岛人员，当费用在 250~500 元（不包括 500 元）时，样本游客主要为距离浙江嵊泗较近的上海市及周边的人员，以上人员重游率很高。当费用在 500 元及以上时，样本游客来自江西、安徽、江苏、河南、山东、河北、山西等地,这些游客绝大多数是首次到嵊泗,重游率很低。

表4-48 嵊泗人工鱼礁海域游客整体样本调查分段结果

$[C_i,\ C_{i+1}]$（元）	N_i	M_i	P_i（%）	Q_i
0～199.9	1	33	100.00	1.00
200～249.9	2	32	96.97	0.97
250～299.9	4	30	90.91	0.91
300～349.9	4	26	78.79	0.79
350～399.9	2	22	66.67	0.67
400～449.9	3	20	60.61	0.61
450～499.9	3	17	51.52	0.52
500～599.9	3	14	42.42	0.42
600～699.9	2	11	33.33	0.33
700～799.9	2	9	27.27	0.27
800～899.9	2	7	21.21	0.21
900～999.9	1	5	15.15	0.15
1 000～1 199.9	2	4	12.12	0.12
1 200～1 499.9	1	2	6.06	0.06
1 500～+∞	1	1	3.03	0.03

（2）消费者支出 消费者支出即游客的旅行费用,包括旅游费用如交通费、餐饮费、住宿费、游钓费等,其他花费（如购物费、摄影、录像花费等）和时间花费。根据消费者支出计算公式以及调查的基本参数（表4-49）,计算得到样本游客旅游费用支出（SC）为23 764元,单位样本游客旅行费用支出为720.13元。根据鱼礁监管单位嵊泗县海盛养殖有限公司的调查,鱼礁投放后海域每年增加吸引游客垂钓约4 500人次,则可计算得出鱼礁工程或鱼礁海域增加的总消费者支出约324.06万元（＝720.13元/人×4 500人）。

表4-49 嵊泗人工鱼礁海域游客费用支出评估参数

项目	DC（元）	EC（元）	D（d）	Y（元）	N（d）	u（unit）*
范围	120～1 000	25～500	1～3	900～8 000	1～3	0～2
平均值	526.36	252.42	1.73	4 845.5	2.45	0.6

注：DC表示游客的旅游费用；EC表示其他花费；D表示游客从出发地到目的地的天数；Y表示游客个人月收入；N表示游客在目的地的过夜数；* u为消费者支出计算公式中的u,表示游客除该景点外去其他景点的个数。

（3）消费者剩余 由前述嵊泗人工鱼礁海域的游客实际情况,根据分组旅行费用区间分析计算方法，对表 4-49 数据按旅行费用 500 元作为分组标准，将游客分为 A 组（旅行费用<500 元）和 B 组（旅行费用≥500 元），分别如表 4-50 和表 4-51 所示。

表 4-50 嵊泗人工鱼礁海域游客样本（<500 元）调查分段结果

$[C_i, C_{i+1}]$ (元)	N_i	M_i	P_i (%)	Q_i
0~199.9	1	19	100.00	1.00
200~249.9	2	18	94.74	0.95
250~299.9	4	16	84.21	0.84
300~349.9	4	12	63.16	0.63
350~399.9	2	8	42.11	0.42
400~449.9	3	6	31.58	0.32
450~499.9	3	3	15.79	0.16

表 4-51 嵊泗人工鱼礁海域游客样本（≥500 元）调查分段结果

$[C_i, C_{i+1}]$ (元)	N_i	M_i	P_i (%)	Q_i
500~599.9	3	14	100.00	1.00
600~699.9	2	11	78.57	0.79
700~799.9	2	9	64.29	0.64
800~899.9	2	7	50.00	0.50
900~999.9	1	5	35.71	0.36
1 000~1 199.9	2	4	28.57	0.29
1 200~1 499.9	1	2	14.29	0.14
1 500~+∞	1	1	7.14	0.07

对 A 组游客数据（表 4-50）进行意愿需求 Q_i 与旅行费用 C_i 的线性回归，对 B 组游客数据（表 4-51）进行意愿需求 Q_i 与旅行费用 C_i 的半对数回归，结果为：

$$A 组：Q_i = -0.002C_i + 1.171\ 9 \tag{5}$$

［相关系数 $r = -0.909\ 9$，$P = 0.004\ 5 < 0.01$，$F(1, 5) = 24.04 > F_{0.01}(1, 5) = 16.26$］

$$B 组：\ln Q_i = -0.002\ 7C_i + 1.430\ 5 \tag{6}$$

［相关系数 $r = -0.997\ 6$、$P = 0.000\ 1 < 0.01$，$F(1, 6) = 1\ 220.89 > F_{0.01}(1, 6) = 13.75$］

根据公式（4）和公式（5）可得 A 组样本游客的消费者剩余为 1 690.30 元，根据公式（4）和公式（6）可得 B 组样本游客的消费者剩余为 3 074.19 元，故总的样本游客消费者剩余为 4 764.49 元，单位样本游客消费者剩余为 144.38 元。再根据鱼礁海域每年增加吸引游客垂钓约 4 500 人次，则可计算得出人工鱼礁工程的总消费者剩余约 64.97 万元。

（4）游憩价值估算与修正　游憩价值为消费者支出与消费者剩余之和。根据上述计算的消费者支出和消费者剩余的值可以得出，2008 年嵊泗人工鱼礁工程的游憩价值为 389.03 万元。由于人工鱼礁工程的游憩价值的大小及实现程度与社会发展阶段密切相关，根据有关资料可知，2008 年浙江省城镇居民的恩格尔系数为 36.40%，由公式（4）以及 $x = 8/3$ 可得社会发展阶段系数 l 为 0.520 1，则修正后的游憩价值约为 202.33（= 389.03 × 0.520 1）万元。

（三）讨论

在对人工鱼礁工程游憩价值进行估算时，消费者剩余的估算是其重要环节，而对游客的意愿需求 Q_i 与旅行费用 C_i 采用不同的分析方法所得的消费者剩余结果可能相差很大。对于嵊泗人工鱼礁工程的游憩价值，我们运用分组旅行费区间分析法，估算得到消费者总剩余约为 64.97 万元；若采用传统的旅行费用区间法估算，即对表 4-48 数据进行游客意愿需求 Q_i 与旅行费用 C_i 的半对数回归，结果就变成 $\ln Q_i = -0.002\ 6C_i + 0.436$ ［相关系数 $r = -0.991\ 3$，$P = 0.000\ 1 < 0.01$，$F\ (1,\ 13) = 739.88 > F_{0.01}\ (1,\ 13) = 9.07$］，求得消费者剩余约为 82.02 万元。该值比分组旅行费区间分析法估算值高出 17.05 万元，原因是传统的旅行费用区间法对重游率低的景区的游憩价值估算精度较高。然而，根据调查资料显示，浙江嵊泗列岛和上海市附近的游客每年均有数次到嵊泗人工鱼礁海域从事游钓活动，因此对这部分旅行费用较低、重游率高的游客的消费者剩余，采用与其他游客统一的半对数回归，导致计算结果偏高，而对该部分游客采用线性回归方式进行单独估算，则其结果更加谨慎且贴近实际情况。

游客对游憩价值的认识、重视程度和为其进行支付的意愿，是随经济文化水平的发展而提高的，因此鱼礁工程游憩价值的大小也是变化的，这里估算的嵊泗人工鱼礁工程年游憩价值约 202.33 万元，只对现阶段鱼礁工程的效益核算与监管具有较高的参考价值。

人工鱼礁建设单位对鱼礁海域的历史文化的发掘和宣传程度，对休闲游钓、海面和海底的观光景点的建设力度，以及对鱼礁海域监管的科学性等，在一定程度上也影响着人工鱼礁工程游憩价值的大小。浙江嵊泗列岛历史悠久，新石器时代岛上就有先民居住，春秋战国时已是舟楫飞舞、人鱼交欢的海上热土，因此加大嵊泗鱼礁海域的历史文化发掘和宣传力度，加强鱼礁海域游钓观光景点等基础设施建设，规范鱼礁海域管理，对提高鱼礁工程的生态服务功能和游憩价值具有现实意义。

第五章
人工鱼礁管理
探索与实践

人工鱼礁在我国作为近海栖息地生态修复和渔业资源养护工程的建设项目，目前大致可分为政府主导型和企业主导型两种模式。前者是指人工鱼礁的规划与选址、资金安排与使用、实施方案制定与论证、工程招标与建设等重大事宜，纳入政府工作计划并由主管部门筹划和安排；后者则以企业投资为主，政府提供政策支持和一定比例的经费引导为辅，在政府完成海域使用论证、环境评价等工程项目常规的环节后，由企业实施。

长江口近外海建设的人工鱼礁基本上都属于政府主导型，这主要是因为该海域的人工鱼礁建设，其增殖养护目标主要是鱼类，移动范围往往超出人工鱼礁建设范围，难以控制在特定的水域内，因此难以对人工鱼礁建设的海域进行确权，建设效果更多体现的是公益性，即人工鱼礁建设的渔业资源增殖养护效果被众多的从渔者、休闲旅游者、海钓人员等利用。因此，对这类人工鱼礁管理的难度较大，目前还处于探索和实践之中。

本章围绕当前长江口近外海域人工鱼礁管理方面的主要问题，从人工鱼礁建设的过程管理、人工鱼礁建设后的管理、信息技术在长江口近外海域人工鱼礁管理中的应用以及人工鱼礁管理案例等方面对相关管理理论和实践进行总结。

第一节　人工鱼礁建设过程管理

人工鱼礁建设过程的管理包括立项管理和技术管理两部分。政府主导型人工鱼礁建设的立项管理，一般由当地行政主管部门根据上级的安排，以及当地的建设目标进行立项申报；任务下达后报当地发改委备案，再委托人工鱼礁技术研发单位进行工程可行性报告和实施方案的编制，并针对工程可行性报告和实施方案的内容，委托相关部门进行海域使用论证和环境评价，以及组织专家组进行论证，形成最终的人工鱼礁建设实施方案。在此基础上，通过工程招标，委托建设单位进行人工鱼礁的礁体制作、运输投放等。而技术管理则包含鱼礁空方总量估算、养护种类筛选、鱼礁建设选址、礁体选型与设计优化、礁群配置组合等，基本上都体现在工程可行性报告和实施方案中，由专家组论证把关。

一、人工鱼礁建设的立项审批

目前，政府主导的人工鱼礁建设多数由财政专项支持，人工鱼礁建设项目的落实多由县市级的海洋与渔业管理部门完成，立项申报工作根据上级部门的人工鱼礁建设规划开展。项目获批后，县市级海洋与渔业管理部门还需要组织方案论证（包括工程可行性报告、海域使用论证报告、环境评价报告等），并进行建设招标、过程监督和验收。人工鱼礁建设的基本要求由省级或农业部渔业局发布、明确，建设项目的确定从沿海各省（直辖市）向上一级申报的项目中进行择优选定。

（一）明确人工鱼礁建设的基本要求

按照生态文明建设要求，省级及以上海洋与渔业管理部门应根据管辖海域的特点，编制适合自身管辖海域的人工鱼礁建设规划，对超出管辖海域的人工鱼礁规划项目应建立联通、联动机制，联合上报、共同立项审批。一般讲，海洋与渔业部门应从以下几个方面对人工鱼礁建设提出基本要求。

1. 符合建设规范

首先，选址要规范，人工鱼礁建设海域必须符合国家和省市及当地有关建设规定。在审批过程中，审批者应首选审核申报方案的选址是否避开了重要航道、商贸港区、锚地、河口、军事禁区、海底通信线缆、石油管道等重要区域。此外，海底淤积严重区、水土流失严重区域等区域都不应建设人工鱼礁。

其次，人工鱼礁建造材料要满足环保要求，礁体设计与建造材料要生态环保，可以利用报废船舶等废旧物作为礁体材料，但投放前需进行无害化处理，达到环保要求后方可投放。严禁将有毒、有害或者其他可能污染海洋环境的材料用作人工鱼礁礁体。

2. 明确用海方式

人工鱼礁建设项目用海方式包括透水构筑物用海和开放式用海。人工鱼礁礁体占用部分，用海方式属于透水构筑物用海，礁体之间特别是大型鱼礁群之间，以及它们的外围部分，用海方式属于开放式用海。

3. 海域使用金管理

一般的，应对非政府主导的非公益性人工鱼礁建设项目征收海域使用金。海域使用金额按照不同用海方式的征收标准和用海面积分别计算，在核定海域使用年限内逐年征收。符合国家有关海域使用金减免规定的生态改善型人工鱼礁，经申请批准后给予减免。不按时交纳海域使用金，应根据相关规定收取滞纳金；针对由于项目建设造成的经济和生态损失，管理部门应建立相应生态补偿制度。

（二）评价人工鱼礁项目的建设方案

各申请单位应按照海洋与渔业管理部门发布的建设要求，合理编制、按时提交人工鱼礁项目建设方案。建设方案提交后，管理部门应组织行业专家对人工鱼礁建设方案进行可行性论证和科学评价，包括海域使用论证、环境影响评价、具体实施方案等。对于企业申报的人工鱼礁建设项目，还应随同项目申请文件一并提交投资者身份证明、企业业绩、建设资金来源等信息。

（三）审批时间及公告

省海洋与渔业行政主管部门应当在收到申请之日起 20 个工作日内决定批准或者不批准；不予批准的，应当书面说明理由。在批准人工鱼礁建设前应将建设单位、鱼礁位置等进行公告。

二、实施方案和海域使用论证

（一）人工鱼礁建设实施方案的制定

人工鱼礁实施方案是建设人工鱼礁的重要环节，关系到人工鱼礁工程建设质量。实施方案编制原则主要包括：

①操作性：实施方案涉及人工鱼礁的具体建设过程，包括礁体类型及建造、建设周期、工程进度安排及后期评价等，具有指导实际建设过程的作用，实施方案的可操作性要强，从而保证人工鱼礁建设可以按照实施方案来进行。

②指向性：实施方案中要明确指出使用什么类型的礁体、所选择类型礁体的优点、礁体大小等，对所选礁体类型各方面信息情况的描述具有明确的指向性。

③合理性：实施方案一定要根据鱼礁建设目的，统筹人类活动和自然生态条件，进行合理的鱼礁建设安排。

④科学性：实施方案应综合国内外相关研究进展，方案编制基于科学的理论基础，并对建设后的成效进行科学评价。

在上述原则的基础上，完整的人工鱼礁建设实施方案应包括人工鱼礁建设背景介绍、任务说明、所选礁体类型和布局、技术路线、组织实施方式、后期管理措施等内容，从各方面详细描述人工鱼礁的整个建设环节。

人工鱼礁实施方案一般在人工鱼礁项目立项后、人工鱼礁建设之前进行设计和编制；在实施方案提交后，管理部门需组织相关专家对其进行论证，指出实施方案中的不足并提出改进建议和措施。实施方案经过论证后，编制单位要及时进行修改、补充和完善。

（二）海域使用论证

为符合人工鱼礁建设规范，提高海域使用的科学性，海域使用论证是人工鱼礁建设投放前必不可少的一个环节。海域使用论证应当遵循公开、公平、公正的原则，由市、县两级人民政府海洋行政主管部门依据管辖海域人工鱼礁建设规划，严格按照海域使用论证技术规范和标准，对整体海域进行使用论证。

海域使用论证报告应包含报告书正文及资料来源说明等附件材料。基于生态角度的考量，海域论证报告应当在详细了解和掌握人工鱼礁建设项目所在海域海洋生物资源、生态环境及其开发利用现状的基础上，科学客观地分析、论证和评价项目使用海域的必要性；充分调查分析项目用海选址、方式、面积、期限的合理性，项目用海与海域功能（中长期）规划的符合性，项目用海与利益相关者的协调性以及项目用海潜在的不利影响，论证报告应提出项目用海的对策和建议，形成海域使用的定论和使用报告。

接受委托提供海域使用论证技术服务的单位，应当取得《海域使用论证资质证书》，在资质证书有效期和规定的论证范围内从事海域使用论证技术服务、编制海域使用论证报告，并对论证结论的有效性和真实性负责。通过招标、拍卖方式出让海域使用权的，由组织招标、拍卖的单位委托具备相应海域使用论证资质的单位提供海域使用论证技术服务；依据《中华人民共和国招标投标法》及有关法律法规必须进行招标的工程建设项目，应当通过招投标方式依法选择具备相应海域使用论证资质的单位提供海域使用论证技术服务。此外，编制海域使用论证报告的人员应当取得海域使用论证岗位证书，并应当进行现场勘查，填写海域使用论证现场勘查记录，记录事项包括勘查起始时间、勘察内容、主要参与人员、使用设备（型号、参数等）和勘查详细情况等；论证报告应由编写者、论证单位项目负责人和论证单位技术负责人签字。

海洋行政主管部门或者其委托的单位组织专家对海域使用论证报告进行评审，内容不完整、材料不齐全，或者不符合海域使用论证有关规定的，不予以评审。海域使用论证报告评审内容主要包括：

①报告编制是否符合海域使用论证技术规范和标准的要求，资料来源说明是否完整、清晰、准确。

②论证工作等级、论证重点的确定是否准确，论证工作计划及方案设计是否科学合理。

③资料数据收集与调查及现场勘查是否充分。

④报告各章节内容的分析、论述是否客观、准确、合理。

⑤报告结论是否客观、可信，对策和建议是否合理、有效、可行。

评审意见由专家论证会给出，海域使用论证技术服务单位应当根据评审意见修改论证报告，在规定时间内将修改后的论证报告提交组织评审的单位，并附修改说明。修改后的论证报告应征询原评审组各位专家意见，并由评审组组长出具复核意见。受委托组织海域使用论证报告评审的单位，应当在评审工作结束后，向有审批权人民政府的海洋行政主管部门提交评审技术审查意见、评审组评审意见、专家评审意见、海域使用论证报告修订稿、修改说明及相关材料。评审专家为了个人利益和不正当目的，提出与事实不符、违反科学的结论、意见，经查证属实的，由相关海洋行政主管部门给予通报批评或者取消评审专家资格的处理。

三、人工鱼礁的制作和投放

（一）人工鱼礁制作

人工鱼礁设计及海域论证完成后，获批单位应通过招标选定有资质、有实力、有信誉的礁体建造单位进入制作阶段；中标单位应遵守投标承诺，按时间节点、保质保量完成鱼礁制作。

中标单位应安排专人负责礁体结构优化设计、制作材料的采购和制作，在采购过程中严把进场关，严格建造过程，确保所用礁体制作达到设计要求标准。

要严格按照设计标准进行人工礁体的制作，选调经验丰富的技术骨干组成专门建造组进行技术把关；由材料专员对礁体制作原材料等进行严格质量和环保把关；指定专门人员对礁体模具的定制、清理、加固、焊接、绑扎，混凝土的搅拌、捣振、养护等全过程进行质量检查与跟踪。混凝土浇筑用模具应按设计要求选择专业模具制作单位进行定制加工；选用的钢筋使用前要检查是否为合格产品，在钢筋加工过程中如发现脆断、焊接性能不正常时，应进行化学成分检验并停止使用；接头焊接和绑扎均应符合国家有关规范和设计要求，确保预制钢筋混凝土人工礁体达到设计的成型要求和强度要求。必要时，成立鱼礁制作监督、建造专项小组。

在混凝土浇筑前，要清理垫层模板内的杂物，修补嵌填模板缝隙，加固好模板支撑，以防漏浆，从而确保建造强度。浇筑混凝土应连续进行，如必须间歇，其间歇时间应尽量缩短，并应在前层混凝土凝结之前将次层混凝土浇筑完毕。浇筑混凝土时应经常观察模板、钢筋、预留孔洞等有无移动、变形或堵塞情况，发现问题应立即处理，并应在已浇筑的混凝土凝结前修正完好。

（二）人工鱼礁投放

鱼礁的运输和投放应有2艘及以上数量的船只协同完成。一艘为投放船，配备起重重量大于30 t的船用吊车，配备高精度的GPS定位系统；另一艘或多艘为辅助船，负责礁区标志的布设，鱼礁投放期的实时（声学）观测及辅助定位。

为了保证鱼礁投放位置的精度，礁体投放应选择在风浪小的天气进行，投放时间应抓住小潮期的憩流时段，可利用适宜的天气、潮流等，按单位鱼礁分批投放，即每一座单位鱼礁尽量在同一时间段、一次性完成投放。

鱼礁投放时，以陆标和GPS卫星导航系统联合定位，同时结合辅助小艇释放临时浮标定位来确定礁体预投放的准确位置，按照设计位置投放，及时准确地记录礁体的实际位置和各鱼礁单体的编号，要求礁体投放的水平位置误差控制在5～10 m以内，并考虑

GPS 定位仪的仪器误差。同时，为保证浅水区域礁体投放后的航行安全，避免因水平位置偏差造成局部水深过浅现象的出现，在礁体投放前，可以在礁体投放使用的钢缆上要做颜色醒目的尺度标记，并通过脱钩装置的改进，保证礁体投放时在水深小于某设定值时即使触底也不脱钩。投放时要求的不脱钩的最低标准：单层十字礁投放水深<6 m 时不脱钩，双层十字礁投放水深<10 m 时不脱钩，藻礁投放时水深<2 m 不脱钩。

根据单位鱼礁的大小，合理调整锚位；在保证投礁定位准确的前提下，尽量减少调整锚位的次数，以减少工作量；单位鱼礁尽量一次性投放完毕，如有特殊情况，要做好区域标识工作，保证下次继续投放的准确性。以下为投放的具体步骤：

①首先进行水深探测，保证投礁后的通航安全，使用装备有高精度定位设备的定位辅助船航行至礁体预投海域位置，辅助船配备高精度测深仪，对预投单位鱼礁区域进行水深探测验证，以保证投礁后的通航安全。测深完毕且满足投放要求后，辅助船航行至两个角点中线附近后首尾锚泊固定；投放主船和定位辅助船之间应实时沟通，可在投放主船两舷用油漆粉刷醒目尺寸标记作为投礁参考。

②根据单位鱼礁的特征及所在区位和距离岛礁的距离等，决定此单位鱼礁采取左舷投放、右舷投放或双舷投放。先利用定位船上的定位设备找到单位鱼礁左侧或右侧两个角点的位置，并设置临时浮标作为位置的相对参考标记；然后再将一系有浮绳的浮球标志物放入水中并持续放绳，结合具有测高测角功能的激光测距仪和船舷标尺的辅助，直至浮球标志物到达拟投单礁的位置并稳定。

③将装载有鱼礁单体及起吊设备的投放船首尾双锚固定，吊放设备与浮球标志物之间的水平间距小于吊放设备的吊臂长度为宜，而且浮球标志物位于船体首尾之间的中间位置以便于投放；当起吊设备沿船体首尾纵向移动无法满足吊装时，通过收放首尾锚绳的方式使船体纵向移动来满足投放需求；当浮球标志物指示的拟投礁位置与船体之间的间距大于吊臂长度时，通过首尾双锚的位置平移来完成船体的横向移动；双舷投放一般横向移锚 1～2 次，单舷投放移锚 2～4 次，即可完成一座单位鱼礁的投放。

④吊装前检查吊车、钢索是否有故障等问题存在，发现问题及时更换零部件及解决，以保障吊装安全。将投放船上的一个鱼礁单体固定在起吊设备的吊钩上（吊钩通过特殊设计具有鱼礁单体触底后方能自动脱钩，以及水深过浅时触底或错误覆盖已投礁体时防止脱钩的功能），然后将该鱼礁单体慢速吊离甲板，并使其起吊后保持水平方向的平衡。

⑤礁体吊装采用四点起吊方式，将吊起的鱼礁单体慢速平移至浮球标志物的正上方，吊装时必须统一指挥。

⑥缓慢匀速地将鱼礁单体向下投放至水中，直至鱼礁单体到达预定水深后触底并脱离吊钩，其中，在鱼礁单体投放之前先测量水深，并根据所测水深和缆绳长度数据在鱼礁单体投放至接近海底时减缓缆绳下放速度，以确保鱼礁单体安全触底。

⑦慢速收起吊钩的缆绳。

⑧依次重复执行步骤②～⑦，直至该单位鱼礁中的鱼礁单体投放完毕；在已投放的单位鱼礁四个角点处设置临时浮标标志，用于礁区相对位置定位，防止相邻单位鱼礁的位置重叠，直至临近的单位鱼礁全部投放完毕后方可撤除。

⑨礁体投放时，在海况条件允许的情况下，可通过潜水方式对礁区海底进行实时探查，查明礁体的位置和分布状况，如果因海底状况不明造成礁体顶面距离海面距离过小、礁体倾斜和沉降过大，经现场研究，宜就近重新投放。

⑩重复步骤①～⑨，直至所有鱼礁单体投放完毕。礁体投放完成或在特别指定的时间，收回投放区边缘布设的浮标（灯）。

整个投放过程应做好礁体吊装安全措施和礁体投放施工控制措施，建立应急机制，保证施工人员安全，做到安全投放。

第二节　人工鱼礁建设后的管理

人工鱼礁建成以后的管理过程和体系，应针对不同的人工鱼礁建设目标，采取相应的分类管理策略；结合保护区的建立和已有的管理经验，可采取依托保护区的管理和适应性管理策略。此外，还应从人工鱼礁建成后管理的法律依据和行政管理体系角度，来规范人工鱼礁建成后的管理。

一、人工鱼礁的分类型管理

长江口近外海域的人工鱼礁建设根据建设的目标，可分为生态公益型人工鱼礁、准公益型人工鱼礁和开放型人工鱼礁三种类型。不同类型的人工鱼礁建设的目的不同，因此，它们的管理措施各有所侧重。

（一）生态公益型人工鱼礁

生态公益型人工鱼礁是指用于维护海域的生态稳定而建立的生态保护或生态修复型人工鱼礁，主要是为一些重要经济鱼类或珍稀濒危的水生生物重建适合的产卵场、庇护场等为目的，用于提高渔业等水生生物资源保护效果。该类型鱼礁主要投放在海洋自然保护区或者重要渔业水域，一般以政府投资为主，并由政府部门进行管理，经过科学的海域论证、环评等过程后进行鱼礁建设，并对建设过程进行严格把关，对工程质量进行监管，一切过程应规范进行。在礁区建成后，必须设置明显的鱼礁区标示，并发布公告，采取严格管理措施，尤其是要保护人工鱼礁区的生态环境，不得在生态公益型人工鱼礁

区内从事商业性的渔业生产开发利用活动，禁止非法捕捞作业，避免人工鱼礁区的生态环境再次遭到破坏（马丽和梁振林，2010）。

（二）准生态公益型人工鱼礁

为了提高渔获质量、保护生物资源不被过度开发利用，以保护传统渔场为目的，准生态公益型人工鱼礁投放海域一般为历史上重点渔区。一般采取政府直接投资或有关主管部门从渔业增殖保护费中调拨出来部分资金来投资建设，也积极欢迎、吸纳社会资金投入和支持。在管理上，组建以政府主导、出资人配合的管理措施。根据礁区的资源状况，制订相应的捕捞配额，在资源修复效果较好时，优先允许出资者进行合理的配额捕捞，并优先对相邻陆域的以捕捞为生计的渔民开放，在礁区进行制度允许的捕捞方式作业，准公益型人工鱼礁区内不得从事拖网、围网、刺网作业。

（三）开放型人工鱼礁

开放型人工鱼礁包括游钓型人工鱼礁或盈利型人工鱼礁，投放在适宜休闲渔业的沿岸渔业水域，一般由个人或企业投资，项目资金全部来自投资者，采取"谁投资，谁受益"的原则，多由个人或企业管理。各级人民政府应该制定相应措施鼓励个人、单位法人和其他组织投资建设开放型人工鱼礁，由政府引导规范，落实企业安全责任，加强对企业或个人的监管，尤其在维护海域生态环境方面，企业及个人必须严格遵照国家规定进行。对于违法使用海域的投资者，政府应该严格追究相关人员责任，并收回海域使用权。

各级人民政府应当加强生态公益型、准生态公益型人工鱼礁建设，采取措施鼓励公民、法人和其他组织投资建设开放型人工鱼礁。此外，在人工鱼礁区从事科研、开发、经营利用活动的单位和个人，应当遵守国家和省海洋环境及渔业资源保护的有关规定。不得在人工鱼礁区内采沙、抛锚。县级以上海洋与渔业行政主管部门应当加强对人工鱼礁礁区的监督检查以及人工鱼礁礁体状况和礁区资源环境的监测，乡镇人民政府应当协助县级以上海洋与渔业行政主管部门做好人工鱼礁的保护管理工作。制定相应的奖惩规定，加强对人工鱼礁的管理。

二、依托保护区的人工鱼礁管理

在人工鱼礁建设海域划定保护区是进行人工鱼礁管理的有效措施之一。根据人工鱼礁建设的目的，划定特定保护区，进行有效管理。首先，应对人工鱼礁区的范围进行精确的估计，通过科学计算，确定人工鱼礁的辐射范围，再结合生物资源分布特征，划定相应区域的保护区。人工鱼礁区也可以依据渔业保护条例划定为渔业保护区。

对于划定保护区的人工鱼礁建设海域，应形成以政府部门为主导的管理模式，政府出台一系列保护措施，规定保护区的作业方式、作业时间、可捕捞量、作业渔法等。具体包括：

①对于保护区应该实行捕捞限额管理，根据人工鱼礁区的渔业资源状况，确定每个鱼种的年可捕捞量，当在该保护区域的捕捞量达到可捕捞量时，应该停止作业。

②规定禁渔期，最好在鱼类的产卵期实施短期禁渔活动，以期补充、增殖资源。

③制定渔具限制措施，禁止电、炸、毒等严重破坏渔业资源和生态环境的渔法。人工鱼礁区只允许刺网、钓渔具（延绳钓、手钓、竿钓等）、笼壶渔具作业，严禁拖网作业。流刺网等网具容易流失网衣缠绕到人工鱼礁礁体上，导致人工鱼礁区域的许多鱼类因网衣的刺挂和缠绕而亡，因此在人工鱼礁区对刺网作业也应该有一定的限制，而钓具的钓捕方式由于机动灵活而适合在人工鱼礁渔场作业。

④保护区的海域环境是关注的重点，有关部门应严格禁止在人工鱼礁区倾倒任何废弃物和从事任何损害海域环境的活动。对于用作人工鱼礁的废弃建筑材料及其他固体物体的投放，必须经过一定的处理，使其对海洋环境无害后，按照一定的规划和要求投放。

加强对人工鱼礁区的监测和管理工作，各级政府及渔业主管部门，应成立专门的管理工作组，对投放后的人工鱼礁进行有效管理（吴子彦，2009）。各省形成以政府为主导，海洋和渔业部门参与管理的联席会议制度，海洋行政主管部门负责保护区的日常管理和养护工作，市渔业行政主管部门参与日常管理和养护工作，市政府参与海洋保护区重大决议事项。在联席会议管理制度的基础上，对已有的行政管理机构进行重新定位，理顺管理体系，完善沟通协调和信息资源共享机制。

建立行政执法队伍，不定期对保护区进行监管，对违法行为及时制止，体现政府对保护区的重视。政府主管部门应该及时地公布保护区的范围和保护条例，并在海图上标记出来，同时加强对公众的宣传力度，提高公众的生物保护意识，定期开展宣传活动，并对当地作业渔民进行思想素质教育，发动公众力量，互相配合，共同进行保护区的管理。

三、适应性人工鱼礁管理

适应性管理（adaptive management）是一种从经验及学习成果中提取新的知识体系，改进管理政策和实践的管理流程，以过去可控的结果为基础，从而制定出适应新环境的最佳策略。适应性管理在基于过去监测和管理的基础上，还应当集成跨学科的知识体系，建立不同策略的影响关系模型，以改进现有管理策略（韩俊丽等，2012）。

适应性管理通常包含：①通过学习减轻管理中的关键不确定性；②利用新知识来调

整策略和实践；③主要目的为提升管理水平；④经常被称为实验性管理；⑤适应性管理是一种有条理的、系统的结构型管理模式，同时具有相当的灵活性。

基于适应性的人工鱼礁管理，需要社会—经济—自然等密切关联，要包含影响人工鱼礁建设和建设效果的各环节要素，尽可能地考虑整体生态效果的影响并结合社会公众影响因素如航运等。理想的人工鱼礁适应性管理应该包括以下几个方面：

①鱼礁设计和选址研究，人工鱼礁在海里受到风浪、海底淤泥等影响很大，具有很大倾覆和被掩埋的可能给性，通过适应性管理开展鱼礁礁体适应性研究，并结合海底底质调查，设计合理礁型、选择适宜投礁区域，可有效地增加人工鱼礁在海底的稳定性及建设效果。

②在研究的基础上建设鱼礁，并定期开展鱼礁礁体稳定性的监测和研究，出现问题及时补救。

③鱼礁建成后，在后期应该定期开展对礁区生物资源的监测。人工鱼礁的建设效果主要通过生物群落等表现出来，定期对生物资源监测可有效评估人工鱼礁的建设效果，在后期的鱼礁建设中不断改进。对于不同礁区的渔业资源，其捕捞限额、捕捞大小限制、渔网类型等都应该有相应的规定。

④将评价结果与当地政府、渔业部门、科研工作人员、渔民等进行交流，对鱼礁建设后出现的问题进行探索，不断对鱼礁的材料或设计进行优化。

⑤与社会公众分享人工鱼礁相关信息，从经济、社会效益出发，进行鱼礁建设目标、选址的调整。此外，要及时吸收国外先进经验，尤其是新知识、新技术的出现，利用适应性管理策略可及时将这些新技术应用到人工鱼礁建设上去。

四、人工鱼礁管理的法制体系

规范化的管理需要有章可循、有法可依。人工鱼礁的建设也必须依据相关的法律法规，并有法律规章的支撑。目前，我国的人工鱼礁建设经过多年的实践，也出台和制定了一些管理办法，各省或地区也有相应的鱼礁建设规范。从国家层面上，人工鱼礁方面的法律法规主要包含在一些生物养护的管理条例里面。最具有代表性的是 2006 年 5 月 15 日颁布的《中国水生生物资源养护行动纲要》，其中第三部分第二节"渔业资源增殖"的第二、三、四条都包括了人工鱼礁的管理规定：（二）建设人工鱼礁（巢）。制定国家和地方的沿海人工鱼礁和内陆水域人工鱼礁（巢）建设规划，科学确定人工鱼礁（巢）的建设布局、类型和数量，注重发挥人工鱼礁（巢）的规模生态效益，建立多元化投入机制，加大人工鱼礁建设力度，结合减船工作，充分利用报废渔船等废旧物资，降低建设成本。（三）发展增养殖渔业，积极推进以海洋牧场建设为主要形式的区域性综合开发，建立海洋牧场示范区，并带动休闲渔业及其他产业发展，增加渔民就业机会，提高渔民收入，繁荣渔区经济。（四）规范渔业资源增殖管理，制定增殖技术标准、规程和统计指标体系，建立增殖计划申报审批、增殖苗种检验检疫和放流过程监理制度，强化日常监管和增殖效果评价工作。大规模的增殖放流活动，要进行生态安全风险评估；人工鱼礁建设实行许可管理，大型人工鱼礁建设项目要进行可行性论证。此外，在《中华人民共和国渔业法实施细则》中也有部分涉及，第二十二条规定："机动渔船底拖网禁渔区线"内侧建造人工鱼礁的，必须经有关省、自治区、直辖市人民政府渔业行政主管或其授权单位批准。建造人工鱼礁，应当避开主要航道和重要锚地，并通知有关交通和海洋管理部门。

人工鱼礁的建设还必须遵守《中华人民共和国海洋环境保护法》，该法律规定了海洋环境保护的法律责任，要求海洋活动以防治污染损害为前提，维护生态平衡。人工鱼礁的建设作为海洋活动之一，也必须遵守海洋环境保护法，对人工鱼礁的建造材料要严格把控，杜绝将污染物带入海洋。

沿海省、地方政府也出台了一系列人工鱼礁管理规定，主要的法规包括：

①2004年广东省政府以第91号令颁布，并于当年11月1日起实行《广东省人工鱼礁管理规定》。该规定将人工鱼礁分为生态公益型人工鱼礁、准生态公益型人工鱼礁、开放型人工鱼礁，规定了不同类型的人工鱼礁的管理措施。

②《山东省人工鱼礁管理办法》于2014年3月31日实施，从人工鱼礁的申报与审批、建设过程、运营管理、监督检查等方面做了相关规定。此外，威海市也出台了《威海市人工鱼礁建设管理规定》，对人工鱼礁建设的基本要求作出规定，包括底质的选择等，并对人工鱼礁的审批、监督等做出相关规定。

③2016年1月21日，《连云港市海州湾海洋牧场管理条例》成为连云港市首个正式立法项目。该条例规定了海洋牧场建设中的一些管理规定，人工鱼礁作为海洋牧场的重要组成部分，也纳入到该条例中。

④《浙江省人工鱼礁建设操作技术规程》（试行）对鱼礁选址条件、鱼礁类型、礁区设置和管理都有详细规定。

这些法律法规从国家层面和地方层面都对人工鱼礁的建设和管理进行了规范，促进了我国人工鱼礁的发展，今后还应完善现行的相关法律法规，制订一个明确的人工鱼礁建设的审批程序，明确各级政府和渔业行政主管部门在人工鱼礁建设中的管理权限和应起的作用。

五、人工鱼礁管理的行政体系

建立强有力的管理体制和机构，开展行之有效的管理，是保证人工鱼礁事业建设和发展的前提。政府成立专门的人工鱼礁管理委员会，在各省、直辖市海洋渔业主管部门设立办公室，建立使各个相关部门有机联系的统筹协调机制，统筹考虑和整合人工鱼礁资源，建设以政府为主导，各级地方部门协调实施，社会公众力量参与的鱼礁管理体系。政府在人工鱼礁建设规划、资金筹措与使用、管理规定等重大事宜方面统一安排，对鱼类资源和其栖息环境的保护工作也提出相应的保护政策，建立庞大的管理和科研机构，深入研究人工鱼礁所涉及的各方面（殷小亚等，2015）。省海洋与渔业行政主管部门根据国家和省的海洋功能区划及渔业水域的统一规划，会同沿海地级以上市人民政府和省交通、航道、环保、海事及军事等有关部门，制定全省人工鱼礁建设总体规划。各沿海地级以上市人民政府应当根据全省人工鱼礁建设总体规划，制定本市人工鱼礁建设实施规划，并报省海洋与渔业行政主管部门备案。此外，各省、直辖市及地方管理部门还需负责鱼礁建造、实际投放、效果评估等方面，执行上级的相关规划决策，制定本市人工鱼礁建设设施计划，上报上级主管部门备案，严格控制鱼礁实施环节，保证工程质量。科研院所、企事业单位共同参与人工鱼礁科学研究、效果评估等环节，为政府及管理部门提供鱼礁建设的科学依据。

政府要加强人工鱼礁科技人才队伍建设，以海洋学、生态学、工程学和材料学等为切入点，通过多学科交叉研究和技术集成，建立起系统的人工鱼礁学科体系，为人工鱼礁建设、评价和管理提供技术支撑。加大科研投入，全面、科学、客观地评价人工鱼礁的综合效益。

东海区鱼礁建设的管理模式为政府主导型，具体来讲是指涉及人工鱼礁建设规划、资金筹措与使用、管理规定等重大事宜由政府统一安排，涉及人工鱼礁科学研究、实际建设、效果评估、后续发展等一般工作由政府、科研院所、企事业单位共同参与，总体上，政府在整个人工鱼礁的建设与管理的过程中起着关键性的作用。

1. 政府是引导实施人工鱼礁建设资源恢复战略的根本力量

2003年浙江省政府相关部门率先在东海区指定了《浙江省沿海休闲型人工鱼礁建设规划》，这是东海区最早的人工鱼礁建设及管理指导性文件，对人工鱼礁建设在东海区的顺利开展起到了关键性的作用。在此之前，东海区来自企事业单位及人民群众有关人工鱼礁建设的呼声十分有限，根本无法带动整个地区通过建设人工鱼礁恢复日渐衰退的渔业资源与环境。

2. 政府是人工鱼礁建设与管理资金主要来源

东海区人工鱼礁建设资金的最初雏形是2000年开始的"农业部渔业局转产转业专项经费"。最初来自政府的"农业部渔业局转产转业专项经费"主要用于对"转产转业"渔民的补助。后来，随着人工鱼礁建设的发展，人们意识到通过建设人工鱼礁不仅可以有效地改善海区的生态环境，同时还可以为"转产转业"渔民提供可持续的就业岗位，因此，"农业部渔业局转产转业专项经费"被主要用于海区人工鱼礁建设。与此同时，由于人工鱼礁建设的庞大资金需求，各省、直辖市政府有关部门也增加了相关配套资金的补充，以确保人工鱼礁的顺利建设。后来，"十一五"期间，东海区人工鱼礁建设已通过调查显示了一定的效果，这时，一些企事业单位纷纷主动要求参与人工鱼礁的建设，并以注入建设资金的形式一方面获取人工鱼礁建设技术，一方面分享人工鱼礁建设成果，但就目前而言，人工鱼礁的建设与管理资金仍以政府投入为主，企事业单位为辅。

3. 政府是贯穿人工鱼礁建设与管理全过程的主线

一方面，长江口近外海域乃至东海区甚至我国整体，有关人工鱼礁建设技术仍不是十分成熟，在这种情况下，政府有义务提供必要的科研经费，帮助人工鱼礁建设基本科研攻关。另一方面，长江口近外海域所属的东海区的人工鱼礁有别于南北方海域的人工鱼礁建设，我国北方人工鱼礁建设以海珍品为增殖对象，南方人工鱼礁建设以内湾鱼类生态系统为服务对象，前者适宜发展无公害海珍品增养殖业，后者适宜发展绿色休闲旅游业，两者带动相关行业取得经济效益的优势都十分明显，有利于刺激以企业为主的人工鱼礁建设与管理投入。而东海区人工鱼礁建设由于种种因素的限制，致使其经济效果不是十分明显，因此以企业投入为主导的模式一直没有在东海区出现。此外，有关海域确权的相关问题，也限制了东海区企业投入人工鱼礁建设的积极性。在此情况下，只有以政府主导的人工鱼礁才能良好的发展。最后，从以上可以看出，政府是人工鱼礁建设的提出者、参与者、推进者，按照人工鱼礁建设"谁投资、谁受益、谁管理"的基本原则，注定了东海区人工鱼礁政府主导型的管理模式。

但是，人工鱼礁建设海域范围广，政府管理模式下仅靠渔业行政主管部门力量并不能完全掌控好人工鱼礁建设海域的保护工作。在严格按照法律法规进行海洋与渔业行政管理活动基础上，加强对渔民宣传相关人工鱼礁海域保护的管理细则以及法律规定，以达到从根本上制止渔民不法行为，让渔民懂得人工鱼礁建设的目的和意义，提升渔民自觉保护人工鱼礁海域的意识；渔业执法过程遇到一定的阻力，甚至有某些暴力抗法的行为，这些不是根本的解决办法，海洋与渔业部门需要有新的思路和办法，如渔民转产转业等。渔政主管部门自身优化作风，要深入基层一线，真心实意为渔民办实事、解难题，重点围绕渔业转型升级、渔业安全生产、海洋牧场建设、渔场修复振兴等方面，提出有效的措施办法。

积极探索以"海域确权使用"为前提的"人工鱼礁区渔民自主管理"模式；加强休闲海钓型人工鱼礁建设，积极实施人工鱼礁海钓场公司化管理机制；加强政府在人工鱼礁管理与维护中的指导作用，由政府带领建立统一的、可行的人工鱼礁管理与维护机制，并根据不同类型的人工鱼礁区适当调整部分内容，以适应各类人工鱼礁区的管理与维护，如图 5-1 所示，其中渔民参与的股份制企业，在长海口近外海域的人工鱼礁管理中还处于刚起步阶段，需要进一步积极探索和完善。

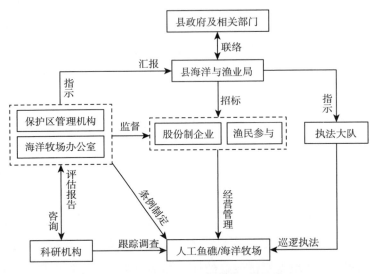

图 5-1　东海区人工鱼礁建设和管理模式

第三节　信息技术在人工鱼礁管理中的应用

随着社会的不断发展进步，网络信息技术等现代化技术也得到了飞速发展，在各行业都起到了非常重要的作用，也被逐步引入人工鱼礁的管理当中，为人工鱼礁的有效管理提供了更多技术支持。

一、基于 GIS 技术的人工鱼礁管理

地理信息系统（geographic information system，GIS）是由计算机软硬件和数学方法组成的、具有强大的空间数据处理和数据库管理能力的技术系统，其可视化特征逐渐应用于人工鱼礁的选址、投放及管理等方面（陈文河等，2005）。建立基于 GIS 系统的人工鱼礁管理分析系统，可以让人工鱼礁管理者可以更加直观、便捷地了解到相关数据，同时其提供的专题地图，可为管理者提供有效的决策支撑、便捷的服务和科学依据（徐祖舰，2001；童武君，2011）。基于 GIS 的人工鱼礁管理分析系统的特点为：①系统创新性地将 GIS 应用到人工鱼礁投放后的管理和后续跟踪调查管理以及数据统计分析中；②贯彻以用户为本的思想来进行程序语言的编写，遵循简单实用的原则，大大加强了用户的可操作性；③系统具有良好的查询显示功能，操作便捷；④系统界面方便用户的使用、修改、编辑和输出等操作；⑤系统集成了 ArcGIS 中的地统计分析模块，为系统实现统计分析功能提供了许

多统计分析的功能，方便用户操作及进行专题地图的制作。基于 GIS 的人工鱼礁分析系统包括空间和属性两大类数据，其中，空间数据又分为 3 类：①作为底图存在、包含经纬度的中国地图或目标海域地图；②目标海域调查的采样站点，将单独作为一个图层；③鱼礁区及周边的资源量分布数据；属性数据主要包括以下几方面：①人工鱼礁投放地点、排列方式、礁体类型、空方数等；②生物调查数据，如潜水调查数据、拖网等野外调查数据、鱼探仪等声学仪器调查数据、标志放流数据、生产渔船的记录数据等，其中生物资源即时进行生物学实验得到需要的生物学参数，包括体长、体宽、体重、性腺成熟度、雌雄性、胃含物等生物学数据；③环境数据，包括盐度、温度、水深、叶绿素 a 等。

基于 GIS 技术的人工鱼礁管理分析系统主要包括以下几个部分：

（一）系统开发平台

管理分析系统开发平台包括硬件和软件两部分，如图 5-2 所示。硬件平台是 GIS 开发的物理外壳，通常由 4 个部分组成：计算机主机、数据存储设备、数据输入设备和数据输出设备；软件平台是指所建立的系统要顺利运行所需要的各种应用程序，包括系统软件（Windiows XP 操作系统、C＃语言编译程序）和应用软件（ARC/INFO9.2、Photoshop7.0 软件、AutoCAD 软件）。

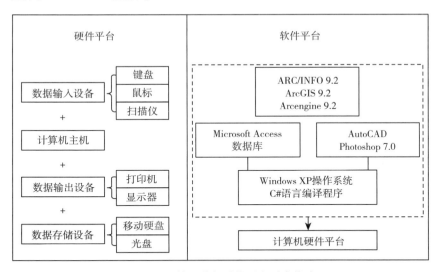

图 5-2　管理分析系统开发平台构成

（二）系统开发设计方案

地理信息系统的集成方法分为数据集成和功能集成两种，集成方案又分为紧密型、松散型和组件式集成（钱峻屏，2000）。紧密型集成方案也被称之为嵌入型集成方案，是一种以单个的大型商业 GIS 软件的分析功能与二次开发语言为平台相结合的集成方案。松散型集成方案指建立在多平台 GIS 系统上的 GIS 软件优势集成，具有较高的运行性能和相对较统一的运行环境，可充分利用各个 GIS 软件的组件功能和特点，从而选择适当的数据交换格式来进行集成。组件式集成方案是一种面向对象技术、部件式对象模型（COM）的软件集成技术，可以把 GIS 各大动能块（如地统计模块、漫游模块等）分成多个空间，而每个空间又可以完成不同的功能。总体来讲，组件式集成方案更加适合科研、政府部门的实际需求和应用。

以基于 GIS 的嵊泗海域人工鱼礁管理系统为例，该系统采用基于组件式集成方案的 ARC/INFO 9.2 软件、Arcengine 9.2 软件、AutoCAD 软件、Microsoft Access 2007 数据库、Photoshop7.0 软件、C♯开发语言、Windows XP 操作系统等为系统的软件平台，采用 hp 扫描打印一体机、IBM T61p 等硬件设备作为系统的硬件平台，应用 Microsoft Access 2007 关系数据库组织和维护属性特征数据，使用分层的方式来管理存在的文件系统的组织图形特征数据，利用 ADO 数据接口来实现平台与属性特征数据库的连接，利用拓扑矢量数据结构来体现空间实体目标间的相互关系与排列方式，通过 ShellExecute 函数来达到与 ARCGIS 9.2 软件和相关文件的连接，在此基础上，开发基于 GIS 的嵊泗海域的人工鱼礁管理分析系统，具体的设计方式如图 5-3。

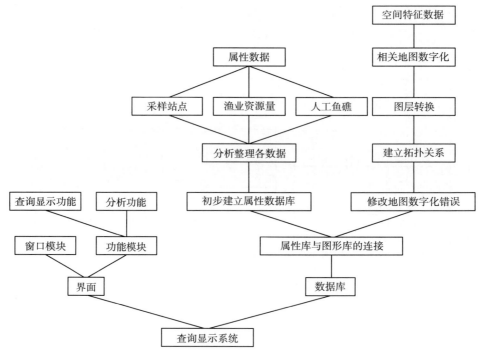

图 5-3 基于 GIS 的嵊泗海域的人工鱼礁管理分析系统设计方案

（三）空间特征数据文件的建立

1. 地图数字化及后处理

地图数字化的方式通常有以下 4 种方法：自动扫描矢量化、数字采集（矢量化采集）、外业电子平板采集和手扶跟踪矢量化（谢文勇，2002）。为了减少不必要的误差，可采用购买的海图和市面上的精度较高的扫描仪来进行地图的扫描。在地图数字化后的图幅用AutoCAD软件将得到的扫描图与原图进行对照，并减少误差，然后再将地图以DXF格式输出，并在ARC/INFO9.2的ArcToolbox中的转换工具下进行图层格式的转换，然后再在ArcCatalog下找出错误。找到错误后再回到AutoCAD下进行修改。来回反复修改，直到合格为止，以尽量避免人为和机器误差。

2. 图形转换和拓扑关系的建立

在AutoCAD下完成处理的最后图层，用AutoCAD中的Export命令将其保存为DXF格式，再该文件传入到工作站中。在工作站中用ARC/INFO软件中的ArcMap工具或者ArcToolbox工具把DXF格式的文件转为Coverages文件，然后建立空间拓扑关系。而图层的空间关系共分为三大类，即顺序空间关系、度量空间关系和拓扑空间关系，得到建立好的拓扑空间关系后的图层，然后可以用ArcCatalog显示图层信息，如Preview、contents和Metadata，最后再利用ArcGIS9.2中的ArcToolbox工具将Coverages文件转换为Shape格式文件，在ArcCatalog中添加必要的字段名并在ArcMap中编辑对应的字段。

（四）属性特征数据库的建立

为了更好地统计和显示人工鱼礁的自然地理信息、排列形式、人工鱼礁海域资源量、人工鱼礁海域环境等数据，要求应用数据生成的数据库具有显示、更新、修改、查询、统计相关数据和应用这些数据生成各种专题效果图和专题图表的功能。由于有时采集和搜集到的数据容量并不是特别大，因此应用Microsoft Access2007来建立有关的数据库并借助于visual studio中的SQL（structure query language）来完成系统中的修改、添加、查询、删除等功能的相关操作。基于GIS的人工鱼礁查询显示系统的属性特征库设计见图5-4。

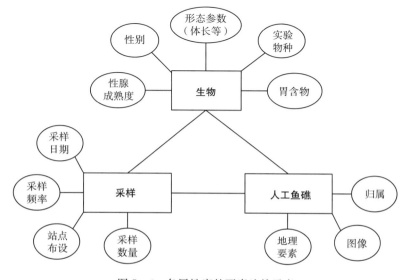

图5-4　各属性库的要素连接示意

要把这些属性要素连接在一起，就必须找到它们的相关性；以嵊泗人工鱼礁管理系统为例，该系统的相关性选择是所属省份，生物表与采样站点的相关性又统一在采样站点的地理位置中，故只需要建立两个信息表就可以实现所有的要素查询，都可以产生相关，比如在省份中查询人工鱼礁、采样站点、生物要素，在采样站点查询生物要素。

（五）空间特征数据与属性数据的相关联

地理信息系统与其他信息系统最大的区别就在于它不仅仅能管理属性特征数据，还可以管理空间特征数据。在现实生活当中，不管是连续分布的自然现象、需要进行表面分析、合并、拟合与分割操作的三维空间实体，还是离散化的空间实体等都是空间特征数据和属性特征数据相关联的集合体，一般采用 Microsoft Access 2007 数据库管理属性特征数据，采用文件系统来管理空间特征数据。而要实现属性特征数据库与空间特征数据库的相关联，就必须找到两个数据库相同的地方，为了实现两者的相关联，在两个数据库中各建立一个相同的公共字段，这就实现了两个数据库的相关联。在嵊泗人工鱼礁管理系统的设计中，利用 ArcCatalog 工具在每个人工鱼礁的文件中添加了省、直辖市的 PID、NAME、SID 三个字段，并在 ArcMap 中添加字段的详细内容，这就实现了属性特征数据库与空间特征数据库的相关联。但是要在可视化界面实现两个数据库的有机结合，还是要依赖 C♯语言编译程序。

（六）程序源代码的编写

1. visual studio 开发环境和 C♯开发语言

C♯是一种运行于 Windows95/98、Windows NT、Windows XP 等 32 位操作系统的可视化编译语言，而 visual studio 集成了开发环境（开发、设计、测试、编辑、调试等多种功能于一个平台）、面向对象的编辑技术和事件驱动机制。在 visual studio 开发环境中应用 C♯开发语言能使用户能够轻松地设计出自己想要风格的界面，甚至可以设计出与 Windows 操作系统风格一样的简单易操作的界面，并且能够轻松实现包括 Microsoft SQL Server 和其他数据库在内的数据的访问，还可以实现使用其他应用程序建立 Internet 应用程序来达到网络文档和应用程序的访问，功能十分强大。

C♯有许多的数据接口，如 ODBC API、DAO/Jet、RDO、VBSQL、DAO/ODBCDirect、ADO 等。其中 ODBC API 是与底层数据库无关的数据接口，但是其对 VB 的支持相对较少；DAO/Jet 具有访问 ODBC 数据源的能力而且能力很强，但是对 Microsoft SQL Server 中存储过程和多结果集的支持很有限；RDO 接口是 ODBC 面向 API 的对象的简单接口，虽然有支持 Microsoft SQL Server 的功能且具备高级的批处理模式扩展的异步以及事件驱动支持，但自 SP3 以来也没有很大的改进；VBSQL 虽然是 DB Library 第一个链接到 Microsoft SQL Server 的本地接口且可运行 16 位和 32 位操作系统，但是其已经过时且不支持 Microsoft SQL Server 的一些扩展功能；DAO/ODBCDirect 与 RDO 接口一样，是将 DAO 对象映射到等价 RDO 的对象接口且支持 SQL 异步操作，但是自 SP3 以来也没有很大的改进。而 ADO 是 Microsoft 最新的数据访问接口，它可以通过 OLE DB 来支持 Microsoft SQL Server，而且还可以通过 HTML 轻松实现访问 WEB 数据的能力，功能十分强大，故采用 ADO 作为数据接口来实现与属性数据的链接。

2. ArcObjects 模块

ArcObjects（AO）是 ERSI 公司的 ARC/INFO 软件中应用程序 ArcMap、ArcCatalog、ArcScene 的开发平台，它是建立在 Microsoft 的对象链接和嵌入基础上的一组供应开发人员使用的制图和 GIS 的功能组件。但是到目前为止，AO 还不是一个独立的应用产品，它是依附在 ArcGIS DeskTop 产品中的软件开发包。也就是说，若要应用建立的人工鱼礁管理分析系统，就必须安装 ARC/INFO 和 Arcengine 软件才可以使用。

利用 ESRI 提供的这些 AO 组件来进行积木式的组装任务，AO 是基于微软 COM 技术构建的组件，它提供许多底层的基本功能。按照应用要求将这些底层基本功能通过组合叠加集合成一个更加强大的 COM 对象。AO 的开放性和扩展型十分强大，开放性指可利用多种语言来进行开发，如 C♯、VB 等。拓展性指可利用 COM 技术自己编写自己需要的 COM 组件。通过 AO 搭建的系统可以实现针对性更强的 GIS 功能，比如空间数据的查询显示、检索编辑、统计分析、专题地图和分析报表制作等功能。可以说，利用 AO 的开发功能可以实现 GIS 的全部功能。

3. 重要功能的实现代码

导出 JPEG 等格式的效果图的代码：系统完成了，通过录入的数据对其进行专业的分析，得到一些效果图或者分析报表，但是我们往往不仅要在系统中看到需要的效果图，还希望能够能够把其转变为 JPEG 格式或者其他格式的效果图，输出到电脑上来用作决策或者管理的依据，这就要求系统能够将其输出，得到专门的效果图或者分析报表。

实现鹰眼功能的操作代码：鹰眼功能作为查询显示系统必需的一种功能，十分有用。因为人们看到的是一个相当大的图层集合，想看到局部和整体的关系就必须使用到鹰眼功能。它可以告诉使用者现在查询到的位置位于整个地图的哪个部分，并且还可以让其局部放大，以方便使用者能够很仔细地看到其内部的地形和想要知道的要素，比如本系统中，可以通过鹰眼功能知道某一个站点或某一个鱼礁在全部站点中的位置和在整个鱼礁区的分布位置。

（七）界面选择

为了便于管理者更加直观和方便地使用，在界面设计时应重点考虑以下几点：①尽量采用系统自带的综合界面设计；②预载窗体不要太多，考虑系统的一些功能，设计为2~3个窗体；③以用户为主设计互动、集成的界面；④使用系统自带的颜色，较为简单实用。

(八) 系统总体功能

1. 显示功能

应用 GIS 系统来显示人工鱼礁区域和采样站点区域的自然地理条件（温度、盐度、pH、溶解氧、叶绿素、深度等环境数据）、采样站点分布、人工鱼礁排列模式、渔业资源量的空间分布等具有强大的优势:

①可以通过系统建立的功能键，如 ZoomIn、ZoomOut 和 Pan 等来实现对可视化图像的漫游、放大、缩小等操作，并且可以确保图层的保真性，不会造成图层失真，如图 5-5。

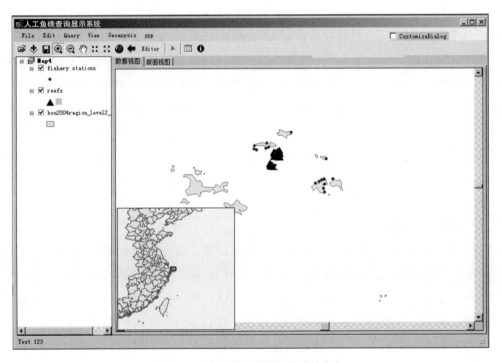

图 5-5　使用鹰眼后的图像缩放定位

②系统在对图层进行漫游、放大、缩小的操作时，通过前面叙述的鹰眼代码过程，可建立一个可以移动的红色矩形框，能够实现对放大、缩小或者漫游后得到的图像在整个图层上的快速定位。

③系统能够以用户为中心实现用户界面的形象、直观、生动。可以简洁地显示各个人工鱼礁或者采样站点附近海域的自然地理条件，附近海域的渔业资源量的分布特征，使用户能够直接对渔业资源量的空间分布和自然条件某个要素有直观深刻的理解。

④系统选用 ADO 数据接口可以达到对人工鱼礁数据库、附近海域渔业资源量数据库、采样站点数据库等几个表格中相关数据的调用和显示，方便用户直接便捷地查看所建立的属性库中的相关数据信息。

2. 查询功能

通过 visual studio 中窗体的菜单编辑器，系统实现基于 GIS 的人工鱼礁参数的查询以及相关海域的渔业资源量的查询功能菜单的设计。利用系统的 Query 按钮，可以实现以下功能：

①利用系统建立查询框的查询功能，能够快速地检索并查询出 Microsoft Access 2007 中图形库和属性库的有关数据信息，以人工鱼礁的相关参数为例，图 5-6 即为通过相关查询按钮查询得到的有关人工鱼礁的相关参数。

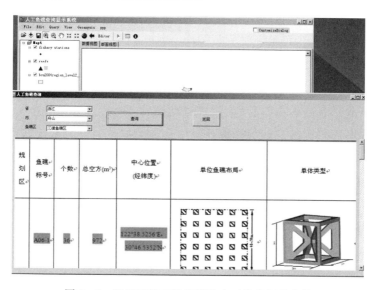

图 5-6 通过系统查询得到的人工鱼礁相关参数

②系统利用采样站点和附近海域的生物学相关参数属性数据，通过查询列表可以得到采样点附近的海洋生物的生物学参数，如图 5-7 所示。

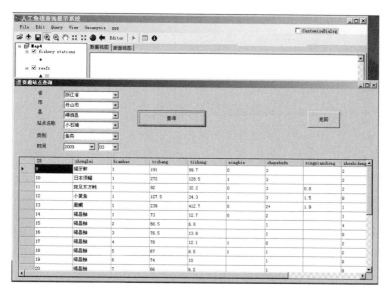

图 5-7 通过采样站点查询生物学参数

3. 编辑修改功能

系统借助 Arcengine 9.2 自带的通用对话框实现了对图层中颜色的编辑、修改，对图层属性数据的编辑、修改，对图形的输入输出的保存等功能；通过 ArcToolbox 控件对文字添加、修改、删除；并能够让用户通过可视化界面对系统数据库进行编辑、修改等系统维护工作。

4. 统计分析功能

利用加载到系统中的地统计分析模块，可以对一些属性数据进行地统计分析，从而实现统计分析功能。以嵊泗人工鱼礁管理系统为例，因加载了通过采样站点得到的人工鱼礁海域的渔业资源量的生物学数据以及相对应的环境数据，就可以利用这些数据，采用地统计分析的方法来对生物学数据和环境数据进行统计分析，从而得到对应的专题地图。

比如，利用管理系统中渔业资源生物学数据中的资源总量可以得到人工鱼礁附近海域的资源量空间分布示意图，利用管理系统中环境数据中的叶绿素数据可以得到叶绿素在这片海域的空间分布状况，还可以以一年、两年或者多年的渔业资源量的空间分布结合对比分析，得到资源量的年际变化规律等。彩图 36 所示为根据嵊泗鱼礁投放海域一年的刺网调查数据分析得到的渔业资源量的空间分布图。

5. 专题地图的生成

对于一般生成专题地图而言，需要五个步骤：第一步要确定主题；第二步要选择图层的来源；第三步是要制定相应的图标；第四步则是要设计颜色，让其特点突出；第五步则是要确定适宜的比例尺。

（九）人工鱼礁管理分析系统的实践

建立人工鱼礁管理分析系统后，想看其在人工鱼礁资源方面的分析应用，可以考虑应用加载在系统中的地统计分析模块来处理人工鱼礁投放后，后续调查得到的资源量的数据，用以得到人工鱼礁投放海域的渔业资源量的空间分布专题地图，这可以为系统的使用者提供更加直观的印象。

地统计（Geostatistics）又称地质统计，它是基于区域化变量和变异函数而形成的一门新兴的统计学分支，经过不断地完善和改进，目前地统计分析已经成为一个具有相当使用价值的数学工具（岳文泽等，2005）。地统计既可以对空间数据进行最优无偏内插，模拟数据的波动性和离散型，还可以研究空间数据分布的随机性、格局与变异、结构和随机性，因此，地统计的应用范围十分广泛。地统计主要由变异函数和 Kriging 插值法两部分组成，利用 ArcObjects（AO）模块建立的人工鱼礁管理分析系统，为了更多地利用 ArcGIS 软件中的统计分析模块，所以完整加载了整个地统计分析模块，来适应更多种方法的分析，以便达到更加适合解决不同问题的效果。

由于实验海域内的深水网箱养殖区、人工鱼礁区及海上装卸平台等项目工程内禁止进行刺网和底拖网的渔业资源调查，只允许使用竿钓的方式来获取渔业资源信息，这使得海域内渔业资源量信息的获取比较困难，为初步了解该海域的渔业资源量的总体分布特征带来了很大的困难，而利用地质统计学的方法对现有信息进行空间插值处理将会为我们提供极大的方便。克里格方法（Kriging）作为地统计分析模块中的一个重要分析模块（杨胜龙等2008），对于未观测点处的估值是优越的，它较普通平均法最大的优点就是估值精度高，并且可避免系统误差的出现。故选择将 Kriging 插值法应用到人工鱼礁投放海域的后续资源调查的评估中，以探讨人工鱼礁投放海域的渔业资源量空间分布状况及其与生境的关系。

1. 分析模块的数学式

Kriging 法内插估计式为：

$$\hat{A}(x_0) = \sum_{i=1}^{n} P_i A(x_i) \tag{1}$$

式中 $\hat{A}(x_0)$ 为 x_0 处的预测值，$A(x_i)$ 为 x_i 处测量值，P_i 为各个观测点权重系数。运用线性无偏估计中使估计方差最小的原理，由普通 Kriging 插值法求解方程组可得到 P_i，即为：

$$\begin{cases} \sum_{i,j=1}^{n} P_i B(x_i, x_j) + C = B(x_i, x_0) \\ \sum_{i=1}^{n} P_i = 1 \end{cases} \tag{2}$$

式中 $B(x_i, x_0)$ 为观测点与预测点间的半变异函数值，$B(x_i, x_j)$ 为观测点间的半变异函数值，C 是方差极小时的拉格朗日乘数，由半变异函数公式可得到，它是对试验变异函数的最优拟合。

根据拖网渔获的原始数据，利用拖网扫海面积法评估岛礁周围海域的渔业资源量，其计算公式为：

$$B = n \times A / [(q \times a)] \tag{3}$$

式中 B 为调查海域资源量，n 为单位时间取样面积内的渔获量，A 为调查海域总面积，a 为网具每小时取样面积，q 为网具捕获率。

2. 数据来源和处理

由于现有的矢量数据有限，用于 Kriging 插值分析的地图数据是以 1∶10 000 的海图数字化地图作为空间参照。实验海域为浙江嵊泗马鞍列岛海域，实验数据由 2007 年 5、9 月和 2008 年 7 月以及 2009 年 3、5、7、10、12 月，各月下旬两艘小型拖网船进行为期 1～2 周的底拖网调查获得，采样站点如图 5-8 所示。由于拖网速度、拖网时间受到天气、潮流等因素的影响，为了让拖网数据能客观地反映该海域的生物量情况，将拖网标准设定为拖网速度 1 节，拖网时间 20 min；根据单位面积扫海法将获得的渔获量统一在统一标准下后，用渔获量来表示采样站点的资源量（单位：kg）。

实验数据获得后，通过 QQPlot 或直方图等工具分析实验数据的分布特征，如果实验数据不符合正态分布的规律，则要考虑对数据进行数据变换，如对数变换或指数变换等，使其符合正态分布；但如果数据转换后仍然不符合正态分布的话，就要考虑用其他 Kriging 插值法，比如泛 Kriging 插值法等；如果符合正态分布，则可以使用普通 Kriging 插值分析，再根据数据的特征来选择半变异函数模型，从而得到 Kriging 插值预测图。还可以根据 Kriging 插值预测图的分布特征的方向效应做出各向异性建模的 Kriging 插值预测图。在插值过程中也可以考虑采用不同的模型来做出预测图，最后比较采用哪种模型更优，并能更加准确地反映当地的情况，实验流程图如图 5-9 所示。

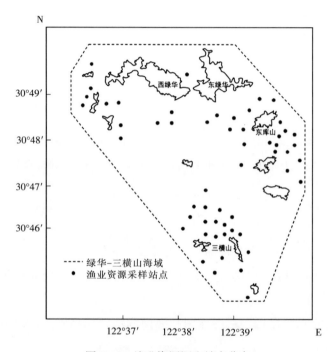

图 5-8　渔业资源调查站点分布

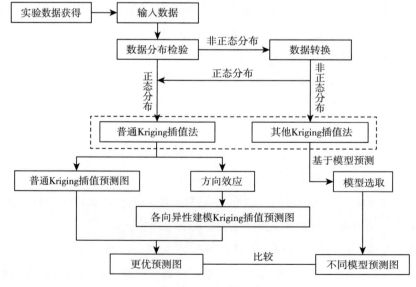

图 5-9　鱼礁区渔业资源调查数据处理流程

3. 实验步骤

在进行空间插值分析处理之前，分别使用人工鱼礁管理分析系统中的 Geostatistical Analyst 模块提供的正态 QQPlot 工具和直方图工具对渔业资源量数据进行分布检验，发现实验数据不符合正态分布，但在对实验数据进行对数变换后发现其较符合正态变换，故选择普通 Kriging 法。数据变换后的正态 QQPlot 分布图和直方图如图 5-10 所示，直方图中均值（Mean）、中值（Median）比较接近，数据接近于正态分布（Mean＝0.649 85，Median＝0.647 65，Mean≈Median）。

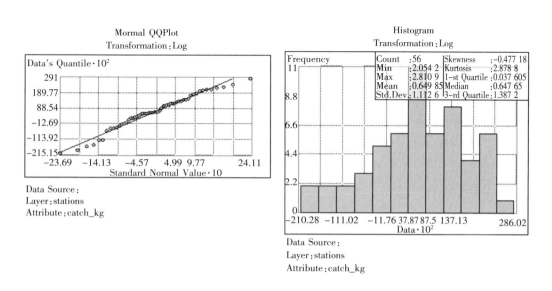

图 5-10 管理系统中渔业资源量数据的正态 QQPlot 分布图（左）和直方图（右）

一般情况下，半变异函数是根据半变异函数云图的分布，以实验方差最小为原则，选取某种模型进行模拟，常用的模型包括球体模型、指数模型、高斯函数等。球体模型用来表明在一定的距离范围内空间自相关逐渐减小，即表现为半变异的同步增加，超过这个距离空间自相关时就变为 0。球体模型是最常用的拟合模型之一。高斯模型是用来拟合空间相关性随着距离的增长而衰减，相关性消失于无穷远处。高斯模型的曲线起始段是一个抛物线的形状，用来表示这段区域的空间变化非常平滑，高斯模型也是常用拟合模型之一。先以指数模型为例，建立绿华-三横山海域的空间资源量分布图，随后再确定有无方向性后，再考虑建立不同模型的空间资源量分布图。指数模型（exponential）通常是用来拟合空间自相关性随着距离的逐渐增加而呈指数下降，并且在无穷远处趋于消失的情况，图 5-11 显示了半变异函数云的分布情况，其中 x 轴表示距离的远近，y 轴表示半变异函数值的大小，每个点代表着一对采样点的空间自相关性。当自相关阈值达到 $h=87.76$，相当于 870 m 左右时，半变异函数曲线开始趋于水平，这说明指数模型较为适合该情况。

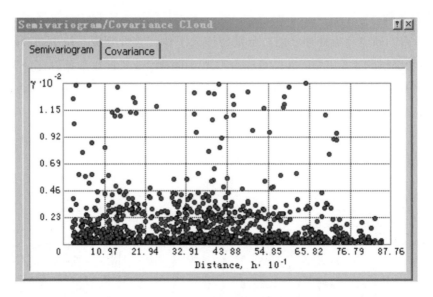

图 5-11　半变异函数云

　　根据调查得到的空间资源量分布图，搜索其半变异函数有无空间方向性，若发现存在空间方向性，则进行方向效应比较，图 5-12 分别表示了不同方向上的半变异函数变化情况，可以看出方向效应比较明显。当搜索方向设定为 339.4°时，自相关阈值达到 900 m，而如果将搜索方向设定为 241.8°，则空间距离达到 530 m 左右时，空间自相关就逐步消失了，由此可以看出，采样数据在西北-西南方向比南北方向更远距离的空间相关性。

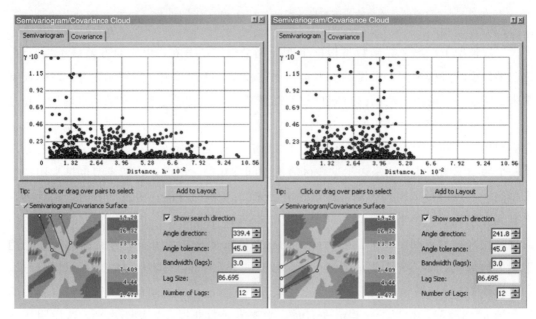

图 5-12　不同方向的搜索结果（左：339.4°，右：241.8°）

由于空间各向异性的明显存在，在插值过程中使用各向异性建模方式，为了使预测模型达到最优，分别将主相关阈值和次相关阈值设定为 155.29 和 42.193 4。各个方向上的半变异函数模型如图 5 - 13 所示，最后依靠普通 Kriging 插值分别建立两幅绿华-三横山人工鱼礁投放海域的渔业资源量空间分布图。

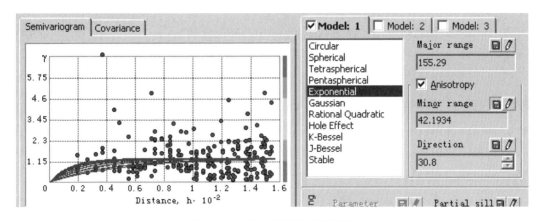

图 5 - 13　各向异性半变异函数

4. 不同普通 Kriging 插值结果和比较

使用普通 Kriging 插值和根据半变异理论结合各向异性的空间建模的 Kriging 插值两种方式，得到绿华-三横山海域渔业资源量的空间插值结果，如彩图 37 所示，颜色越深表示该区域渔业资源量越大。通过对颜色平滑度、递进性和更小区域的比较，可以发现普通 Kriging 插值法对于绿华-三横山海域渔业资源量在岛礁、人工鱼礁区、海上卸货平台等区域的空间分布更加详细，它更加精细地反映了某一块海域的渔业资源量的空间分布，而不是笼统地归结于某个单一的数值。

为了比较哪种建模更适合用于描述该海域的渔业资源量分布，对插值结果进行检验，利用加载在系统上的地统计分析模块提供的交叉验证工具参考预测误差（prediction error）中的几个指标来确定哪种模型精度更高。符合以下标准的模型是最优的：标准平均值（mean standardized）最接近于 0，均方根预测误差（root-mean-square）最小，平均标准误差（average mean error）最接近于均方根预测误差，标准均方根预测误差（root-mean-square standardized）最接近于 1，从表 5 - 1 可以看出使用各向异性建模的 Kriging 插值整体上要优于普通 Kriging 插值，精度较高。

表 5 - 1　两种插值法的渔业资源量预测误差检验结果

	各向异性建模 Kriging 插值	普通 Kriging 插值
标准平均值	0.001 598	0.002 588
均方根预测误差	3.508	3.709

（续）

	各向异性建模 Kriging 插值	普通 Kriging 插值
平均标准误差	6.708	7.323
标准均方根预测误差	0.732 4	0.683 2

5. 球体模型和高斯模型的普通 Kriging 插值分布图比较

已经发现绿华-三横山人工鱼礁投放海域的渔业资源量空间分布呈现方向效应，根据上述方法，对各向异性建模的 Kriging 插值分布图选择球体模型和高斯模型分别制图，并对其进行比较，选取精度更高的分布图与实际效果进行比较，看看 Kriging 插值分布图是否与实际情况相符合，能不能准确反应资源量分布的实际情况。选择交叉验证来进行分析，以标准平均值最接近于 0，均方根预测误差最小，平均标准误差最接近于均方根预测误差，标准均方根预测误差最接近于 1 为最优来进行比较。图 5-14 左边为利用球体模型建立的各向异性普通 Kriging 插值验证图，右边为利用高斯模型建立的普通 Kriging 插值验证图，球体模型和高斯模型建图的预测误差如表 5-2 所示。通过对表 5-1 和表 5-2 的比较分析可以发现，在绿华-三横山海域的预测图构建方面，基于各向异性建模 Kriging 插值的指数模型更优。

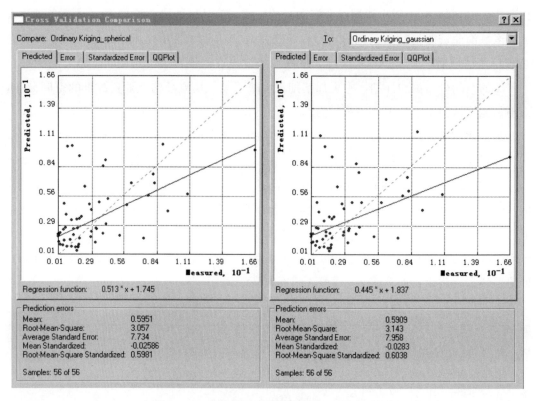

图 5-14　球体模型与高斯模型交叉验证比较

表 5-2　球体模型与高斯模型的预测误差检验结果

	球体模型	高斯模型
标准平均值	−0.025 86	−0.028 3
均方根预测误差	3.507	3.143
平均标准误差	7.734	7.958
标准均方根预测误差	0.598 1	0.603 8

6. 绿华-三横山海域渔业资源量总体分布特征

由图 5-15 所示绿华-三横山海域渔业资源量空间分布可以发现，有 4 个区域的颜色相对其周围的海域颜色较深，说明这些区域的渔业资源量相对较高；而这 4 个区域正好与绿华-三横山海域的网箱养殖区、海上卸货平台、东库鱼礁区和三横鱼礁区等工程项目区相对应，其中海上卸货平台处较其他三处更为大一些，资源量约 9 kg，这是由于该平台 2008 年投产、2010 年竣工，主体长 288 m、宽 45 m，占海域面积约 18 500 m²，相当于一座超大型的浮式人工鱼礁，而与其紧邻的北部贻贝养殖场的存在使得该处海域渔民相对难于作业，也就为该区附近的渔业资源生物提供了非常好的避难场所，故该处集鱼效果明显，渔业资源量相对较大。另外，一个高资源量区位于东库山和三横山的两鱼礁区中间，这可能是它们各自鱼礁所产生的生态效应相互叠加所致。

在两个人工鱼礁区的红色框范围内，东库山礁区的资源量最低约 4 kg、最高约 13 kg，且大约 1/3 区为 4 kg 左右；而三横山礁区的渔业资源量最低约 6 kg、最高约 13 kg，大部分区为 9 kg 左右。对比两个人工鱼礁区的渔业资源量发现，三横山礁区的集鱼效果要稍强于东库山礁区。实地调查发现，东库山礁区北部的东库山岛上有常住人，且离绿华山较近，受人类活动影响相对较大，以及东库山周围放置有大量刺网等，三横山礁区资源量高于东库山礁区的事实与我们在该海域用拖网、刺网以及地笼网等调查结果也是一致的，说明用 Kriging 插值法对绿华-三横山海域渔业资源空间分布的分析是可行的。

以嵊泗海域人工鱼礁管理系统的研发和渔业资源量分析为例可以发现，ArcGIS 在人工鱼礁管理上有很大的发展空间，可有效进行人工鱼礁各种信息的管理和统计分析。同时，还能利用人工鱼礁管理分析系统开展一定的应用研究，能够迅速有效地生成各种相关项的专题图，方便管理者和科研工作者进行相关因素的复杂分析，是一种对海洋生态环境的调查、管理和保护的有效尝试，充分体现了 GIS 技术与数据库技术结合产生的强大功能，为我们对人工鱼礁的管理和评估其产生的效果等提供了非常便利、可靠的科学工具。

二、物联网技术在人工鱼礁管理中的应用

物联网（internet of things）技术是在信息化时代的重要发展阶段，实现了打造"物物相连，感知世界"的新一代信息技术应用模式，是信息化发展到一定程度的产物。由于物联网可以实现信息共享和信息传输的实时化，利用物联网技术，可以有效地提高人工鱼礁的管理效率。

物联网在人工鱼礁建设和管理方面的应用，主要包括三个方面：①人工鱼礁建设管理系统。从人工鱼礁的选址开始到鱼礁投放，运用物联网技术进行海况信息的实时传输，利用条形码技术对鱼礁进行质量监管，建立鱼礁建设管理系统，便于对鱼礁进行跟踪管理和监测。②记录鱼礁的投放时间、投放地点等信息，设置水下视频监控系统实时监测鱼礁状况，定期发布鱼礁状态评估报告。同时，在人工鱼礁处搭载水质和气象传感器，进行环境的监测。③鱼礁和渔业管理信息系统。建立国家鱼礁和渔业信息系统，每个省、直辖市也通常成立区域性信息网络系统，建立起人工鱼礁、海洋渔业、海洋环境、鱼群动态等渔业信息数据库，建立信息服务基站，提供信息产品和信息服务，不仅可以有效实现对人工鱼礁区的管理，还可以为渔业生产、海洋管理、休闲渔业等服务需求提供信息服务。

另外，随着现代化技术的不断发展，一些声学仪器被广泛应用到人工鱼礁的管理中来，如C3D三维侧扫测深系统、Simrad EK500系统等。声学评估手段不仅可以是渔业资源管理的基础，还可以对人工鱼礁的建设评估提供支撑（陈刚和陈卫忠，2003）。声学仪器对人工鱼礁的管理贡献主要体系在可以有效并准确地进行人工鱼礁礁体状态的评估，精确地了解鱼礁位置，可有效对人工鱼礁区的范围进行确定。此外，利用声学仪器可以对礁区渔业资源进行评估。对人工鱼礁礁体状态的评估，可以了解鱼礁的稳定性情况，并对其被掩埋程度等做出估计，有利于人工鱼礁的维护和进一步改善人工鱼礁礁体设计。人工鱼礁礁区范围的确定，可为人工鱼礁保护区的建设提供依据，对人工鱼礁的管理提供数据支持。利用声学仪器可以在不损害礁区资源的情况下，对鱼类进行资源量的评估，不仅有效降低了调查成本，还有利于资源保护。

以多功能浮鱼礁的物联网系统建设为例，如图5-15所示。该系统也可以应用在海洋牧场区。物联网系统主要工作方式如下：

①结合增殖放流，通过筏式养殖设施及鱼类声音聚鱼装备配合沉式鱼礁实现目标鱼种在鱼礁区的聚集，有利于鱼种的养成和回捕。

②在浮式鱼礁搭载水质和气象传感器，实现鱼礁区环境的在线监测和实时回传。

③在浮式鱼礁区多点布置水下视频监控系统，视频信号通过线缆传输至海面浮子，浮子搭载微波视频通信系统，将视频信号实时传输至岸边基站。

④鱼礁区边界布置小型浮标装置，搭载AIS防碰撞系统和示警灯，进行边界标定，

防止船舶碰撞和误入。

⑤开发支持 Android 和 iOS 系统的 APP 软件，实现渔民渔获物拍照、鱼种选择、规格选择、捕获位置和经纬度自动录入，数据上传。

⑥鱼礁区岸边建立基站，布置服务器并开发海洋牧场专用网站，包含鱼礁区介绍、主要鱼种、实时气象、水下视频播放、牧区装备控制、渔获物信息接收与展示、交易撮合、款项支付等功能。岸边建设通信天线，用于鱼礁区各装备数据的接收和控制信息的发送。

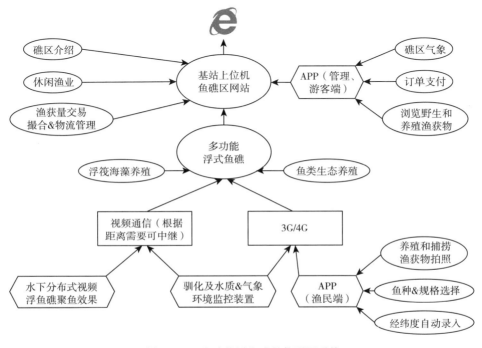

图 5-15 多功能浮鱼礁的物联网系统

第四节 长江口近外海人工鱼礁管理案例

长江口近海人工鱼礁建设均为政府主导的公益生态型人工鱼礁。人工鱼礁的建设和相关科学研究已开展多年，有些海域将人工鱼礁建设和海洋保护区有机地结合，更为有效地实践了人工鱼礁在渔业资源修复中的理论效果。

一、建设过程管理

建立机构：人工鱼礁在建设审批、海域论证、礁体设计和制作、建设投放和监管等

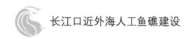

过程中应建立相关工作小组，建立各过程的领导机制，从而保障各过程的有序和顺利进行。

依托科研：有意建设人工鱼礁的海区，海区管辖部门可通过设立人工鱼礁建设项目课题的形式吸引相关科研结构开展本海区人工鱼礁建设方案可行性和有效性的前期理论研究，或者直接借鉴相关科研结构的研究成果和其他海域管理部门在建设人工鱼礁建设方面的经验，立足本海区特点，探索和建立本海区相适应的人工鱼礁工程。

规范流程：科学的管理离不开流程的规范。

监控质量：引入第三方进行人工鱼礁设计制作和投放的质量监管。

二、建设后的管理

规章制度：在实际应用中逐渐完善相关规章制度、条例等。

管理内容：跟踪调查与评估，巡视。

管理措施：标示牌、浮标，接受举报，热线电话。

综合长江口人工鱼礁建设和管理实例，就人工鱼礁工程项目会成立各级工作机构：①领导建设机构，主要以政府主导型，具体到海洋与渔业局、海洋保护区管理局等单位建立领导小组，领导人工鱼礁的整体规划和建设实施，协调各项工作的开展，并加强经费使用的管理与监督。②组织实施机构，人工鱼礁建设项目的具体工作实施和管理则由相关的企业来负责，如桃花岛人工鱼礁建设管理公司等类似企业，负责制订开展人工鱼礁建设的可行性报告、人工鱼礁规划海区调查方案、人工鱼礁建设方案等人工鱼礁前期准备工作，并开展建设工作和建成后的经营管理工作。③技术服务机构，主要由人工鱼礁建设专家组或科研单位构成，为人工鱼礁建设提供技术支持，解决问题，并如实对建设海域实施跟踪调查，对人工鱼礁选区进行生态环境综合评价，制订人工鱼礁建设环节中具体项目的实施方案，积极开展人工鱼礁技术研究与革新，后期指导人工鱼礁区的效果评价。

本节列举了东极人工鱼礁建设和管理实例，从实践出发，验证人工鱼礁管理理论，希望相关研究和管理者能学习其中的先进经验，发现其中的不足，共同建设和管理好人工鱼礁。

三、东极人工鱼礁管理实例

由于人工鱼礁投放在海底，受投放海域海况限制等原因，人工鱼礁的成本和对管理技术的要求都相对较高，目前，国际上诸多渔业发达国家都对人工鱼礁管理体制有所尝试，并取得了一定的成绩，但各国国情不同，尚无统一的管理模式可以遵循。因此，必须在现有的体制条件下，因地制宜地对人工鱼礁的相关组织体系进行适当的调整，建立有效率的服务、监督与管理的运作机制，确保庙子湖-青浜人工鱼礁示范区发挥良好的综合效益。

（一）人工鱼礁建设管理机制

依据《关于下达 2007 年度海洋捕捞渔民转产转业项目实施计划及补助资金的通知》中"要求渔民参与管护"的精神以及国内外对于人工鱼礁管理的成功经验，庙子湖-青浜人工鱼礁示范区管理可在政府职能部门的领导下，适当吸收渔民参与管理，并采取相关措施，将股份制经营理念纳入人工鱼礁的管理体制，以实现人工鱼礁持续、高效的发展。

1. 组织领导机构

依据浙江舟山市海洋渔业局要求，人工鱼礁海域施工期间应建立领导小组，以起到组织、建设、监督、管理人工鱼礁建设海域等作用。建设完毕后，依据国家海洋特别保护区相关规定，人工鱼礁作为保护区管理办公室下辖区域进行管理。领导小组、工作小组的具体职能包括：

①管理：贯彻落实相关的法律法规和规划，制定海洋牧场示范区管理贵站和保护条例等。

②宣传：通过电视媒体、广播、报纸、网络等手段，大力宣传舟山市海洋牧场建设的重要意义，营造良好的海洋牧场建设氛围，提高干部群众积极性。

③监督：委托或设立项目监督机构对后期的牧场建设项目实施严格的质量监管，制订严格的项目招投标方案，实施质量环节负责制，严格把关。

④协调：协调上级主管部门、企业、渔民及相关社会团体，均衡各方利益。

⑤开发：工作小组在领导小组的带领下，组织示范区的合理开发，联合当地渔业主管部门和休闲渔业等部门，配合建设海洋牧场示范区，吸纳和鼓励部分转产转业渔民参与示范区的建设和管理。

2. 实施运行机构

考虑到普陀中街山列岛海洋特别保护区管理办公室人员有限、管理区域众多、海上管理成本较高等实际困难，以及遏止外来移民非法酷渔滥捕的客观需要，管理办公室通过将海域承包给企业经营，委托企业——舟山市东方生态海洋牧场建设管理有限公司（筹）管理人工鱼礁。为维护企业经营的合法权益，避免其他行业组织外来移民在辖区内酷渔滥捕侵权行为发生，当地渔政执法大队提供执法力量支持。如果有侵权行为发生，企业向渔政执法大队汇报违法情况后，由执法大队依法处理，双方关系应以合同形式确认。

3. 技术服务机构

为了有效管理人工鱼礁，地方政府在保护区管理体制下应设人工鱼礁办公室，负责监督管理企业使用海域，并提供政策上的指导。企业在内部应组建受过人工鱼礁培训的技术工人、渔民队伍，负责海洋牧场日常管理，并且聘请当地水产研究所人员为技术顾问。遇到技术难题，应及时咨询科研院所，解决问题。如果政府需要评价企业人工鱼礁海域使用情况（包括资源、环境），也可委托科研院所进行科学评价。

人工鱼礁建设完成后，由舟山市海洋与渔业局的政府职能部门牵头，根据《海域使用权管理规定》等相关规定，组织有丰富海水鱼类、贝类养殖育苗经验，有深水网箱养殖经验、休闲渔业开发经验、资金运转情况良好的水产行业企业竞拍人工鱼礁海域使用权；如果不能找到同时满足以上条件的企业，可以考虑按股份制组建合资公司共同经营管理。同时，对当地转产转业的渔民实施培训，使之熟练掌握人工鱼礁管理的相关技术知识和管理要求，使之能够参与到人工鱼礁的经营管理中，在就业中优先考虑当地减船、转产、再就业的渔民，并以合同形式加以确认。为了支持企业自主创新及其开发抗台风深水网箱技术，政府应对人工鱼礁经营企业在财税政策和科研技术开发上予以适当扶持，企业也应该配备技术骨干队伍，应用科研院所最新开发出来的科研成果，进行相关技术推广和应用开发。

（二）东极人工鱼礁工程主要管理内容

1. 建设管理

统筹和协调各部门的职能，督促监督人工鱼礁建设单位，审计核实人工鱼礁经费使用情况。

在建设过程中，如遇到技术难题，及时联系科研部门，解决问题，并如实对建设海域实施跟踪调查。

对渔民实施转产转业培训过程中，邀请科研人员给渔民讲授人工鱼礁相关技术知识和理论背景，从而为今后吸收渔民参与人工鱼礁管理打下社会基础。

大力宣传人工鱼礁知识，组织转产转业渔民实施人工鱼礁专业知识培训，以便吸收高素质的渔民参与人工鱼礁管理工作和经营活动。同时，政府对人工鱼礁建设与管理予以政策上扶持，积极招商引资，科学、合理开发人工鱼礁资源。

"互联网＋"时代积极探索人工鱼礁示范区的各个环节的互联网效应，将人工鱼礁建设和管理的各个环节实现网络化连接。

2. 维护管理

设施管理：人工鱼礁建设后，对建设的设备设施要定期维护，如人工鱼礁需定期清除礁体中存留的烂网等固体废弃物，可采用潜水员下潜的方式手动清除。维护周期视具体情况而定，如在夏、秋季可适当增加维护频率，渔业生产较多的时节也需适当地增加维护频率，其他时节适当地减少维护次数。海面上标识好海域范围和设置鱼礁方位浮标，并定期检查其使用情况，发现有缺失、破坏等现象，应及时采取措施。

资源管理：通过执法巡逻等手段，取缔作业的违法渔具，制定相应规章制度，对捕捞量和可捕标准应当进行科学评估；对放流品种的资源应予以保护，确保人工鱼礁内应有一定的亲体与幼体资源量。

跟踪调查：人工鱼礁建设完成后，应实施包括潜水、渔具、探鱼仪、标志放流、渔业生产数据在内的定期科学调查，制订合理的调查评估方案，对人工鱼礁内资源、环境实施评价。及时更新鱼礁生态系统集鱼效果和附着效果信息，以便安排后期增殖放流技术等工作。

（三）政策措施

为更好地建设人工鱼礁，不仅要解决体制和机制问题，还必须制订和完善更为有效的政策与措施，进一步促进人工鱼礁工程建设。所有政策和措施的创立与实施都必须做到有利于增强海洋牧场技术自主创新能力，有利于激发政府管理人员、科技工作者和海区渔民的积极性和创造性，有利于充分利用各地方科技资源，有利于支撑科技领先和引领经济社会的发展。随着形势发展和相关政策措施的实施，将会遇到更多更新的问题，各项政策措施也将得到进一步的丰富和完善。

一是，将人工鱼礁建设列为渔业新兴战略产业加以重点扶持。主要措施包括：制定细致的中长期发展规划；规划长期的沿海、近海、外海人工鱼礁建设的发展计划；专项拨款，委托省部级研究单位监督筹建以及后期管理维护；并聘任专家成立人工鱼礁技术专家小组，用以指导鱼礁建设。

二是，产业风险高的海域通过政府补贴法鼓励企业参与和管理维护。主要措施包括：在跨界作业频繁、生计渔业明显、海域确权尚不明确、产业风险和自然风险较高的海区，采取各种形式的政府补贴，鼓励企业参与海洋牧场建设后的管理维护，如减免税收、允许发展养殖业和休闲渔业等措施，或由政府出资兴建人工鱼礁，由企业或其他社会团体承包生产和管理，政府收取一定的事业费或税费等。

三是，设置专项研究经费对产业链的核心技术环节实施科技攻关。主要措施包括：根据产业链发展需要，设置专项研究课题，委托有条件的科研单位协同当地科研部门进行科技攻关，及时将技术转化为科研成果或专利，确立该领域的知识产权。

参 考 文 献

白现军，2004. 政府是提高公共管理效益的关键 [J]. 行政与法 (1)：19-20.

曹立佳，张胜修，董燕琴，等，2011. 一种多源试验条件下惯导误差系数融合的新方法 [J]. 中国惯性技术学报 (3)：374-378.

柴心玉，钱树本，张庆，1991. 长江口及济州岛邻近海域叶绿素 a 分布及其与水团、跃层的相关性 [J]. 青岛海洋大学学报，21 (2)：69-82.

陈刚，陈卫忠，2003. 渔业资源评估中声学方法的应用 [J]. 上海水产大学学报，12 (1)：40-44.

陈文河，冯波，李东阳，2005. 地理信息系统在海洋渔业的应用 [J]. 渔业经济研究 (1)：42-43.

陈新军，2001. 海洋渔业资源可持续利用评价 [D]. 南京：南京农业大学.

陈永茂，2000. 中国未来的渔业模式——建设海洋牧场 [J]. 资源开发与市场，16 (2)：78-79.

崔勇，关长涛，万荣，等，2011. 布设间距对人工鱼礁流场效应影响的数值模拟 [J]. 海洋湖沼通报 (2)：59-65.

董福忠，1995. 现代管理技术经济大辞典 [M]. 北京：中国经济出版社.

冯志华，高社生，陈丽容，等，2012. 动力学模型系统误差及其协方差阵的随机加权拟合法 [J]. 系统工程与电子技术 (2)：348-352.

傅桂霞，2011. 基于 AUV 测量信息的时空 3D 数据地形构建 [D]. 哈尔滨工程大学.

傅明珠，王宗灵，孙萍，等，2009. 2006 年夏季南黄海浮游植物叶绿素 a 分布特征及其环境调控机制 [J]. 生态学报，29 (10)：5366-5375.

国家计委投资研究所建设部标准定额研究所社会评价课题组，1997. 投资项目社会评价指南 [M]. 北京：经济管理出版社.

韩俊丽，武曙红，栾晓峰，2012. 自然保护区适应性管理研究 [J]. 山西农业科学，40 (3)：284-287.

胡明辉，杨逸萍，徐春林，等，1989. 长江口浮游植物生长的磷酸盐限制 [J]. 海洋学报，11 (4)：439-443.

焦金菊，潘永玺，孙立元，等，2011. 人工鱼礁区的增殖鱼类资源效果初步研究 [J]. 水产科学，30 (2)：79-82.

李道季，张经，黄大吉，等，2002. 长江口外氧的亏损 [J]. 中国科学 (D 辑：地球科学)，32 (8)：686-694.

李冠成，2007. 人工鱼礁对渔业资源和海洋生态环境的影响及相关技术研究 [J]. 海洋学研究 (3)：93-102.

李建生，程家骅，2005. 长江口水域主要渔业生物资源状况的分析 [J]. 南方水产科学，1 (2)：21-25.

林军，2011. 长江口外海域浮游植物生态动力学模型研究 [D]. 上海：华东师范大学.

林军，朱建荣，张经，等，2011. 长江口外海区浮游植物生物量分布及其与环境因子的关系 [J]. 水产学报，35 (1)：74-87.

刘德辅，刘伟伟，庞亮，2007. 人工鱼礁工程的风险评估 [J] . 中国海洋大学学报（自然科学版）（2）：317-322.

刘涛，王宗义，金鸿章，等，2010. 船体分段三维数字化测量数据配准 [J] . 哈尔滨工程大学学报（3）：345-349.

刘同渝，2003. 人工鱼礁的饵料效应（一）[J] . 江西水产科技（4）：37-38.

刘子琳，宁修仁，蔡昱明，等，1997. 浙江海岛邻近海域叶绿素 a 和初级生产力的分布 [J] . 东海海洋，15（3）：22-28.

栾青杉，孙军，2010.2005 年夏季长江口水域浮游植物群集特征及其与环境因子的关系 [J] . 生态学报，30（18）：4967-4975.

马丽，梁振林，2010. 我国人工鱼礁建设实施过程管理的思考与建议 [J] . 河北渔业，199（7）：47-52.

蒲新明，吴玉霖，张永山，2000. 长江口区浮游植物营养盐限制因子的研究 1. 秋季的营养限制情况 [J] . 海洋学报，22（4）：58-66.

蒲新明，吴玉霖，张永山，2001. 长江口区浮游植物营养盐限制因子的研究 2. 春季营养限制情况 [J] . 海洋学报，23（3）：58-65.

钱峻屏，李岩，彭龙军，2000. 资源环境信息系统集成平台的设计、实施与应用 [J] . 热带地理，20（2）：148-151.

邵广昭，1988. 北部海域设置人工鱼礁之规划研究 [J] . 中央研究院动物所专刊（12）：1-122.

沈志良，1993. 长江口海区理化环境对初级生产力的影响 [J] . 海洋通报（1）：47-51.

宋书群，孙军，沈志良，等，2006. 三峡库区蓄水后夏季长江口及其邻近水域粒级叶绿素 a [J] . 中国海洋大学学报，36（1）：114-112.

宋书群，孙军，俞志明，2009. 长江口及其邻近水域叶绿素 a 垂直格局及成因初析 [J] . 植物生态学报，33（2）：369-379.

孙鹏飞，戴芳群，陈云龙，等，2015. 长江口及其邻近海域渔业资源结构的季节变化 [J] . 渔业科学进展，36（6）：8-16.

田文敏，林佳玮，2003. 水下静态目标物之长期监测与工程稳定性分析 [D] . 高雄：中山大学.

童武君，2011. 基于 GIS 的人工鱼礁管理分析系统的设计与实践——以嵊泗鱼礁区为例 [D] . 上海：上海海洋大学.

王保栋，战闰，藏家业，等，2003. 黄海、东海浮游植物生长的营养盐限制性因素初探 [J] . 海洋学报，25（2）：190-195.

王飞，张硕，丁天明，2008. 舟山海域人工鱼礁选址基于 AHP 的权重因子评价 [J] . 海洋学研究，26（1）：65-71.

王素琴，1987. 人工鱼礁的受力分析与设计要点 [J] . 大连水产学院学报（1）：55-62.

王伟定，梁君，毕远新，等，2016. 浙江省海洋牧场建设现状与展望 [J] . 浙江海洋学院学报（自然科学版），35（3）：181-185.

王伟定，梁君，章守宇，2010. 人工鱼礁建设对浙江嵊泗海域营养盐与水质的影响 [J] . 水生生物学报，34（1）：78-87.

王伟定，徐汉祥，潘国良，等，2007. 浙江省休闲生态型人工鱼礁建设现状与展望 [J] . 浙江海洋学院学报（自然科学版），26（1）：22－27.

王依欣，2013. 我国海钓基地建设推进路径的探讨［J］. 渔业信息与战略，28（4）：253－258.

吴子彦，2009. 基于可持续发展的我国海洋渔业资源有效管理研究［D］. 吉林：吉林大学.

伍鹏，2008. 海钓业与海洋旅游业互动发展研究——以浙江省为例［J］. 渔业经济研究（2）：56－61.

肖林萍，李永树，2008. 连拱隧道拱顶沉降数值分析［J］. 测绘工程（5）：16－18.

谢文勇，2002. 基于地理信息系统（GIS）的海洋生态学数据查询显示系统［D］. 广东：汕头大学.

徐汉祥，王伟定，金海卫，等，2006. 浙江沿岸休闲生态型人工鱼礁初选点的环境适宜性分析［J］. 海洋渔业，28（4）：278－284.

徐祖舰，2001. GIS入门与提高［M］. 重庆：重庆大学出版社，6－11.

许妍，鲍晨光，梁斌，等，2016. 天津市近海海域人工鱼礁选址适宜性评价［J］. 海洋环境科学，35（6）：846－852，867.

杨东方，王凡，高振会，等，2006. 长江口理化因子影响初级生产力的探索Ⅱ. 磷不是长江口浮游植物生长的限制因子［J］. 春季营养限制情况. 海洋科学进展，24（1）：97－107.

杨吝，刘同渝，黄汝堪，2000. 人工鱼礁集鱼机理浅析［J］. 水产科技（2）：6－11.

杨吝，刘同渝，黄汝堪，2005. 中国人工鱼礁的理论与实践［M］. 广州：广东科技出版社，55－87.

杨胜龙，马军杰，伍玉梅，等，2008. 基于 Kriging 方法 Argo 数据重构太平洋温度场研究［J］. 海洋渔业，30（1）：13－18.

殷小亚，陈海刚，乔延龙，等，2015. 天津大神堂牡蛎礁国家级海洋特别保护区现状及管理对策［J］. 海洋湖沼通报（1）：162－166.

俞存根，2011. 舟山渔场渔业生态学［M］. 北京：科学出版社.

袁兴中，何文珊，1999. 海洋沉积物中的动物多样性及其生态系统功能［J］. 地球科学进展，14（5）：458－463.

岳文泽，徐建华，徐丽华，2005. 基于地统计方法的气候要素空间插值研究［J］. 高原气象，24（6）：974－980.

张虎，朱孔文，汤建华，2005. 海州湾人工鱼礁养护资源效果初探［J］. 海洋渔业，27（1）：38－43.

张荣保，陈立红，金矛，等，2014. 象山港海域环境质量现状评价［J］，科技创新导报（24）：114－117.

张健，邬翱宇，施青松，2003. 象山港海水养殖及其对环境的影响［J］，东海海洋，21（4）：54－62.

张怀慧，孙龙，2001. 利用人工鱼礁工程增殖海洋水产资源的研究［J］. 资源科学，23（5）：6－10.

张显划，2004. 象山县海钓业的现状和发展趋势［J］. 渔业信息与战略，19（8）：11－13.

章守宇，张焕君，焦俊鹏，等，2006. 海州湾人工鱼礁海域生态环境的变化［J］. 水产学报，30（4）：475－480.

赵卫红，李金涛，王江涛，等，2004. 夏季长江口海域浮游植物营养限制的现场研究［J］. 海洋环境科学，23（4）：1－5.

赵建虎，刘经南，阳凡林，2004. 多波束测深数据系统误差的削弱方法研究［J］. 武汉大学学报（信息科学版）（5）：394－397.

郑延璇，关长涛，宋协法，等，2012. 星体型人工鱼礁流场效应的数值模拟［J］. 农业工程学报，28（19）：185－193.

钟术求，孙满昌，章守宇，等，2006. 钢制四方台型人工鱼礁礁体设计及稳定性研究 [J]. 海洋渔业（3）：234 - 240.

舟山市海洋与渔业局，2006. 舟山市海洋功能区划 [R]. 舟山：舟山市海洋与渔业局：4 - 5.

舟山市海洋与渔业局，2009. 2008 年舟山市海洋环境公报 [R]. 舟山：舟山市海洋与渔业局：3 - 4.

周伟华，袁翔城，霍文毅，等，2004. 长江口邻域叶绿素 a 和初级生产力的分布 [J]. 海洋学报，26（3）：143 - 150.

周振，李青，池金谷，等，2013. 霍尔效应的地下位移三维测量方法研究 [J]. 中国计量学院学报（1）：1 - 7.

朱建荣，丁平兴，胡敦欣，2003. 2000 年 8 月长江口外海区冲淡水和羽状锋的观测 [J]. 海洋与湖沼，34（3）：249 - 255.

朱建荣，2004. 长江口外海区叶绿素 a 浓度分布及其动力成因分析 [J]. 中国科学，34（8）：757 - 762.

朱建荣，王金辉，沈焕庭，等，2005. 2003 年 6 月中下旬长江口外海区冲淡水和赤潮的观测及分析 [J]. 科学通报，50（1）：59 - 65.

中村充，1986. 人工魚礁の計畫と設計—Ⅰ. 水產の研究，5（25）：107 - 111.

Ambrose R F，Swarbrick S L，1989. Comparison of fish assemblages on artificial and natural reefs off the coast of southern California [J]. Bulletin of Marine Science，44：718 - 733.

Baine M，2001. Artificial reefs：a review of their design，application，management and performance [J]. Ocean and Coastal Managemen，44（3 - 4）：241 - 259.

Bortone S A，Martin T，Bundrick C M，1994. Factors affecting fish assemblage development on a modular artificial reef in a northern Gulf of Mexico estuary [J]. Bulletin of Marine Science，55：319 - 332.

Brown W G，Nawas F，1973. Impact of Aggregation on the Estimation of Outdoor Recreation Demand Functions [J]. American Journal of Agricultural Economics，55：246 - 249.

Chai C，Yu Z M，Shen Z L，et al，2009. Nutrient characteristics in the Changjiang River Estuary and the adjacent East China Sea before and after impoundment of the Three Gorges Dam [J]. Science of the Total Environment，407（16）：4687 - 4695.

Clawson M，Knetsch L J，1996. The Economics of Outdoor Recreation [M]. Baltimore：John's Hopkins Press.

Creel M D，Loomis J B，1990. Theoretical and Empirical Advantages of Truncated Count Data Estimators for Analysis of Deer Hunting in California [J]. American Journal of Agricultural Economics，72（2）：434 - 441.

Ebeling A W，Hixon M A，1991. Chapter 18 - tropical and temperate reef fishes：comparison of community structures [M]. //Sale P F et al. The Ecology of Fishes on Coral Reefs. San Diego：Academic Press：509 - 563.

Folk R L，Andrews P B，Lewis D W，1970. Detrital sedimentary rock classification and nomenclature for use in New Zealand [J]. New Zealand Journal of Geology and Geophysics，13（4）：937 - 968.

Fujihara M，Akeda S，Takeuchi T，1997. A Numerical Experiment on Structure-induced Upwelling in Stratified Steady Flow Field [J]. Transactions of the Agricultural Engineering Society Japan，65（2）：

697 - 706.

Fujihara M，Kawachi T，Oohashi G，2011. Physical-biological Coupled Modelling for Artificially Generated Upwelling [J]. Transactions of the Japanese Society of Irrigation Drainage & Rural Engineering，65：399 - 409.

Harisson P H，Hu M H，Yang Y P，et al，1990. Phosphate limitation in estuarine and coastal waters of China [J]. Journal of Experimental Marine Biology & Ecology，140 (1)：79 - 87.

Jaccard P，1908. Nouvelles recherché sur la distribution florale [J]. Bulletin of Société Vaudoise des Sciences Naturelles，44：223 - 270.

Jan R Q，Liu Y H，Chen C Y，et al，2003. Effects of pile size of artificial reefs on the standing stocks of fishes [J]. Fisheries Research，63 (3)：327 - 337.

Kaiser M J，2000. The containment model for composite positional tolerance evaluation [J]. Precision Engineering，24 (4)：291 - 301.

Kim Y T，Lee Y B，Jho M J，et al，2004. A theoretical model for the evaluation of measurement uncertainty of a sound level meter calibration by comparison method in an anechoic room [J]. Applied Acoustics，65 (10)：967 - 984.

Lewis R，1997. Dispersion in Estuaries and Coastal Waters [M]. West Sussex，England：John Wiley & Sons：312.

Li D J，Zhang D，Huang Y，et al，2002. Oxygen depletion off the Changjiang (Yangtze River) Estuary [J]. Science in China Series D：Earth Sciences，45 (12)：1137 - 1146.

Liston-Heyes C，Heyes A，1999. Recreational Benefit from the Dartmoor National Park [J]. Journal of Environmental Management，55 (2)：69 - 80.

Masuda R，Shiba M，Yamashita Y，et al，2010. Fish assemblages associated with three types of artificial reefs：density of assemblages and possible impacts on adjacent fish abundance [J]. Fishery bulletin，108 (2)：162 - 173.

Molares A R，Seoane M A S，Giménez A P，et al，2008. The influence of positional uncertainty in free-field microphone calibration [J]. METROLOGIA，45 (2)：168 - 177.

Molly E S，James A S，Michael B L，et al，2015. The influence of an offshore artificial reef on the abundance of fish in the surrounding pelagic environment [J]. Marine and Freshwater Research，66 (5)：429 - 437.

Nakamura M，1985. Evolution of Artificial Fishing Reef Concepts in Japan [J]. Bulletin of Marine Science，37 (1)：271 - 278.

Ogawa R，1973. Various biological questions regarding artificial reefs [J]. Ocean Age (3)：21 - 30.

Okello N，Ristic B，2003. Maximum likelihood registration for multiple dissimilar sensors [J]. IEEE Transactions on Aerospace and Electronic Systems，39 (3)：1074 - 1083.

Pielou E C，1966. Species-diversity and pattern-diversity in the study of ecological succession [J]. Journal of Theoretical Biology，10 (2)：370 - 383.

Polovina J J，1994. Function of artificial reefs [J]. Bulletin of Marine Science，55：13 - 49.

Rabouille C，Conley D J，Dai M H，et al，2008. Comparison of hypoxia among four river-dominated ocean margins：The Changjiang (Yangtze)，Mississippi，Pearl，and Rhone rivers [J]. Continental Shelf Research，28：1527 – 1537.

Saaty T L，1990. How to Make a Decision：The analytic hierarchy process [J]. European Journal of Operational Research，48 (1)：9 – 26.

Sale P F，1991. The Ecology of Fishes on Coral Reefs [M]. San Diego：Academic Press：564 – 598.

Seaman W，2000. Artificial reef evaluation [M]. New York：CRC Press：146 – 147.

Sherman R L，Gilliam D S，Spieler R E，2002. Artificial reef design：void space，complexity，and attractants [J]. Ices Journal of Marine Science，59 (59)：196 – 200.

Shepard F P，1954. Nomenclature based on sand-silt-clay ratios [J]. Journal of Sedimentary Geology，24 (3)：151 – 158.

Simpson J H，Bowers D，1981. Models of stratification and frontal movement in shelf seas [J]. Deep Sea Research Part A Oceanographic Research Papers，28 (7)：727 – 738.

Tseng C，Chang S，Huang C，et al，2010. GIS-assisted site selection for artificial reefs [J]. Fisheries Science，67 (6)：1015 – 1022.

Vanderpool，C K，1987. Social impact assessment and fisheries [J]. Transactions of the American Fisheries Society，116：479 – 485.

Walker B K，Henderson B，Spieler R E，2002. Fish assemblages associated with artificial reefs of concrete aggregates or quarry stone offshore Miami Beach，Florida，USA [J]. Aquatic. Living Resources，15：95 – 105.

Wong A K，Chiu D K，1987. Synthesizing Statistical Knowledge from Incomplete Mixed-Mode Data [J]. IEEE Transactions on Pattern Analysis & Machine Intelligence，9 (6)：796.

Wu H，Zhu J R，2010. Advection scheme with 3rd high-order spatial interpolation at the middle temporal level and its application to saltwater intrusion in the Changjiang Estuary [J]. Ocean Modelling，33 (1)：33 – 51.

Zhou M J，Shen Z L，Yu R C，2008. Responses of a coastal phytoplankton community to increased nutrient input from the Changjiang (Yangtze) River [J]. Continental Shelf Research，28 (12)：1483 – 1489.

Zheng L，Chen C，Zhang F Y，2004. Development of water quality model in the Satilla River Estuary，Georgia [J]. Ecological Modelling，178 (3 – 4)：457 – 482.

作者简介

章守宇 男，上海海洋大学教授、博士研究生导师，兼任农业农村部海洋牧场建设专家咨询委员会委员、现代农业藻类产业技术体系"藻场建设与生态修复"岗位科学家和养殖与环境控制研究室主任、中国水产学会海洋牧场专业委员会副主任；长期从事人工鱼礁和海洋牧场建设、海藻场修复等方面的理论探索与技术研发以及推广应用实践。先后主持国家高技术研究发展计划（"863 计划"）项目、国家重点基础研究发展计划（"973 计划"）项目、国家自然科学基金项目、海洋和农业公益性行业科研专项项目、教育部优秀青年教师资助计划项目等。发表论文 100 余篇，获得国家授权专利 40 余个，获得省部级科技奖励 3 项，培养硕士和博士研究生 60 多名。

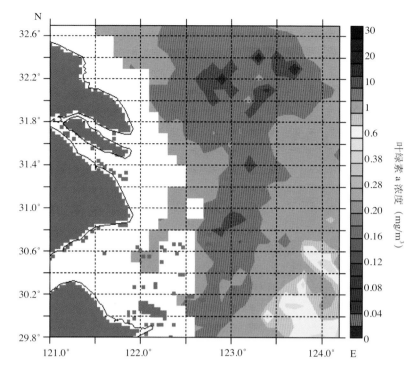

彩图1　SeaWiFS遥感叶绿素 a 分布（源自NOAA，2006年7月19日）

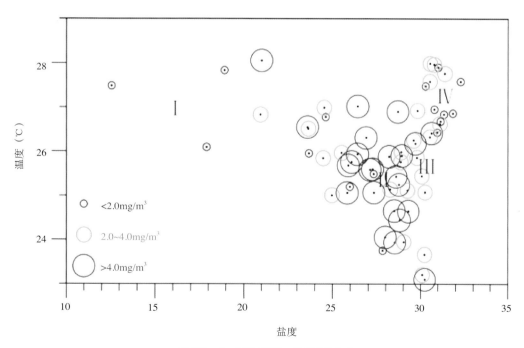

彩图2　3m层叶绿素 a 对应S-T分布

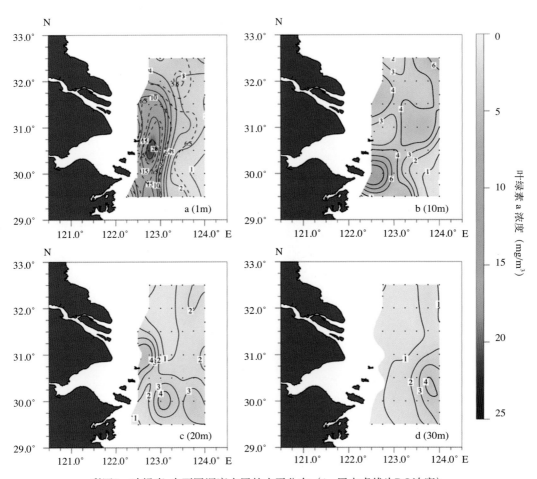

彩图3　叶绿素a在不同深度水层的水平分布（1m层中虚线为DO浓度）

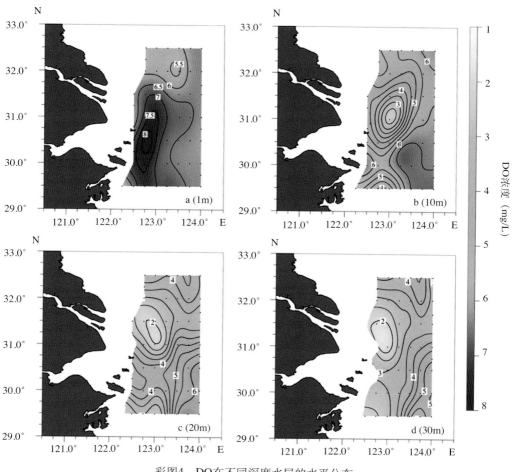

彩图4 DO在不同深度水层的水平分布

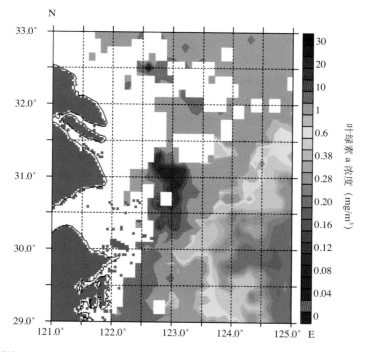

彩图5 长江口外海2009年8月SeaWiFs卫星月平均水色（叶绿素 a）分布(源自NOAA 2009年8月18日)

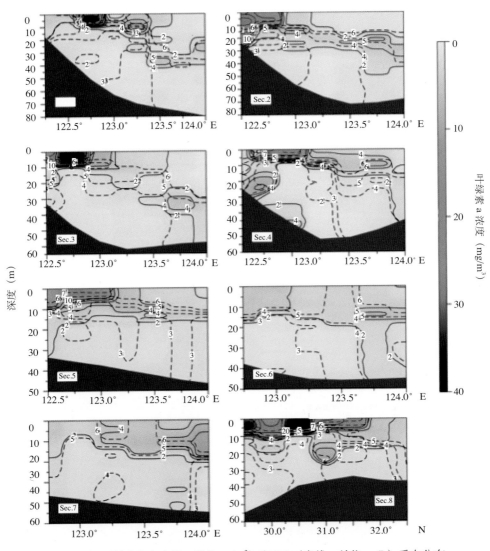

彩图6 叶绿素a（填充色与实线，单位mg/m³）和 DO（虚线，单位mg/L）垂向分布

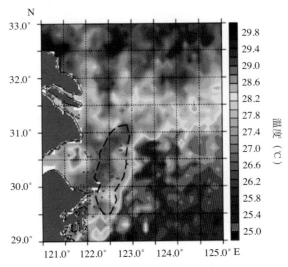

彩图7 NOAA-AVHRR卫星2009年8月27日遥感表层水温分布
（AVHRR周平均资料，蓝色虚线区域大致为上升流区）

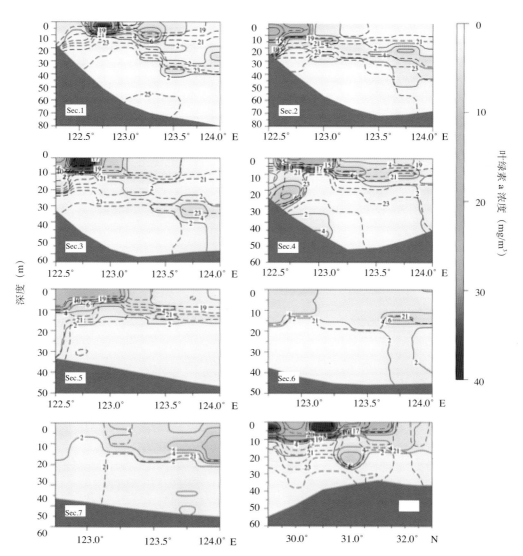

彩图8　叶绿素a（填充色与实线，单位mg/m³）与密度超量垂向分布（虚线，单位kg/m³）

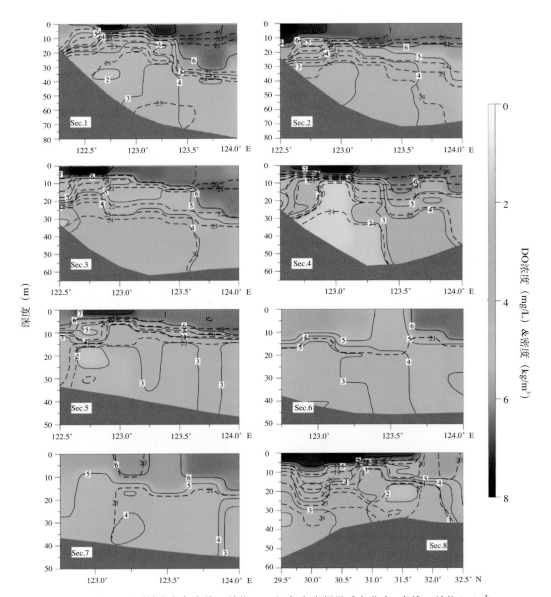

彩图9　DO（填充色与实线，单位mg/L）与密度超量垂向分布（虚线，单位 kg/m³）

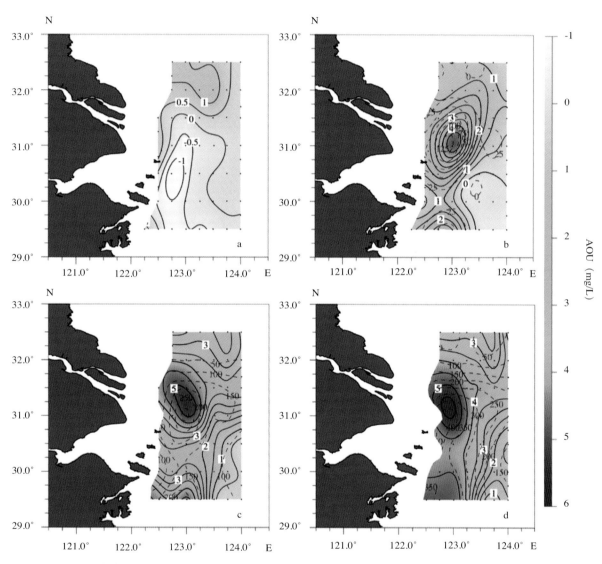

彩图10　表观耗氧量AOU（填充色与实线，单位mg/L）与水体稳定度PEAP的水平分布（虚线，单位J/m³）
a. 1m　b. 10m　c. 20m　d. 30m

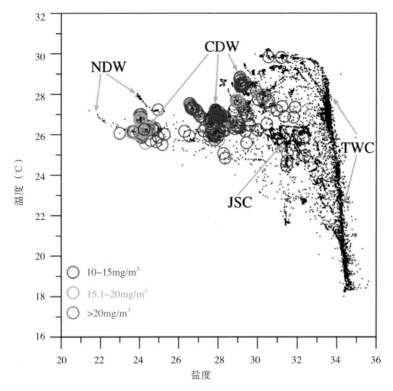

彩图11 长江口及其邻近海域的叶绿素a与温盐关系

图中所示点为所有站点CTD按垂向0.5m精度所测得的数据，圆圈表示叶绿素 a 大于10.0mg/m³的测点；区域Ⅰ：CDW（长江冲淡水扩展区）；区域Ⅱ：TWC（台湾暖流区）；区域Ⅲ：JSC（江苏沿海）；区域Ⅳ：NDW（近岸冲淡水区）

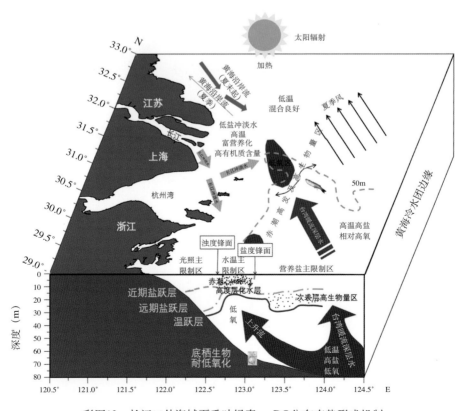

彩图12 长江口外海域夏季叶绿素a、DO分布态势形成机制

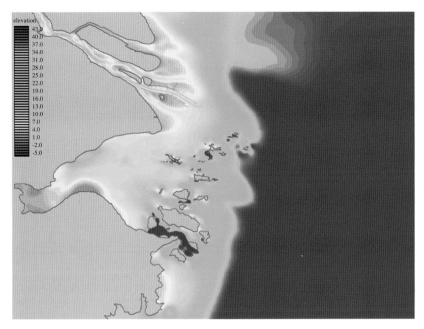

彩图13　长江口近海水深和地形分布

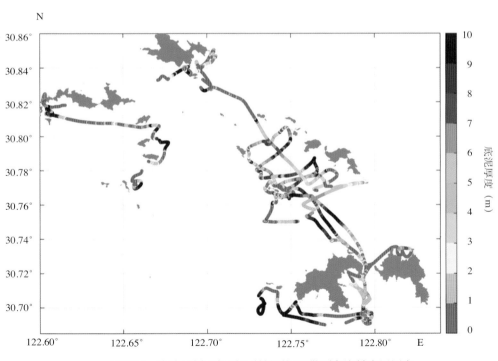

彩图14　浅地层剖面仪测量所得嵊泗马鞍列岛海域底泥厚度

流速（m/s）

彩图15　礁体周围流态变化示意（数值计算）

流速（m/s）

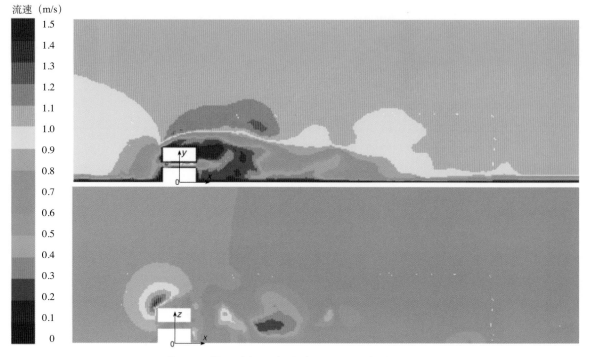

彩图16　单礁缓流区（上）与上升流区（下）示意

流速（m/s）

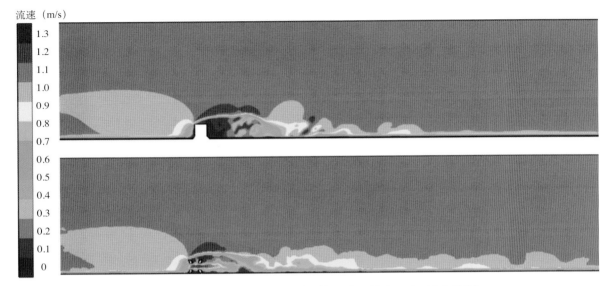

彩图17　剖面2（y=1.5m）速度分布（上：实心单礁；下：透水单礁）

流速（m/s）

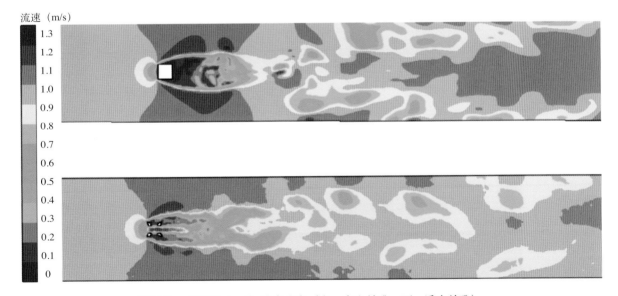

彩图18　中轴面（z=0）速度分布（上：实心单礁；下：透水单礁）

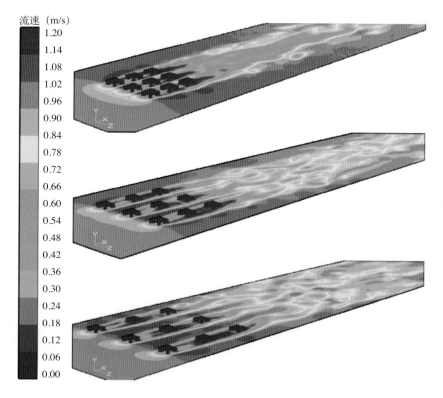

彩图19　9礁流场示意（上、中、下图鱼礁间距分别为3m、6m和9m）

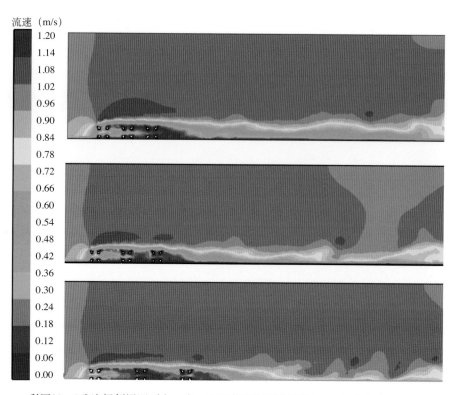

彩图20　9礁流场侧视图（上、中、下图鱼礁间距分别为3m、6m和9m）

流速（m/s）

1.2
1.1
1.0
0.9
0.8
0.7
0.6
0.5
0.4
0.3
0.2
0.1
0.0

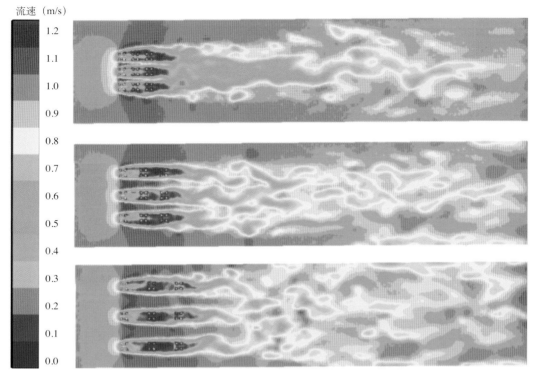

彩图21 回字型礁9礁组合不同礁距下的缓流区范围

N

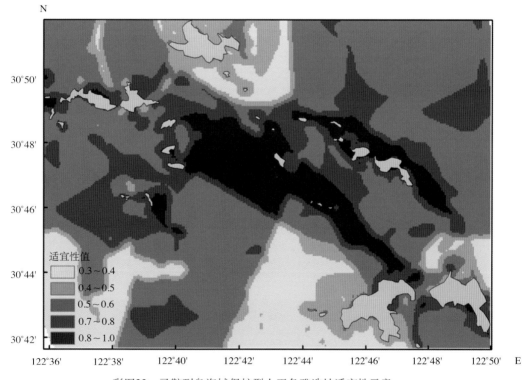

彩图22 马鞍列岛海域保护型人工鱼礁选址适宜性示意

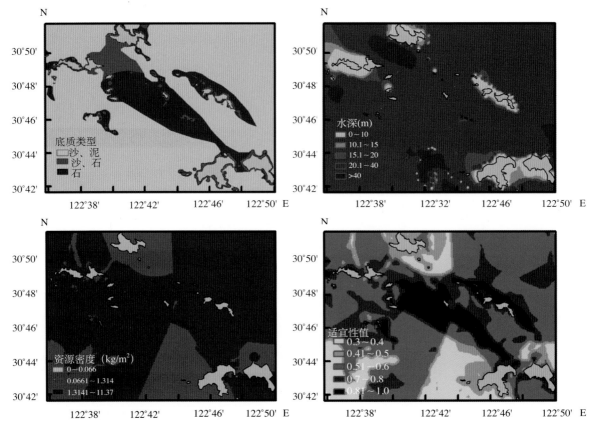

彩图23　马鞍列岛底质类型、水深、资源密度、选址适宜性分布

适宜性分布图中红色框选区域为已投放人工鱼礁区域

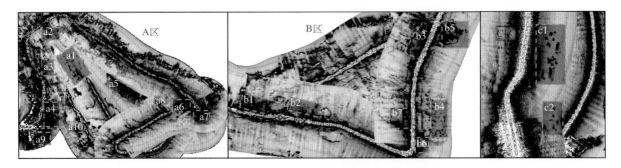

彩图24　三个礁区的多波束侧扫声呐仪C3D走航图

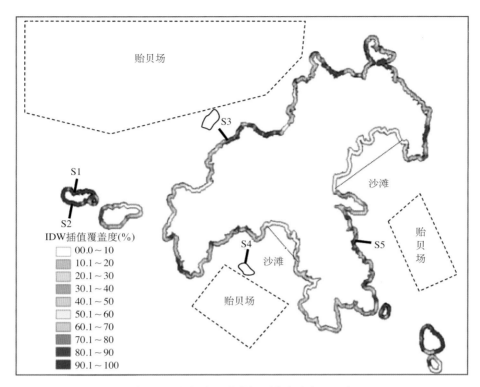

彩图25 枸杞岛周边藻场覆盖度分布图示意

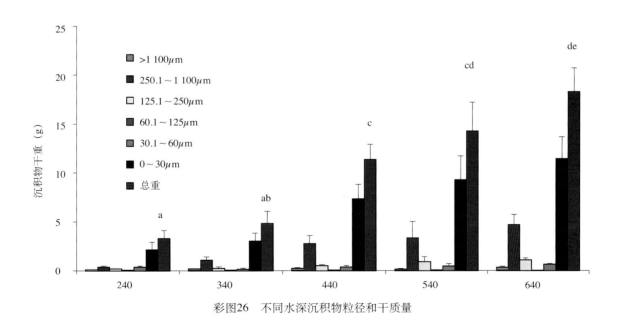

彩图26 不同水深沉积物粒径和干质量

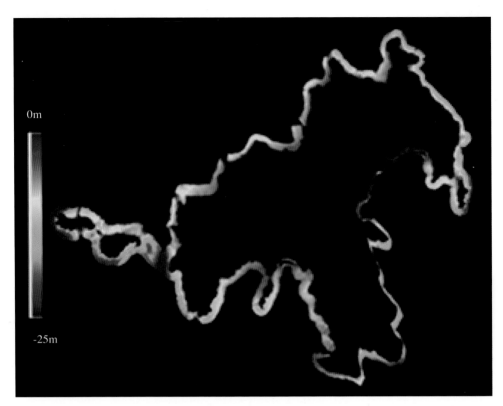

彩图27　枸杞岛周围水下地形图示意

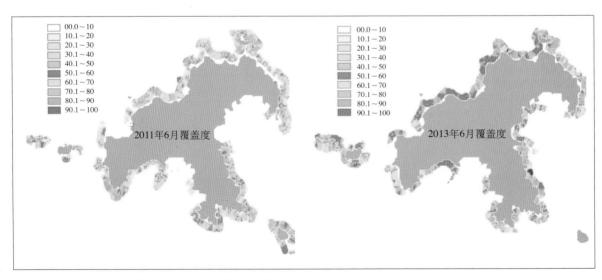

彩图28　枸杞岛海藻场大型海藻覆盖度（%）（左：藻礁投放前，右：藻礁投放后）

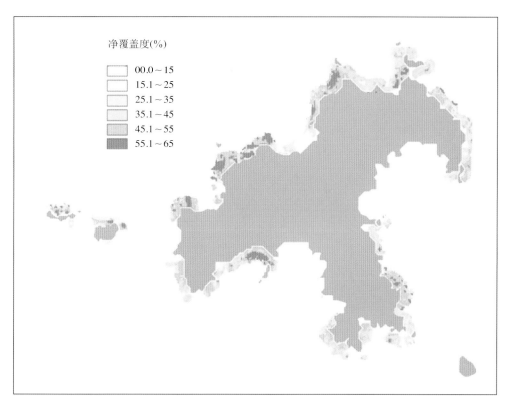

净覆盖度(%)

▢ 00.0~15
▢ 15.1~25
▢ 25.1~35
▢ 35.1~45
▢ 45.1~55
▨ 55.1~65

彩图29 枸杞岛海藻场人工藻礁投放后的净覆盖度分布

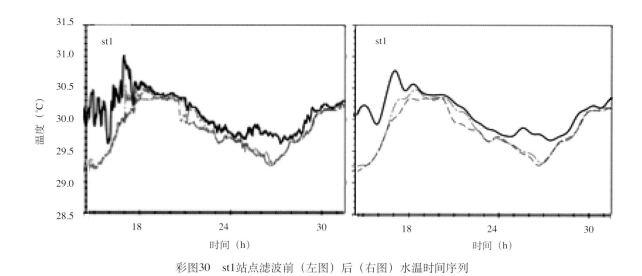

彩图30 st1站点滤波前（左图）后（右图）水温时间序列

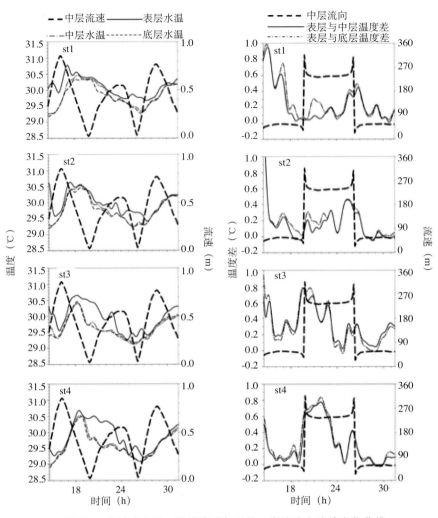

彩图31 各站点水温－潮流流速与温差－潮流流向连续变化曲线

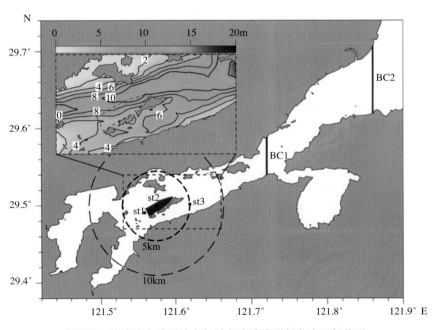

彩图32 流速流向验证站点与质点追踪模型判定边界与范围

（注：小图为规划区附近海图水深）

流速（m/s）

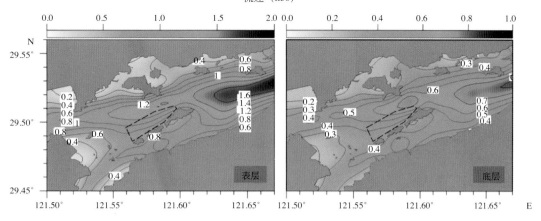

彩图33　半月周期内表层（左）和底层（右）最大流速

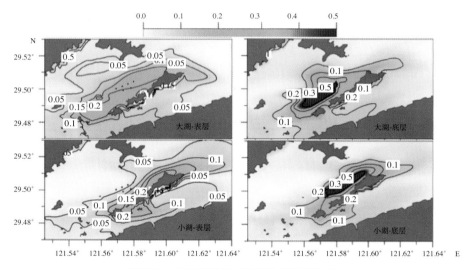

彩图34　示踪剂释放5d后的数值模拟结果

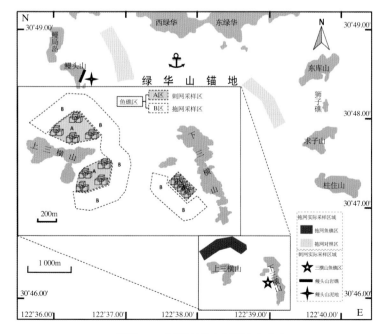

彩图35　采样区域及实际站点分布

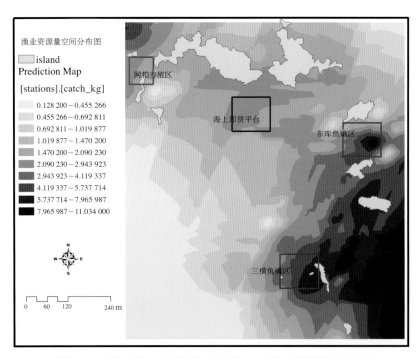

彩图36　管理系统中的嵊泗鱼礁海域2009年渔业资源量空间分布

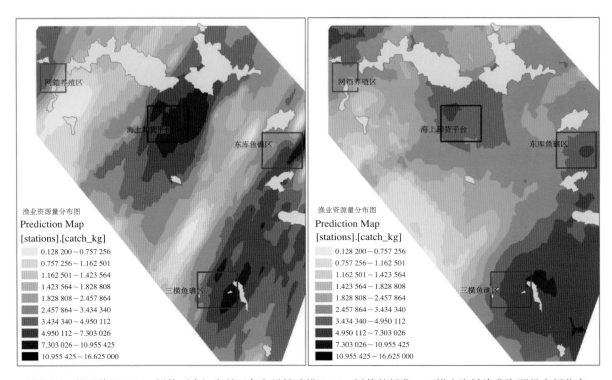

彩图37　基于普通Kriging插值（左）和基于各向异性建模Kriging插值的绿华－三横山海域渔业资源量空间分布